山东省技能型特色名校建设工程成果系列教材

大学生心理健康教育与心理素质训练

陈　冲　主编

山东大学出版社

图书在版编目(CIP)数据

大学生心理健康教育与心理素质训练/陈冲主编.
—济南:山东大学出版社,2015.12(2021.1重印)
山东省技能型特色名校建设工程成果系列教材
ISBN 978-7-5607-5424-6

Ⅰ.①大… Ⅱ.①陈… Ⅲ.①大学生—心理健康—健康教育—高等学校—教材 Ⅳ.①B844.2

中国版本图书馆CIP数据核字(2015)第306002号

责任策划 刘 彤
责任编辑 唐 棣
封面设计 牛 钧

出版发行 山东大学出版社
社 址 山东省济南市山大南路20号
邮政编码 250100
发行热线 (0531)88363008
经 销 新华书店
印 刷 泰安金彩印务有限公司
规 格 787毫米×1092毫米 1/16
21.25印张 487千字
版 次 2017年8月第1版
印 次 2021年1月第6次印刷
定 价 42.00元

总 序

为加强对山东省内高等学校的分类指导，强化内涵和特色发展，提高人才培养质量，发挥名校带动作用，增强高等教育服务我省经济社会发展的能力，2011年，山东省教育厅、财政厅联合组织实施了"山东省高等教育名校建设工程"。山东交通职业学院是山东省技能型特色名校首批立项建设单位之一，共有汽车运用技术、道路桥梁工程技术、物流管理、机械设计与制造、工程机械运用与维护、轮机工程技术6个专业成为省财政重点支持建设专业和工程造价、公路运输与管理、机电一体化、航海技术4个专业列入非省财政重点支持建设专业。

项目建设初期，学院牵头成立了山东省交通运输职业教育专业建设指导委员会，邀请省内外教育专家和行业企业的技术骨干，对名校工程10个专业的建设方案及任务书进行了充分论证。我院项目建设期间，各专业主动适应行业企业加快经济发展方式转变、产业结构调整和优化升级的需要，主动服务山东半岛蓝色经济区和黄河三角洲高效生态经济区两个国家战略的实施，以提高质量为核心，不断创新校企合作体制机制，大力推进人才培养模式转型，优化课程体系构建，全面提升了学校的专业建设水平和人才培养质量。

经过三年建设，10个专业积累形成了一批紧密结合生产实际、独具行业企业特色的专业教材，成为"山东省高等教育名校建设工程"建设项目的重要成果之一，也是"课程体系构建与核心课程建设"内容的重要载体。为了该系列教材的出版，各专业多次召开教材编写会议，组织各课程负责人及参编人员认真学习领会"山东省高等教育名校建设工程"建设精神，深入行业企业进行专业调研和分析，以培养适应区域经济社会发展的高素质技能型人才和我省行业企业急需的高级技能型人才。根据各专业实际需求，重新架构、设计教材体系，以力求做到理论知识学习和职业技能训练的合二为一。

衷心希望名校工程的建设成果，能为我省交通运输主干专业建设和人才培养起到积极的推动和引导作用。

2015年12月

前 言

当前，大学生的心理健康问题日益引起全社会的关注与重视。教育部在2011年下发《普通高等院校学生心理健康教育课程教学基本要求》(教思政厅〔2011〕5号)，对在高校开展大学生心理健康教育课程教学提出了明确的要求。据了解，高校开设大学生心理健康教育课程已经相当普遍，这对于大学生的心理健康教育工作起到了积极的推动作用。高校学生心理健康教育课程是集知识传授、心理体验与行为训练为一体的公共课程，应充分发挥课堂教学在大学生心理健康教育工作中的主渠道作用。

我们也发现，当今大多数高校开设的心理健康教育课程还存在一些不足：讲授内容的选择均是从大学生如何保持心理健康的角度来安排，传授心理健康教育的相关理念，如何紧密结合学生的实际，强化心理健康方法与技能的训练还显得不够。以往教材往往由于缺乏实际心理训练的操作性内容，使得本应生动活泼的心理素质教育课堂变成了理论讲授和枯燥说教的讲台。

鉴于此，我们根据大学生心理健康教育课程标准，在现有教材的基础上，融合了相关的团体活动、拓展训练项目、心理测验以及对应的推荐阅读书目，从大学生认知、体验和干预的角度，重新编写一本适合教师教学的大学生心理健康教育读本。

本书紧紧围绕社会需要和培养大学生良好的心理素质这一主题，以自我调适能力与自我成长能力训练为主导，结合新生心理健康普测出现的心理问题及教学过程中出现的一些新情况、新特点、新内容，淡化理论，注重训练，以学生为主体、以活动为主导。融专业性、针对性、实用性、趣味性和可操作性于一体。本书共12章，每章分为心理体验、心理认知、心理训练、心理测试、心灵鸡汤等版块，具有以下特点：

1. 根据大学生的心理特点、成长需求、认知水平设计相应的活动和训练，删减某些繁琐陈旧内容，增加贴近大学生的实际心理需求和现状的内容。从心理发展角度，回应大学生心理需要。

2. 加入大量方便实践易于操作且学生乐于体验的活动，把活动式、体验式教学作为课堂教学的组织形式，提高学生的积极性和主动性，切实提高课堂教学的实效性和针对性。

3.精选简单易操作的训练，学生也可以课下进行自我心理素质训练，具有一定实际应用价值。

所有编者都是从事一线心理健康教育工作的高校教师，具有丰富的心理健康教学和心理辅导实践经验。

本教材由陈冲担任主编，具体分工如下，项目一、二、六、十由山东交通职业学院李彬编写，项目三、七、十一由山东交通职业学院孙明蓓编写，项目四、五、八、九、十二由山东交通职业学院陈冲编写。

本书在编写过程中，查阅和参考了大量的文献资料，借鉴了很多优秀的研究成果。在此谨向各位作者表示由衷的感谢。限于水平与能力，本书难免存在缺点与不足，恳请广大读者批评指正。

编　者

2015 年 12 月

目　录

项目一　心理健康概述

心理体验

【体验一】头脑风暴

材料一　现代人四成心理亚健康

2015 年 3 月 22 日，一则“两恶男毒打熟睡流浪汉取乐”的新闻在网上引起热议，不少网友在谴责打人者残忍行径的同时，不禁又问：这些人都是怎么啦？为何变得如此暴戾，不计后果？曾几何时，“郁闷”“压力山大”等词成了现代人的口头语，也许有人会觉得恶性案件与这些口头禅风马牛不相及，其实这都是由心理问题引起的。记者采访了解到，近年来，随着社会节奏加快，工作强度增加，心理健康问题逐渐成为一个普遍性的社会问题，然而由于潮汕人的心理健康意识发展相对滞后，很多人在出现心理问题时不懂或者不愿意求助，结果造成了很多不必要的悲剧。

汕头市心理咨询师协会会长陈智雄告诉记者，近年国内频发的公共场所暴力很多是心理问题或精神障碍的外在表现。“从心理学的角度来说，他们可能存在自我中心主义，缺乏换位思考能力，缺乏同情心，这可能与教育和成长环境中缺乏培养这些能力有关，还有可能他们长期处于焦虑与压抑的不良情绪状态之中。”陈智雄表示，有潜在心理问题的人群在平时的表现和周围人差不多，但是一旦遇上人、事、物等环境因素的影响，就会做出比心理健康者较为过激的反应，包括对他人的暴力行为。由此可见，心理问题的存在，不仅直接关系到个体的身体健康，而且也是直接影响社会稳定的一个不可忽视的重要因素。由于生存的压力，不少现代人产生了特殊的社会心理问题。“目前，焦虑和压抑已经成为了现代人普遍存在的心理问题。”他说。

焦虑和压抑缘何成为现代人的通病？陈智雄告诉记者，压力、刺激是导致心理障碍的重要诱因。他说，“其实心理障碍和躯体病的形成有相同的地方”，比如感冒、发烧等小病，身体素质好的人不吃药也能挺过去，而身体素质不好的因为这些小病会引起其他方面的大病。同理，当遇到压力、不良刺激时，会引起心里不快，心理素质好的人短时间就能恢复，而心理素质不好的人就在不经意的积累中形成严重“心理病”。“现代社会竞争激烈，如果工作、生活中受到比较大的压力，心理素质不好的人就会出现比较严重的心理问题。”

“烦躁、压抑、焦虑、自卑、人际关系敏感、失眠等等，都是心理亚健康的症状。”陈智雄告诉记者。据国内权威机构统计，有四成公民都或多或少受到精神心理问题困扰。

作为潮汕地区第一位专业国家心理咨询师，陈智雄入行已经整整10年。据他介绍，市民的心理问题主要集中在亲子教育、婚恋家庭、工作和人际关系四方面。家庭中的亲子关系，子女教育问题，夫妻关系，长晚辈等家庭成员沟通相处问题，工作的压力，以及各方面的人际关系问题，是现代人产生心理问题的主要因素，而这些问题往往不会受到重视，常常被认为仅是生活中的“烦恼”而忽略，但这些疏忽却可以带来严重的后果。

曾经有这样一位女性求助者，她在丈夫每次出门回家的时候总会不停地对他进行盘问，情况莫名其妙地持续了一年多后，丈夫受不了提出了离婚。幸好她的父母意识到了问题的严重性，才带着她找到了陈智雄。经过一段时间的咨询调整后，女子不仅克服了自己的强迫行为，也成功地挽回了婚姻。

“现在，很多有心理问题的市民都不懂或者不愿意求助心理咨询师”，陈智雄说，潮汕人目前的心理咨询健康意识非常落后，很多人甚至存在将“心理问题”等同于“精神病”的认识误区。而出现心理问题的人也往往认为自己的精神困扰并没有达到“精神病”的程度而拒绝求助，结果错过了解决心理问题的最好时机。在陈智雄所接触过的咨询者中，还有一些人来求助时已经严重到出现精神障碍，需要先转到精神科进行治疗。

近几年，因抑郁等心理问题而自杀的事件屡见不鲜，精神疾病可能成为致命的“杀人武器”。陈智雄告诉记者，或许在国内，心理咨询还是一件离一般老百姓比较遥远的事情。然而在西方，特别是美国，人们一旦遇到诸如情绪低落、情感挫折、环境不适等心理问题，首先就会想到找心理咨询师，很多国家和地区还颁布了《精神卫生法》。在韩国有统计显示，韩国人一生中人均至少接受19次心理体检，为情绪“号脉”。

那么该如何衡量心理是否健康呢？陈智雄告诉记者，一个人真正健康不仅仅是指没有身体的虚弱和疾病，而是心理方面也要健康。60多年前，世界卫生组织在成立后的第一次会议上就正式修改了关于健康的概念，其中心理是否健康就是一个很重要的衡量标准。但由于种种原因以及对这方面的不重视，中国人并没有真正了解这个健康概念的含义。直到近些年来，整个社会才开始重视和宣传健康。而一个人是否健康，应该看身体、心理、社会三个方面是不是都处在完好的状态。

陈智雄表示，每一个正常人在成长过程中都会出现心理问题。“水往低处流，人往高处走。”他说，人在往高处走的过程中，都会遇到挫折和障碍，这个时候就会出现烦恼和压力，烦恼、压力就可以算是心理问题，所以客观地说，每一个正常人在成长过程中都会出现心理问题。比较明显的包括：情绪低落，兴趣减退，逃避和人交流，易冲动，还有失眠、焦虑、恐怖、强迫、疑病等等。

面对心理问题，现代人应该如何应对？陈智雄小结了心理保健的三大法宝，供市民参考：一是平时培养“理性客观、灵活积极”的思维，遇到烦恼、压力等心理问题及时找亲友或心理咨询师协助排解；二是培养亲密的人际关系，包括亲密的亲人关系、亲密的爱人关系、亲密的朋友关系；三是注意劳逸结合，除了所追求的事业，还要拥有健康的兴趣爱好，让自己的生活丰富多彩。陈智雄表示，个人的心理健康能够让整个家庭更加和谐幸福，“为了自己和身边的人，请关爱您的心理健康”。

——摘自《汕头日报》

材料二：现代大学生的心理健康现状——来自全国各地的调查报告和自杀案

北京：北京16所大学联合报告，因心理、精神方面疾病休学、退学的人数占总休学、退学人数的37.9%和64.4%，在因心理疾病休学、退学的学生中，神经症患者分别占76.1%和54.8%。

天津：据天津市有关院校调查，天津高校的独生子女数量大约占到大学生总数的51%，近年来出现轻微或重度心理问题的人越来越多，其中因双方同是独生子女互不体谅对方，导致恋爱失败，进而使学业受到影响，引发自杀倾向的，占到有自杀动机人群的90%以上。天津市一所高校近1年来接待处理不好宿舍人际关系，导致抑郁症、焦虑症、强迫症等症状的心理咨询达700余人，1100余人次，为患有严重心理障碍的学生办理休学、退学和转诊30多人次。

沈阳：沈阳某高校对其3384名大学生的心理调查显示，41.54%的学生有心理问题，51.54%的学生有偏执倾向，调查中有轻生想法的学生占总数的1.5%。

2014年4月16日晚，中山大学历史学系文物与博物馆专业2012级硕士研究生蔡某某在宿舍内自缢身亡。死者在遗书中称，毕业论文、找工作困难重重，无颜面对家人。

2014年4月2日凌晨4时许，一声巨响打破了厦门南洋学院男生宿舍“何厝苑”的宁静。不少同学闻声而醒，却发现宿舍楼入口处一男生仰面躺在水泥地上。随后，该男生被救护车接走，但抢救无效死亡。死者姓陈，三明人，时年21岁，通过自考成为2012级物流管理专业学生。据介绍，该男生宿舍位于4号楼一楼，学生猜测，陈某是爬上宿舍顶楼七楼天台而后纵身跃下。

2014年3月17日早上6时许，四川理工学院一清洁工在一实验楼下打扫卫生时，发现一名年轻男子仰面躺在水泥地上，已经死去多时。经调查，死者为该学院二年级的研究生曾某。经初步调查，警方推断曾某为跳楼自杀。

2014年2月19日晚，深圳大学一学生被发现在宿舍内身亡。事发现场“风槐斋”某宿舍已被警方拉起警戒线。据知情同学透露，死者是机电与控制工程学院大四学生。当时学校还没开学，死者生前独居在寝室。尸体于19日晚6时多被其朋友发现。

2014年1月7日下午，东南大学官方微博发布消息称，东南大学一大四男生坠楼身亡，目前警方已经介入调查，初步判断该男生为自己跳楼。据悉，东南大学跳楼事件发生在九龙湖校区7号教学楼，事情发生在6日晚7时左右，坠楼男生被送去医院抢救无效死亡。有同学猜测其是为情所困而自杀。

2013年10月2日晚，河北北方学院大二男生小陈在寝室上吊身亡。据了解，小陈曾经有过一次自杀行为，未遂。2012年9月4日新生军训第一天，小陈就因为流鼻血不止被辅导员及时送往附属第一医院进行治疗，医院采取一系列止血措施后，鼻血还是止不住。检查中，医院发现小陈体内存在一些有害物质，询问得知，小陈在入学前曾服用老鼠药自杀，幸亏发现及时，经抢救挽回了生命。

2013年5月28日下午2点半，在东南大学荟萃楼的女生宿舍天井里，有人发现一女生躺在地上，不知是何时跳下的，校方随即报警。玄武区特巡警及120救护车赶到现场，发现该女生已无生命迹象。据了解，该女生是从宿舍楼十五楼跳下的。

2013年4月22日中午，山东建筑大学男生宿舍发生悲剧：在反锁的房间内，一名大三男生坐在床上，脖子上勒着根腰带，没了呼吸。据悉，死者小李，22岁，济南人，是信息与技术学院大三学生。跟他同宿舍的人对他的身亡很纳闷，称最近一段时间没发现小李有异常的举动，只是22日上午小李没去上课，打电话让同学帮他签到。也有同学分析认为，小李的身亡可能与失恋有关。

讨论：

1. 你最近心理状态如何？

2. 你关注过自己的心理健康吗？是否出现过一段时间内持续抑郁、焦虑等陷入负面情绪的情况，甚至有过自杀念头？

3. 谈一谈你对心理咨询的了解。

【体验二】游戏活动

游戏名称：两个数字

游戏目的：调动人的潜能，积极暗示。

游戏设备：一张纸、一支笔，教师准备一个秒表。

游戏规则：

1. 请学生预计一下，假如你用最快的速度双手鼓掌，1分钟内你能鼓多少下？不要进行太多思考，把第一个进入你脑海的数字写在纸的左上角，写完之后将纸倒扣在桌上。

2. 实地测验看我们的估计准不准，鼓掌要求：双手的距离不必过大，3～5厘米就可以了，离得太远鼓掌时幅度太大，一是太辛苦，二是测量结果太容易统一。

时间：10秒钟，学生先预热，试鼓几次掌，以适应节奏。

教师口令：同学们，准备好了之后，咱们就进入倒计时了。当我喊到“0”的时候，你就用最大的力气和最快的速度鼓掌。

然后请大家把自己鼓掌的次数乘以 6,就得出了自己一分钟鼓掌的次数,把这个数字写在纸的正中央。对比两组数字,请学生谈谈,为什么你对自己的估计比实际你能做到的要低?请每个同学讲一讲自己亲身经历的小故事,说明自己的能力比预料的要大得多。

心理认知

【认知一】健康及心理健康

一、健康的定义

健康是人类基本要求之一,是成才必备的主要基础。那什么是健康?健康的标志又是什么?传统观点认为,健康是指人体生理机能正常,没有缺陷和疾病。在《辞海》中“健康”的概念是:“人体各器官系统发育良好、功能正常、体质健壮、精力充沛并具有良好劳动效能的状态。”通常用人体测量、体格检查和各种生理指标来衡量。但是随着现代科学技术的进步和各类医学模式的发展,人们对传统的健康概念提出了质疑。大量的医学实践也表明,很多疾病并不是由纯生物学的因素造成的,而是由于社会压力所致。

1946 年,世界卫生组织(WHO)成立时在它的宪章中所提到的“健康”概念:“健康乃是一种在身体上,心理上和社会上的完满状态,而不仅仅是没有疾病和虚弱的状态。”1987 年,《简明不列颠百科全书》中提及的“健康”的定义是:“健康,使个体能长时期地适应环境的身体、情绪、精神及社交方面的能力。”1989 年,世界卫生组织又对“健康”提出了新的定义:“健康不仅是没有疾病,而且包括躯体健康、心理健康、社会适应良好和道德健康。”现代健康的含义并不仅是传统所指的身体没有病而已。根据上述的解释:健康不仅指一个人身体没有出现疾病或虚弱现象,而是指一个人生理上、心理上和社会上的完好状态,这就是现代关于健康的较为完整的科学概念。

世界卫生组织对“健康”的定义细则:

1. 有充沛的精力,能从容不迫地担负日常生活和繁重工作,而且不感到过分紧张与疲劳。
2. 处事乐观,态度积极,乐于承担责任,事无大小,不挑剔。
3. 善于休息,睡眠好。
4. 应变能力强,能适应外界环境的各种变化。
5. 能够抵抗一般性感冒和传染病。
6. 体重适当,身体匀称,站立时,头、肩、臂位置协调。
7. 眼睛明亮,反应敏捷,眼睑不易发炎。
8. 牙齿清洁,无龋齿,不疼痛;牙龈颜色正常,无出血现象。
9. 头发有光泽,无头屑。
10. 肌肉丰满,皮肤有弹性。

二、心理健康的定义

心理健康主要是指人心理上一种持续、积极、有效率的状态。1946 年，第三届国际心理卫生大会将心理健康定义为："所谓心理健康是指在身体、智能以及情感上与他人的心理健康不相矛盾的范围内，将个人心境发展成最佳的状态。"心理健康的含义分为三个层面，如表 1-1 所示。

表 1-1　　心理健康的分层

生理层面	心理层面	社会层面
健康的身体为先决条件	对自我持肯定态度	有效适应
中枢神经系统无疾病	明确自己的长、短处	妥善处理人际关系
	认知与环境一致且有效； 面对现实，积极乐观	角色扮演适合社会的要求， 与环境保持良好接触

【相关链接】

职业测评

职业测评兴起于 20 世纪初，在美国军事和工业领域获得了广泛应用，大大提高了职业招聘和培训部门的经济效益。1926 年美国飞行学校的学员中，有 87％因飞行不佳而被淘汰，其原因是空中飞行心理适合性不佳。直到第二次世界大战期间及以后，客观的要求促使心理选拔技术不断发展和普及，因飞行不佳而被淘汰的人数才开始下降：美国空军中淘汰率由 70％降至 36％，在法国则由 61％降至 36％，大大减少了培训资源的浪费，也有利于个人的职业生涯发展。

心理测量经过近百年的稳步发展，现已成为最有效、最客观的职业测评手段。全球约有 3/4 以上的大公司在人员甄选、安置和培训方面使用职业测评，而且越来越多的中小公司也正加入到这一行列中来。美国电话电报公司早在 20 世纪 30 年代就启用评价中心技术，采纳许多心理测量的方法用于考查自己的管理者，并取得了相当的成功；摩托罗拉公司也很早接受和采纳了心理测量，在员工招聘中采用各种有关的心理测验。

西方许多发达国家从小学开始就会开展各种各样的活动以帮助学生认识工作、热爱工作并及早进行职业规划。美国的中学生至少要接受一次这样的职业测验。在中学和大学还设立了专业的职业辅导咨询中心，由职业心理学家依据专业的职业心理测评技术和规范化的咨询流程对学生进行职业指导。

在我国，随着近年来就业形势的变化，职业测评也越来越引起人们的关注。有关职业测评的信息纷纷见诸媒体，人才中介机构相继开展了职业测评的服务，各企事业机构也开始将职业测评运用于招聘过程之中。联想集团是国内较早在招聘中运用职业测评的企业，以前联想集团单纯通过面试招人的准确率是 40％，而实施职业测评之后，面试的准确率提高到了 60％。但总体上讲，目前我国有关机构开展的职业测评活动仍然有很大的盲目性，即使在大学课堂上，也很少能够听到职业规划辅导类的学习内容，通过科学的技术手段和专业化的咨询流程提供职业辅导在我国依然是亟待加强的工作。

判别个体心理健康的好坏本质上就是判别他心理功能状态的好与坏。心理卫生工作的实践发现，良好的心理功能必须符合以下三项基本原则：

1.心理活动与客观环境的同一性原则

人的心理活动从内容上讲归根到底是对客观现实，尤其是对社会现实的反应。所以，任何个体的心理活动与行为无论从形式上还是内容上，都必须与他所生存的客观环境保持一致。

2.心理过程各部分之间的协调一致性原则

个体的认知、情感和行为意志三者是相互影响、相互依存和相互制约的。因此，这三者应该是完整统一，协调一致的。三者不统一意味着个体心理的分裂。例如恐惧症，患者认知上并不认为某物有危险性，而情感上却产生不可控制的恐惧，行为上产生逃避，这显然是认知、情感和行为意志的矛盾，所以是异常心理状态。

3.个性特征相对稳定性原则

长期生活经历会让一个人的心理过程带有稳定的个人差异与特点，形成较稳定的个性特征。因此，他的心理活动的特点或个性特征是不会突然改变的。如果一个人的个性特征突然出现明显的变化，如一个一向热情活泼的人突然变得沉默寡言，而且没有正常原因，这就表明他的心理活动产生了异常。

现代健康的含义是多元的、广泛的，包括生理、心理和社会适应性三个方面，其中社会适应性归根结底取决于生理和心理的素质状况。心理健康是身体健康的精神支柱，身体健康又是心理健康的物质基础。良好的情绪状态可以使生理功能处于最佳状态，反之则会降低或破坏某种功能而引起疾病。身体状况的改变可能带来相应的心理问题，生理上的缺陷、疾病，特别是痼疾，往往会使人产生烦恼、焦躁、忧虑、抑郁等不良情绪，导致各种不正常的心理状态。作为身心统一体的人，身体和心理是紧密依存的两个方面。

【相关链接】

路怒症

发生于2015年5月3日的“成都女司机被打案”引发全国关注，“路怒症”一词也被人们所熟知。“路怒症”概念最早来自国外心理学。随着中国汽车数量增多，这一心理问题也受到国内越来越多专家的关注。“路怒”(road rage)是形容在交通阻塞情况下，开车压力与挫折所导致的愤怒情绪，发作者会袭击他人的汽车，有时无辜的同车乘客也会遭殃。医学界把“路怒症”归类为阵发型暴怒障碍，指多重的怒火爆发出来，猛烈程度叫人大感意外。路怒症发作的人经常会口出威胁、动粗甚至毁损他人财物，也就是攻击性驾驶。研究表明，相当多的司机都有这些症状，但并非每个那么做的人都明白这是一种病态。

胡乱变线、强行超车、闯黄灯、骂粗口……不少司机在面对糟糕的交通状况时都曾经有过上述的表现，对此，专家称之为“路怒症”。由中科院心理研究所张雨青教授指导的《城市拥堵与司机驾驶焦虑调研》(下称《调研》)显示，在北京、上海、广州三个城市随机选取的900名司机中，35%的司机称自己属于“路怒族”。

《调研》指出，司机们表现出来的“路躁”情绪源于驾驶中面临的各种压力，比如交通拥堵、恶劣天气、车辆事故、其他司机的野蛮驾驶行为等。专家指出，“路躁”情绪如果长期被忽视，就会对司机的身心健康和安全驾驶带来不良后果。《调研》指出，“听音乐”“开到加油站休息”和“嚼口香糖”都是司机朋友们在驾车路上常用的排解烦躁心情方法。

据中山大学心理学系教授高定国介绍，在该系与中科院心理研究所合作的研究中，通过借助表情观察、血压检测、焦虑量表等手段考察在上下班繁忙时段嚼口香糖对驾车人士的情绪、躯体感觉以及交通违规行为的影响，研究结果表明，在驾驶过程中咀嚼口香糖能提高司机的积极情绪及感觉（如快乐、放松和平静）。而且研究还发现，驾车时咀嚼口香糖的时间越长，司机违规的次数越少。

【认知二】大学生的心理健康

一、大学生心理健康的标准

一个人的身高可以用尺子精确测量，一个人的体温可以用温度计准确测定，但一个人的心理健康水平如何测定，就困难得多了。人的心理怎样才算健康，以什么作为健康的标志，是一个非常复杂的问题。要看心理健康还是不健康，正常还是异常，并没有一个公认的、一致的标准。大学生的年龄一般为 18～25 岁，从心理学的观点来看，正处于青年中期。大学生的心理具有青年中期的许多特点，但作为一个特殊群体，大学生又不能完全等同于社会上的青年。心理是否健康一般采用量表测量，其标准不是固定不变的。心理健康标准随着时代变迁、文化背景变化而变化。根据我国大学生的实际情况，评判大学生的心理健康水平应从以下几个标准给予着重考虑：

1. 智力正常

正常智力水平是人们生活、学习、工作、劳动所需的最基本的心理条件，也是适应周围环境变化所必需的心理保证。从智力测验的角度来衡量，智力水平要与同年龄的人智力相比较。人的智力主要由观察能力、记忆能力、思维能力、想象能力和操作能力所组成。这五种能力要相对平衡，以防止智力发展畸形。正常人的 IQ 为 90～109，110～119 是中上水平；120～139 是优秀水平；140 以上是非常优秀水平；而 80～89 是中下水平；70～79 是临界状态水平；69 以下是智力缺陷。

2. 情绪健康

情绪稳定与心情愉快是情绪健康的重要标志，包括的内容有：愉快情绪多于负性情绪、乐观开朗、富有朝气，对生活充满希望；情绪较稳定，善于控制与调节自己的情绪，既能克制又能合理宣泄自己的情绪；情绪反应与环境相适应。情绪稳定表明一个人的中枢神经系统处于相对平衡的状态，意味着激动功能的协调。喜怒无常是情绪不健康的表现。心情愉快表示人的身心活动和谐与满意。一个人心理上快乐，则使其整个身心都处于积极向上的状态，对一切充满向往。如果一个人常常愁眉苦脸，灰心绝望，则是心理上不健康的标志。当然人生难免有不幸的遭遇，但心理情绪健康的人，即使遭遇不幸，也能很快重新适应，不至于长期处于悲观的心境中。

3. 意志健全

意志是人在完成一种有目的的活动时，所进行的选择、决定与执行的心理过程。行动的自觉性和果断性是健康的一种重要标志。自觉性是指一个人在行动中有着明确的目的性，与之相反的是盲目性。果断性是指人能适时地作出决定并执行，与之相反的是优柔寡断和草率。意志健全的大学生在各种活动中都有自觉的目的性，能适时地作出决定并运用切实有准备的方式解决所遇到的问题，在困难和挫折面前，能采取合理的反应方式，能在行动中控制情绪和言而有信，而不是行动盲目，畏惧困难，顽固执拗。

4. 自我评价正确

正确地自我评价是大学生心理健康的重要条件，大学生在进行自我观察、自我认定、自我判断和自我评价时，能够做到恰如其分地认识自己，摆正自己的位置，既不以自己在某些方面高于别人而自傲，也不以在某些方面低于别人而自卑，面对挫折与困境，能够自我悦纳，喜欢自己，接受自己，自尊、自强、自制、自爱，正视现实，积极进取。

5. 社会适应正常

个体应与客观现实环境保持良好秩序。既要进行客观观察以取得正确认识，以有效的办法应对环境中的各种困难，不退缩，还要根据环境的特点和自我意识的情况努力进行协调，或改革环境适应个体需要，或改造自我适应环境。

6. 人际关系和谐

人的交往活动往往能反映人的心理健康状态，人与人之间正常的、友好的交往不仅是维持心理健康的一个必不可少的条件，也是获得心理健康的重要方法。良好而深厚的人际关系，是事业成功与生活幸福的前提。其表现为：乐于与人交往，既有广泛而深厚的人际关系，又有知心朋友；在交往中保持独立而完整的人格，有自知之明，不卑不亢；能客观评价别人和自己，善取人之长，补己之短，宽以待人，乐于助人，积极的交往态度多于消极的态度，交往动机端正。

7. 人格完整

人格是个体比较稳定的心理特征的总和。人格完善就是指有健全统一的人格，个人的所想、所说、所做都是协调一致的。人格完善包括人格结构的各要素完整统一；具有正确的自我意识，不产生自我同一性混乱，以积极进取的人生观作为人格的核心，并以此为中心把自己的需要、目标和行动统一起来。

8. 心理行为符合年龄特征

人在不同的年龄阶段，有不同的心理特点，如儿童天真活泼，青年朝气蓬勃，老年沉着老练。如果青年人出现了老年的心理特征——记忆力不断减退、孤独感等，就说明心理不够健康了。

二、大学生常见的心理问题

1. 适应问题

从中学进入大学是人生的一个重要转折。在这个转折中，生活环境、人际环境、人际关系的改变，使大学生由于难以适应而产生矛盾和困惑。很多刚进入大学校园的新生在面对新的校园，新的集体，新的生活方式，新的学习方式时都会出现一些心理不适。有的同学身处新的环境，面对理想与现实的反差、家庭生活和集体生活的不同等还会出现焦虑、抑郁、嫉妒等心理障碍。

【案例】

小张自言从小属于"被管大的一代"。上中学时,爸爸妈妈什么都不让她干,早上来不及吃饭,妈妈就把早餐送到学校去。到北京上大学后,她慌神了,每天不知道该干什么,还觉得时间不够用,整日浑浑噩噩,学习成绩下降,成了班上的"第三梯队"。她开始头痛,注意力无法集中,成了心理障碍队伍中的一员。

2. 自我意识方面的心理问题

自我意识方面的问题是当前大学生心理健康教育较为关注的重要问题,包括:

(1)对自我的评价过高而产生的自傲心理。

【案例】

一位男生,从小学到大学学习成绩一直很好,又是干部子弟,所以很自得自傲,但在追求一女生时却被拒绝,这使他遭到沉痛的打击,终日深思不得其解,造成精神分裂症。

(2)对自我的评价过低而产生的自卑心理。

【案例】

一位女生因个子矮小,被同学取笑为"根号 2"。从而产生严重的自卑心理,别人小声说话,她就认为是在议论她矮。长时期的心理压力使她丧失了生活的自信心,萌生出家当尼姑的想法,后经老师、同学劝导,没能出家,但又想自杀。

(3)不恰当的价值观引起的过分追求完美、虚荣攀比心理等。

【案例】

一女生平时学习成绩很好,自我感觉比其他女同学都强,可过强的争先拔尖,造成她与同学的关系紧张,每次选班干部都落选,因而精神受到很大的刺激,夜里经常又哭又笑,并常常自言自语,出现异常行为。

大学生在自我意识完善过程中,有时不能客观地认识和评价自我,出现自我认知偏差,甚至造成自我认知障碍。

3.情绪方面的心理问题

大学生生长发育极为迅速,已基本趋于成熟,但由于阅历较浅,社会经验不足,对人生和社会问题的看法往往飘忽不定,容易出现各式各样的心理矛盾,很容易受外界各种因素的干扰和影响,会因一点小的胜利而沾沾自喜,也易为一次小考失利而一蹶不振,自我控制和调试能力较低,并由此导致心理和行为偏差。大多数学生通过各种方式成功化解了自己的低落情绪,迅速呈现出积极的精神面貌;但是一部分大学生却“在泥潭里越陷越深”,甚至走向极端。大学生常见的负面情绪有:

(1)烦恼。失恋、考试不及格、同学关系不和、经济拮据等都可能成为大学生烦恼的内容。烦恼都是有明确的对象和具体的现实内容的。例如,一男生因宿舍同学睡觉时打呼噜,而经常彻夜不眠,上课时昏昏沉沉,学习成绩下降,为此非常烦恼。

(2)焦虑。焦虑是一个人预料将会有某种不良后果产生或模糊的威胁出现时的一种不愉快情绪,是应激下的人的一种最常见的情绪反应。其特点是紧张不安。威胁机体康宁的任何情境都可引起焦虑。例如,对身体有害的威胁,对个人自尊的威胁,做那些超过人能力限度的工作之压力以及各种挫折情境。

【案例】

某同学在期末考试中挂科,该同学在学生组织有较高的任职。一方面,学校规定,期末考试挂科的同学不可以在学生组织任部级及以上职务。他不得不面对辞掉学生组织任职的局面。另一方面,由于他挂科的事实很可能会导致所在班级失去“优秀班集体”称号。碍于面子的他不愿意和任何人说,也不敢和同班同学说这件事。但是一想到这件事情他就心慌,寝食难安,甚至出现生理上的问题,如嗓子疼、头疼等问题。

(3)抑郁。抑郁主要表现为情绪低落,表情苦闷,行动迟缓,常感力不从心,思维迟钝,联想缓慢,因而语言减少,言语缓慢,语音低沉或整日不语。引起抑郁状态产生的原因可能是具体的,但抑郁状态产生之后具有很强的弥散性,使人感到生活和生命本身都没有意义,具有强烈的无助感,甚至产生自杀念头或采取自杀行动。

(4)暴躁。暴躁是指容易发火、发怒、过分急躁,“一触即跳”,与他人发生矛盾,因一点小事就表现出粗野蛮横,这种人对外界的容纳性相当低,许多人还有很重的“哥们儿义气”。例如,一位男生,有一次一个好朋友告诉他晚自习因占座位与别人发生了口角,这个男生为给朋友出气,立刻到教室,不分青红皂白使用木棒将人打伤。

(5)冷漠。冷漠表现为对外界的任何刺激都无动于衷,无论悲欢离合爱憎都漠视之。冷漠者初期主要认为生活没有意义,心情平淡,出现抑郁状态,随后发展到强烈的空虚感,内心体验日益贫乏,不愿进行抉择和竞争,缺乏责任感和成就感。

【案例】

一女生曾这样认为:自我一出生,父母就教我与人竞争,别人会弹琴,我也得会弹,别人会跳舞,我也得会跳,别人考试第二,我得第一。比来比去,虽然上了大学,但我觉得好没意思,父母真不该把我带到这个社会来。所以这个女生平时表情平淡呆板,行动了无生气,懒散,对他人的奋斗进取精神不理解。

(6)人际交往方面的心理问题。人际交往对大学生完成学业、发展人格具有重要作用。随着自我意识的增强,大学生不再依赖家长、老师,希望用自己的眼光去观察社会,用自己喜欢的方式去结交朋友，但由于心理的成熟度有限，适应能力不强，因此在人际交往中出现一些异常心理，造成人际交往上的障碍。

(7)自我中心。人际交往是双方的，在交往过程中双方都获得一定的满足，才有可能继续维持和发展交往。如果只想自己从交往中获得好处，而不顾及对方的意愿和利益，这种交往必定会失败。以自我为中心的交往主要表现为：强调评价标准的自我型，即我认为是什么就是什么；注重自己目的的实现，即我想获得什么利益就获得什么。例如，一位身材矮小的男生，为了保护自己，与一位运动员同学结成了好朋友，可当一次与外系同学发生冲突时，这位运动员朋友并没有为他出气，一怒之下，他再也不与这位运动员朋友来往了。

(8)心理不相容。即在人际交往中他人不能与自己观点一致，自己不能得到他人的认同而苦恼焦虑。在心理上有不相容障碍的人，总是将自我束缚在一个狭小的交往范围之内，对他人的一些个性特点往往“看不惯”，因而懒得交往。在与人交往的过程中，也常常会因一些在旁人看来微不足道的小事挑起事端，自伤和气。更严重者，当意见发生冲突的时候，容易意气用事，情绪激动，甚至会导致矛盾激化，将事情引向极端，做出对人对己都十分不利的傻事。

(9)羞怯。大学生普遍重视交往，具有一种强烈的交往意识，但在实际交往过程中有的大学生却没有勇气。没有勇气主要源于两方面原因：害羞和胆怯。有的大学生对自己的现状悲观，觉得自己不得志，不如某某人，因此害怕与人交往，尤其害怕与有所成就的人进行交往，怕他人瞧不起自己；还有同学一到人群中就觉得不自在，紧张不安，感觉别人在注意自己，挑剔自己，轻视自己或鄙视自己，以致无法安下心来做事，他们担心自己被别人否定，把别人看作自己的法官。

【案例】

元某，女，21岁，某专业三年级学生。她认为自己是个怪人，有个害羞的怪毛病。2年多来，她从不多与人讲话，与人讲话时不敢直视，眼睛躲闪，像做了亏心事，一说话脸就发烧，低头盯住脚尖，心怦怦跳，身上起鸡皮疙瘩，好像全身都在发抖。她不愿与班上同学接触，觉得别人讨厌自己，在别人眼中自己是个“怪人”。她最怕接触男生，即使在教室里，只要有男生出现，也会不知所措。对老师也害怕，上课时，只有老师背对学生板书时才不紧张。只要老师面对学生，她就不敢朝黑板方向看。常常因为紧张，对老师所讲的内容不知所云。更糟糕的是，现在在亲友、邻居面前说话也“不自然”了。由于这些毛病，她极少去社交场所，很少与人接触。自己曾力图克服这个怪毛病，也看了不少心理学科普图书，按照社交技巧去指导自己，用理智说服自己，用意志控制自己，但作用就是不大。后来她哭诉说，这个怪毛病严重影响了她各方面的发展：学习成绩下降；交往失败，同学们说她清高。她正在争取入党，同学关系不好肯定不行。眼看就快毕业了，这样下去怎样适应社会呢？

(10)恋爱与性心理方面的问题。大学生生活的自由和宽松给了大学生更多的时间和机会去扩大自己的交际范围，在中学阶段由于学习等因素被压抑的情感得到释放的机会，而爱情是最娇艳也是最刺手的玫瑰花。相当一部分大学生的爱情价值观还不成熟，他们往往凭着自己青春期的冲动，把任何事物都看得很美好，然而“落花有意，流水无情”，在追求爱情时，可能会被对方冷落、拒绝，或遇到种种问题。大学生们往往没有准备，难以承受，因而产生因爱生恨甚至报复等心理问题，不仅对恋爱双方造成伤害，而且对校园秩序也造成不利的影响。另外，在大学里，常常有这样的现象，同学之间相互影响，比如同宿舍的人都有男（女）朋友了，但是自己没有，于是形成心理落差，情绪不稳定，出现自卑、迷茫心理。还有大学生失恋后长时间沉浸在痛苦的情绪中，无法自拔，荒废了学业，整个人萎靡不振，甚至引发抑郁症等严重的心理问题。值得注意的是，严重的情感失落是大学生自杀的重要诱因之一，必须加以重视。

【案例】

张某，大二男生，与同班某女生在1年前相恋，不久前两人分手。多日来，他借酒消愁，情绪抑郁，心烦意乱，不思学业，对新生活的所有期待与憧憬也顷刻之间化为乌有。该男生说这是他的第一次恋爱，而且是对方主动追求自己，相恋初期感情一直较为稳定，后来因为几件小事而发生过争吵，双方感情破裂，最后因第三者插足导致对方移情别恋，与其分手。张某说他无论如何也忘不了她，很想去挽回恋人的心，每次想起两个人曾经在一起的美好时光就泪流满面，失恋的痛苦就像恶魔一样，无情地折磨着他的心。后来张某知道自己的恋人已无法挽回，渐渐地对她产生了怨恨，两人此后见面都不打招呼和说话，而且经常在宿舍痛骂她。

【案例】

女大学生李某，长得挺漂亮。她有许多网友，大家都聊得很好。渐渐地，她发现和其中一个男生特别投机。一次不太在意的见面，却让女孩对他更加心仪，因为她发现男孩比想象中好很多，从此网恋就变成了现实中的恋爱。通过长时间的相处，女孩发现男孩有许多像她这样从网上骗来的女朋友。男孩一直在欺骗她，这就如晴天霹雳，李某心里接受不了这样的事实，没有心思做任何事，甚至要割腕自杀。

（11）学习方面心理问题。大学是高中生向往、追求的目标，也是他们放弃许多兴趣爱好甘于在题海中跋涉的精神支柱。进大学后部分学生为了保持自己在中学的优势，废寝忘食，除了学习自己的专业课，还自己学一些社会急需课程，再加上英语、计算机等各种证书的考试，使他们处于紧张的学习状态中。一些大学生对自己的专业不感兴趣，除了在高考填报志愿的时候由老师或家长强行代办之外，大学录取时进行专业调剂也让他们无法就读自己所喜欢的专业。一些学生们在原先所读中学都非常优秀，但是一进大学就发现自己原来只是一个“普通人”，彼此实力相当，甚至发现自己的英语和计算机都不如其他同学，一贯优越感的丧失也使得一部分学生无法适应。而与此同时，又有部分学生则感到考入大学如释重负，因而即使感到竞争的危机、就业的压力，也提不起努力学习的劲头。学业受挫会使学生产生自卑、焦虑、沮丧等情绪，若不能适时解决，甚至会出现严重的心理问题。总的说来，大学生学习上的心理问题表现为：学习动机缺乏，学习动机过强，学习注意力不集中，记忆力不强，学习方法不当，考试焦虑等等。

【案例】

周某，男，23岁，某高校数学专业大三学生。大学一入学，他就给自己定好了目标，拿双学位，找好工作，帮父母分忧。数学专业本来课业已经很重，可是强烈的上进心驱使他又选了管理专业的双学位，每天给自己安排得很满。大二以后，随着课业的加重，他感觉有点力不从心，但还是咬牙坚持。可是尽管他已经非常努力，大二下学期还是有两门专业课需要补考，他感觉很沮丧、压抑，但是他不服输，更不想让同学看出来，因而更加焦虑，导致后来一点都不想学习，也不会学习。

(12)就业方面心理问题。随着高等教育分配制度改革的不断深入，一方面市场带给大学生更多的择业机遇和更大的自由度，但另一方面也增加了择业难度，加重了大学生的行为责任和心理压力，而毕业生自身的素质、性别、专业以及社会关系等又制约着择业的自主权。对于少数大学生来说，甚至毕业就意味着失业。这一变化对受“进入大学门，就是国家人，就可以端铁饭碗吃皇粮”的传统观念影响，性格内向，心理承受力较差，心理适应力弱的大学毕业生来说，是难以解决的现实矛盾。一些学生的专业、兴趣、就业目的、性格特点间的冲突，让他们产生矛盾的心理。恐惧、焦虑、烦躁打破了他们的心理平衡，心绪抑郁，使他们对生活缺乏信心，对前途失去希望，对处境无能为力。

【案例】

某大学大三学生王某，坐在教室里看书时，总担心会有人坐在身后并干扰自己，有强烈的不安全感，以至于只能坐在角落或者靠墙而坐，否则无法安静看书。他对同寝室一位同学放收音机的行为非常反感，有时简直难以忍受，尤其是睡午觉时总担心会有收音机的声音干扰自己，从而睡不着觉，经常休息不好。但他又不好意思为这样的小事与其发生正面冲突。很长时间不能摆脱这种心理困境，很苦恼，严重影响了自己的日常生活和学习。即将毕业，他心中一片茫然，担心找不到理想的工作，有时候也懒得去想这个问题，怕增添烦恼。学习一般，在班上成绩中游，当看到其他同学都在准备考研究生，自己也想考，但是又不能集中精力学习。自卑，缺乏自信，生活态度比较消极，认为所有的一切都糟透了。家在农村，经济状况一般，认为自己有责任挑起家庭的重担，但又觉得力不从心。

三、影响大学生心理健康的因素

人的心理健康是一个有相对独立性的极为复杂的动态过程，所以影响心理健康、造成心理障碍的因素也是复杂的、多样的，其中包括生物的、心理的、社会的等各方面的因素。

1. 生物因素

(1)遗传因素。人的心理主要是在后天环境影响下形成和发展起来的，然而，人的心理发展与遗传因素也有着密切的关系。统计调查和临床观察资料表明，很多的精神疾病发病原因确实与血缘有关系。北京大学医学部精神卫生研究所曾经对躁狂抑郁症和精神分裂症患者亲属的患病率进行调查，结果如表1-2所示，表中数据明显支持躁狂抑郁症和精神分裂症患者受遗传和生物学因素影响的说法。结果也表明，血缘关系越近，对患者的遗传影响也就越明显，这是遗传因素起作用的最为明显的证据。同时，遗传上的易感性在某些人身上也是存在的，以遗传素质为基础的神经类型及各个年龄阶段所表现的身体特征也可以影响人的心理活动。

(2)病毒感染与躯体疾病。由病菌、病毒(如脑梅毒、斑疹伤寒、流行性脑炎)等引起的中枢神经系统的传染病会损害人的神经组织结构，导致器质性心理障碍或精神失常。这一点对儿童的影响尤为严重，是造成智力迟滞或痴呆的重要原因。脑外伤或化学中毒、某些严重的躯体疾病、机能障碍等，也是造成心理障碍和精神失常的因素。

表 1-2

疾病种类	与患者关系	患病率(%)
躁狂抑郁症	父母	11.5
	子女	22.2
	异卵双生	23.0
	同卵双生	95.7
精神分裂症	表兄弟姐妹	3.9
	堂兄弟姐妹	7.3
	父母	9.8
	同胞兄弟姐妹	11.9
	异卵双生	12.5
	子女	16.4
	同卵双生(分居)	77.6
	同卵双生(同居)	91.5

2.心理因素

(1)情感因素。人的心理活动往往通过改变人的情感进而影响内脏器官的活动。积极、愉快的情感对人的生活起着良好的作用,有利于发挥机体的潜能,提高工作效率,增进人体健康。近代医学科学实验研究已经肯定消极情感对身心疾病的发生、发展过程有着不良影响。例如,无所依靠和失望的情绪可以降低一个人的免疫力。情绪在心理变态中起核心作用,心理和精神病的先兆往往表现为情绪异常,所以,良好的情绪是心理健康的重要保证。

(2)个性特征。每个人都有自己独特的个性,它对人的心理健康有非常重要的影响。这是因为人们总是根据自己的个性特点对致病原因及已形成的疾病作出各种反应,所以,个体的个性特征往往比引起疾病的病原性质更能决定疾病的表现。研究显示,各种精神疾病特别是神经官能症,往往都有相应的特殊人格特征作为其发病的基础。例如,强迫性神经症,其相应的特殊人格特征称为“强迫性人格”,具体表现为谨小慎微、求全求美、自我克制、优柔寡断、墨守成规、拘谨呆板、敏感多疑、心胸狭窄、事事容易后悔、责任心过重、苛求自己等。又如,和癔症相联系的特殊人格特征是富于暗示性的、情绪多变的、容易激动的、耽于幻想的、以自我为中心的和爱自我表现的。因此,培养和完善健全的人格是预防和减少心理障碍或精神疾病的一项重要措施。

(3)心理冲突。心理冲突是人们面对难以抉择的处境而产生心理矛盾的状态。由于心理冲突带来的是一种心理压力,这种压力会增大个体适应环境的困难程度,因而,在多数情况下都会对个体的身心健康和工作产生不良的影响。尤其当冲突长期得不到缓解时,便会产生紧张和焦虑的情绪,严重的还可以导致心理疾病。虽然心理冲突并不一定全都是坏事,但剧烈而持久的冲突无疑有损身心健康,应尽量避免。

3. 社会因素

(1)生活环境因素。生活中物质条件恶劣,生活习惯不当,如摄取烟、酒、食物过量等,都会影响和损害身心健康。其次,不良的工作环境,如劳动时间过长、工作不能胜任、工作单调,以及居住条件不合心意、经济收入差等,都能使人产生焦虑、烦躁、愤怒、失望、紧张等情绪,从而影响人的心理健康。此外,生活环境的巨大变迁也会使个体产生心理应激反应,由此造成心理的不适。

(2)文化教育因素。教育因素包含家庭教育和学校教育两个方面。对个人心理发展而言,早期教育和家庭环境是影响心理健康的重要因素之一。研究显示,个体早期环境如果单调和贫乏,其心理发展将会受到阻碍,并会抑制个人潜能的发展;而受到良好照顾,接受丰富刺激的个体则有较大可能在成年后成为佼佼者。此外,儿童与父母的关系,父母教育的态度、方式,家庭的类型等也会对个体以后的心理健康产生影响。早期与父母建立和保持良好关系,充分得到父母的关爱,受到支持和鼓励的儿童,容易获得安全感和信任感,并对成年后的人格良好发展、人际交往、社会适应等方面有着积极的促进作用。例如,杰克布迪通过大量的临床观察发现,成年期的抑郁与青春期前爱的持续缺乏和丧失有密切的关系。学校教育的失当,如学校的教育方法、人际关系、校风等方面的问题,教师的教育态度、人格状况不良等,都会导致学生心理健康问题的产生。此外,不同的社会文化对人的心理健康也有重大的影响。文化精神病学的研究表明,不同文化(科学、教育、宗教、风俗、传统文化、社会习惯等)中精神病的发病率与临床表现形式都存在着显著的差异。例如,在发展中国家狂躁或抑郁性精神病较少见,而在发达国家抑郁症却是常见的病症。

(3)重大生活事件与冲突。生活中遇到的各种各样的变化,尤其是一些突然变化的事件,如家人死亡、失恋、离婚、天灾、疾病等,常常是导致心理失常或精神疾病的原因。在对生活事件与心理健康之间的关系进行解释时,一般人都认为是由于生活事件的产生增加了个体适应环境的压力。换句话说,个体每经历一次生活事件,都要付出精力去调整由于这一事件的发生所引起的生活变化,如结婚就意味着单身生活的结束,开始新的家庭生活。而升学、就业、谈恋爱等也会不同程度地促使个体生活的改变,如果生活事件增加,那么个体的生活变化也会相应增加,个体要适应变化了的生活,所付出的努力也需要相应增加。所以,如果在一段时间内发生太多的生活事件,个体的躯体和心理健康状况就极易受到影响。

除生活事件的影响外,个体所处环境的巨大变迁也会使个体产生心理的应激。虽然环境变迁也可以算作是生活事件的一部分,但这种变化对个体适应的影响将更加突出。例如,移民研究的结果显示,新到某个地方的移民与当地居民以及他们原来所在地的居民相比,更容易产生各种各样的躯体或精神异常。很多刚入学的大学生,尤其是来自农村和边远地区的学生,由于入学前后生活和学习环境的巨大变化,在适应新的环境时容易出现各种各样的困难。

四、促进心理健康的途径

美国出版的《人类行为百科全书》指出:“促进人类心理健康的活动,应该包括生理、心理和社会三方面的内容。生理方面是指从受孕期到老年的各阶段人体脑神经系统的保护和预防损伤的各种卫生保健的服务事项。心理方面是指自幼到老的各发展阶段的心理需要获得满足和情绪困扰减低到最低的限度。社会方面是指社会环境、社会制度和社会组织各方面功能的强化。”所以，如何维护心理健康和提高心理健康的水平，也必须从这三个方面去考虑问题，采取相应的方法和措施，才可以达到预期的目的。

1. 坚持健康的生活方式

生活方式是指在日常生活中人们所遵循的行为规范，即习惯化了的生活活动的形式。在日常生活中，人们总是按一定的方式去生活，这种方式是每个人在自己的生活过程中，为适应社会生活环境要求，自然而然地形成的。不健康的生活方式和不良的卫生习惯会对人体健康带来严重的危害，引发许多常见病等，如高血压、糖尿病、溃疡病、冠心病、脑卒中，甚至癌症。“健康的精神寓于健康的身体。”健康的生活方式和良好的卫生习惯则有利于提高人的身体健康水平，有了健康的身体，就能给心理健康提供良好的基础。

2. 讲究心理卫生

人们要维护和保持心理健康，提高心理健康水平就必须讲究心理卫生。说到心理卫生，到目前恐怕还是一个普遍被人们忽视的概念。心理卫生指的是人们维护和保持心理健康，提高心理健康水平，避免和减少发生心理失调与精神疾患的原则、方法和措施。

(1)要注意用脑卫生。因为大脑是心理器官，而心理是大脑的功能，如果大脑作为器官受到损害，其心理功能也必然要受到危害，这时心理健康自然就难以维护和保持。用脑卫生除避免物理、化学和生物的有害影响之外，主要是指在使用大脑时要讲究科学用脑，就是要劳逸结合，有张有弛，避免大脑的过度疲劳导致的功能衰弱，特别是应有充足的睡眠，以便使劳累一天的大脑得到及时而有效的修复。

(2)切莫讳疾忌医。在我国，人们对心理失调或精神疾患的认识和态度存在许多误区。因而对一些本来很平常或难以避免的心理失调与精神疾患表现得难以接受，讳莫如深。对于自身的类似情形常常“讳疾忌医”，对于有此类情况者则避而远之或抱以歧视的态度。这对于预防和消除心理失调与精神疾患，维护心理健康都是很不利的，也违反心理卫生的基本原则与方法。讲究心理卫生的一项重要任务就是及时在心理失调之初寻求心理咨询与治疗专家或精神科医生的帮助，以避免可能发生的心理失调或精神疾患。

3. 增强情绪的自我调控能力，及时排除各种负性情绪

人的情绪活动可以分为两大类：一是积极的良性情绪，如高兴、愉快、喜悦等，它能为人的中枢神经系统增添新的活力，发挥机体的潜能，改善人的生理和心理功能，促进人的心理健康；二是消极的负性情绪，如愤怒、焦虑、恐惧、抑郁等。负性情绪的作用有两面性，一方面可利于个体为适应恶劣的环境刺激而斗争；另一方面，负性情绪往往以强烈的激情状态或持久的心境出现，使人的头脑失去冷静，可能导致意识模糊或精神颓丧、意气低沉，使观察事物的能力和思维判断的能力被歪曲，意志行为反应受到扰乱等，从而影响人的整体心理功能的正常发挥，使心理健康遭受严重的损害。因此，要维护心理健康就要学会情绪活动的自我调控，及时排除各种消极的负性情绪。

4. 培养完善健全的人格

人总是按照自己既有的人格来观察外界事物，思考问题，产生相应的态度和情绪体验；同时对外界环境刺激采取一定的应对策略，并作出一定的行为反应。能采取恰当的态

度，体验正常的情感情绪，作出正确合理的行为反应，即具备了健全的人格，因而有助于人们正确地评价客观事物，顺利地进行社会交往和人际关系的正确处理，更有助于人们有效地去适应变化着的社会生活环境，从而不断提高心理健康的水平。所以，培养和完善健全的人格，对于心理健康的维护有着极为重要的意义。

5. 积极参与社会活动，扩大人际交往

人类是一种群体动物，过的是群体生活，每一个人作为社会的一员都必须生活在一定的社会群体之中。通过群体的社会生活和交往活动，一个人就可以与群体中的其他成员或其他社会群体进行交往和联系，特别是和志趣相投的伙伴、朋友、同学和同事在一起，更能推心置腹地进行思想沟通与情感交流，从中得到启发、疏导和帮助。通过积极参与社会活动，人际交往得以不断地扩大，不仅可以使人开朗心胸、增进理解、交流经验、开阔视野，还可以使人获得更多的社会支持。更重要的是，这可以使人感受到与社会集体融为一体、不可分离以及充足的社会安全感、责任感、信任感和激励感，从而大大增强个人对生活、学习和工作的信心和力量，最大限度地减少心理应激和心理危机感。社会活动是人们维护和保持心理健康的最基本、最重要的因素之一。一个离群索居、孤芳自赏、生活在社会群体之外的人，是不可能做到心理健康的。

以上多方面途径构成了维护和增进心理健康的有机的统一的整体，只有生物、心理、社会适应三者的协调发展才能获得良好的效果。

【相关误区】

1. 心理健康标准的相对性和发展性

事实上，大学生心理健康与不健康并无明显界限，而是一个连续化的过程，如将正常比作白色，将不正常比作黑色，那么在白色与黑色之间存在着一个巨大的缓冲区域——灰色区，世间大多数人都散落在这一区域内。这说明，对多数大学生而言，在人生的发展过程中面临心理问题是正常的，不必大惊小怪，应积极加以矫正。与此同时，个体灰色区域也是存在的，大学生应提高自我保健意识，及时进行自我调整。人的健康状态的活动是一个发展的问题，当一个人产生了某种心理障碍并不意味着永远保持或行将加重。在心理上形成心理冲突是正常的，而且是可以自行解决的。

不健康的心理可能是人的发展中不可避免的发展性问题，随着个体的心理成长而逐渐调整，趋于健康。心理健康的标准是一个理想尺度，它为人们提供了衡量心理是否健康的标准，同时也为人们指出了提高心理健康水平的努力方向。如果每个人在自己现有基础上能够做不同程度的努力，都可追求自身更高层次的心理发展，从而不断发挥自身的潜能。大学生心理健康的基本标准，是他们能够进行有效的学习和生活。如果正常的学习和生活都难以维持，就应该及时予以调整。

2. 心理咨询并不等于心理安慰或心理治疗

当一个人心理上遇到难以排解的困苦时，他可以找个亲朋好友诉一番苦或痛哭一场，那时可以得到许多宽心话，也可以得到不少精神安慰。一般说来，安慰具有情绪宣泄和暂时恢复心理平衡的功能。但心理咨询不同于一般的安慰，因为它不仅要使人开心，更要促使人成长。一般人在相互安慰时，总是会劝说对方尽快尽早地忘却其不快的经历。“过去的事情就让它过去吧”，这大概是人们平时相互劝慰时的共同准则。但心理咨询人员不会这样简单地劝说来访者忘却过去，而是竭力使人积极地看待个人所经受的挫折与磨难，将不愉快的经历当作自我成长的良机。与一般安慰不同的另一点是，心理咨询要避免使来访者依赖他人，要促进其独立性与自立性。虽然，心理咨询不同于一般的安慰，但它并不排斥使用安慰效应。

“心理治疗”一词显然有着浓厚的临床色彩。心理咨询与心理治疗的区别主要有以下几点：从工作对象上看，心理咨询主要是针对正常人，而心理治疗则主要针对有心理障碍者；从工作内容看，心理咨询着重处理的是常人遇到的各种问题，如人际、情感、家庭、环境适应、职业选择、职业生涯等问题。而心理治疗的适应范围则主要是某些神经症、人格及行为障碍等；从工作时间看，心理咨询用时较短，咨询次数一般为一次到几次，而心理治疗费时较长，由几次到几十次不等，甚至经年累月才可完成。不过，在说明心理咨询与心理治疗的区别的同时，要指出两者在大学生心理健康咨询中是不能也不必完全区别开的。因为两者所采用的理论方法常常是一致的，工作对象和目标常常是相似的，也都注重建立帮助者与求助者之间相互信赖的工作关系。比较合理的做法是视当事人问题的严重程度，既有原则而又不失灵活地看待心理咨询与心理治疗之间的关系。

3. 大学生眼中的心理咨询

目前，已有相当一部分高校设有心理咨询或类似的机构，但工作水平及发展规模却存在很大差异。在此情形下，大学生是如何看待心理咨询的？通过调查得出以下几点结论：

(1)大学生对心理咨询的看法总体上是积极的。调查表明，只有个别学生认为去心理咨询的人都是有心理疾病的人，绝大多数的学生认为心理健康者也可以去心理咨询，80%以上的人相信心理咨询有效果，90%以上的人认为心理咨询是科学的。

(2)大学生更看重心理咨询的治疗功能，而对心理咨询的发展功能认识不足。调查中，关于去心理咨询的人，多数大学生认为，最多的三类人依次为“有心理障碍的人”“情绪调节困难的人”和“遇到实际困难的人”或“想更好开发潜能的人”；少数学生认为“有精神病的人”才去心理咨询。大学生寻求心理咨询的心态在一定程度上存在知与行、对己和对人的矛盾。调查中绝大多数大学生认为在高校开展心理咨询“很有必要”或“有必要”，但当“自己遇到心理困惑、不适时”，明确表示愿意寻求心理咨询的只占大学生心理健康与咨询内容的约1.4%。

(3)比较起来，当自己的同学、朋友或亲属遇到心理问题时，一半的学生会动员他们去寻求心理咨询。当被问及“如果你遇到心理困扰而自己又难以排解时，通常你会向谁寻求帮助”时，大学生的回答依次是“同学、朋友”“自己承受”“自己所信赖的教师、长辈”“父母”，最后是“心理咨询机构”。

(4)低年级大学生比高年级大学生更愿意寻求心理咨询的帮助。

心理训练

【活动一】认清过去事件对自身的影响

游戏名称:我的生命线

游戏目的:对过去、现在和未来的“我”做评估和展望,帮助成员思考过去一些重要事件对自身产生的影响,鼓励成员努力发现自己处理问题的正面力量与资源。

游戏规则:

生命线就是每个人生命走过的路线,世间有多少条生命,就有多少条生命线。

1. 请准备好一张白纸及一支红笔、一支黑笔,要用颜色区分心情。先把白纸摆好,最好横放。

2. 在纸的中部,从左到右画一道长长的横线,然后在右侧画上箭头。接着,请你在横线左侧写上“0”这个数字,在横线右侧箭头旁边写上你为自己预期的死亡年龄(预测死亡年龄的三个依据:个人的健康状态、家族的健康状态、生活地域的平均寿命),可以是68,也可以是100。

3. 在线的上面写上“×××的生命线”(×××代表你自己的名字),写上你此时的年龄和今天的日期。

4. 在你的生命线上,把你这一生曾经历的大事和未来想做的事都标出来。如果有可能,尽量注明时间。将其带给你的快乐和期待的程度标在线的上方。如果它是你的至爱,就请用红笔高高地写在你的生命线的最上方。如果是挫折和困难,如父母去世等各种意外,不妨一一用黑笔将其在生命线的下方勾画出来。

【活动二】生命中最重要的五样东西

游戏名称:留舍留爱

游戏目的:思考自己“生命中最重要的五样东西”,通过对留与舍的决定,帮助参与者澄清自己的价值取向;参与者在交流分享中彼此启发、相互学习,完成价值观的重组。

游戏规则:

1. 分成若干个6人小组,每人发一张纸和一支笔。

2. 主持人要求大家把自己“生命中最重要的五样东西”写下来,小组内进行交流。

3. 请每个人想一想,假如要从五样中划去一样,自己首先划去哪一样? 划去的理由是什么? 就这样依次再划去另一样,直到还剩最后一样。

4. 小组交流划去的顺序和理由,全班分享自己作出留与舍决定时的心理感受。

心理测试

【测试一】你有心理障碍吗？

现代社会的快速发展给人们带来了巨大的生活便利，但同时也给人们带来了不可忽视的生活压力。在快节奏的时代，竞争越发激烈，每个人的心理或多或少都承受着一定的压力，而调节不当，就有可能发展成心理障碍。你是否有心理障碍呢？赶紧来测试一下吧。

1. 当你在一个陌生的房间独处时，你是否感到恐惧和压抑？（　　）
   A. 经常会这样
   B. 偶尔会这样
   C. 从来不这样
2. 你走出门后，是否总担心门没锁好或者煤气没关，然后会折回去检查？（　　）
   A. 经常会这样
   B. 偶尔会这样
   C. 从来不这样
3. 你的家庭生活是否和谐？（　　）
   A. 非常和谐
   B. 一点都不和谐
   C. 偶尔会不和谐
4. 你是否觉得自己的能力高人一等？（　　）
   A. 从来没有
   B. 偶尔会觉得
   C. 经常会这样
5. 你上床后是否很久才能入睡，或早上总是醒得太早？（　　）
   A. 经常会这样
   B. 偶尔会这样
   C. 从来不这样
6. 你是否总是怕弄脏了别的东西，或怕别的东西弄脏了你？（　　）
   A. 经常会这样
   B. 偶尔会这样
   C. 从来不这样
7. 你是否曾经有过自杀的念头？（　　）
   A. 常常会有
   B. 偶尔会有
   C. 从来没有

8. 你的感觉是否比较灵敏，能经常感知到一些别人无法察觉的东西？（　　）

A. 非常灵敏

B. 一般灵敏

C. 一点都不灵敏

结果解释：

选 A 得 1 分，选 B 得 2 分，选 C 得 3 分，每题分数相加，得出最后结果。

1～8 分：你的心理障碍比较严重，建议你有空的时候去看一下心理医生。平时注意放松自己，不要给自己太大的心理压力。

9～16 分：你有轻微的心理障碍，建议你注意调节自己的情绪，适当地给自己解压，别把自己脑中的弦绷得太紧。向朋友倾诉是一个不错的解压方式，多运动，外出散散心，也可以适当地自我放松。

17～24 分：恭喜你，你没什么心理障碍，要继续保持乐观积极的态度哦。

【测试二】测测你最真实的一面

认真做下面的选择题，仅凭第一感觉，测测你最真实的一面吧！

1. 若有块地盖养老用的房子，你会盖在哪？（　　）

A. 靠近湖边（8 分）

B. 靠近河边（15 分）

C. 深山内（6 分）

D. 森林里（10 分）

2. 吃西餐时你最先动哪一道？（　　）

A. 面包（6 分）

B. 肉类（15 分）

C. 沙拉（6 分）

D. 饮料（6 分）

3. 如果节庆要喝点饮料，你认为如何搭配最适当呢？（　　）

A. 圣诞节 / 香槟（15 分）

B. 新年 / 牛奶（6 分）

C. 情人节 / 葡萄酒（1 分）

D. 国庆节 / 威士忌（6 分）

4. 你通常什么时候洗澡？（　　）

A. 吃完晚饭后（10 分）

B. 吃晚饭前（15 分）

C. 看完电视后（6 分）

D. 上床前（8 分）

E. 早上起床才洗（3 分）

F. 没有特定时间（6 分）

5. 如果你可以化为天空的一隅，你希望自己成为什么呢？ （　　）

A. 太阳（1 分）

B. 月亮（1 分）

C. 星星（8 分）

D. 云（15 分）

6. 你觉得用红色笔写的“爱”字比用绿色笔更能代表真爱吗？ （　　）

A. 是（1 分）

B. 否（3 分）

7. 你会选择什么颜色的窗帘？ （　　）

A. 红色（15 分）

B. 蓝色（6 分）

C. 绿色（6 分）

D. 白色（8 分）

E. 黄色（1 分）

F. 橙色（3 分）

G. 黑色（1 分）

H. 紫色（10 分）

8. 挑选一种你最喜爱的水果吧！ （　　）

A. 葡萄（1 分）

B. 水梨（6 分）

C. 橘子（8 分）

D. 香蕉（15 分）

E. 樱桃（3 分）

F. 苹果（10 分）

G. 葡萄柚（8 分）

H. 哈密瓜（6 分）

I. 柿子（3 分）

J. 木瓜（10 分）

K. 凤梨（15 分）

9. 若你是动物，你希望身上搭配什么颜色的毛？ （　　）

A. 狮子/红毛（15 分）

B. 猫咪/蓝毛（6 分）

C. 大象/绿毛（1 分）

D. 狐狸/黄毛（6 分）

10. 你会为名利、权位刻意讨好上司或朋友吗？ （　　）

A. 会（3 分）

B. 不会（1 分）

11. 你认为朋友比家人更重要吗?

A. 是(15 分)

B. 否(6 分)

12. 若你是只白蝴蝶,会停在哪一种颜色的花上? ( )

A. 红色(15 分)

B. 粉红色(8 分)

C. 黄色(3 分)

D. 紫色(6 分)

13. 假日无聊时,你会选择什么电视节目来看? ( )

A. 综艺节目(10 分)

B. 新闻节目(15 分)

C. 连续剧(6 分)

D. 体育转播(15 分)

E. 电影频道(10 分)

结果解释:

将每道题对应的选项后的分数相加,最终结果对应下面的几种情况:

100 分以上(积极 & 热情):个性开放,觉得助人为快乐之本。做事干脆利落,有时会过度激动,但又富有强烈的同情心,令人莫名的想和你们亲近。也因为你们的复原力很强,人们能轻易感觉到一股强劲的行动力,和你们在一起就像有了一股生命的源泉,不会有想放弃的念头,因为你们总是保持着乐观进取的态度。

100~90 分(领导人):做事慢条斯理,喜欢思考及沉淀思绪,爱好命令别人,讨厌别人的反抗与质疑的态度,也不容许自己输给别人。喜爱学习,想让自己成为最好的。而达不到目标时会不分青红皂白的生闷气。

89~79 分(感性人):表达能力丰富,想象空间大,因此常胡思乱想而变得多愁善感,容易沉醉在罗曼蒂克与甜言蜜语中,对爱情总是既期待又怕受伤,常无厘头又莫名地对号入座。个性属于优柔寡断型,通常不顾现实,只跟着感觉走,让人摸不着你的想法与思考逻辑。

78~60 分(理性 & 淡定):做事总是深思熟虑,考虑再三,谨慎小心,冷静且也愿意当个易妥协的人,有时候宁愿自己承受舆论与压力,也不愿说出来,或和好友谈谈,因为你总是认为自己能熬过那么困苦不堪的日子,但其实这都只是在逞强罢了。你们通常讨厌被束缚,而是酷爱自由!

59~40 分(双重 & 孤寂):环境的因素会让你不知道该怎么表现自己,所以你可能有见人说人话的习惯,其实你热爱人多的时候,只是有时会导致你慌乱,不过你还是会因为现实的需要而委屈自己配合他人。通常会因得不到满足而受挫,造成自闭。

40 分以下(现实 & 自我):喜欢多变、刺激的事,是个很有心机的人,而且计划周详,别人对你难以揣测,对任何事你都充满企图心,刚愎自用,想突显表现。常因追求遥不可及的梦想造成不平衡的心态,隐瞒自己也欺骗别人。

【测试三】罗夏墨迹测验——看图片测试你的心理状态

很多人都听说过罗夏测试,但很少有人真正测试过,并看到自己的测试结果,因为大多时候研究者要保密。Stupid Stuff 网站经过研究,发展了罗夏测试,并于近日推出了他们的研究成果。下面这个测试的结果可能让你抓狂,但它却能反映出你的潜在的状况。

请选出在以下六幅图里你分别看见了什么?

1. （ ）

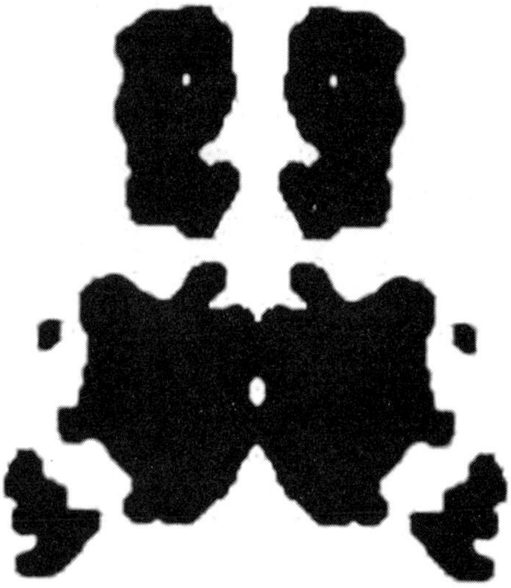

A. 一张惊恐的脸

B. 旋涡

C. 面具

D. 鲜花

E. 性感的画像

2. （ ）

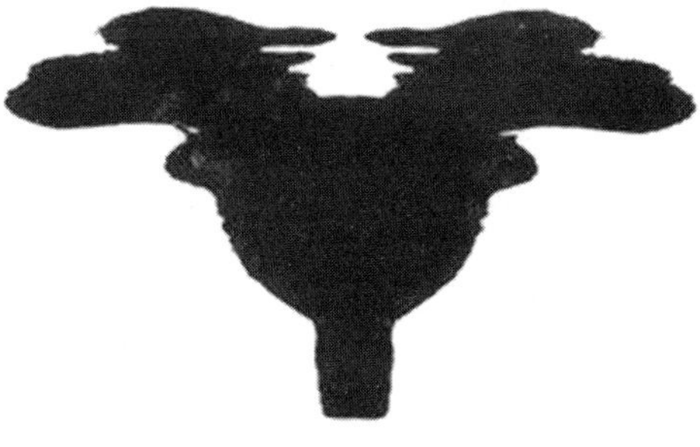

A. 一只小兔子的头

B. 一只拉长的小马的头

C. X 光片,特别是下半部分

D. 地道或隧道

E. 一张要吞了人的血盆大口

3. （　　）

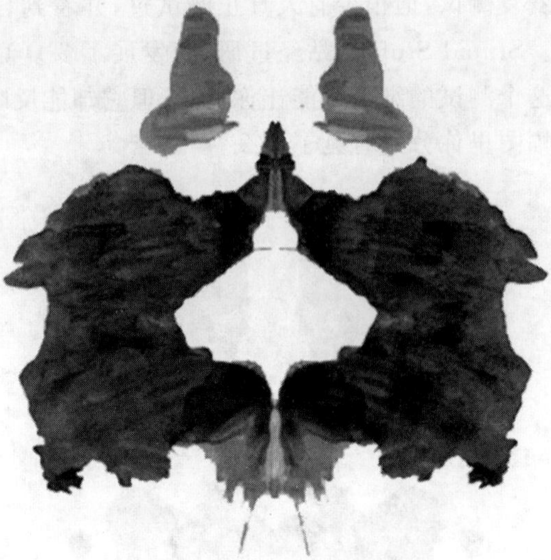

A. 两个断臂人在接吻

B. 镜子里反射的意大利海岸线

C. 膝盖接触着的腿

D. DNA 测试结果

E. 从烟囱里冒出来的浓烟

4. （　　）

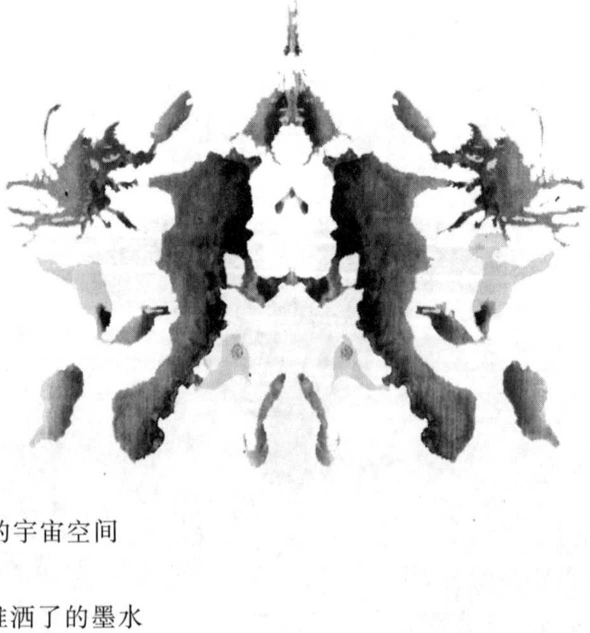

A. 运动着的宇宙空间

B. 蝴蝶

C. 就是一堆洒了的墨水

D. 一个人骑在另一个人头上，他们的手臂是向外伸展着的

E. 一个暴露在我面前的女人

5. （　　）

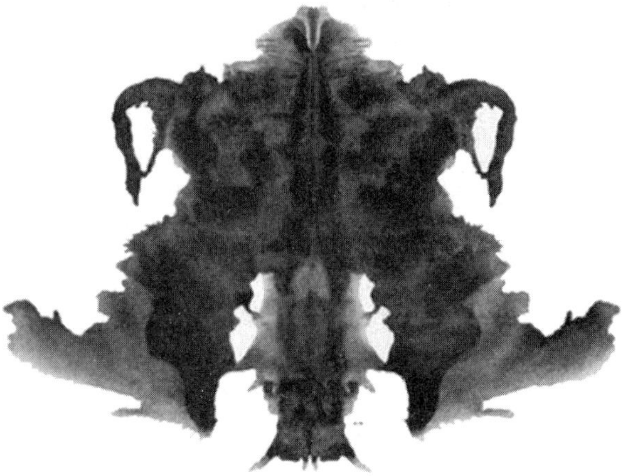

A. 一双充满邪恶的眼睛，看着让人觉得有点恐怖

B. 小兔子

C. 被高速行驶的子弹头式火车撞上的人

D. 什么都不像

E. 把墨水洒在纸上，然后对折形成的图形

6. （　　）

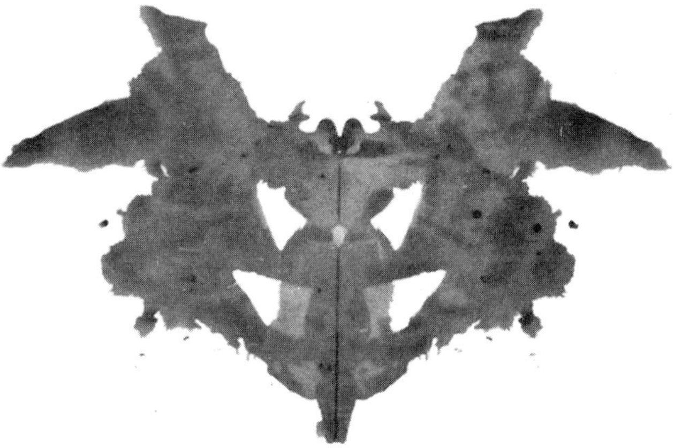

A. 一条咆哮的大狗

B. 一个妖怪咬一只无助的小狗

C. 正在做爱的人

D. 跳动的心脏

E. 大脑受伤的山羊

结果解释：

A. 1 分　B. 2 分　C. 3 分　D. 4 分　E. 5 分

6～11 分：你往往很依赖他人，缺乏独断力，生活形态倾向于不定型。脆弱，害怕边缘化，有时候会表现出很强的幼儿性。你需要增强生命的弹性，学会控制自己的情绪，平和地面对一切。

12～17 分：你的测试结果显示目前你正处于一种非常混乱的状态，正在寻找一种方式来麻痹自己。你属于自我压抑型的人，对事情一般持悲观态度。特有的生活经历让你意志力坚强、干练，比同龄人要成熟、睿智得多。但性格中的矛盾点和生活中的痛苦点让你怎么都高兴不起来。拥有一颗豁达的心，学会减压，善待自己，是让你快乐起来的关键。

18～23 分：你对现在的生活状况不太满意，潜意识里希望能有所改变。脚踏实地是你做事的一贯风格，但缺乏冒险、创新精神，做事缺乏弹性，不懂得变通，往往因为害怕承担风险而选择最保险的做法。增强挑战新事物的勇气，想办法为自己创造更大的发展空间，你会发现人生会更加缤纷。

24～30 分：你现在的状态非常好，乐观、积极，充满希望，要保持下去。你对生活充满了热情，不渴求完美，对金钱也不太关注，渴望平凡、简单的生活。另外你重感情，体贴朋友，很有牺牲精神。不过建议你增强忧患意识和警觉意识，否则不知道什么时候潜在的危机就跳出来作怪了。

心灵鸡汤

【名人名言】

人的一生就像一趟旅行，沿途有数不尽的坎坷泥泞，但也有看不完的春花秋月。如果我们的心总是被灰暗的风尘所覆盖，干涸了心泉，黯淡了目光，失去了生机，丧失了斗志，我们的人生轨迹岂能美好？

——[美]拿破仑·希尔

【推荐阅读】

1.《找到你的色彩正能量》(李昀著)

本书提供了简单却科学的 20 色色彩心理测试，首先帮你进行全方位的自我认知，让你找到自我色、灵感色、伴侣色、需求色、满足色、压力色等心理颜色，让你更了解自己，也了解当下的情绪心理状态。在找到自己的色彩密钥之后，尝试在生活中运用色彩心理学，用色彩的力量为形象加分，给身心充电。这是一本非常有趣又实用的色彩心理书。

2.《拖延心理学:重拾行动力·克服拖延症》(高佑著)

为什么我们会拖延?我们对拖延症了解多少?我们能够克服拖延的习惯吗?你是否正在拖延的泥沼里挣扎?如今,拖延症和网瘾、社交恐惧症一样,已经成为蔓延在现代都市里的一种流行病。《拖延心理学:重拾行动力·克服拖延症》从心理学的角度出发,讲述了拖延症产生、发展、肆虐的来龙去脉,也讲述了如何摆脱拖延症,变成雷厉风行的行动派。只要你仔细阅读和练习,就会得到你想要的。

项目二　适应能力训练

心理体验

【体验一】头脑风暴

在大学，完成学业之余，同学们可以享受得更多，比如跳舞、聊天、看电影、聚会等，生活不可谓不丰富多彩，但是在这些信息的背后，又透露出了当代大学生们怎样的一种生活状态呢？

走进大学，你或许会发现它像一座屹立在城市中的城市，透露着它独有的青春与魅力，它直接反映了学校的治学理念和教学态度，是学校校风、校训的有力体现，同时也涵盖了对莘莘学子的各种要求。举目四眺，一幢幢整齐的教学楼和风格各异的科教楼无不透露着科学、人文与自然完美结合的时代气息。你在惊叹的同时也别忘记要给自己留一张纪念照，或许在你离开的时候，这张照片将唤起你对学校的美好回忆。

大学校园每个角落似乎都诉说着它成长的历程，而我们这些成长于它宽大怀抱的年轻人，则在肆无忌惮地享受着它的温暖、包容、大度。它不仅是我们成长的快乐天地，更是培养多元化优秀人才的摇篮！

讨论：

1. 你心目中理想的大学校园生活是怎样的？

2. 进入大学已经有一段时间了，在这段时间里发生在生活、学习中的事与你中学时有何不同？举例说一下。

3. 你适应了大学生活吗？或者你有哪些不适应的地方？你觉得这是由什么原因造成的？

【体验二】游戏活动

游戏名称：个人投资

游戏目的：本活动帮助个体意识到入学时个体间存在的地域文化、教育差异，认识到这些差异的客观性与必然性，从而在入学之初给自己客观地定位，有机会感受到自我的发展。

游戏规则：

1. 请每个同学在一张纸上列举自己入学前个人看过的书的种类、数量，课外修读过的课程与实践种类，参加过的特色活动的类型与担任的角色，与目前专业学习有关的阅读及达到的水平，对家庭在个人学习方面的投资的估算，个人每天学习时间的估算。

2. 在另一张纸上，根据自己在班中的可能情况而定，用1～10分给自己以下的一些情况打分：

项　目	第一次打分	第二次打分
自己多年来在学业上的努力程度		
家庭经济状况		
接受新技术与新信息教育的机会		
个体心理挫折承受能力		

3. 就第一部分内容，进行全班交流，在黑板上标出相关的一些数据，但不记名字。

4. 在交流结束后，再给自己的情况在班中的地位第二次打分。

5. 讨论：

(1) 两次打分一样吗？

(2) 两次打分的差异对你有什么启示吗？

(3) 你将如何看待自己的情况？

(4) 你将为自己制订怎样的学习目标？

心理认知

【认知一】适应的相关概念

社会适应性良好是心理健康的主要特征。适应大学生活是大学生适应社会的前奏曲。当每一个大学新生真正开始大学生活时，由于生活环境、生活方式、学习内容以及人际关系等的种种改变，他们每个人都会经历一个时间长短不一的适应的阶段，从不适应到适应，这些改变以一定的方式不同程度地影响着每一个学生的心理。如何缩短适应期，如何克服适应阶段出现的种种心理问题，是每一位大学新生都要面临的重要问题。学会积极适应，维护心理健康，是我们每一个大学生顺利成长的必要前提，希望通过本项目内容的学习，使每一位大学生能够学会积极适应生活、适应学习、适应人际交往、适应身体变化，达到会生活、会学习、会交往、会做人，成为适应良好、心理健康的人。

一、适应与心理适应

适应是来源于生物学的一个名词，用来表示能增加有机体生存机会的那些身体和行为上的改变，心理学上用来表示对环境变化作出的反应。心理学研究中关于适应的概念很多。由于心理学研究具有从简单的感知觉、认知学习、行为习惯、人格到社会性等研究对象的复杂的层次性，因此，心理学领域对适应概念的理解和运用也存在三种不同的层次。

1.生理适应

生理适应即生物学意义上的适应，指在有机体的机能和感知觉水平上，个体对声、光、味等刺激物的适应。在此层次上，适应至少可以分为两种类型：一是长期性适应过程，指个体或群体为了求得生存和发展，在生理机能或心理结构上产生改变，以适合于自身生存的环境的历程；二是即时性适应过程，指有机体感官随着刺激在时间上的延续，感受性水平发生变化的现象，如感官适应、个体学习等。

2.心理上的适应

心理上的适应通常指个体遭受挫折后借助心理防御机制来使人减轻压力、恢复平衡的自我调节过程，这是一种狭义的适应概念。

3.对社会生活环境的适应

对社会生活环境的适应包括为了生存而使自己的行为符合社会要求的适应和努力改变环境以使自己能够获得更好发展的适应，这是社会适应层次上的概念。

综合以上观点可以看出，适应这一心理现象具有以下性质和特点：①适应是主体对环境变化所作出的一种反应，适应现象伴随环境的变化而产生、变化，没有环境的变化就无所谓适应或不适应；②适应的目的是达到或恢复主客体之间的平衡，因此，适应就是主体不断建立平衡的动态变化过程；③适应是在主体自我意识作用下的自我调节过程，其中同化和顺应是主要的自我调节方式。

心理适应性是心理健康的一条重要标准，是心理素质结构的重要组成部分，是个体在与周围环境相互作用、与周围人们相互交往的过程中，以一定的行为积极地反作用于周围环境而获得平衡的心理能力。具有较高心理适应性的人应该对环境变化持有积极灵活的态度，能够主动调整自身的身心，在现实生活环境中保持一种良好的有效的生存状态。它是认知因素和个性因素在个体“适应—发展—创造”行为中的综合反映，是个体生存和发展中必要的心理因素之一。

所谓心理适应问题，是指个体在社会化过程中，因不能根据身心和社会生活环境的变化积极主动地进行身心调整而产生的身心困扰和行为障碍。张大均等认为，适应性品质主要包括身心适应、学习适应、情绪适应、人际适应和挫折耐受力五种成分。身心适应性指身体对环境、行为方式和心境的改变产生神经、心血管、消化等系统的保护性反应能力，而身体某一系统的适应又改变心境。学习适应性指学生能够根据学习环境、内容和教师的教学方式的改变而对自己的学习准备、学习方式和复习方式等做出调整。包括学习的准备计划、改进学习方法、归因倾向和积极努力的学习态度等。情绪适应性指情绪稳定而成熟，充满安全的情绪体验。人际适应性指与人和谐相处、积极合作的情况。挫折耐受力指学生面对挫折而采取的防御和自我调节方式。

二、应激理论与适应

所谓应激（stress），是个体面临或觉察（认知、评价）到环境变化（应激源）对机体有威胁或挑战时作出的适应性和应对性反应的过程。是指机体对各种社会心理刺激的反应，包括生理、心理和行为反应三个方面。现代应激理论认为，应激是机体对应激源（stressor）应答反应的综合表现，是机体在环境适应过程中实际上或认识上的要求，与适应或应付能力间不平衡所引起的身心紧张状态。应激反应结果可以是适应或者是适应不良。人在长期持续性应激或超常应激情况下表现出的适应不良的状态称为"应激效应"（strain），这种效应常表现出不同的生理、心理或社会的功能障碍或紊乱。

1. 应激与心理应激

加拿大心理学家塞里（H. Selye）于 1936 年首次提出的应激概念是指机体对伤害性刺激的非特异性防御反应，是机体对环境作出的适应反应的一种非特异性全身适应综合征。拉泽鲁斯（R. S. Lazarus）于 1968 年提出了心理应激的概念，认为心理应激是指人对外界环境有害物、威胁、挑战经认知、评价后所产生的生理、心理和行为反应。产生应激状态的原因有两方面：一是已有的知识经验与面临事件提出的新要求不一致，没有现成的办法可以参考，需要进入应激状态；二是已有经验不足以应付当前的境遇而使人产生无能为力的失助感和紧张感。

应激能引起一般适应综合征的发生。这种症状一般分三个阶段：①警觉阶段：应激初期，交感神经兴奋，肾上腺素分泌增加，心率上升，血糖和胃酸增加，机体处于适应性防御状态。②阻抗阶段：有机体提高代谢水平，动员保护机制以抵消持续的情绪紧张。③衰竭阶段：紧张持续，有机体的适应能力全部耗尽。这时机体会被其自身防御作用损害，导致适应性疾病。可见，对应激的控制对人体健康十分重要。

应激状态对人的生理、心理和社会活动有很大的影响。有时应激引起身心紧张有利于个体全力解决紧急问题。同时，维持一定的紧张度，保持高度警觉，有助于认知功能的发挥，使人作出平时所不能作出的大胆判断和动作。但是，有时应激所造成的高度紧张又会阻碍认知功能的正常发挥，导致人们感知、注意产生局限，思维迟滞，正常处理事件的能力反而被大大地削弱。

2. 应激的心理反应

当个体觉察应激源的威胁后，就会通过心理和生理中介机制产生心理、生理反应，这种变化称为应激反应。适度的应激可活化机体的各种功能，有利于机体应对应激源。但较强或较为持久的应激对人体则是有害的。目前，对应激的研究有很多，归纳起来，应激的心理反应主要表现为以下几种：

（1）认识反应：轻度的应激状态有助于个体增强感知活力，活跃思维。但强烈的应激会对认知活动产生不良影响，常常表现为注意力不能集中、记忆力下降、逻辑思维能力降低、对事物的判断和抉择发生困难，导致出现感觉过敏或歪曲、思维或语言迟钝或混乱、自知力下降、自我评价降低等现象。

（2）情绪反应：应激可导致焦虑、恐惧、愤怒和抑郁等多种不良情绪。而焦虑是心理应激下最常见的一种情绪反应，是一种预期会出现不良后果的复杂的情绪状态，包含恐惧、担心。适度的焦虑可提高人的警觉水平，以适当的方式应对应激源，有利于个体适应外界环境的变化。但过度的焦虑能破坏个体的认知能力，使人难以作出符合理性的判断和决定。

(3)行为反应:伴随应激的心理反应,个体在外显行为上也可能发生某些变化,应激状态下个体的行为表现为“战”或“逃”两种类型。“战”主要表现为接近应激源,分析现实,研究问题,寻找解决问题的途径。“逃”则是远离应激源的防御行为,主要可表现为攻击或敌对,其心理基础是愤怒、怨恨。在某些应激刺激下,个体会以攻击方式作出反应。攻击的对象可以是人或物,也可能是自己。通过攻击行为把能量释放出来,减轻心理压力。

(4)自我防御反应:是潜意识的,借助于自我心理防御机制,个体面对环境的挑战,对自己的应对效果作出新的解释,如否认、升华、转移、合理化、幽默等,以减轻应激所引起的紧张和内心痛苦。

在各种应激心理行为反应中,有些对人有利,如积极思考、遇事不惊等;也有些妨碍和干扰人的生理活动,如焦虑不安、情绪低落、愤怒、激动等。

(5)应激与社会适应:现实生活中应激事件是普遍存在的,也是难以避免的。有些人遭遇应激事件会产生强烈的反应,甚至导致疾病,而另一些人在同样的应激环境中则适应良好。这说明个体对应激源的反应方式和强度存在很大的个体差异。一般认为,应激强度的大小与人的认知评价、人格因素、社会支持和应对能力等有关,因此,个体针对影响心理应激反应的这些因素对自我进行调整,就可缓解应激,降低应激强度,从而增强身心健康水平,提高自我的社会适应性。

3.影响应激的因素

(1)认知评价与应激:认知评价指个体对应激事件所抱有的态度和信念,与个体的文化教育、价值观念、行为准则密切相关。对同一类应激源,可因个体对事物的认知、评价、体验和观念的不同而存在很大的差异,并表现出不同的情绪反应和生理反应。拉泽鲁斯首创威胁性评价的概念,认为事物引起应激是由于它威胁人的安宁。凡被知觉为有威胁的事件均可导致应激反应。

(2)人格因素与应激:人格特征影响个体对环境的适应能力,也决定个体对应激源的反应方式和强度。内向型性格的人在应激状态下多表现为冷静、沉默或压抑,而外向型性格的人则多表现为愤怒、痛苦或高兴。另外,人格体系中包含认知、行为控制等成分,也会对个体的应激反应产生影响。

(3)社会支持与应激:社会支持是指在应激状态下,个体受到的来自社会各方面的心理上和物质上的支持或援助。当某人遭遇应激或不幸时,家庭、亲友、同事及社会各方面的关心、支持和理解可以有效地降低或缓解应激的强度。有研究指出,缺少或不能很好地利用社会支持系统的个体,当面对同样强度的应激刺激,心理和生理上的反应都相对较为明显。

(4)应对能力与应激:恰当评估应激事件和自己的应对能力,并能合理运用心理防御机制,能较好地适应和应对应激源。过高或过低估计自己的应对能力,或对应激事件缺乏足够的心理准备而导致不能很好地应对应激事件者,则应激强度高。

过高或过低的应激强度与应激反应均会对个体的社会适应性产生不良的影响。适度的应激反应可以帮助个体在新的条件下达到心理上的平稳和行为上的适应,从而促进个体社会适应性的发展。

【认知二】大学生的适应问题

一、大学生常见的适应问题

在现实生活中，一个大学新生离开家乡，离开父母和家庭，步入一个新的生活环境，学习的内容发生变化，生活的方式发生变化，日常接触的社会群体也发生变化……这些变化，都以一定方式影响着学生的心理，造成学生心理上的不平衡和行为上的不适应。在一次对大学新生的调查中发现：有 42％的学生反映，由于环境的改变，出现了矛盾、困惑心理。其中一部分学生表现出对现实的失落感。由于中学时教师为了激励学生刻苦学习，考出好成绩，把大学描绘成一个“人间天堂”，学生也将考大学作为唯一的和最终的目标来激励自己在高中埋首苦读。但当跨入大学校园后，突然发现事实并非如此，进而怀念起过去的中学生活。而且一部分学生发觉在中学时站在山顶“风景这边独好”的感觉没有了，在高手如云的新的集体内，昔日那种鹤立鸡群的优越感荡然无存，无形中在心理上产生一种失落感。另有一部分学生表现出对专业学习的困惑心理。与中学相比，大学学习具有更多的自主性、灵活性和探索性，进大学后，他们一时无所适从。有些学生感觉一下子从中学的严格管教中“松了绑”，但又不知如何安排学习，心中感到忧郁、焦虑和恐慌。还有一部分学生表现出对生活及其环境的不适应。进入大学后，由原来依赖父母的家庭生活过渡到相对自立的大学集体生活，心理上产生一种孤独感。综合以上因素，大学生常见的适应问题主要表现在以下几个方面：

1. 角色转换的适应

从一名中学生转变为一名大学生，每一位大学新生都面临着角色的转换，面临着对自我的重新定位。在这种角色的转换过程中，如果自身的行为不能随着角色的变化而变化以符合角色的要求，不能随着时间、环境的不同而进行相应的调整，就可能会出现角色的冲突，从而出现适应不良。例如，有一些同学入校后，首先感到难以适应的是在班级中地位的变化，因为能进入大学的学生在中学往往是尖子生，并且习惯了“拔尖”的地位，而进入大学以后，各方面的人才聚集在一起，势必使大部分同学失去原来的“拔尖”地位，而成为“一般”甚至“比较差”的成员。这种地位的变化越强烈，他们适应起来就越困难。面对新的角色，有的同学发觉自己不管是从学生干部职务还是从学习上都很难再现辉煌，于是便产生一种“挫折感”；有的新生由于往日盲目的自信和骄傲，此时便觉得自己落伍掉队，原有的优越感和自豪感变成了自卑感和焦虑感。这一转变很可能引发大学生对自己角色定位的困惑，精神上会出现失落感，自卑、抑郁、退缩等心理问题。

【案例】

李某，女，18岁，北京某重点大学一年级学生。来自某省一县立中学。父亲为县里某厂负责人，母亲在农村务农。家中有一弟读初中。李某中学时在班上名列前茅，初中担任班级团支部书记，高中担任班长，深得老师的信任和同学的羡慕。高考成绩突出，数学满分，被录取在学校的一个热门专业。接到录取通知书后，李某非常得意，决心在大学学习中大显身手，保持在中学时的优越地位。但入学近一个学期的学习中，学习成绩在班上属中等位置，军训时因动作不标准受过多次纠正，宿舍人际关系也不太融洽，在班上未担任主要干部，任团小组长和宿舍室长。期中考试成绩一般，情绪低沉，决心在期末考试中与班上同学一决高下，但期末考试科目较多，自己在复习时情绪很不平静，学习效果不佳，看书时注意力难以集中，读过的内容记不住。为了争一口气，连连开夜车学习，造成心动过速和失眠。

从中学进入大学是人生中一个较为重要的变化，步入大学校园，随着环境的改变，个人的角色也会随之改变，正确地评价和认识自我，及时地进行角色调整，为自己重新定一个恰当的位置和目标，进行新的角色定位和自我角色期待，而不是抱着原来的自我不放，这样才能完成角色适应，顺利地度过大学生活。

2.生活、环境的适应

陌生的校园，陌生的脸孔，全新的语言环境，崭新的校园内外文化生活，怎样适应新的生活，新的环境，这是大学新生进入校园后首先就要面临的问题。对大多数刚踏进大学校门的学生来讲，他们在入学前，对大学的生活、大学的环境都充满了渴望。然而理想与现实之间总是会有很大的差距，如果不能及时进行调整，以减少理想与现实间的冲突，就很容易导致各种心理落差和心理失衡，以至于不能很好地适应。

家庭舒适的生活条件，父母的各种关爱，使许多学生缺乏独立的生活能力，他们一旦离开了父母，便感到生活上失去了依靠。对于新同学来说，进入大学后，没有了父母、长辈的悉心照料，他们首先要独立生活，独立面对生活中的困难，要学会日常生活的打理，要学会自己照顾自己。从一日三餐到个人的生活，一切都要由自己作主，这些会使一部分同学感到手足无措。此外，饮食习惯的改变、生活环境的改变等等，导致有的同学会抱怨食堂不可口的饭菜，抱怨集体生活的种种不便，抱怨同宿舍舍友的一些不良习惯。还有一些北方来的同学由于不适应南方炎热、潮湿的气候条件，会有一些生理的不适，从而产生各种心理困扰。这一系列生活习惯和环境的改变都可能使他们感到不适应，因而出现想家、思念亲人、怀念老同学等现象，并由此可能产生各种烦恼，出现焦虑、抑郁、敌对、低落的情绪，严重者会影响心理健康。曾有一位考到外地高校的男生，由于无法面对离开父母照顾的生活，产生了严重的厌学情绪，最后宁愿退学，也不愿选择独立面对生活。

面对环境、生活的种种改变和不适应，大学生除了要保持积极乐观的心态外，还应该积极寻求外部支持，获得家庭、朋友、同学和老师的帮助，应学会让自己坚强地独立起来，培养自理能力，为自己造就良好的生活环境，科学条理地安排课余生活，保持身心愉快，健康、顺利地投入到学习中去。

【案例】

小林是一位大一女生。小林在上大学之前性格活泼开朗，和男孩子也很玩得开。可上大学后一切都变了，在学习和生活的压力之下，小林感到自己处处不如人，尤其是她说话带有很重的方言，普通话不标准，所以很多时候她不愿意和别人交流，怕别人取笑她，因此感到很孤独，很寂寞，觉得万分痛苦。通过心理咨询师的诊断，认为小林这是一种适应性障碍。

3. 人际关系的适应

我国心理学家丁瓒教授指出："人类的心理适应，主要是对人际关系的适应；人类的心理疾病，主要是由人际关系失调而来。"对大学生而言同样如此。人际关系在大学生活中始终都是影响心理健康的重要因素。人际关系不良，会给大学生带来很多烦恼、焦虑和不安，进而可能产生许多心理问题。有调查发现，在大学一年级新生中有一半以上的同学有人际交往方面的心理困惑，这是大学新生最大的心理问题。

大学校园比起中学来说更接近于社会，由于大学生来自全国各地，彼此之间的生活习惯、家庭背景、性格、语言都会有一定差别，因此，每个人都会有不同的交际关系。有些学生表现为人际敏感。在大学，来自天南地北、五湖四海的学生汇集成一个社会的群体，由于地域与家庭的差异，他们原来各自的生活方式、性格、兴趣、思想观念、饮食习惯等多方面也存在明显差异，在这个大家庭的人际交往过程中，不可避免地会发生一些摩擦、冲突和情感损伤，这一切难免引起一部分心胸狭窄的学生不快。本来他们远离父母就有一种孤独感，一旦出现人际关系不和谐，发生其他冲突，这种孤独感就会进一步加剧，从而产生压抑和焦虑。有些学生表现为人际交往心理障碍。由于语言表达能力较差，他们害怕与他人沟通思想感情，因此把自己的内心情感世界封闭起来。这种人经常处于一种要求交往而又害怕交往的矛盾之中，很容易导致孤独、抑郁或自卑。还有些是因为性格上的不合群，他们在学生中不被理解而被排斥，其中一部分人便独来独往，不与他人接触，久而久之，就产生一种受冷落或性格孤僻、粗暴等心理倾向。

【案例】

小张去年以较高成绩被武汉某高校录取。初入大学的小张，开始还很兴奋，结果一周后，就和室友因作息时间不同、难谈得来等问题闹了几次不愉快。次数多了，小张和室友的关系渐渐紧张。只要没课，小张就回到黄石家中，往返于两市之间，有时，每周甚至能达到三次。小张的母亲称，开始只是认为孩子是初入大学不适应，时间长了就会好起来。可现在开学已近两月了，小张仍不愿去学校。

现实生活中，人与人之间都有差异。每个人都有自己的个性、习惯和观点。每个人在人际交往中都会遇到一些不和谐的情况，彼此交往之中会产生各种矛盾冲突或纠葛，要适应，就得容忍差异的存在。人无完人，既要能容忍自己的不足和差错，也要能容忍他人的不足和差错。尊重他人，诚恳和谦虚待人，求同存异，随时调整自己的态度和情感反应，提高自己的人际交往技巧，从而才能与他人建立起友好的、协调的人际关系。

4.学习的适应

【案例】

李×平，19岁，某化学专业大一学生。平时学习勤奋刻苦，每天早晨5点半起床，晚上10点多才回到寝室。经常最先到教室，上课十分用心，他的笔记在同学们中广泛传阅。期中考试以前，同学们都认为他的成绩肯定会在班级名列前茅。但是在同学自己组织的期中考试当中，他的高等数学和无机化学均考了不到40分的成绩。同学们十分惊讶，他也感到十分意外。但却仍然不知道自己的毛病出在哪，认为还是付出不够。

大学时期是人生一个重要的转折点。据有关的调查显示，有60%的新生存在不同程度的学习心理的问题。刚从中学毕业考上大学的大学生，在大学都要经历学习心理与学习方法的适应期，有的同学很快就能适应，有的同学则适应得很慢。大学新生必须有意识地尽快从心理上主动适应大学的学习生活环境，才可望打下成才的坚实基础。大学的学习比中学更复杂、更高深，同时也更为自觉、独立。老师的授课方式也不同于以往，大学里很少有人监督、主动指导你。相当一部分大学生，由于上大学后"动机落差"，比如高中阶段唯一目标是考上大学，一旦目标实现了，上大学后就开始松懈自己，没有树立起进步的好目标。自我控制能力差，缺乏远大的理想，没有树立正确的人生观，学习动力不足，从而影响学习效率与学习效果。培养自主学习能力，实现由被动学习变为自主学习，有助于适应新的大学学习任务和环境。要尽快适应大学的学习生活，首先要学会自主学习。这就需要学习具有主动性，自己做时间的主人，有计划地进行学习，能充分利用自习的时间；要善于选择参考书或文献资料，有选择地学习，而不是盲目学习；此外还要多渠道学习。除在课堂上学习外，能够利用图书馆、资料室的图书资料进行自学，还能够积极参加有关的学术讲座或课外兴趣小组的学习研究，并能够主动拜访老师或同学，争取老师和同学对自己的指导和帮助。另外，要学会探索性学习，要积极参与实践，通过参加一定的社会实践活动，了解社会，增长知识和能力。

学习的目的与动机如果是正确的，学习的毅力就会大大加强。教育心理学的研究表明，学习动机是直接推动学生进行学习的一种内部动力。它是一种学习的需要，这种需要是社会和教育对学生学习的客观要求在学生头脑里的反映，它表现为学习的意向、愿望或兴趣等形式，对学习起着推动作用。因此，大学生有正确的学习动机和目的对适应大学的学习生活是十分重要的。

5. 其他方面

大学校园里人才济济，这使得大学生在文艺、体育以及知识面、交往能力、经济条件等方面的差异更加突出，势必会引起攀比、嫉妒、自卑等心理。特别是大学生中的贫困生，会由于家庭贫寒造成的生活困难以及与富裕同学相比差距很大，而使他们经常体验到由于经济上的相对贫困而导致的自卑和心理失衡，甚至出现某种程度的心理困扰。如果不能及时进行调适，就会使其消极的认知和情感体验被泛化到生活的其他方面，使他们感觉到自己在经济基础、风度仪表、人格魅力等方面处处不如别人，产生强烈的自卑感，在这种心态的长期影响下，就会形成消极、冷漠、孤僻、退缩等心理和行为特征。

【案例】

小刘，男，20岁，某工科大学大一学生。小刘来自贫困山区，父亲在其几岁时就去世了，母亲含辛茹苦将兄弟姐妹三人养大。为了让他多读书，哥哥、姐姐初中未毕业就辍学，家庭经济条件非常不好。上大学后，除了亲戚和哥哥给点资助外，没有固定的经济来源，每月只能靠贷款维持学习生活，时常被经济问题弄得心神不安。平时尽量节省，可这样一来，就被同学讥讽。参加集体活动少，有些同学又指责他不关心集体。他觉得非常委屈、苦恼、孤独、自卑，常常叹息命运对自己不公平。

我们无权选择出身，但有权选择怎样做自己，把贫困当作一种人生财富，激励自己在逆境中奋起。

二、大学生适应不良的常见原因分析

适应不良是导致大学生心理问题的重要原因之一。对于绝大多数大学新生来说，陌生的校园、新的人际关系、新的学习内容和方式等一系列的改变都需要大学生具有较强的适应能力。同时，由于大学生无论是在生理上还是在心理上都处于迅速变化的过程中，特别是高年级大学生即将走向社会，面临着更多复杂的压力，他们的自尊心、欲望、情感极易受到伤害，因此，分析大学生适应不良的常见原因对帮助大学生树立正确的认知，增强自我适应能力是十分有益的。导致大学生适应不良的常见原因主要有以下几个方面：

1. 自我意识问题

自我意识是一种比较稳定的、系统的认知，是关于自我、自我与他人和社会关系的一种认知。自我意识过强或过弱都是不符合心理健康标准的。前者表现为以自我为中心、唯我独尊；后者则表现为唯唯诺诺、随波逐流。自我意识良好的核心是自知与自爱。某大学调查发现，有21%的学生对如何发挥自己的优点和克服缺点感到迷茫；有一部分学生看到班上有些多才多艺、能力较强的同学，觉得自己一无是处，事事不如人，产生自卑心理；有些学生知道自己不足，但又不知道如何突破自己。在大学阶段，个体的自我意识逐步增强，但在相当长的时间内，他们并没有形成关于自己的稳固形象，自我意识还不够稳定，看问题往往片面且主观，加上心理的易损性，一旦遇上暂时的挫折和失败，往往灰心丧气、怯懦自卑。而且他们对于周围人给予的评价非常敏感和关注，哪怕一句随便的评价，都会引起内心很大的情绪波动和应激反应，以致对自我评价发生动摇。

过于自卑或过于自信是影响大学生社会适应的常见原因。自卑与自信是人性格中的两面，相互排斥却又相互依赖，就好像一个铜板的两面。每个人身上都有属于自己的优点或缺点，因此，每个人或多或少都会有自信与自卑的感觉。一个人如果过于自信，甚至只有自信而没有自卑，那就会变得自大，就会忘乎所以，自以为是，目中无人，从而影响了与他人的关系，自己孤立了自己，导致人际关系不良；而一个人如果过于自卑，以至于只有自卑而没有自信，就会缩手缩脚，一事无成。通常自卑的人总认为自己样样不如人，因而陷入自责、不安、懊悔之中，导致适应不良。所以，当一个人在与人比较中获得自信时，他要学会与自己比较来获得自谦；而当他在与人比较中感到自卑时，他也要学会自己与自己比较来获得自信。自信与自卑是一个人自我感觉的天平，只有正确地认识自我，才能保持心理的平衡，才能更好地适应周围环境。

美国人本心理学家马斯洛在谈到心理健康时指出，要能够悦纳自我、悦纳他人，接受自然。并指出心理健康的人能够了解自己的实际情况，意识到自己的优点和弱点，并且容忍并认可它们。因此，如果不能建立良好的自我意识，不能实事求是地接纳自己，在现实生活中就容易出现心理的不平衡，出现对大学生活的不适应，甚至会造成某些心理障碍。

2. 认知偏差问题

认知是指我们对周围事物的看法或观点。一个人是否有正确、健康的认知方式，直接关系他的心理状况。美国心理学家埃利斯(A. Ellis)认为，人的大部分情绪困扰的心理问题，都来自不合理的信念，这些不合理的信念主要表现在以下三个方面：一是绝对化。总是以自己的意愿为出发点，对一切事物怀有其必定会发生或不会发生这样的信念。二是过分概括化。这是一种以偏概全的不合理的思维方式，常用一两件事情来对自身及他人进行不合理评价。三是糟糕透顶。认为某一事情发生了，必将会非常可怕，后果极其严重。其实，事情并非像自己所认识的那样，往往并不是事情本身可怕，而是我们把它想得很可怕。

美国心理学家贝克(A. T. Beck)指出，适应不良的行为与情绪源于适应不良的认知。个体对待事物的态度常常左右着个体的行为，消极的态度必然导致消极的行为。有两个学生，考试时都得了 80 分。一个为自己取得的成绩而感到高兴，因为他认为自己顺利通过了这门考试，成绩良好；而另一学生则感到失望痛苦，因为他认为 80 分未达到优秀水平，对他来说，达不到优秀就意味着失败，由此而情绪低落，责备自己，无心思学习。因此，对现实的消极观点或片面地看待事物，主观臆想，以偏概全，主观武断等都影响着个体的适应。认知上的偏差会使我们的适应能力大大降低，阻碍自我潜能的发挥。所以，当我们在学习、生活、人际交往中，由于不适应而出现情绪困扰时，应该检查一下自己的认知是否出现了偏差。

3. 人格心理特征

人格是一个人独特的心理特征，具有相对的稳定性。适应的好坏与人格心理特征有着密切关系，下列人格心理特征常常导致适应不良。

(1)依赖心理。在儿童时期，父母对子女的过度保护可以促成过分依赖的人格特征，过分依赖的人缺乏主见，决策困难，总是希望或依靠别人来作决定；缺少独立性、自主性，常附和别人，压抑自己，过分寻求别人的赞同、支持，过度依赖别人的照顾，不能独立面对生活。有一位大学生，是家里的独生子，父母对他的关照无微不至，从小到大一直如此，当考上大学，与父母分离，来到新的环境时，他表现出严重的焦虑不安，生活上不能很好地照顾自己，需要决策时不知所措、自卑，这一系列的问题便是由于个性过于依赖所致，从而导致一系列的适应不良。

(2)偏执与嫉妒心理。三国时代，有一名将周瑜，才智过人，但嫉妒心极重，容不下与他才智相当的诸葛亮，欲除之而后快，费尽心机，想尽办法，不料却"赔了夫人又折兵"，气得长叹"既生瑜，何生亮"金疮迸裂而亡。嫉妒的人心胸狭窄，不能容忍旁人超过自己，对比自己强或优秀的人，心怀醋意、讽刺、挖苦，甚至造谣、中伤、打击，将时间、精力和才智浪费在与人计较，攻击或伤害他人的无益行动中，其结果是既损人又害己。有嫉妒心未必是坏事，嫉妒心人皆有之，但不能过，过之害人害己。若将嫉妒心升华为竞争心，将其引导到正常竞争之中，则成为动力。

有一个学生，入学一年内换了三个班级，每次都是觉得在原班级待不下去。问题就在于他无法与人和睦相处，从他的眼光看，周围的人都跟他过不去，嫉妒他，压制他，实则是他本人的偏执心理作怪。这样的人敏感多疑，不信任人且个性固执。自认为自尊心很强，期望别人都尊重他，重视他，未给予特殊待遇便感到受了委屈；别人无意中的一句话就被认为是针对他的，与他过不去；固执己见，很难接受不同意见；只看对他不利的一面，忽视了好的一面；一旦形成对某人不好的看法便不再改变，结果时常与人相争，容易与人为敌，总是感到别人对不起他，有意为难他。故总与人矛盾不断，难以适应现实生活。

(3)追求完美。人们都追求真善美，这是人类的共性，但有人具有过于追求完美的特征，不能容忍缺点或失败，对自己持过高的要求。作为学生，考试门门要优秀；与人相处，希望大家都对他有好印象。对自己的缺点过分夸大，考试若有成绩未达到期望水平便认为是失败；若有人对自己印象不好，便认为自己全都不行；过高的标准并不总是能实现，一旦遇到挫折，达不到期望目标，便认为是自己的过错，是自己无能。担心失败，担心别人看不起自己，过于追求完美的个性，会使自己"活得很累"，从而影响了正常能力的发挥和人际关系的和谐。

(4)过于冲动。遇事沉不住气，易发脾气，作出过激反应，与人争吵甚至大动干戈。这种遇事冲动的个性对适应非常不利，一是破坏了心理的平衡，使人失去理智；二是破坏了与人的关系，影响了感情；三是冲动可以导致行为失控，产生许多难以意料的后果。

4.神经系统特性

有研究表明，心理适应能力会随年龄的增长、知识经验的丰富而不断增强。另有学者在研究中发现，大学新生在入校后做心理适应能力测试，其水平相当的学生，在经过同样环境和条件的大学三年学习后，再测试，结果发现，有些学生心理适应能力得到了很大的发展，而有些学生虽然较他本人来说有所发展，但较其他学生而言其发展相对缓慢。马莹对500名大学生进行问卷调查发现，大学生心理适应能力的发展与否更多地还受气质的影响，即受神经系统特性的影响，心理适应能力与神经系统特性呈显著正相关。根据巴甫洛夫的神经类型学说，当神经系统特性的兴奋强度、抑制强度、神经过程灵活性高时，该个体进行长久的心理适应能力相对也高；反之，神经系统特性弱，则心理适应能力也较低。

在神经系统特性方面，男性的兴奋强度高于女性，理科大学生的抑制强度高于文科大学生。这说明男性大学生可能在进行长期紧张活动及应付困难的持久性方面比女大学生高；理科大学生可能在重新控制的能力、抑制一定活动的能力方面比文科大学生高。

此外，该研究还发现，心理适应能力与自我和经验的不和谐性呈显著负相关，与自我灵活性呈显著正相关。自我与经验的不和谐，是指个体自我观念与经验之间存在差距，而引起的内心紧张与纷扰。因此，心理适应能力的发展与个体自我概念对经验的期望是否合理有关。当自我概念是理性评价时，会促进心理适应能力的发展；反之，会抑制心理适应能力的发展。同时，心理适应能力还与个体对客观事物的认知是否灵活、变通有关，当个体的认知呈灵活变通时，心理适应能力相应发展，当思维刻板、僵化时，则阻碍心理适应能力的发展。

因此，充分了解大学生气质特性，帮助大学生了解自己的生理特性，发扬气质特性中的优势，克服并改变气质特性中的劣势，转变认知观念，进行创造性思维训练，有助于大学生心理适应能力的提高，从而促进大学生的健康成长。

5. 人生观和价值观

青年学生生活适应与发展是受一定的价值观念支配的。科学的价值观和价值参照标准使得青年学生能观察生活，分析生活，从而适应生活，驾驭生活。价值观选择困难是青年学生生活适应和发展困难的重要原因。在中国社会过去相当长的时间内，人们奉行以“群体为本”的道德价值观，在这种观念的影响下，个体的行为总是更多地迎合集体的利益和要求，人们更多的是采取压抑、节制等方式去消极地适应社会和群体。而当代学生面临的人生观、价值观选择是复杂和多样的，改革和现代化进程为各种思潮的产生、传播提供了宽松的环境，各种纷繁复杂的价值观念也迅速产生、传播。如有人奉行以“个体为本”的道德价值观，其行为总是从个人利益出发，忽视群体与社会的利益，在这种价值观的取向下，其适应与发展的方式是迥异于前者的。每个学生在面对诸多压力和生活改变时，不管他们是有意还是无意，都会遵循自我的人生观和价值观，摸索出一套自我的适应生活的方法和机制。但是，目前多元化价值观念并存的局面，造成了当代青年学生选择价值观念的困难。同时，价值观念的变化也导致人们在心理上产生混乱与失衡，并每每采取逃避、压抑、投射等消极的方法来应对现实，最终导致个人与现实脱节，不能适应生活。

三、合理调试 积极适应

1. 学会积极适应

某地区有一条河，两岸都有鹿群活动，但人们发现，北岸的鹿强壮，并且奔跑及生殖能力都很强，而南岸的鹿则远远比不上。同一个品种，差别为何如此大呢？后来，经过人们考察分析才得知，原来河北岸有狼而南岸没有。没有鹿希望与狼共处，而客观的事实却是狼的存在保证了鹿的强壮，正是环境中的危险因素焕发了它们的斗志。

也许你正在抱怨环境如何不好，也许你正面临危机而焦虑不安，看了这则故事是不是有所启发？心理应激理论认为，危机是一种催化剂，可以打破原有的定势或习惯，寻求新的解决问题的方法。只要你积极去适应，就会增强抗挫折的能力，提高适应环境的能力。

适应也有多种方式，消极的适应是一种不健康的适应，它以牺牲发展为代价，逆来顺受,“打掉牙往肚里咽”,久而久之,会导致精神疾病。而积极的适应是一种健康的适应,它有两层含义:一是改变自己,顺应环境或顺应环境中的某些变革;二是不断地抗争和选择,以积极的态度提高自己各方面的能力,从一个目标走向另一个目标。没有人愿意自找倒霉,但危机一旦降临,躲是躲不过的,我们别无选择,只有去积极适应。

(1)危机意识。心理学家曾做过这样的实验:他们把一只活蹦乱跳的青蛙丢进沸水里,这只青蛙在千钧一发之际突然蹦出了水面,死里逃生了。半小时以后,又把这只逃跑的青蛙放进盛冷水的锅里,然后慢慢加热,青蛙开始悠然自得地享受着温水,等到水温使它忍受不住时,它欲跳无力,终于葬身于热水之中。或许你正在可怜这只不幸的青蛙,但你有没有意识到,也许它就是我们生活中某些现象的再现。越是在悠闲的环境中,越要有危机意识。

(2)转换视角。我们对于自己最大的才能总不能认识,只有生命中的大变故或大危难的磨炼,才能把它催唤出来。对于生活的磨炼,有人认为是不幸,有人则把它看作是发展的机会。曾有记者采访球王贝利,问他的儿子将来是否会跟他一样成功。他说:“不可能,因为我的父亲是一个穷人,而他的父亲不是。”

(3)主动出击。我们的一生都可能在与各种挫折作斗争,这不是你愿意不愿意的事情,你无路可退,只有勇往直前。不要让生活去挑战你,你要去挑战生活。会骑自行车吗?你应该知道,骑得快,车子反而稳;骑慢了,就会晃;停下来,车子就会倒。积极适应也是如此,以积极的态度提高自己各方面的能力,还有什么风浪过不去呢?

2.提高心理适应能力

从适应的观点看,个人适应环境的基本形式主要有两种:一是个人改变自己以适应环境,二是坚持自己的主张去改变环境。也就是说,改造环境与改变个人是帮助个人获得良好适应的途径。所谓改造环境,就是指使社会的政治、经济、文化、教育等活动更有利于个人的适应和发展;所谓改变个人,就是指当个体面对新的生存环境,在心理上、行动上调整自己,学会适应。就个人而言,每个人是无法选择自己的生活条件和环境的,而只能依靠调整自己,支配、控制自己的行为来适应社会。

3.提高对挫折的承受能力

现代社会是竞争激烈的社会,变化迅速的社会,生活中的挫折在所难免。对挫折的不良反应,常常是导致心理疾病的主要原因。有了对挫折的耐受能力,就可以应付各种挫折环境,及时疏导消极情绪,减轻和排除精神压力,防止心理失调。挫折承受能力主要体现在对挫折有正确的认识和态度,能够选择理智的反应方式,掌握情绪的调节方法。

4.建立协调的人际关系

人的心理适应主要是人际关系的适应。现代社会是人际交往频繁的社会,处处需要与他人建立关系。人际关系的冲突是现代人心理适应中最常见的问题。和谐的人际关系有心理保健的功能,给人以支持的力量,同时满足人的归属感、安全感、自尊、自信等多种心理需要。学习人际交往的技能,以诚待人,乐于助人,有助于形成强大的社会支持系统。

5.塑造健全的人格品质

人格是一个人总体的精神面貌,是一个人素质的综合体现。人格健全的人,能够适应变化的社会环境,适应社会现代化的要求,乐于接受新事物,了解自己,悦纳自己,面对现实，直面人生，开放经验，目标适当，自信自强，敢于超越自我，努力完善自我，不断发展自我。人格的完善没有止境，认识自我是前提。在现有人格基础上不断优化，扬长避短，可以使人格更趋健康。

6.保持积极的心态

我们以积极的心态对待现实生活，就是指以“一分为二”的态度看待现实。现实生活总是善与恶同在，光明与黑暗并存，顺境与逆境交错。如果人们只能接受那些美好的、顺心的、看得惯的事物，而对那些丑恶的、不顺心的、不喜欢的人或事一概采取拒绝和排斥的态度，那么，个人将很难同环境保持良好的适应关系，也很难使自己的心态保持平衡。有些同学上大学前把大学想象成实现个人美好理想的乐园，入学后面对现实，感到处处不尽如人意，幻想破灭，希望落空，接受不了眼前的现实，感到无比痛苦，有的人甚至因此而悲观失望，导致悲剧的发生。所以，要适应现实，对现实进行分析并区别对待。就像有人说，任何选择终究是后悔。这句话也可以换种说法，任何选择都是一种幸运。事物永远有着两面，与其有那么多后悔的时间，不如用来享受同时带来的那份幸运吧！比如说：对学校严格管理制度不适应的同学可以对自己说，正是学校的约束可以让我用更多的时间学习，至少这几年会让我过得更有意义……

7.正确地认识自我

“人贵有自知之明。”良好适应的一个重要特征就是能够充分地、正确地认识自我。一个人如果只看到自己比别人好的地方，认为别人都比不上自己，就会盲目乐观，妄自尊大；如果只看到自己不如人的地方，便会自卑，没有自信。能正确认识、评价自我的人，不因挫折失败而全盘否定自己，也不因取得成绩或成就忘乎所以。能正视自己的不足，也能在胜利和成就面前保持清醒，“不以物喜，不以己悲”。相信自己的能力，不因别人的褒贬而改变对自己的看法，正确评价自己，不夸大，亦不妄自菲薄，给自己制定的目标符合现实，充分发挥自己的长处，克服不足，使理想的自我与现实的自我保持一致。

8.心理平衡要诀

当今社会，是适者生存的社会，是高效率、快节奏、充满竞争与挑战、瞬息万变的社会。在这样的形势下，如何使自己保持心理平衡，使自己的心理和社会适应都处于健康而良好的状态，就显得非常必要了。那么，该采取哪些措施呢？我们在面对困扰与失败时，可以通过主观的意识反应来进行自我控制并接受他人的忠告，从而达到适应的目的。美国心理卫生协会提出的11条心理平衡要诀，可以帮助我们在日常生活中更好地适应环境与生活，现介绍如下：

(1)对自己不过分苛求。人应该有自己的抱负，但有些人的抱负不切实际，根本非能力所及，欲求不得，便会认为自己倒运而终日忧郁；有些人做事，要求十全十美，对自己的要求近乎吹毛求疵，结果受害者还是自己。应当把抱负和目标定在自己力所能及的范围内，学会欣赏自己已取得的成果。

(2)不要强求别人。很多人把希望寄托在他人身上，尤其是对亲人和朋友，假如对方达不到自己的要求，便会大感失望。其实每个人都有自己的思想，何必要求别人迎合自己的要求呢？

(3)疏导自己的愤怒情绪。当我们勃然大怒时，会做出很多错事或失态的事，与其事后后悔，不如事前加以自制。采取合理的分散转移，把愤怒发泄于另一方面，如打球、唱歌等，必要时不妨来点阿Q精神，抱着笑骂由人的态度，愤怒情绪自可抛诸九霄云外。

(4)偶然也可屈服。一个做大事的人，处事要从大处看。因此，只要大前提不受影响，在小处，有时也不必过分坚持，以减少自己的烦恼。

(5)暂时逃避。当受到挫折或打击时，应该暂时将烦恼放下，去做你喜欢做的事，如运动、旅游或看电视等，待到心情平静时，再重新面对自己的难题。

(6)找人倾诉烦恼。把所有的不快埋藏在心里只会让自己郁郁寡欢，如把内心的烦恼告诉你的知己或好友，会顿感心情舒畅。

(7)为别人做些事。助人为乐为快乐之本。帮助别人不单使自己忘却烦恼，而且可以重新确定自己存在的价值，并获得珍贵的友谊。何乐而不为呢？

(8)在同一时间内只做一件事。要减少自己的精神负担，不应同时进行一件以上的事情，以免弄得身心交瘁。当你面临难题时，先解决一个，而且从最容易解决的问题下手。有了成功就会有信心，成功越多，越大，信心就会更足、更强。

(9)不要处处与人竞争。人之相处应以和为贵，处处以他人作为竞争对象，使得自己经常处于紧张状态。其实，只要你不把别人看成对手，别人一般也不会与你为敌。

(10)对人表示善意。我们经常被人排斥，是因为人家对我们有戒心。如果在适当的时候，表现自己的善意，多交朋友，少树敌人，心境自然会变得平静。

(11)娱乐。适当的娱乐是消除心理压力的有效方法，它可以改善情绪，调节身心，增加生活乐趣。娱乐的方式并不太重要，最重要的是要令人心情舒畅。

9.应对变化，增强社会适应能力

近年来，我国高校的大学生心理健康状况调查表明，大学生中相当一部分学生心理上存在一系列不良反应与适应障碍，有心理障碍倾向的占20%～30%。表现为焦虑、强迫、恐惧、忧郁、神经衰弱等，明显地影响了一部分学生的智能素质、心理健康及人格成长。大学生中因自我否定、自我拒绝而几乎失去从事一切行动的愿望和信心，因考试失败或恋爱受挫而产生轻生念头或自毁行为，因人际关系不协调而逃避群体自我封闭，因现实不理想而玩世不恭或万念俱灰的人并不少见。凡此种种，都是由于对变化的环境适应不良而导致的。

美国未来学家托夫勒在《未来的震荡》一书中指出："社会变革和技术革新的加速发展，使社会上所有的个人和组织都越来越窘于应付了，处理不当，将引起适应力的大崩溃。"现代化的社会是一个不断变化的社会，生活在其中的个人必须适应变化，才能成为现代人。美国社会学家英格尔斯曾对人的现代化问题作过深入的研究，并认为人的现代化主要反映在他对社会的心理适应程度上。人的心理适应是指个人与社会相互作用中的恰当的行为反应。社会现代化的进程是个社会变迁的过程，会带来剧烈的社会变革。由于变化的迅速常常使现代人的心理适应面临严峻的挑战。适应社会变化的人应该对变化持有积极、灵活的态度，视变化为正常、为机会，而不视其为问题，能够主动调整自身的身心，在现实生活环境中保持一种良好的、有效的生存状态。

此外，从中国传统文化来看，提高适应能力和对挫折的承受力是中国传统文化的特色之一。用儒家的话概括就是"君子不器"(《论语·为政》)，意思是说君子不像器皿一样，只有固定的用途。言外之意就是一个有作为的人要有很强的适应能力、承受能力,不论在什么时候,处在什么环境,遇到什么情况,都能正常发挥出自己应有的潜能和智慧,应付和处理好各种意料之中和意料之外发生的事情,保证不使身心受到危害。"小不忍则乱大谋"(《论语·卫灵公》)是指对一些不顺利、小挫折要善于忍让、忍耐,以顾全大局。适应能力和对待挫折的承受力主要分为对待生活环境、对待社会关系、对待自身三个方面。在对生活环境的适应力方面,我们生活在世界上,首先要能适应生活环境的变化;在对社会关系方面,遇到冷遇、遭到挫折要能坦然接受而不要愤愤不平、耿耿于怀,孔子就提倡对待怨恨要"以直报怨"(《论语·宽问》),坚持用公平正直来报答;在对于自身的接受力方面,应看到、容忍并认可自己的优点和不足,同时要积极进取。

心理学研究表明,健全的心理适应包括:①认识个人的社会角色,了解自己,接受自己,有自知之明;②认识并面对现实环境,有乐于变迁的心态;③重视社会交往,建立良好的人际关系;④主动参与社会,使自己在社会生活中获得学习与表现的机会;⑤发展民主平等的性格,尊重他人,欣赏他人,取他人之长补自己之短;⑥增进个人的知识与能力,跟上时代的发展。

社会的不断发展对每一位大学生的心理素质提出了更高的标准,要求大学生应该具有与时代发展相一致的现代意识和良好的心理素质,如开拓进取的精神,勇于承担责任,敢冒风险,顽强的毅力,自信乐观,能够承受挫折和失败;但另一方面,现实生活中适应困难,情绪失态,行为失常的大学生比例逐年增加,由此而形成了强烈的反差。因此,对于大学生来说,如果不下大力气有意识地去提高自我的心理适应能力和挫折承受能力,必然会影响今后的发展。当代大学生要充分利用所学的心理卫生知识,发挥自己的主观能动性,学习良好的心理适应方式,才能保持正常的心态,不断发展、提高和健全自我的心理适应性,才能在社会变革中始终保持积极、乐观、向上的生活态度,获取更多、更大的社会发展空间,成为适应良好,心理健康的人。

【相关链接】

大学生如何摒弃"回归心理"

李某,男,19岁,大一新生,入学2个多月,已请假回家数次。他主动找到咨询老师诉说自己的烦恼。他说自己总是想家,留恋过去的生活环境,留恋中学生活。李某的这种心理属于典型的回归心理。

"回归心理"也是恋旧心态,患者渴望从对过去的回忆中寻求慰藉,应该说是一种正常的心理状态。但是如果长期处于怀旧、留恋过去的心理状态,会造成学习上的不安心,甚至像李某一样魂不守舍,形成阻碍学习的心理压力。因此,不能忽视大学新生中存在的这种心理不适,应引导他们尽快地熟悉新环境,克服"回归心理"带来的影响。

心理学认为,进入一个新的学校环境,新生往往会不自觉地把当下与以前相比较,而当困难和挫折发生时,产生"回归心理"更是一种普遍的心理状态。李某在新学校中缺少安全感,不管是与人相处方面,还是自尊、自信方面,这使他长期处于一种怀旧、留恋过去的心理状态中,如果不去正视目前的困境,就会更加难以适应新的生活环境、建立新的自信。

咨询老师对来访克服"回归心理"的学生提出如下建议:

(1)要多与同学接触。俗话说，一回生，二回熟，三回成朋友。再要好的朋友，开始也是陌生人。人际交往有“自我循环”特性，越是敢于同陌生人接触，陌生感越是消失得快。特别是与同学交往中，互相交流一下初到大学的感受，你会发现，很多情感、心理活动是一样的，包括“回归心理”的产生。一个人来到举目无亲的新环境，一时的不适应是很自然的，情感的共鸣有助于心理上的沟通，会增进相互间的理解。从不适应到适应，人人都要经历这个过程。

(2)要培养业余爱好。整天紧张的学习工作会使人感到生活单调乏味，培养一下业余爱好，如下棋、武术、音乐、书法、球类等等，参加相应的社团活动，不仅能调节枯燥的学习生活，还可以同周围同学更快地熟悉起来，从而结交一些新的朋友。在周末或假日积极参加丰富多彩的课余活动，可以消除孤独和寂寞。

(3)要通过书信或电话与老同学、老朋友或家乡的亲人及时交流信息、沟通思想、介绍新环境中的人和事，可减轻思乡、怀旧的情绪。也可主动与学校里的同乡同学谈心，当思乡心切，或在节假日感到孤独的时候，可以找他们聊聊，拉拉家常，谈谈家乡的变化和儿时的趣事。这在一定程度上可以改变你的思乡心境。

心理训练

【活动一】增强对问题的预测力

“凡事预则立”，大一新生如果在心理上对问题有个准备，就不会仓促应战，弄得自己措手不及。

现在拿出一张纸，以笔作剑吧，不停地逼问自己：

1. 你回避问题吗？
2. 你是否觉得“山雨欲来风满楼”而惶惶不安？
3. 你是否像一只鸵鸟，以为将头埋在沙里危险就会消失了？

以下观点对你减轻压力肯定有帮助：

(1)问题的普遍性。一旦你知道这些适应问题是所有大一新生都普遍面对的问题时，你就不会觉得孤军奋战了，你就不会觉得老天不公了吧。

(2)问题的必然性。这些问题是成长过程中必然要面对的，就像人无法回避死亡。既然这样就思考如何解决吧！

(3)问题的发展性。回想一下，谁不是在问题中成长和成熟的？没有问题就没有成长，人类总是在发现问题和解决问题中成长。问题越复杂，对我们成熟越有利(想想看，如果你现在的问题还是上街怕走丢了，那你现在的发展水平就可想而知了)，也预示着我们新的一轮成长开始了。所以你要勇敢地面对问题！

【活动二】准备应变

想一想：如何将吹起的气球放入小口瓶，又如何将小口瓶中吹起的气球取出？你也许非常容易做到，但你未必领悟到其中的道理。想想看，能悟出什么道理？

《西游记》中的孙行者在西天取经路上，靠着自己七十二变，当然也靠着一行人同心协力，战胜妖魔鬼怪，最终打通取经的成功道路。

做一做：思“变”

首先写出关于“变”的词语：____。

然后，回忆自己曾经走过的生活道路，想想自己是如何应“变”的？比如，在困难时，你是如何随机应变？在一种办法不能解决问题时，你又是如何变通的？在人前遭遇尴尬时，你是如何应变的？

最后，请写出你对“应变”的思考：____。

提示：要适应环境，就要变通，有时甚至要放弃自己原有的东西，才能适应环境转变的需求，才能获得更大的发展。有人认为大学新生至少应该有“四变”：

“心变”：转变对人对事主观的、天真的心态。

“脸变”：担任多种角色，少点娃娃脸，多点成人颜色。

“向变”：调整或改变原来的奋斗目标。

“法变”：转变自己的学习、生活、交往的方式方法。

还有哪些需要“变”？请你补充：____。

建议你做好三个主要转变：

第一，转变你的学习目的、学习方式方法。

第二，转变你的人际关系观念。

不要根据个人好恶交往，学会与自己看不惯的人和平共处。不要将自己的标准强加于人，而应在相互协调的约定下进行自我的心理调适。

第三，转变你对自己的认识与评价。

对自己存在的不足以及和别人的差距进行客观分析。差距分为两类：一类是必须想办法缩短的差距，比如学习方面、人际交往方面的问题。因为学习、掌握知识是将来开创事业的必备手段，而交往是重要的辅助手段，这些是你今后安身立命的根本。另一类差距是正常的差距。这类差距能缩短更好，不能缩短也无大碍，因为个体之间肯定存在差异，一个人不可能在所有方面都优秀。在了解自己的不足和差距的同时，还要肯定自己的优点，自爱、自信、保持开放的心态，这样才能客观面对“相对平凡”的现状。

【活动三】承受挫折

在新的环境里，肯定会遇到各种挫折，比如进入了不理想的大学或者不理想的专业，不能很好地适应新的环境，和同学搞不好关系，不能跟上教师的教学进度……这些都是挫折。

所以，大一学生首先要学会应对各种挫折。

有人问登山家:"如果我们在半山腰突然遇到大雨,应该怎么办?"

登山家说:"你应该向山顶走。"

"为什么不往下跑?山顶风雨不是更大吗?"

登山家严肃地说:"往山顶走,固然风雨可能更大,却不足以威胁你的生命。至于向山下跑,看起来风雨小些,似乎比较安全,但却可能遇到暴发的山洪而被活活淹死。对于风雨,逃避它,你只有被卷入洪流;迎向它,你却能获得生存!"

请你思考:如何有效地承受挫折?

美国心理学家埃里斯认为:导致人们对环境适应不良而出现消极心态的原因,并不在于人们所经历的各种事件本身,而是在于人们对这些事件的看法、评价和解释,即个人对事物的错误认知方式。

正确地看待挫折,去除不合理的观念!

一位大学生因为自己没有考入理想的大学而烦恼。他会认为烦恼是因为没考入理想的大学。而他烦恼的原因实际产生于"我只有考入理想的大学才会成才,没有考入理想的大学,对于个人来说是最倒霉的事"这样的不合理的观念。如果他认为,无论什么样的大学,只要个人努力都会成才;世界上的事情未必样样都能如己愿;个人理想不能完全实现是常有的事,不必过分在意,就不会悲观和烦恼了,他会很快适应现在的环境,努力发展自己。

不能改变风向,但可改变风帆。

列出自己头脑中的不合理观念,并力图消除它们的消极影响。

对环境的不当认识:____。

对别人的不当认识:____。

对自己的不当认识:____。

【活动四】开放自己 寻求支持

对大学新生,为了尽快适应大学生活,你必须寻求有关信息,教师、学长、有关书籍等"高参"可以为你提供关于大学的很多信息,帮助你尽快地认识大学,适应大学。

做一做:建议你用一些时间去找有经验的老师、学长以及有关大学生的书籍,和他们交流,并将如何尽快适应大学的有关内容和观点摘录、汇总,形成指导自己的学习、生活、交往的基本思路。

【活动五】明确自己的任务

要适应大学生活,必须处理好以下几个方面的问题。这里我们只是给你一个清晰的思路,至于如何具体处理,要你自己去做。

(1)处理好心理落差。新生在适应大学新环境变化中最主要的心理障碍是理想的大学生活与现实环境之间的差距所造成的心理落差。

(2)选准参照系,重新认识自己、评价自己,给自己重新进行角色定位,扬长避短,发展自己。

(3)学会与人相处,调整人际关系。

(4)合理安排时间,掌握科学学习方法。

(5)重新确立在大学的学习、奋斗目标。

掩卷而思:你从本训练中认识到了什么?感悟到了什么?改变了什么?形成了什么?还有什么不足?

____

____。

心理测试

【测试一】心理适应能力自评量表

下面的问题能帮助你进行心理适应能力的自我判别。请认真阅读,并思考其与你实际情况的符合程度,然后从“是”“无法肯定”“不是”这三种备选答案中选出一个。

1. 我最怕转学或转班级,每到一个新环境,我总要经过很长一段时间才能适应。
2. 每到一个新的地方,我很容易同别人接近。
3. 在陌生人面前,我常无话可说,以至于感到尴尬。
4. 我最喜欢学习新知识或新学科,它给我一种新鲜感,能调动我的积极性。
5. 每到一个新地方,我第一天总是睡不好,就是在家里,只要换一张床,有时也会失眠。
6. 不管生活条件有多大变化,我也能很快习惯。
7. 越是人多的地方,我越感到紧张。
8. 我的考试或比赛成绩多半不会比平时练习差。
9. 全班同学都看着我,心都快跳出来了。
10. 对他(她)有看法,我仍能同他(她)交往。
11. 我做事情总有些不自在。
12. 我很少固执己见,常常乐于采纳别人的正确观点。
13. 同别人争论时,我常常语塞,事后才想起该怎样反驳对方,可惜已经太迟了。
14. 我对生活条件要求不高,即使生活条件很艰苦,我也能过得很愉快。
15. 有时自己明明把课文背得滚瓜烂熟,可在课堂上背的时候,还是会出差错。
16. 在决定胜负成败的关键时刻,我虽然很紧张,但总能很快地使自己镇定下来。
17. 我不喜欢的东西,不管怎么学也学不会。
18. 在嘈杂混乱的环境里,我仍然能集中精力学习,并且效率较高。
19. 我不喜欢陌生人来家里做客,每逢这种情况,我都有意回避。
20. 我很喜欢参加社交活动,我感觉这是交朋友的好机会。

结果解释:

凡是单数号题(1,3,5,7,…),选“是”,得−2分;选“无法肯定”,得0分;选“不是”,得2分。

凡是双数号题(2,4,6,8,…),选“是”,得2分;选“无法肯定”,得0分;选“不是”,得−2分。

将各题的得分相加,即得总分。

35～40分:心理适应能力很强。能很快地适应新的学习、生活环境,与人交往轻松、大方。给人的印象极好,无论进入什么样的环境,都能应付自如,左右逢源。

29～34分:心理适应能力良好。

17～28分:心理适应能力一般,当进入一个新的环境,经过一段时间的努力,基本上能适应。

6～16分:心理适应能力较差,依赖于较好的学习、生活环境,一旦遇到困难则易怨天尤人,甚至消沉。

5分以下:心理适应能力很差,在各种新环境中,即使经过一段相当长时间的努力,也不一定能够适应,常常困惑,因与周围事物格格不入而十分苦恼。在与他人的交往中,总是显得拘谨、羞怯,手足无措。

如果你在这个测查中得分较高,说明你的心理适应能力较强。但是,如果你得分较低,也不必忧心忡忡,因为一个人的心理适应能力是随着年龄的增长、知识经验的丰富而不断增强的。只要你充满信心,刻苦学习,虚心求教,加强锻炼,你的心理适应能力一定会增强的。

【测试二】半杯水

假设你现在非常渴,独自一人在找东西喝,忽然间看到桌子上放了半杯水,你会怎么想,怎么做? （　　）

A. 真是太好啦,在我口渴的时候,这里还会有半杯水,正好解渴。

B. 谁放在这儿的? 我得问问。

C. 真倒霉! 本来就够渴的了,好容易看到点儿水,还只剩一半了。

D. 喝完了以后我没准儿会更渴,干脆别喝了。

结果解释:

选择A的人:对待生活是充满阳光的,总可以从事情好的方面来思考问题,在这些人眼中,生活是美好的,人与人之间没有任何芥蒂,所以对外人毫不设防,不分你我。

选择B的人:对生活有很客观的评价,做事很讲原则,相信“人不犯我,我不犯人”,并且从来不轻易相信别人,哪怕是受到别人的帮助,也小心地考虑对方的企图,生活缺乏安全感。

选择C的人:作出这样的选择,说明这个人总是用一种悲观的视角去看待挫折,忽略逆境也能给人们带来乐趣,总是怨天尤人,闷闷不乐,也许这么想已经成为了一种习惯。

选择D的人:有这样想法的人把注意力放在事情的结果上,而忽略过程。在他们眼中只有对错之分,从来不会做没有意义的事情。但有的时候由于目标太高,也会有一些挫败感。

心灵鸡汤

【名人名言】

名言一:给大学新生的七条建议

祝贺你们!你们跨入大学的校门。大学录取通知书标志着新生活的开始,也意味着你们已满 18 岁,拥有选举权。

大学不是青少年时代的最后一个阶段,而是步入成人的第一阶段,你们中的许多人也是第一次离开父母独立生活。大学不意味着快乐的夏令营,有丰富的夜生活,便宜的啤酒和免费的保险套,而是你们成长和学习的中心。你们打算如何最有效地度过大学生活呢?

首先,你们得学会自己安排时间。这的确不大容易,你们中的大部分人习惯于一天 7 节课外加补习的固化的时间表。大学里除了不多的正式讲课、研究班课程及指导课外,你们要干什么完全由自己的动机、承诺及良心来决定。所谓的"空余"时间并不意味着你们可以用父母及纳税人的钱酗酒作乐或赖在床上一觉睡到午饭。只有 1/3 的同龄人上大学,这意味着 2/3 的同龄人无法上大学。因此不要浪费你们所拥有的珍贵机会。你们的父母将每年付出人民币 7000 元左右的学费,大学的实际费用远远不止这些,每个大学生都在实实在在地享受纳税人的资助。因此你们有责任有效地运用时间。

优先考虑大学图书馆。浏览再浏览,别气馁。当然要运用指定的书目,但也要准备围绕课题扩大浏览范围。

别忘了报刊部。每年有几千种的期刊、报纸出版,它们是珍贵的信息来源。图书馆还保存有过刊。

投资自己的藏书。购买你经常要用的书。同许多人共用一份重要的复印自图书馆的文件,没有比这更令人不快了。如果你拥有这本书,只要你愿意,你可以任意在书上作注释。许多学生诉苦说,他们买不起书。但据去年的一份权威统计,学生平均每周花费于饮酒、娱乐及服装的钱,数倍于购书款。

维持你所能达到的工作量。每天花相当的时间学习。然后开始下一个任务,即便该任务事先暂时未布置。请记住实干者总比拖延者获得更好的成绩。

有效地利用科技。学会用电脑编辑、打印论文;运用因特网和光盘上数量巨大的资料。但要注意不要过分依赖技术。将他人的文章不经消化剪贴到自己的文章里,这是很容易的事。任何要记录下来的东西必须至少经过大脑事先过滤。

没有谁身体一直不适却能够有效率地工作。要对自己的饮食负责;保持睡眠充足;饮酒要适度。当然啦,交朋友和参加大学的集体生活也是大学生活的一部分。但也仅仅是部分而已,要注意把握住度的问题。因为诚实工作,你们的休闲就不会有压力和内疚的感觉,这样的休闲也许更有乐趣。

祝你们学习愉快!

名言二：送给大家的话

你改变不了环境，但你可以改变自己；
你改变不了过去，但你可以改变现在；
你不能控制他人，但你可以掌握自己；
你不能预知明天，但你可以把握今天；
你不能样样顺利，但你可以事事尽心；
你不能左右天气，但你可以改变心情；
你不能选择容貌，但你可以展现笑容。

【推荐阅读】

1.《你可以不怕改变：适应力四步到位》（[美]M. J. 赖恩著，沈维君译）

这本书结构清晰地分为四个部分：第一部分让你看清你生活的环境，我们都生活在"坏世界"中。现在是个面临挑战的时代，我们的世界比过去更加复杂，我们的生活也将继续快速转变，生活中也会有越来越多可以引发压力的改变。第二部分是关于改变的七大真理。诚恳地建议你处在这样的环境中，唯一能做的就是依靠改变来应对。生命的真相，就是我们适应际遇的过程。作者采用大量的案例，对象涵盖各行各业各种层次，甚至总是称被幸运之神眷顾的人，都不能避免陷入足以带来压力的改变时刻，所以你并不孤单。第三部分告诉你不怕改变的人会怎么行动。你将学会所有成为"改变大师"所需的方法、技巧、心态与行为。第四部分和你分享 20 个"适应突然改变"的好方法，既简单又有现实效果。本书涵盖脑科学、正面组织行为以及作者独创的"新英格兰实用主义"等领域的观点。比如大脑喜欢向习惯靠拢，喜欢做重复的事；一碰到负面经验，大脑就像魔鬼胶一样，而一遇到正面经验，大脑就会像不粘锅。认清这些事实，才能更好地避免陷入改变的陷阱中。

2.《活着，就不能被自己打垮：重塑自己，三步适应法改变人生》（[法]维克・汉森著，方仁馨译）

此书告诉我们适者生存，你要像"变色龙"般去适应这个复杂易变的世界。人生的机遇是顺应时代，但是把握住机会则需要个人的性格、能力、人脉、激情……迷茫的我们最应该准备好的，就是适应社会。通过"三步适应法"，为在感情、事业中感到迷茫、困顿的人提供具体指导。

项目三　认知能力训练

心理体验

【体验一】斯芬克斯之谜

传说中，古希腊的奥林匹斯山是西方诸神居住的地方。那里有著名的特尔菲神庙。神庙前有一个碑，上面刻着神的箴言。斯芬克斯是传说中的一个奇特的生物——“狮身人面”。她作为神的使者，带着神对人类的忠告来到人间，来到古希腊的忒拜城堡。经过细心的筹划，她把那句神的箴言化作了一段“谜语”，来盘问她遇到的所有的人。

“什么东西早晨用四条腿走路，中午用两条腿走路，晚上用三条腿走路？”这就是斯芬克斯的谜语。每个路过的人都必须面对她来猜一猜她的谜语。而且，富有挑战的是，凡是猜不中的，都会被斯芬克斯毫不留情地吃掉。遗憾的是，当时忒拜城堡内没有一个人能猜中这个谜语，因此该城堡陷入了空前的灾难。国王不得不外出寻找可以解开谜语的人。可是国王也意外死去。忒拜城堡的大臣发出通告说，凡是能够解答出斯芬克斯之谜的人，就可以继承王位。

年轻的俄狄浦斯来到斯芬克斯面前，解答了斯芬克斯的谜语——那就是“人”。“人在‘早晨’，在很小的时候，是用‘四条腿’走路，即在地上爬；长大了就能够站立起来，于是‘中午’就用‘两条腿’走路了；到了‘晚上’——老年，人会用一条拐杖帮助自己走路，也就变成了'三条腿'了。"

俄狄浦斯解开了谜底,斯芬克斯也就完成了自己的使命。因为那句刻在特尔菲神庙前碑上的话就是:"人,认识你自己。"斯芬克斯作为神的使者,就是要通过这样的一个谜语来告诫人类要对自身进行认识。作为人,你必须认识你自己!

你要认识你自己。那么你认识自己吗?

【体验二】案例探讨

吴同学来自农村,因家境不佳,所以以优异的成绩"屈就"某大学。这使他从上大学的第一天就有一种比其他学校的大学生差的感觉。他从内心深处希望改变这一。在大学4年的学习中,他一方面努力完成学业,另一方面也为生计奔波。在别人眼里,他始终是个坚强而有头脑的人。而他却不这么认为,他觉得这只是自己一种无奈的选择。平常的他可以与周围的每个人融洽相处,加上他的阅历较多,所以总会有新奇的事说给他人听,让人感觉似乎他是个很开朗的人。但他说这不是真实的他,他不敢与人谈家,谈学校,谈那份奔波的辛苦,因为这些都是他心底最隐秘的东西,是他感到极度自卑的地方,想改变却又是徒劳的。他认为这个自卑的"我"才是真正的"我",而那个外在的"我"不过是个假象而已,从来也不曾存在过。

【体验三】心海导航

一个年老的富翁送他的儿子去闯天下。青年来到热带雨林中找到一种树木。这种树木高10余米,在一大片雨林中只有一两株。青年人觉得这种树木木质不错而且稀有,就准备砍去贩卖。这种树木砍下之后,让外层腐烂,留下里层呈黑色的部分,会散发出无比香气,放在水中也不像其他树那样浮在水面上,而是沉到水底。青年人把这种带有香味的树木运到市场出售,但是没人买他的树,倒是旁边卖木炭的小贩生意很火。日子一天天过去,青年人的树仍无人问津。他想:大概我的树真的不及那人的炭。于是他把香树烧成炭挑到市场上,结果一会儿就卖光了。青年人很得意地回家告诉老父。老父听了,忍不住落下泪来。原来青年人烧成木炭的香木,正是世上最珍贵的树木——沉香。只要一小块,它的价值就会超过一车木炭。

[头脑风暴]

听完这个故事后,学生讨论:

1.你有怎样的感受?你想说什么?

2.青年人为什么会犯这样的错误?

3.我们的日常生活中,有与青年人类似的人吗?

4.这故事给你什么样的启示?

从上面这个故事中,我们应该体会到充分客观地认识自己是很重要的。一旦我们不能很好地认识自己,可能就会导致我们丢掉自己身上很珍贵的东西。因为人往往容易看到别人身上令人羡慕的优点,却忽略了对自己的认识。

心理认知

【认知一】认知过程

一、认知过程的含义

人的认知过程是一个非常复杂的过程，指人认识客观事物的过程，即是对信息进行加工处理的过程，是人由表及里，由现象到本质地反映客观事物特征与内在联系的心理活动。它由人的感觉、知觉、记忆、思维和想象等认知要素组成。注意，认知是伴随在心理活动中的心理特征。

二、感觉

感觉是我们认识世界的起点，是人们对客观事物的个别属性（比如物体的颜色、形状、声音等）进行直接反映的过程。感觉分为外部感觉（视、听、味、嗅、触觉）和内部感觉（平衡觉、运动觉、机体觉）。其中视听提供的外部信息占人们所获信息的80%～90%。因此，在组织开展公关活动时，就必须充分考虑公众的视听感觉，通过对色彩的应用、视觉效果的处理及音乐的安排，达到更为满意的效果。

感觉现象分为四类：

1. 感觉适应

在外界刺激持续作用下感受性发生变化的现象称为“感觉适应”。例如，从亮的环境到暗的环境，开始看不到东西，后来逐渐看到了东西，这叫“对暗适应”；从暗的环境到亮的环境，开始觉得光线刺得眼睛睁不开，很快就习惯了，叫“对光适应”；“入芝兰之室，久而不闻其香，入鲍鱼之肆，久而不闻其臭”，这是嗅觉的适应；手放在温水里，开始觉得热，慢慢就不觉得热了，这是温度觉的适应。各种感觉都能发生适应的现象，痛觉则难以适应，因为痛觉具有保护性的作用。在各种感觉适应的现象中，暗适应是感受性提高的过程，其他适应过程一般都表现为感受性的降低。

在光的作用下，视网膜上的视紫红质分解；在暗环境中视紫红质又重新合成。不过，视紫红质分解得快，合成得慢。所以，光适应快，一两分钟即能完成；暗适应慢，一般要30～40分钟才能完成。很多工作是在暗环境中进行的，如在X线室内的工作、冲洗胶卷的工作，都需要较高水平的暗适应。在暗适应后，只要见到光线，暗适应很快就遭到破坏，再对暗适应又需要很长的时间，所以保护暗适应是很重要的。现在发现，在波长620纳米以上的红光作用下，视紫红质不会分解，所以，戴上620纳米以上的红色眼镜就能保护暗适应。

2. 感觉后像

外界刺激停止作用后，暂时保留的感觉印象称为“感觉后像”。例如电灯灭了，你眼睛里还会看到亮着的灯泡的形状，这就是视觉的后像；声音停止以后，你耳朵里还有这个声音的余音在萦绕，这是听觉的后像。

与刺激物性质相同的后像称为“正后像”。如看到白光以后，眼睛里仍保留着白光的感觉。与刺激物性质相反的后像称为“负后像”。如看到灯灭了，眼睛里却留下了一个黑色灯泡的形象。彩色的负后像是刺激色的补色，如红色的负后像是蓝绿色，黄色的负后像是蓝色。正、负后像可以相互转换，后像持续的时间与刺激的强度成正比。

3. 感觉对比

不同刺激作用于同一感觉器官，使感受性发生变化的现象称为“感觉对比”。

两种感觉同时发生所形成的对比称“同时对比”。如明暗相邻的边界上，看起来亮处更亮，暗处更暗了(即马赫带现象)，这是明度的对比。又如，绿叶陪衬下的红花看起来更红了，这是彩色对比现象，彩色对比的效果是产生它的补色。

两种感觉先后发生所形成的对比称“相继对比”。如吃完苦药以后再吃糖觉得糖更甜了，从冷水里出来再到稍热一点的水里觉得热水更热了。

4. 联觉

一个刺激不仅引起一种感觉，同时还引起另一种感觉的现象称为“联觉”。如红色看起来觉得温暖，蓝色看起来觉得清凉；听节奏鲜明的音乐的时候觉得灯光也跟着音乐节奏在闪动。

三、知觉

知觉是人脑对直接作用于感官的客观事物整体的综合反映，是较为复杂的心理现象，是大脑对不同感觉信息进行综合加工的结果。知觉以感觉为前提，但它不是感觉的简单的集合，而是在综合了多种感觉的基础上形成的整体映像。

1. 知觉的基本特性

(1)整体性：人在过去经验的基础上，把事物的各个部分、各种属性结合起来，知觉成为一个整体的特性。

(2)选择性：人总要根据自己的需要，把一部分事物当作知觉的对象，知觉得格外清晰，而把其他对象当作背景，知觉得比较模糊。这种有选择地知觉外界事物的特性叫作“知觉的选择性”。知觉的对象和背景是可以发生变化的，看两可图形就可得到证明。

(3)恒常性：在一定范围内，知觉的条件发生了变化，而知觉的映像却保持相对稳定不变的知觉特性称为“知觉的恒常性”，简称“常性”。例如，在不同距离看同一个人，尽管他在视网膜上的映像的大小有了变化，但对他的高矮的知觉却可保持不变。除了大小具有恒常性外，颜色、明度、形状也都具有恒常性。

(4)理解性：在知觉外界事物时，人们总要用过去的经验对其加以解释，并用词把它揭示出来，知觉的这种特性称为“知觉的理解性”。

2. 知觉的种类

(1)空间知觉：对物体的大小、形状、距离、方位等空间特性的知觉称为“空间知觉”。

判断远近距离靠的是距离知觉，这种知觉又称为“深度知觉”。对距离的判断可以根据对象的重叠(被挡的物体离我们远)，线条或空气的透视作用(近的物体大且清晰，远的物体小且模糊)，明暗、阴影(根据阳光的照射判断方向)，以及运动时形成的视差(在做相对运动的时候，离我们近的物体看起来移动得快，远的物体则移动得慢)来进行。如果没有这些条件供我们利用的话，我们是怎么判断远近的呢？100 多年前就有人提出来，我们判断远近主要靠的是双眼视差。

所谓双眼视差，是说我们的两只眼睛相距大约 70 毫米的距离，当我们用两只眼睛同时看一个物体的时候，这个物体在两个视网膜上的成像是有差别的，即左眼看物体的左边多一些，右眼看物体的右边多一些。两眼视网膜上形成的两个略有差异的视像，称为"双眼视差"。双眼视差是我们判断远近的主要依据。立体摄影、立体电影都是应用双眼视差的原理制作出来的，它们都能让人获得鲜明的立体知觉感。

(2)时间知觉：时间知觉是对物质现象的延续性和顺序性的反映。人们对时间的知觉可以以计时器提供的信息为依据，也可以根据自然界昼夜、四季周期性的变化，还可以根据人体生理、心理活动周期性的变化来估计时间。

生物钟是机体内部生理节律性的变化所引起的机体外部行为节律性的变化。消化系统的周期变化调节着人的进食行为；体力和精力的充沛与疲乏调节着人的起居。机体生理活动节律性的变化像一个时钟，调节着人的活动，也给人们估计时间提供了依据。

(3)运动知觉：对物体在空间中的位移产生的知觉称为"运动知觉"。物体位移的速度太快或太慢人们都不能知觉到运动。但是，有时物体在空间中并没有发生位移，却被知觉为运动，这种现象称"似动现象"，又称"动景现象""中现象"。电影就是依据似动现象的原理制作出来的。霓虹灯给人造成的动感，路牌广告制作中画面的变化等，也都是应用了似动现象的原理。

(4)错觉：错觉是在特定条件下产生的对客观事物的歪曲知觉，这种歪曲往往带有固定的倾向。只要产生错觉的条件存在，通过主观努力是无法克服错觉的。错觉的种类很多，有线条长短、线条方向的错觉，有面积大小的错觉，甚至不同感觉道之间的相互作用也会产生错觉，如形重错觉（大小不等、重量相等的木盒，掂起来觉得小的重，大的轻）、视听错觉（眼睛看着台上作报告的人，觉得声音是从台上传过来的；低下头来不看报告人时，又觉得声音是从旁边扩音器里传过来的）等。

四、思维

思维包括分析、综合、比较、抽象、概括判断和推理等基本过程。分析是将事物的组成部分和个别特征通过神经活动区分开来。综合则是将事物的各个成分和个别特征联系起来，结合成为一个整体。比较是将几种有关事物加以对照，确定它们之间相同和不同的地方。抽象是抽出同类事物的一部分共同主要特征，摈弃该类事物的其他特征。概括是事物的某类共同特征在脑中的结合。对客观事物的观察，通过分析、综合、比较、抽象和概括，借助于词的作用，就可以形成概念；反映事物关系的、概念之间的联系称为"判断"。把两个判断联系起来，从而获得一个新判断的过程，称为"推理"。通过推理，获得事物的现象和本质、原因和结果之间内在联系的过程称为"理解"。

思维是一个复杂的、高级的认识过程，反映了事物的相互联系及其发展变化的规律，并且具有间接认识和概括认识的特性。

一般说来，解决问题的思维过程可以分为以下四个阶段：

1.认识问题和明确地提出问题

思维是从解决问题开始的。问题就是矛盾,矛盾到处都有,时时都有。

找出问题的过程也就是发现矛盾的过程。这个阶段的主要任务是找出问题的本质,抓住问题的核心。爱因斯坦说:“提出一个问题比解决问题更重要,因为后者仅仅是方法和实验的过程,而提出问题则要找到问题的关键、要害。”

发现问题是解决问题的起点,而且也是解决问题过程的一种动力。

发现问题和明确地提出问题依赖于以下三个条件:

(1)依赖于主体的活动积极性。一般而言,主体活动量越大,接触面越广,越能发现问题和提出问题。发掘平常人所不注意的问题总是属于从事研究、经常向未知世界探索的研究者。

(2)依赖于主体的求知欲。求知欲在发现问题和明确地提出问题中起着重要作用,它是人追求某种现象或弄清某个问题的内部原因。求知欲高的人能在别人不能发现问题的地方,在已有公认解释的事实中提出问题,他们不满足于对事实的通常解释。他们对待一切总是打破砂锅问到底,非把问题弄个水落石出不可。

(3)依赖于主体的知识水平。发现问题和明确地提出问题也和人的知识经验有关。一个人知识不足,对事物都感到新奇,凡事都要问个究竟,这会促使他提出许多问题。有人称幼儿期(4～5 岁)为“发问期”,处在这个时期的儿童特别好问。

2.分析所提出问题的特点与条件

这个阶段的主要特点是搜集与问题有关的材料,没有大量的信息,解决问题是不可能的。比如马克思写作《资本论》,他研读了 1500 本以上的各种著作。

这阶段需要用图形和符号之类进行视觉上和结构上的问题分析。还需要弄清楚用什么概念来整理问题。

3.提出假设,考虑解答方法

解决问题的关键是找出解决问题的方案——解决问题的原则、途径和方法。要做到这一点,先要提出假设。假设是科学先遣的侦察兵,在人的认识中起着重要的作用。恩格斯说:“只要自然科学在思维着,它的发展形式就是假设。”在科学发展中,提出假设几乎是必经之路。在解决一般问题时亦广泛地应用假设。

提出新的假设是顺利解决问题的关键,而假设的提出要依靠已有的知识经验,同时,新假设的顺利提出是和前一阶段问题是否已经明确和正确理解相联系的。明确问题的性质,就有可能使思维过程有一定的方向,能把问题纳入一定的原则,按照这些原则来构思解决问题的可能办法。

4.检验假设

解决问题的最后一步是验证假设。实践是检验真理的唯一标准。因为只有通过实践才能把主观和客观联系起来,要查明假设的真理性,则必须有科学实验的证明或社会实践的证明。如在多次实验或实践中获得了成功,问题得到了解决,就证明了假设是正确的;反之,证明假设是错误的,就需要寻找新的解决问题的方案,重提假设。

正确的新假设的提出有赖于对以前失败的原因有充分的了解,分析假设失败的情况,对找到新的正确的解决问题的方案有很大的帮助。

当然,还应特别指出的是:以上四个阶段,不能截然分开,有时是交错进行着的。

【认知二】自我意识

最先和最后的胜利是征服自己。只有科学地认识自我,正确地设计自我,严格地管理自我,才能站在历史的潮头去开创崭新的人生。

——[古希腊]柏拉图

一、自我意识概述

当你向一位陌生的朋友描述你自己时,你最先想到的特征是什么呢,是你的性别?是你的社会角色如学生、职员、画家?还是性格特征如外向、内向?还是自己的爱好、优缺点等?或者,在不同的年龄阶段你对自己会有不同的描述,小时候你会说“我是一个乖宝宝”,中学的时候你会说“我敏感而忧郁,但是作文写得很好”,大学的时候你会说“我很开朗,变得外向多了,喜欢和不同的人打交道”。或者,你可能更倾向于用概括性的语言对自己作个总体评价。比如:“我是一个追求优雅和成功的女性”“我没有什么优点,但是我平凡又快乐”,或者“我是个自信、活泼、开朗,充满理想主义战斗激情的男孩”等。

其实当我们用这些特征来描述自己的时候,我们是在进行自我认识和自我定义。从我们两三岁自我意识开始发展以来,我们就在不停地认识自己,并且在自我定义的过程中塑造着自己。良好客观的自我意识让我们正确地认识自己,促进自己的成长发展。而歪曲主观的自我意识让我们在错误的道路上跌跌撞撞,甚至在成长中给自己制造很多阻碍。

二、什么是自我意识

自我意识又称“自我观念”或“自我观”,是人对自己身心状态及对自己与客观世界的关系的意识,回答“我是谁”这样的终极问题。自我意识包括三个层次:对自己及其状态的认识;对自己肢体活动状态的认识;对自己思维、情感、意志等心理活动的认识。

美国心理学家 W.詹姆斯于 1890 年把自我划分为主体“我”(I)与客体“我”(me)。主体“我”是对自己活动的观察者,而客体“我”则是这个观察过程中被观察的对象。人们对自己的认知过程实际上就是主体“我”对客体“我”的反映过程。平时我们所说的“我认为”就是主体“我”,而“我很高”“我擅长”“我不喜欢”“我是学生”……这些“我”都是客体“我”。

你,对自己有正确的认识吗?由于我们的自我意识具有主观性,有时候你会发现,真实的你是这个样子,你眼中的自己是另外一个样子,而别人眼中的你又是另外一个样,三者之间有着或大或小、或多或少的区别。这又是怎么回事呢?著名的乔哈里之窗就说明了这个问题。乔哈里之窗由美国心理学家乔瑟夫·勒夫(Joseph Luft)和哈里·英格拉姆(Harry Ingram)在 20 世纪 50 年代提出,认为人的心中有四个区域:公开区是别人和自己都看得到的;盲点区是别人看得到,而自己毫无知晓;隐藏区是因为本性害羞或隐私故而没有公之于世;未知区则是神秘莫测,为潜意识或无意识。

现在你知道为什么你眼中的自己和别人眼中的自己不一样了吧。那你现在能从自己的身上举例说明公开区、盲点区、隐藏区吗?

只有从自己和他人的角度客观地认识自己，我们才能了解真正的自己，有清晰的自我意识。

三、自我意识的结构

(一)自我认知、自我体验和自我调节

自我意识的结构从知、情、意三方面分析，是由自我认知、自我体验和自我调节三个子系统构成。因此，自我意识也称“自我调节系统”。自我认知是自我意识的认知成分。它是自我意识的首要成分，是主观自我对客观自我的认识与评价。自我认知是对自己身心特征的认识，自我评价是在自我认识的基础上对自己作出的某种判断。自我评价是自我意识发展的主要成分和主要标志，是在认识自己的行为和活动的基础上产生的，是通过社会比较而实现的。正确的自我评价，对个人的心理生活及其行为表现有较大影响。如果个体对自身的估计与社会上其他人对自己的客观评价差距悬殊，就会使个体与周围人们之间的关系失去平衡，产生矛盾，长此以往，将会形成稳定的心理特征——自满或自卑，将不利于个人心理上的健康成长。因此，要提高我们的自我评价能力，应学会与同伴进行比较，通过比较作出评价。还应学会借助别人的评价来评价自己，学会用一分为二的观点评价自己。自我体验是自我意识的情感成分，是主观的我对客观的我所持有的一种态度，如自信、自卑、自尊、自满、内疚、羞耻等都是自我体验。自我体验往往与自我认知、自我评价有关，也和自己对社会的规范、价值标准的认识有关，良好的自我体验有助于自我的发展。自我调节是自我意识的意志成分。自我调节主要表现为个人对自己的行为、活动和态度的调控。它包括自我检查、自我监督、自我控制等。自我检查是主体在头脑中将自己的活动结果与活动目的加以比较、对照的过程。自我监督是一个人以其良心或内在的行为准则对自己的言行实行监督的过程。自我控制是主体对自身心理与行为的主动的掌握。自我调节是自我意识中直接作用于个体行为的环节。它是一个人自我教育、自我发展的重要机制，自我调节的实现是自我意识的能动性质的表现。

(二)生理自我、心理自我与社会自我

按自我意识活动内容来看，自我意识又分为生理自我、心理自我与社会自我。自我意识最原始的形态是生理自我。生理自我是个体对自己身体的意识，也可称为躯体“我”，包括占有感、支配感和爱护感。你对自己身材、容貌和性别等的认知，以及生理病痛、温饱饥饿等的感受体验都属于生理自我。这些感觉大概在我们 3 岁左右就开始形成，从而使我们能够把自我和非我区别开来，意识到我们的躯体是生存的基础。随着自我意识的成长，我们逐渐对生理自我有一个明晰的看法与正确的认识，但由于青年时期的不确定性，有的学生对生理自我产生较高的心理关注。例如，女孩子会关注自己是不是漂亮、迷人、有吸引力，关注自己的高矮胖瘦甚至脸上的雀斑；男孩子会关注自己的体形、身高甚至生理器官、声音的吸引力等。

心理自我是个体对自己的心理活动、个性特征、心理品质的认识、体验和愿望，包括对自己的感知、记忆、思维、智力、能力、性格、气质、情绪、爱好和行为特点等的认识和体验。这些对自己心理的认知随着生活阅历的增加而逐渐形成，我们的情感、情绪、智力、能力、兴趣等都与日俱增，我们学会评价自己的心理自我、体验心理自我，如初恋与失恋的体验、成功与失败的体验等。

随着自我意识的发展，个体的社会角色渐渐浮出水面并占据重要位置，与此相应的责任感、义务感、角色感都在增长着。社会自我是个体对自己在社会关系、人际关系中角色的认识，包括个人对自己在客观环境及各种社会关系中的角色、地位、权利、义务、责任、力量等的意识。社会自我主要受他人看法的影响，生命中的重要人物，如父母、老师和好友对待我们的态度都会极大地影响社会自我的形成。青年男女常用“我已经长大了”来表达自己的社会自我，期望社会给予积极的肯定与认可。生理自我、心理自我与社会自我是密切联系、相互影响的，它们都包含着不同的自我认知、自我评价与自我控制（见表 3-1），但由于比例和搭配的不同，构成了个体自我意识之间的差异，也使得每个人都有自己的对人、对己、对社会的独特的看法和体验。当我们进行自我观察、自我感觉、自我分析、自我评价的时候，我们就形成了自我概念。

表 3-1

	自我认知	自我评价	自我控制
生理自我	对自己身体、外貌、衣着、风度、性别、病痛饱饿等的认识	帅、漂亮、有吸引力、迷人、矮小、普通、胖等	维护身体的外表修饰、物质欲望的满足等
心理自我	对自己的智力、性格、气质、兴趣、能力、记忆、思维等特点的认识	有能力、聪明、优雅、敏感、迟钝、感情丰富、细腻、暴躁、温和	追求信仰，注意行为符合社会规范，要求智慧与能力的发展
社会自我	对自己的名望、地位、角色、权利、义务、责任、力量的认识	自尊、自信、自爱、自豪、自卑、自怜、自恋	追求名誉地位，与他人竞争，争取得到他人的好感等

（三）现实自我、投射自我和理想自我

按自我观念分，意识结构又可以分为现实自我、投射自我和理想自我三方面。现实自我是我们在现实生活中获得的自我感觉，即按照我们自己的标准对自己目前身心状况和社会关系的看法。投射自我是在我们看来，其他人对自己的评价和看法。而理想自我则是自己希望达到的完善形象、生活目标，对未来的憧憬、期待和抱负，以及自己希望自己能成为什么样的人，这些都是理想自我。假设你目前是一个师范学校的大学生，你认为自己有很强的人际沟通能力和语言表达能力，这是你的现实自我；你认为你的朋友很欣赏你的随和、大方、活泼，这是你的投射自我；而你希望能成为一名优秀中学教师则是你的理想自我。现实自我与投射自我，现实自我与理想自我的和谐一致是心理健康的基本保证，这三者存在矛盾冲突就会引起自我意识的矛盾和偏差。

四、自我意识的发展

精神分析理论的代表人物爱利克·埃里克森关于人格形成与发展的理论，实质上就是自我意识形成与发展的理论。其理论中涉及的诸如“自主感”“羞耻感”“主动感”“内疚感”等概念，都是个体自我意识的重要内容。

埃里克森把个体自我意识的形成与发展划分为八个相互联系的阶段。

1. 获得基本信任感而克服基本不信任感

从出生到 18 个月左右是婴儿期。这是获得基本信任感而克服基本不信任感的阶段。所谓基本信任，就是婴儿的需要与外界对他需要的满足保持一致。这阶段婴儿对母亲或其他代理人表示信任，婴儿感到所处的环境是安全的，周围的人是可以信任的，由此就会扩展为对一般人的信任。

婴儿如果得不到周围的人的关心与照顾，他就会对外界特别是对周围的人产生害怕与怀疑的心理，以致会影响到下一阶段的顺利发展。

2. 获得自主感而避免怀疑感与羞耻感

从 18 个月到三四岁是童年期。这是获得自主感而避免怀疑感与羞耻感的阶段。个体在第一阶段处于依赖性较强的状态下，什么都由成人照顾。到了第二阶段，儿童开始有了独立自主的要求，如想要自己穿衣、吃饭、走路、拿玩具等，他们开始去探索周围的世界。这时候，如果父母及其他照顾他们的成人，允许他们独立地去干一些力所能及的事情，并且表扬他们完成的工作，就能培养他们的意志力，使他们获得了一种自主感，能够自己控制自己。

相反，如果成人过分爱护他们，处处包办代替，什么也不需要他们动手，或过分严厉，这也不准那也不许，稍有差错就粗暴地斥责，甚至采用体罚，如孩子由于不小心打碎了杯子，尿湿了裤子，成人就对其打骂，使孩子一直遭到许多失败的体验，就会产生自我怀疑与羞耻之感。

3. 获得主动感而克服内疚感

4～5 岁是学前期。这是获得主动感而克服内疚感阶段。个体在这阶段的肌肉运动与言语能力发展很快，能参加跑、跳、骑小车等运动，能说一些连贯的话，还能把自己的活动扩展到超出家庭的范围。除了模仿行为外，个体对周围的环境(也包括他自己的机体)充满了好奇心，知道自己的性别，也知道动物是公是母，常常问问这，动动那。这时候，如果成人对孩子的好奇心以及探索行为不横加阻挠，让他们有更多的机会去自由参加各种活动，耐心地解答他们提出的各种问题，而不是嘲笑、禁止，更不是指责，那么，孩子的主动性就会得到进一步发展，表现出很大的积极性与进取心。

反之，如果父母对儿童采取否定与压制的态度，就会使他们认为自己的游戏是不好的，自己提出的问题是笨拙的，自己在父母面前是讨厌的，致使孩子产生内疚感与失败感。所谓内疚感，就是认为自己做错了事情，做坏了事情。这种内疚感与失败感还会影响下一阶段的发展。

4. 获得勤奋感而避免自卑感

从 6 岁到十一二岁是学龄初期。这是获得勤奋感而避免自卑感的阶段。学龄初期儿童的智力不断地得到发展，特别是逻辑思维能力发展迅速，他们提出的问题很广泛，而且有一定的深度。他们的能力也日益发展，参加的活动已经扩展到学校以外的社会。这时候，对他们影响最大的已经不是父母，而是同伴或邻居，尤其是学校中的教师。他们很关心物品的构造、用途与性质，对于工具技术也很感兴趣。在这些方面如果能得到成人的支持、帮助与赞扬，则能进一步加强他们的勤奋感，使之进一步对这些方面发生兴趣。

埃里克森劝告做父母的人，不要把孩子的勤奋行为看作捣乱，否则孩子会形成自卑感，认为自己不如别人，应该鼓励孩子努力获得成功，努力完成任务，激发他们的勤奋感与竞争心，有信心获得好成绩；还要鼓励他们尽自己最大努力与周围人们发生联系，进行社会交往，使他们相信自己是有能力的、聪明的，任何事情都能做得很好，即使是参加赛跑，也会认为自己是跑得很快的。总之，使他们怀有一种成就感。

5. 获得同一感而克服同一性混乱

从十一二岁到十七八岁是青春期。这一阶段的核心问题是自我意识的确定和自我角色的形成。

“同一性”这一概念是埃里克森自我发展理论中的一个重要组成部分，它具有非常广泛的含义。它可以理解为社会与个人的统一，个体的主我与客我的统一，个体的历史性任务的认识与其主观愿望的统一；也可理解为对自己的过去、现在和将来，即在任何情况下都能够全面认识到意识与行动的主体是自己，或者说能抓住自己，亦即是“真正的自我”，也可称为“核心的自我”。

青少年对周围世界有了新的观察与新的思考方法，他们经常考虑自己到底是怎样一个人，他们从别人对他的态度中，从自己扮演的各种社会角色中，逐渐认清了自己。此时，他们逐渐疏远了自己的父母，从对父母的依赖关系中解脱出来，而与同伴们建立了亲密的友谊，从而进一步认识自己，对自己的过去、现在、将来产生一种内在的连续之感，也认识自己与他人在外表上与性格上的相同与差别。认识自己的现在与未来在社会生活中的关系，这就是同一性，即心理社会同一感。

埃里克森认为，这种同一感可以帮助青少年了解自己及其与各种人、事、物的关系，以便能顺利地进入成年期。否则就会产生同一性的混乱。例如，怀疑自我认识与他人对自己认识之间的一致性；做事情马虎，看不到努力工作与获得成就之间的关系。同一性混乱，还表现在对领导与被领导之间的共同点与差异看不清，要么持对立情绪，要么盲目顺从等。在两性问题上也会发生同一性的混乱，认识不到两性之间的同一与差异等。

6. 获得亲密感而避免孤独感

从十七八岁至 30 岁是成年早期。这是建立家庭生活的阶段，这是获得亲密感而避免孤独感的阶段。亲密感，是人与人之间的亲密关系，包括友谊与爱情。亲密的社会意义是个人能与他人同甘共苦、相互关怀。亲密感在危急情况下往往会发展为一种互相承担义务的感情，它是在共同完成任务的过程中建立起来的。如果一个人不能与他人分享快乐与痛苦，不能与他人进行思想情感的交流，不能与他人相互关心与帮助，就会陷入孤独寂寞的苦恼情境之中。

7. 获得创造力感，避免“自我专注”

这是中年期与壮年期，是成家立业的阶段。这是获得创造力感，避免“自我专注”的阶段。这一阶段有两种发展的可能性：一种可能是向积极方面发展，个人除关怀家庭成员外，还会扩展到关心社会上其他人，关心下一代以至子孙后代的幸福。他们在工作上勇于创造，追求事业的成功，而不仅是满足个人需要。另一种可能性是向消极方面发展，即所谓“自我专注”，就是只顾自己以及自己家庭的幸福，而不顾他人的困难和痛苦，即使有创造，其目的也完全是为了自己的利益。

8.获得完美感而避免失望感

这是老年期，亦即成熟期。这是获得完美感而避免失望感的阶段。如果前面七个阶段积极的成分多于消极的成分，就会在老年期汇集成完美感，回顾一生觉得这一辈子过得很有价值，生活得很有意义。相反，如果消极成分多于积极成分，就会产生失望感，感到自己的一生失去了许多机会，走错了方向，想要重新开始又感到为时已晚，痛不胜痛，于是产生了一种绝望的感觉，精神萎靡不振，马马虎虎混日子。

五、大学生的自我意识

（一）高职大学生自我意识发展的特点

心理学家斯普兰格指出：青年期是开始“自我发现”的新时期。其主要表现在以下几个方面：①关于自己是否是成人的自我意识。例如，我是个成人吗？我的行为符合成人要求吗？②关于自己美丽的自我意识。如常在镜子面前评价自己。③关于自己能力、性格的自我意识。如我聪明吗？我温柔吗？我是个诚实的人吗？④关于性的自我意识。如我的男性特征明显吗？男生喜欢我吗？怎样才招异性喜欢？⑤关于社会归属与社会地位的自我意识。如我被重视吗？我在班上名气大吗？⑥关于对人生价值的自我意识。如人为什么活着？人生的价值与意义是什么？我要成为一个怎样的人？

青年初期学生自我意识的特点，可以归结为以下五个方面：

第一，自我意识中独立意向的发展。青年人已完全意识到自己是个独立的个体，因此要求独立的愿望日趋强烈。与少年期不同的是，此时独立性的要求是建立在与成人和睦相处的基础上的。

第二，意识成分的分化。青年初期学生在心理上把自我分成了“理想的自我”和“现实的自我”两个部分，他们能够按照“理想的自我”去要求和调控“现实的自我”，但有时也出现矛盾。

第三，强烈地关注自己的个性成长。青年初期的学生十分关心自己在个性方面的优缺点，对别人或自己进行评价时，也特别重视个性方面的特点。

第四，有很强的自尊心。青年初期个体自尊心变得脆弱而敏感。他们最不能忍受被轻视、侮辱，既希望得到父母的支持，也在乎同伴的赞许和重视。他们会以各种方式表现自己，争强好胜，以求获得赞赏和满足。如果不能通过正当的途径满足这种要求，他们就有可能用不符合社会角色的方式去寻求满足，如寻衅滋事、玩世不恭、打架斗殴、搞恶作剧等。自尊心长期得不到满足时会导致低自尊、抑郁情绪以及普遍的失望甚至绝望。

第五，道德意识高度发展。学龄期儿童已经初步懂得了些道德准则与道德观念。进入青少年期以后，由于接触的范围和自我道德实践经验的不断扩大，我们所掌握的道德准则不仅数量增加，而且越来越深刻。在道德情感中直觉式情感减少，伦理道德式情感体验开始占优势。道德理想更为现实，道德意识在道德行为中的作用日益加强。

具体来说，高职大学生在自我意识方面表现为以下几个方面：

1.自我认识的主动性增强，但自我认识的自觉性有待提高

在激烈的就业竞争中，高职大学生从一入学就面对学习和就业的压力。在我们面前摆着很多深刻的问题：将来做个什么样的人，我能够从事什么样的工作，我喜欢什么样的

工作等。我们开始更加主动地去认识自己，自我意识更为明晰。而相比于普通大学的大学生，高职生存在不能客观认识自己能力的情况，不能客观分析自己的优缺点，从而妄自菲薄。

2. 自我认识途径增多

就读大学后，大学学习、生活环境为高职大学生提供了个新天地。在大学生活中，博览群书、广交朋友、学生活动、社会实践等不同途径为其提供了新的认识自我的方法。在大学中，不再是中小学式的封闭班级，与同学、老师的接触，在社会实践中与社会的接触为高职大学生提供了广阔的视野，也让其更深入地接触社会，从而增加了自我认识的途径。

3. 自我评价的兴趣增加，能力增强

进入大学后，与同学、朋友的交往使得我们的社会比较增多，我们更多地将自己的能力、相貌、学习、娱乐等与别人作比较，也尝试通过老师、同学对自己的评价来认识自己。但是也有可能存在自我评价过高或过低的情况。

4. 自我体验丰富、深刻

随着我们对自身的认识的发展、自我评价的增多，对社会的规范、价值标准的进一步认识而导致更加丰富深刻的内心情绪体验，也就是主观的我对客观的我所持有的一种态度，比如自信、自卑、自尊、自豪、内疚、羞耻、挫败感等。高职生自我体验的丰富、深刻，还表现在对外部世界和自己内心世界的某些方面非常敏感，涉及“我”及与“我”相关的事物等，都容易迅速引起情绪上的反应。

5. 自我控制能力提高

自我控制是自我意识的意志成分，处于大学阶段的我们，离开了中学时督促我们的家长和老师，对自己的行为、活动和态度的调控愿望增强。有一定的自我设计、自我规划的愿望，能够更好地进行自我检查和自我监督，自觉地调节行为。但是高职生自我控制水平还不够，有时候行为随意性比较大，刚下决心要做某事，但是转身又找到理由原谅自己放弃。高职生一些违反校规、校纪的情况就是不善于自我控制的后果。

（二）高职大学生自我意识发展的矛盾

迈入大学殿堂，我们的身心更为成熟，自我意识的发展也进入了新的阶段，但是新的矛盾和冲突又产生了。

1.“理想我”与“现实我”的矛盾

每个青年人心中都有无数光彩耀眼的梦想，特别是随着经济的发展，很多高职学生心中涌动着强烈的成功梦想，为自己设定了一个美好的“理想我”，对自己的大学生活进行了理想化设定。但是当现实大学与理想大学、现实社会与理想社会、现实自我与理想自我形成巨大的反差时，一部分学生会找不到自己生活的正确方向，将一些可克服的障碍或干扰误认为是无法逾越的鸿沟，对挫折缺乏较强的心理承受能力。现实生活中，“理想我”与“现实我”总是存在一定的差距，合理的差距能够使人不断进步、奋发有为。但是，如果差距过大，则有可能引起各种各样的心理不适与心理问题，甚至自暴自弃。

【案例】

李某，女，19岁，大一学生。李某高中时在班上名列前茅，担任班长，深得老师的信任和同学的羡慕。高考成绩突出，被学校的一个热门专业录取。接到录取通知书后，她非常得意，决心在大学学习中大显身手。但入学近一个学期，她的学习成绩在班上属中等位置，军训时因动作不标准受过多次纠正，宿舍人际关系也不太融洽，在班上未担任主要干部，期中考试成绩一般，情绪低沉，决心在期末考试中与班上同学一决高下，但期末考试科目较多，自己在复习时情绪很不平静，学习效果不佳，看书时注意力难以集中，读过的内容记不住。为了争一口气，连连开夜车学习，造成心动过速和失眠，考试成绩不理想。

建议：在现实生活中，理想自我与现实自我总是存在着一定的差距，合理的差距能够使人不断进步、奋发有为。但是，如果差距过大，则有可能引起自发的分裂，导致一系列心理问题。当理想我与现实我发生冲突，积极的自我调适便非常必要。这时，大学生要重新调整和评估自己的理想，直到通过努力可以达到为止。

2.“我观我”与“他观我”的矛盾

适当的自我评价能让我们体验到自己存在的价值，而对自己的能力、性格、优缺点的客观评价能让我们正确地认识自我。人对于自己的优点很敏感，而对于自己的缺点却容易忽视，不知道自己的专长是什么，真正的本领是什么，缺少的东西是什么。作为高职大学生，我们在认识和评价自己时难免会有较为主观的时候，或高估，或低抑，或偏颇，与他人对我们的评价形成对立。当然，他人的评价并非一定都是正确，因为他人也可能会有主观的时候，正如镜子因凹凸不平会歪曲人的形象一样。

3.“思我”与“行我”的矛盾

每个年轻人都可能存在这样一种矛盾的心态：心里想的是一回事，但是做的是另一回事；心里喜欢的是一回事，能付诸现实的是另外一回事。例如，小李刚上大学的时候壮志满怀，希望自己好好学习，但是配上电脑之后晚上常常打游戏到深夜，早上不能按时起床。小李一边责怪自己荒废时间，应该认真学习，一边又控制不了自己对游戏的沉迷。而小刘呢，想在在校期间培养自己开朗的性格，多参加社会实践，却因为内向不善言谈而屡屡被兼职招聘拒绝。小刘一边想要改善自己内向的性格，一边却因为屡次受挫而更惧于展现自己。这种思与行的矛盾在高职学生身上有较多表现，其原因是意志力不够，缺乏对自己的控制，或内心缺乏动机，或找不到行为的方法，或受到环境制约等。

4.强烈的自我改变意愿与意志品质滞后的矛盾

当我们看到“理想我”与“现实我”的矛盾后，在挫折情景或他人成功的时刻，我们会产生强烈改变的愿望。但在我们意志品质发展还不够成熟的情况下，我们的自觉性、果断性、自制性和坚韧性都还有所欠缺，自制和自控能力与改变的意愿形成较大的冲突。

（三）高职大学生自我意识的偏差

高职院校以培养适应生产、建设、管理、服务第一线需要的，德、智、体、美等方面全面发展的高等技术应用型人才为目的，要求高职学生注重自身综合素质的锻炼与拓展。当前高职院校学生的主流心态是积极的，是健康发展的，但由于社会环境、家庭环境等的影响，部分学生在学习、生活、工作过程中存在着自我意识的偏差。其通常表现在以下几个方面：

1.自我评价偏高

高职院校中有些学生对自己作出不切合实际的高估，优越感强，过于自信，自尊心和好胜心过强。在行为上容易表现出评价他人时责备求全，观察问题易简单化，行动目标过高等。

【案例】

刘某是某高校的学生，该生一直有一个困惑，就是看不惯其他的一些同学。他感觉现在的学生都被父母惯得不成样子。人人有手机，家家有电脑，娇生惯养，没有礼貌，老师说上句，他们就迫不及待地接下句。

该生生长在小县城一个双职工家庭里，父母对他的要求比较严格，养成了他爱竞争的性格。该生相信：人只要努力，就能得到回报。因此，无论学习多么辛苦，他都拼命学。但学完了，就难免有些怨气：为什么别人都不累，就我累？为什么有些同学没有努力学习，却享受着比他更好的物质生活？

2. 自我评价偏低

高职院校学生中有的因高考失利而后悔，有的因志愿没填好而痛苦，有的因对专业不满意而消沉，有的为就业而担忧……这些学生明显地表现出失望与悲观，导致学习动机不强，学习的盲目性大、积极性不高。也有少数学生因本身基础较差，进校后较为自卑，学习也不知努力，做一天和尚撞一天钟，致使学习风气不浓，学生补考及考试舞弊现象较为严重。高职学生自我评价偏低，主要表现为自我否定，言语和行为迟滞，对批评敏感，对奉承反应过度，逃避集体，多有防御行为，轻视他人，矫饰优越等。

【案例】

刘某是一名大三的学生，高一时，有一次老师让他回答问题，当时他思想开小差，不知老师问的是什么问题，于是支支吾吾地说不出话。老师很生气，讽刺了他几句。说他嘴比脚还笨，连话都说不出整句，考上大学又有什么用。同学们哄堂大笑，然后又有人窃窃私语，尴尬的他恨不得立即从这个班里消失。初入高中的这次经历给他带来了很大影响，从此以后，他再也没有主动要求过发言。更为严重的是，任何老师只要一点名回答问题，他就会心跳加速，紧张得手脚出汗。对此，他也很苦恼，他非常害怕重新经历类似的失败，每次不幸被老师点名回答问题，他都会想“我本来就不行”，进行自我安慰。然而，马上就上大四了，再这样下去，将来走向社会怎么立足？

你该如何帮助该同学解决出现的问题？

【案例】

陈某是一名女生，今年18岁，来自边远山区，家境贫寒，大学以前的时光都是在小山沟里度过的，性格内向，平时说话不多。上大学后，陈某感觉自己样样不如别人，自己没见过世面，知识面很窄，在同学面前什么都不懂，个头矮小，长得又不好看，家里不如别人家有钱，甚至连以前引以为豪的学习成绩在大学里也没有了任何优势。陈某总觉得自己低人一等，怕身边的同学瞧不起自己，内心特别痛苦和无奈。

3. 自我迷失

有的高职生在丰富的大学生活中找不到自己，不知道自己到底要什么，不知道自己生活的意义，不知道自己该做什么，不知道该往什么方向走，他们的心中充满了犹豫和矛盾。很多学生对自己身上的优缺点缺乏正确的认识和态度，很难认识自己和发展自己，从而在外界环境的影响下，盲目做出从众行为。

【案例】

小张，上海某高校计算机专业大四学生。因在寝室盗窃，被送进了监狱。他坦言，作案是为了让自己失败得更彻底。在此之前，他一直认为自己能当“领导”，做“伟人”，但在几年的学业与班干部竞选中均遭受挫折。于是他经常逃课，放弃努力，成了全系最差的学生，无法正常毕业。面对自己的失败，他归咎于当初专业选择错误，并最终以犯罪的方式来宣泄自己的苦闷。

六、培养健康的自我意识

（一）健康自我意识的标志

有健康自我意识的人应该是：①自我肯定、自我统合，能正确评价自我的人。②自我认识、自我体验和自我调节协调一致，能较好地进行自我整合的人。③独立的，同时又与外界保持协调的人。④主动发展自我，且自我具有灵活性的人。

健康自我意识的培养及完善应从以下几个方面入手：

1. 正确认识自我

你认识你自己吗？你知道你是谁吗？表面上这是很简单的问题，但事实上很多人并不真正了解自己。古诗中说：“不识庐山真面目，只缘身在此山中。”俗语说：“当局者迷，旁观者清。”这都说明要真实地了解自己真的很难。

（1）自我认识的内容：第一，认识自己的生理特点。第二，认识自己的心理特点。第三，认识自己的优势。第四，认识自己的劣势。

（2）自我认识的途径：进行良好的自我认识不但需要以人为镜，也要进行较完善的自我分析。我们可以尝试合理地进行社会比较法。一方面，进行横向比较，将自己与他人进行合理比较。我们可以尝试通过与周围人比较发现自己的优势和劣势，或者根据他人对自己的态度来评价自己，以增进对自己的认识。另一方面，进行纵向比较，将以前的自己与现在的自己进行比较。如画自画像，将以前和现在自己的知识、能力、情感、意志、性格等进行对比，发现自己的成长。总结经验教训，自己记忆中最成功、最自豪的事情是什么？最失败、最失望的事情是什么？发现自己从中得到了怎样的成长。

2. 积极悦纳自我

自我悦纳是对自己的本来面目持肯定、认可的态度，是自我意识健康发展的关键所在。一个人只有欣然地接受自我，才能有信心去面对真实的我，自尊、自爱，珍惜自己的人格和名誉，注重自我修养，使自己发展到一个较高境界。当前高职学生面临严峻的就业形势，学习竞争、家庭环境等也给我们带来压力，这就要求我们培养自身健康的心理、健全的人格与成熟的心态，要坦然、愉悦地接纳真实的自己，不仅接纳自己的优点，也要接纳自己的不足和缺点。

（1）喜欢自己。悦纳自我首先要接纳自己、喜欢自己、欣赏自己，看到自己身上的闪光点，具有的成长潜能及存在价值。你要知道，当你排挤、讨厌自己的时候，你根本提不起劲去改善自己的处境。所以你需要做的第一件事就是多照镜子，并不断对镜中人说：“我真的很不错，我真的真的很不错！”在成长的过程中，你也经历过或大或小的挫折、阻碍，也有过成功的喜悦。挫折和阻碍会转化成你成长的财富，所以你也有理由把右手放在你的胸口，大声地告诉自己："我为自己骄傲！"

(2)保持乐观，性情开朗。在大学生活中，我们可能会面临各种生活、学习和人际交往的压力，时常会遇到各种挫折和冲突。有位同学钱包掉了，整月的生活费没了，却不见他特别沮丧。问他为什么，他说："钱包掉了本来就是种损失，如果再因此让自己很不开心，不是损失更大了吗？为什么要把金钱的损失扩大为时间和心情的损失呢？我不是粗心的人，但是作为教训，下次我会更小心一点。"

如果我们能像这位同学一样，遇事保持乐观的心态，不对自己太过苛责，接纳自己偶尔也会犯错，也有短处、缺点，这样反而会给自己更自由的成长空间，会有一个更为理想的心理健康状态。

(3)全面看待自己的优缺点。每个人都会有优点，也会有缺点。但是我们在生活和学习中，会发现有的人只能片面地看待自己，要么只能看见自己的缺点，觉得自己一无是处，这样的人活得自卑痛苦；要么觉得自己全是优点，问题和缺点都是别人的，这样的人充满优越感，自负满满。不管是自卑，还是自负，都是我们成长路程上的阻碍。只有全面看待自己的优缺点，才能认识真实的自己，在与人交往中才能进退有度。

3. 自觉调控自我

在实现人生目标的旅途中，既有各种本能欲望的干扰，又有各种外部诱惑的侵袭，而自觉调节控制自己是健康自我意识完善的根本途径。高职大学生要控制自我，应该做到：

(1)培养顽强的意志力。很多大学生为自己树立了远大的目标和理想，但在努力的过程中没有足够的自制能力和坚强的意志力，经受不住挫折和打击，无法实现自我理想。大学生经常说"我想早起，可是没有恒心""我想学习，可就是学不进去"。应该培养顽强的意志，发展坚持性和自制力，增强挫折耐受力，使自己能自觉主动地认清目标，为实现目标而努力排除干扰，克服困难。

(2)培养自信心。美国思想家爱默生说："自信心是成功的第一个秘诀。"自信心是个体对自己的认可、肯定、接受和支持的积极感受，就是相信自己，对自己的力量充分估计的一种自我体验。自信是自我意识的一个重要组成部分，属于自我意识的情感形式，是对自我的积极的情感体验。自信的人相信自己，相信自己的能力和价值，相信自己追求的目标是正确的，也相信自己有能力去实现目标，遇事有主动精神。培养自信心可以大胆积极地表现自己的长处，从小事、容易成功的事做起，通过小的成功来增强自信。树立恰当的目标，一小步一小步地做，有进步就强化；每天记下一件成功的事，只要是成功的、可以增强自信的事都简单记下来；学会积极争取他人的帮助，增加成功的概率；循序渐进地积累成功的经验，淡化失败的体验；从积极方面去总结失败，吸取教训，将失败变为成功之母，自信心也就逐渐培养起来了。建立自信，就要相信自己有能力干好每一件事，用过去的成功例子不断告诉自己"我能行""我能做到"。

4. 不断超越自我

认识自我，接纳自我，都是为了塑造自我，超越自我。对于高职大学生而言，超越自我是终生努力的目标。人们常说，人最大的竞争对手是自己。因此，我们只有理智地分析自我，不断地超越自我，才能在激烈的竞争中立于不败之地。

5.积极心理暗示

【实验】

罗森塔尔效应

“罗森塔尔效应”产生于美国著名心理学家罗森塔尔的一次有名的实验中：他和助手来到一所小学，声称要进行一个“未来发展趋势测验”，并煞有介事地以赞赏的口吻，将一份“最有发展前途者”的名单交给了校长和相关教师，叮嘱他们务必要保密，以免影响实验的正确性。其实他撒了一个“权威性谎言”，因为名单上的学生根本就是他随机挑选出来的。8个月后，奇迹出现了，凡是上了名单的学生，个个成绩都有了较大的进步，且各方面都很优秀。罗森塔尔认为，可能是因为老师们认为这些大器晚成的学生开始崭露头角，便予以特别照顾和关怀，以致使他们的成绩得以改善。这就是著名的罗森塔尔效应。

对“罗森塔尔效应”进行以下讨论：

a.为什么在老师心目中，这些同学是聪明的？

b.这些同学果然就变得聪明了吗？

c.你认为是什么原因导致了“罗森塔尔效应”？

(1)“心理暗示”的概念：“心理暗示”这一术语来自西方的心理学，指用含蓄、间接的方式，对人的心理和行为产生影响。心理暗示往往会使人不自觉地按照一定的方式行动，或者不加批判地接受一定的意见或信念。

人的心理活动分为意识和潜意识两部分。意识活动是我们能够感受到的那部分心理活动，就像浮出海面的冰山一角；而大部分心理活动我们是意识不到的，即潜意识活动，像海面下的冰山。潜意识虽然不为我们所知，却蕴藏着巨大的能量，时时刻刻影响着我们的认知、情绪和行为。意识和潜意识，使用着不同的信号，如果两者能够融合在一起，其产生的心理能量是不可估量的。

心理暗示，通俗地说就是通过使用一些潜意识能够理解、接受的语言或行为，帮助意识达成愿望或启动行为。调动潜意识的力量，也就是在开发我们自己的潜能，其中最常用的方法就是进行积极的自我暗示。

(2)如何进行积极自我暗示训练：

①积极自我暗示的最佳时间：日本有位心理学家说：“当我们的头脑处于半意识状态时，是潜意识最愿意接受意愿的时候，来进行潜意识的接收工作是最理想不过的了。”因此，最恰当的自我暗示时间是早晚睡前醒后的时候，你可以躺在床上，每次花上几分钟，开始进行自我积极心理暗示。

②积极自我暗示的反复运用：美国心理学家威廉斯说：“无论什么见解、计划、目的，只要以强烈的信念和期待进行多次反复的思考，那它必然会置于潜意识中，成为积极行动的源泉。”美国一位拳王每次回答记者的提问后，总忘不了说一句：“I'm the best!”(我是最好的！)“我是最好的”就是一种积极的自我暗示，事实也许并非如此，但又有什么关系？经常反复运用暗示，“你”就会接受这种观点，而充满自信！“事实”也会向你所想象的方向发展。

③积极自我暗示语的大声朗读：坚持每天早晚两次，每次至少三遍大声朗读，坚持做到，并反复运用，就会产生崭新的变化。

心理训练

【活动一】学会运用超意识,完全放松,专注目标

书本放下来,轻松地坐着,旁边有没有人都无妨,只要别人不会突然来打扰你即可。然后,把眼睛闭上,感受一下关闭视觉之后整个人的身心状况。好了,请你做三次比较深长的呼吸,通常在三次深呼吸之后,你会感到整个人更轻松,也更舒服。现在你可以以3～5秒钟的间隔,慢慢地从1数到20,每数一次,你就进入更深的意识状态,整个人会更轻松,更宁静,当你数到20,就请细细品味安详、宁静、舒服的状态,直到你觉得足够了。好了,当你再从1数到3,就可以睁开眼睛。接下来,可以反复自我暗示一句:"我要专注目标,各方面我要越来越好。"

【活动二】自我悦纳

1. 头脑风暴

【阅读材料】

有一个生长在孤儿院中的小男孩,常常悲观地问院长:"像我这样的没人要的孩子,活着究竟有什么意思呢?"

院长总笑而不答。

有一天,院长交给男孩一块石头,说:"明天早上,你拿这块石头到市场上去卖,但不是'真卖',记住,无论别人出多少钱,绝对不能卖。"

第二天,男孩拿着石头蹲在市场的角落,意外地发现有不少人好奇地对他的石头感兴趣,而且价钱愈出愈高。回到院内,男孩兴奋地向院长报告,院长笑笑,要他明天拿到黄金市场去卖。在黄金市场上,有人出比昨天高10倍的价钱来买这块石头。

最后,院长叫孩子把石头拿到宝石市场上去展示,结果,石头的身价又长了10倍。而且由于男孩怎么都不卖,石头竟被传扬为"稀世珍宝"。

男孩兴冲冲地捧着石头回到孤儿院,把这一切告诉给院长,并问为什么会这样。

院长望着孩子慢慢说道:"生命的价值就像这块石头一样,在不同的环境下就会有不同的意义。一块不起眼的石头,由于你的珍惜、惜售而提升了它的价值,竟被传为稀世珍宝。你不就像这块石头一样?只要自己看重自己,自我珍惜,生命就有意义,有价值。"

如果你自己都把自己不当回事,那别人更瞧不起你,生命的价值首先取决于你自己的态度。"每个人应当从小就看重自己,在别人肯定你之前,你得先肯定你自己。"珍惜独一无二的你自己,珍惜这短暂的几十年光阴,然后再去不断充实自己,最后世界才会认同你的价值。

阅读这个故事,请同学们分享体会。

2. 制作"________的闪光点"卡片

活动要求:以4人小组为单位,每位学生一张"________的闪光点"卡片,学生填完自

己的名字后，将卡片交给下一位同学，由其填写完自己闪光点后再交给下一位同学，直到卡片回到自己的手里为止。

3.自信心练习：发现闪闪发光的你

(1)我最欣赏自己的外表：____________________________________。

(2)我最欣赏自己对朋友的态度：________________________________。

(3)我最欣赏自己对学习的态度：________________________________。

(4)我最欣赏自己的一次成功：__________________________________。

(5)我最欣赏自己的性格：____________________________________。

(6)我最欣赏自己对家人的态度：________________________________。

(7)我最欣赏自己做事的态度：__________________________________。

4.接纳自己的不足

【阅读材料】

“口吃”的雄辩家

狄摩西尼是古希腊政治家、雄辩家。他7岁时父亲去世，家产被监护人侵吞了。他成年后，决心向法院提起诉讼，以讨还被夺走的家产。然而，由于他患有口吃，无法到法庭去陈述自己的意见。面对自己身体方面的缺陷，他没有灰心，没有放弃，而是勇敢地接受了事实，并尝试努力去改变它。从此，狄摩西尼每天口含石子，面对大海练习发音，训练雄辩术。功夫不负有心人，后来，他终于学会了正确发音，掌握了雄辩这门技术，在法庭上以流畅有力的言辞击败了对手，打赢了官司。

讨论：他(们)是怎样看待自己的缺陷的？为什么身体的缺陷并不能阻挡他(们)取得成功？

洛克菲勒：他有学习障碍，但他是石油大王。

亚里士多德：沟通能力有障碍，但他是位有名的哲学家。

凡·高：受情绪困扰，但他在画坛上的成就却是超凡的。

孙膑：腿上有残疾，但他是中国古代杰出的军事家。

罗斯福：下肢残疾，但他带领美国人渡过困难期。

海伦·凯勒：失明、失聪，但她的内心却不凡，先后完成了14本著作。

爱因斯坦：曾遇上学习障碍，但是他在科学上的成就有目共睹。

丘吉尔：有沟通障碍，但是他在国际政坛上号令群雄，叱咤风云。

贝多芬：失聪，但是他是乐坛上的巨人。

他们为什么会成功？

他们都勇敢地接受了自己的缺点、不足或是缺陷，真正做到了悦纳自己，心理非常的健康。

造句活动：(多写不限)

虽然我____，
但是我____。

【活动三】自我形象设计

请结合身边的人对你的看法及自我评价，当一回自己的形象设计师，为自己设计一个你感到最满意的形象吧。

外表：____。

性格：____。

情绪：____。

特长：____。

其他：____。

想一想，为了实现你美好的形象设计，你必须弥补哪些不足？

____

你将会遇到哪些困难？________________________________

____。

为了弥补不足、克服困难，你将如何来完善自己呢？（不妨做个小计划）________

____。

小提示：计划应包含以下内容：①我对自己不太满意的地方有哪些？②这些方面与理想中的我有多大距离？③我准备通过哪些具体的方法来改变现状？④有什么措施保证计划的执行？

活动指导语：现在我们来做一个帮助大家了解自己的心理测试和训练。请你尽量写出 20 个“我是谁”，如“我是一个诚实的人”等，回答每次提问的时间为 20 秒，如果写不出来，可以略去，继续往下写。由于这是自我分析材料，所以想到什么就回答什么，不要有什么顾虑。

1. 活动目的

强化自我认识，促进自我接纳。

2. 操作

（1）首先 5 分钟内连续写出 20 句“我是怎样的人”，要求尽量选择一些能反映个人风格的语句，避免出现类似“我是一个男生”这样的句子。

我是一个____________________的人。

（2）然后将陈述的 20 项内容作下列归类：

A. 身体状况（属于你的体貌特征，如年龄、身高、体型等）。

编号：________________

B. 情绪状态（你常持有的情绪情感，如乐观开朗、振奋人心、烦恼沮丧等）。

编号：________________

C. 才智状况（你的智力、能力情况，如聪明、灵活、迟钝、能干等）。

编号：________________

D. 社会关系状况（与他人的关系、如何和别人应对进退、对他人常持有的态度、原则，如乐于助人的、爱交朋友的、坦诚的、孤独的等）。

编号：＿＿＿＿＿＿＿＿

(3)接着评估一下你对自己的陈述是积极的还是消极的。在你列出的每句话后面加上正号(＋)或负号(－)。正号表示“这句话表达了你对自己肯定、满意的态度”，负号的意义则表示“这句话表达了你对自己不满意、否定的态度”。看看你的负号与正号的数量各是多少。如果正号的数量大于负号，说明你的自我接纳状况良好。相反，则显示你不能很好地接纳自己，你的自尊程度较低。这时你需要内省一番，寻找问题的根源。比如：你是否过低地评价了自己？是什么原因使你成为这样？有没有改善的可能？

(4)小组分析：

①组长随意抽一份组员的答案，注意不要写出名字，大家对该生的答案进行分析，试着猜出该生是谁。

②得到确认后，大家对该生再次进行评价，如他的优点、缺点等，如此直至每一份答案都经过分析，每一组员都经过评价。

③每个学生总结自己的评价和同学的评价，课后写一篇“这就是我”的小文章，文章不讲究形式、措辞，只要求对“我”的各个方面都写全，以达到正确的自我认识。

④小组代表小结，教师总结发言，指出正确认识自我的意义。

(5)他人眼中的我：请你闭上眼睛 2 分钟，想一想自己在别人眼中是什么样的呢？然后请你填写下面的表格，认识一下他人眼中的你。

父亲眼中的我：	母亲眼中的我：
兄弟姐妹眼中的我：	爱人(恋人)眼中的我：
同学眼中的我：	朋友眼中的我：
老师眼中的我：	
现实生活中的我：	理想的(期望的)我：

【活动四】自画像

1. 活动目的：

通过画“自画像”，学生进一步认识自己，展示一个“内心的我”。通过交流学生读懂你、我、他，促进彼此的理解。

2. 活动道具：

彩色笔和 16 开大小的白纸。

3. 活动程序：

(1)老师发给每位学生一张 16 开大小的白纸，把彩色笔放于场地中央，供需要者自由取用。

(2)在 8～10 分钟内，每人在白纸上画一幅“自画像”。

(3)小组内交流“自画像”的含义，同组成员可以提出质疑。

(4)老师发现典型的案例，与全班分享。

4. 活动总结，体验分享。

5. 注意事项：

(1)老师可以暗示大家，“自画像”可以是形象的肖像画，也可以是抽象的比喻画；可以是一色笔画成，也可以是多色笔画成。

(2)有的学生会因为自己的绘画技能差而感到为难，老师要提醒大家本游戏不是绘画比赛，只要求大家画的内容、形式等形象地反映对自我的认识。

(3)老师寻找典型案例时，可以关注“自画像”的大小、位置、色彩、内容等，还可以关注大家在画“自画像”和交流时的神情。

心理测试

【测试一】自我监控测验

指导语：请回答如下的问题，并在“是”与“否”上面画圈。

1. 我发现自己很难模仿别人的行为。　是　否
2. 我的行为通常反映了自己真实的内心体验、态度和信心。　是　否
3. 在聚会或者社交场合，我不会试图说或做一些讨别人喜欢的事情。　是　否
4. 我只会为自己相信的观念辩护。　是　否
5. 我可以针对一些我一无所知的主题发表即兴演说。　是　否
6. 我认为自己只不过是在演戏，并以此打动或者取悦别人。　是　否
7. 当对自己的行为没有把握时，我会通过观察别人的行为来寻找线索。　是　否
8. 我可能会成为一个好演员。　是　否
9. 我很少根据朋友的意见来选择电影、图书或者音乐。　是　否
10. 我有时会向别人表达出比实际更深刻的情绪体验。　是　否
11. 相对于独自一人，和别人在一起看喜剧我会更容易发笑。　是　否
12. 在人群中，我很少成为注意的焦点。　是　否
13. 在不同的情境中或者和不同的人在一起，我的行为方式会完全不同。　是　否
14. 我并不特别擅长讨别人喜欢。　是　否
15. 即使我觉得很无聊，我也装得很高兴。　是　否
16. 我并不总是我看起来的那个样子。　是　否
17. 我不会改变自己的观点(或行为)来取悦别人或者赢得他们的喜爱。　是　否
18. 我曾考虑过做一个演艺人员。　是　否
19. 为了能够友好相处并被人喜欢，我倾向于成为人们所期望的样子。　是　否
20. 我从不擅长看手势猜字谜，以及即兴表演之类的游戏。　是　否
21. 我不太会改变自己的行为来适应不同的人和环境。　是　否
22. 在聚会时，我不会打断别人的玩笑和故事。　是　否
23. 和别人在一起的时候我总感觉有些尴尬，表现也不如实际那么好。　是　否
24. 如果为了一个好结果，我可以看着别人的眼睛若无其事地说谎。　是　否

25. 即使我非常不喜欢他们，我也会装得很友好。 是 否

评价方法：

在 5、6、7、8、10、11、13、15、16、18、19、24 和 25 上回答“是”得 1 分，在 1、2、3、4、9、12、14、17、20、21、22 和 23 上回答“否”也得 1 分。将总分加起来，得 12 分或以下表示低自我监控，得 13 分或以上表示高自我监控。

评价：

自我监控问卷是为了测量人会在多大程度上监视和控制自己在公众面前的行为。

高自我监控者——成为合时宜的人。他们认为自己是实用和灵活的，要在每个情况下成为合时宜的人。在面临一个社会情境时，他们首先会辨别在这种情况下一个典型的模范应该做什么，然后他们会用这些知识来指导自己的行为。

高自我监控者是社交变色龙，他们享受在不同情境下做不同的人，也具备扮演不同角色的认知和行动技能。

低自我监控者——成为我自己。他们认为自己是讲原则性的，并且强调在做什么人和做什么事等问题上保持一致的重要性。在面临一个社会情境时，他们更关注内心世界，并用自己的态度、信仰和感觉来指导自己的行为。在社会环境中，他们努力要实现的是做自己，而不是做合时宜的人。

低自我监控者认为自己是非常讲原则的人，更看重自己在不同情境下要“对自己真实”，他们不太擅长把握社会情境的特征。

【测试二】自我意识量表

所谓“自我意识”，乃是对自己存在觉察，即自己认识自我的一切，包括自我的生理状况、心理特征和人际关系，简言之，自我意识就是对自己个人身心活动的觉察。下面的量表是心理学家范斯坦、西契尔和巴斯在 1975 年编制的“自我意识量表”(Self Consciousness Scale，SCS)，请根据每一个陈述，思考与你自己实际情况的符合程度，在你认为合适的选项上打“√”。

1. 我经常试图描述自己。

A. 完全不符合 B. 不太符合 C. 说不清 D. 比较符合 E. 非常符合

2. 我关心自己做事的方式。

A. 完全不符合 B. 不太符合 C. 说不清 D. 比较符合 E. 非常符合

3. 总的来说，我对自己是什么样的人不太清楚。

A. 完全不符合 B. 不太符合 C. 说不清 D. 比较符合 E. 非常符合

4. 我经常反省自己。

A. 完全不符合 B. 不太符合 C. 说不清 D. 比较符合 E. 非常符合

5. 我关心自己的表现方式。

A. 完全不符合 B. 不太符合 C. 说不清 D. 比较符合 E. 非常符合

6. 我能决定自己的命运。

A. 完全不符合 B. 不太符合 C. 说不清 D. 比较符合 E. 非常符合

7. 我从不检讨自己。

A. 完全不符合　B. 不太符合　C. 说不清　D. 比较符合　E. 非常符合

8. 我对自己是什么样的人很在意。

A. 完全不符合　B. 不太符合　C. 说不清　D. 比较符合　E. 非常符合

9. 我很关心自己的内在感受。

A. 完全不符合　B. 不太符合　C. 说不清　D. 比较符合　E. 非常符合

10. 我常常担心我是否给别人留下一个好印象。

A. 完全不符合　B. 不太符合　C. 说不清　D. 比较符合　E. 非常符合

11. 我常常考察自己的动机。

A. 完全不符合　B. 不太符合　C. 说不清　D. 比较符合　E. 非常符合

12. 离开家时，我常常照镜子。

A. 完全不符合　B. 不太符合　C. 说不清　D. 比较符合　E. 非常符合

13. 有时，我有一种自己在看着自己的感受。

A. 完全不符合　B. 不太符合　C. 说不清　D. 比较符合　E. 非常符合

14. 我关心他人看我的方式。

A. 完全不符合　B. 不太符合　C. 说不清　D. 比较符合　E. 非常符合

15. 我对自己的心情变化很敏感。

A. 完全不符合　B. 不太符合　C. 说不清　D. 比较符合　E. 非常符合

16. 我对自己的外表很关注。

A. 完全不符合　B. 不太符合　C. 说不清　D. 比较符合　E. 非常符合

17. 当解决问题时，我清楚自己的心理。

A. 完全不符合　B. 不太符合　C. 说不清　D. 比较符合　E. 非常符合

计分办法：

代表内在自我的题目包括：1、3、4、6、7、9、11、13、15、17。代表公众自我的题目包括：2、5、8、10、12、14、16。

第3题和第7题为反向题，即选A得4分，选B得3分，选C得2分，选D得1分，选E得0分。其余各题为正向题，即选A得0分，选B得1分，选C得2分，选D得3分，选E得4分。

结果解释：

对于大学生群体而言，内在自我的平均得分为26，而外在自我的平均得分为19。内在自我的人对自己的感受比较在乎，他们常常坚持自己的行为标准和信念，不太会受到外界环境的影响；公众自我的人由于太看中外界他人的影响，所以担心别人对自己有不好的评价，有时由于看重来自他人的评价，他们也常常会产生暂时性的自尊感低落，容易在理想自我和现实自我之间产生距离。

【测试三】你认为你是谁？

第一部分

想知道你是怎么看待自己以及其他人的吗？以下两个练习基于乔治·凯利的疗法设计而成，能帮你深入地了解你如何看待自己的性格。

练习一：你的构成

这是一个含有四个部分的练习，一般来说需要 20 分钟时间。它旨在帮你了解你在看待自己和别人时用到的主要性格特点。

第一阶段：想出五个你很熟悉的人——也许是你的母亲、父亲、密友、老板、伴侣、同事或过去的恋人。在下面横线处写下他们的名字。

第一个人：________________。

第二个人：________________。

第三个人：________________。

第四个人：________________。

第五个人：________________。

第二阶段：请看以下表格。“第一个人”和“第二个人”一栏下面有许多“×”，想想第一个人和第二个人的性格与你不同的地方。比方说，也许他们都很外向，但是你很害羞。或者说也许他们都很吝啬，但你很大方。在“他们的共同点”这一栏中写下第一个人和第二个人的共同点，然后将与其相反的性格(也就是你自己的性格)写在“我”这一栏里。

第一个人	第二个人	第三个人	第四个人	第五个人	他们的共同点	我
×	×					
	×	×				
		×	×			
			×	×		
×		×				
	×		×			
		×		×		
×			×			
	×			×		

第三阶段：接下来，来到下一行，重复同样的过程。这一次，想想看第二个人和第三个人有什么共同点，他们与你有什么不同点。以此类推，完成这个表格，试着每次都想出点不同的性格特征。

第四阶段：看看“我”这一栏中列出的内容，试着找出一点共性。是不是“焦虑”或者“放松”经常出现？还是“外向”或者“羞涩”经常出现？这是你的核心心理构成，你就是通过它们来看待你自己和其他人的。

以下是一个样表：

第一个人：约翰

第二个人：凯蒂

第三个人：珍妮

第四个人：大卫

第五个人：艾瑞卡

第一个人	第二个人	第三个人	第四个人	第五个人	他们的共同点	我
×	×				细心	宏观
	×	×			艺术	实际
		×	×		焦虑	放松
			×	×	悲观	乐观
×		×			混乱	井井有条
	×		×		勤恳	不牢靠
		×		×	随和	冷静
×			×		羞涩	外向
	×			×	神经质	放松

练习二：自我描述

花 20 分钟的时间，写一个简单的自我描述。请使用第三人称，你可以从好友或者同事的角度来写。

第二部分

这一部分旨在帮助你创造、接受一个新的身份。

第一阶段：请看看你自己在第一部分练习中对自己性格构成的描述，你认为这些性格不好或者有问题吗？再看看你在第二部分练习中对自我的描述，其中有没有显露出你想要改变的性格方面？例如，也许你认为自己不够自信、不擅长交朋友、太咄咄逼人或者有点儿自私。

第二阶段：根据以上信息，打造全新的自己。如果你自己不知道该如何改变，你可以想想你的朋友、同事、偶像或者书中、电影中、戏剧中的角色们，他们是怎么做的呢？或者，你可以参考下表列出的对于性格优势的描述，选出一个或几个特别吸引人的。

其次，描述“新的自己”，阐述一下你会在生活的方方面面如何作出不同的表现。比如说，假设你有点儿咄咄逼人，总是与朋友或同事争吵，那么“新的你”就应该更加轻松有趣、善于交流。如果是这样的话，你应该怎么做呢？你会到处开开玩笑？你会听取别人的想法和意见，乐于接受而不是对此进行争论？你会格外注意赞赏、鼓励别人？

性格优势	简　述
创造力	善于想出新的方法解决问题
好奇	喜欢探索和发现
思想开放	乐意从不同的角度思考一个问题
勇敢	遇到威胁或挑战不退缩
坚持不懈	遇到困难时仍坚持下去
活力	对待生活充满热情和动力
爱	能与别人发展密切的关系
善良	喜欢帮助别人
公民意识	参与团队行动,并且支持身边的人
领导力	负责任,推动事情发展
宽容	能原谅犯错之人
谦虚	不骄傲于自己的成就
审慎	有自制力,不冲动
感恩	对生活中美好的事情充满感激
希望	期待美好事物的发生,愿意为此努力
幽默	看到生活中有趣的一面,让他人感觉轻松愉快

或者,想象一下,一些人说你有点儿小气,你希望对此作出改变。新的你会做慈善募捐,慷慨地送给别人礼物,不遗余力地帮助身边的人?

也许你想变得更自信一些,激发内心正面的能力。如果是这样的话,你身边有没有特别果断自信的朋友或者同事?他们可以给你一些启示。他们面临着你所处的困难时,会怎样表现?你能不能模仿他们,在这些情况下作出不同的表现?

第三阶段:花差不多 2 周的时间扮演你的新身份。你不用总是想着改变自己的思维方式,集中精力改变你的行为即可。为此,你也可以请好朋友或者家庭成员与“新的你”一起模拟一些生活场景。此外,你不必将其看作永久的变化,就当作给你原有的性格放假 2 周好了。然而,重要的是你要一天 24 四小时扮演自己的新角色,自己一个人独处的时候也不例外。“表现”原理会让你感觉自己像变了个人一样,并且很快这个“新的自己”就会变成你的一部分。

——摘自《正能量》([英]理查德·怀斯曼著)

心灵鸡汤

【名人名言】

不管我们的成绩有多么大，我们仍然应该清醒地估计敌人的力量，提高警惕，决不容许在自己的队伍中有骄傲自大、安然自得和疏忽大意的情绪。

——[苏联]约瑟夫·维萨里奥诺维奇·斯大林

一个真认识自己的人，就没法不谦虚。谦虚使人的心缩小，像一个小卵石，虽然小，而极结实。结实才能诚实。

——老舍

【推荐阅读】

1.《人性的弱点》([美]戴尔·卡耐基著，刘祜译)

作为成人教育之父，卡耐基写作该书的唯一目的，就是帮助你解决生活中所面临的大问题：如何在日常生活、商务活动与社会交往中与人打交道，并有效地影响他人；如何击败人类的生存之敌——忧虑，以创造一种幸福美好的人生；如何在生活中变得更加快乐……当你通过本书解决好这些问题之后，其他问题也就迎刃而解了。

2.《正能量》([英]理查德·怀斯曼著，李磊译)

本书是世界级心理学大师理查德·怀斯曼的巨著。该作品严谨又趣味十足地阐释了“表现”原理与正能量之间的“亲密”关系，揭秘了什么样的行为模式可以影响人的信念、情绪、意志力。它通过一系列的训练方法，提升我们内在的信任、豁达、愉悦、进取等正能量，规避自私、猜疑、沮丧、消沉的负能量，是一本能彻底改变人们生活、工作、行为模式的心理学著作。

3.《记住你是谁》([美]黛西·韦德曼著，赵丹译)

哈佛商学院有个优良传统——每位教授在课程结束前的最后一堂课都要讲述自己的人生故事，作为送给学生们的特别礼物。本书就是这些特别“礼物”的集成。也就是说，通过本书，你可以轻松地进入哈佛课堂，与15位教授一起分享他们关于人生和领导力方面珍贵的经验教训。

项目四　情绪管理能力训练

心理体验

【体验一】游戏：我的情绪表演

1. 分发给同学们小卡片，引导同学们发挥想象描绘各种情绪图片（类似于Q表情或者其他表情图片），最后汇总展示。

2. 现场重现：

（1）一个同学模拟中500万大奖后的情况。

（2）一个同学模仿公司破产。

（3）一个同学表演捡了很多现金的钱包不还的场景。

（4）两个同学（男、女各一位）模拟失恋后的极端负面情绪。

【体验二】游戏：指手画脚

游戏规则：每2人成对参加。一人用动作比画，不能说词语中出现的字；另一人背对屏幕来猜，规定时间内猜中词语多的获胜。

规则改变：

1. 设定几种情境，让大家知道（建议5个比较适宜）。举例：自己的日记本被妈妈发现，并且翻看。

2. 同学相向而坐（站）（单排背向讲台）。

3. 老师依次出示不同的情境，面对讲台的人只能通过面部表情来表达在此种情境中自己的反应，并请背对讲台的一排同学猜表达的是哪一种情景。

4. 在剩下最后一个情境时，告诉表演者，他们只需要微笑。

5. 最后老师根据最后一个情境，如果我们用微笑来面对的时候，会有怎么不一样的结果，由此引出本次情绪管理的主题。

心理认知

【认知一】情绪影响身心健康

我们的心情有阴天，也会有晴天，它像影子一样，每天与我们朝夕相伴。日常生活的一切活动，无不打上情绪的烙印。对情绪进行调节和控制，是日常生活中非常重要的一部分。

一、关注坏情绪的负能量

人的一生难免会遇到人际关系过敏、考试晋升失败、爱情受挫、生离死别等诸多问题，这些都会影响到人们的心情，产生一些情绪的负能量。如果我们不能正确地排解这些负面情绪，不仅会伤及周围的人，影响到生活质量，还会影响到我们的身体健康。

【实验】

曾有一位美国生理学家爱尔玛，为了研究情绪状态对健康的影响，设计了一个很简单的实验：他把一只玻璃管插在盛有正好是 0 ℃的冰水混合物的容器里，然后分别注入人们在平和、悲痛、悔恨、生气等不同情绪下呼出的水汽作对比实验。结果表明，当一个人心平气和呼出的水汽冷凝成水后，水是澄清透明、无杂质的；悲痛时呼出的水汽冷凝后则有白色沉淀；悔恨时呼出的水汽沉淀物为乳白色；生气时呼出的“生气水”沉淀物为紫色。他把“生气水”注射到大白鼠身上，几十分钟后，大白鼠就死了。由此可见，生气对健康的危害非同一般。

有分析表明：人生气 10 分钟会耗费大量体能，其程度不亚于一次 3000 米的赛跑；而且生气时的生理反应也十分剧烈，分泌物比其他任何情绪下的分泌物都复杂，且更具毒性。因此，动辄生气的人很难健康长寿。

二、关注好情绪的正能量

好情绪充满着奇妙的正能量。好情绪是我们精神的营养，可以让人产生创造性的思维，发挥心理和智慧的潜力。消除负面情绪对我们的影响，努力在生活中寻找令人开心和快乐的事情，保持良好情绪，是我们获得人生幸福的法宝。

我们听说过很多"笑"治病的真实案例。

【案例】

名医张子和曾采用使人发笑疏导法治愈了一个人的怪病。当时有个官员的妻子，精神失常，不吃不喝，只是胡叫乱骂，官吏遍访医生，使用各种药物治疗了半年也无效。张子和则叫来两个老妇人，在病人面前涂脂抹粉，故意做出各种滑稽的样子，这个病人看了不禁大笑起来。第二天，张子和又让那两个老妇人做摔跤表演，病人看了又大笑不止。后来张子和又让两个食欲旺盛的妇人在病人身边进餐，一边吃一边对食物的鲜美味道赞不绝口，这个病人看见她俩吃得津津有味便要求尝一尝。从此她开始正常进食，怒气平息，病全好了，看来"笑"真是有神奇的作用。

【案例】

著名科学家法拉第年轻时由于工作十分紧张，导致精神失调，身体非常虚弱，虽然长期进行药物治疗却毫无起色。后来一位名医对他进行了仔细的检查，但未开药方，临走时只说了一句话："一个小丑进城胜过一打医生！"法拉第仔细琢磨这句话，终于明白了其中的奥秘。从此以后，他经常抽空去看马戏、滑稽戏与喜剧，经常高兴得开怀大笑，愉快的心情使他恢复了健康。

人生来就会笑，但很少有人知道，笑其实是一种很好的健身运动。每笑一声，从面部到腹部约有 80 块肌肉参与运动。要是笑 100 次，对心脏的血液循环和肺功能的锻炼，相当于划 10 分钟船的运动效果。可惜，人到成年，因为工作、生活压力大，每人每天平均只笑 15 次，比孩提时代每天笑 400 次左右少多了。对健康来说，这是非常令人遗憾的损失。

鉴于笑可以帮助人恢复健康的神奇功效，美国一些大型医院和心理诊所已经开始雇用幽默护士。为什么称她们为"幽默护士"呢？同重病患者看幽默漫画并与病人谈笑风生，以此作为心理治疗的方法之一。幽默与笑声，帮助不少重病患者或情绪障碍者解除了烦恼与痛苦。

由此可见，要想身体健康，控制人生的走势，拥有幸福的人生，就要做情绪的主人，让好情绪环绕你，别让坏情绪左右你。

【认知二】认识情绪这个朋友

一、什么是情绪

美国心理学家罗伯特·利珀把情绪定义为："情绪是一种具有动机和知觉的积极力量，是对外界刺激所产生的心理反应以及附带的生理反应，如喜、怒、哀、乐、悲、忧等。它左右人的精神状态，驱使人们去行动。行为在身体动作上表现越强就说明其情绪越强，比如喜会手舞足蹈，怒会咬牙切齿，悲会痛心疾首，忧会茶饭不思等，就是情绪在身体动作的反应。”

简单地说，人们为高兴而开怀，为悲痛而伤心；人们时而冷静，时而冲动；有时人们理智地去思考，有时人们失去控制地暴跳如雷；人们有时觉得生活充满了甜蜜和幸福，而有时又感觉生活是那么无味而沉闷、抑郁和痛苦。情绪存在于每个人心中，而且在不同时期、不同场合产生着奇妙的效果。这就是情绪。

除了情绪的概念外，在心理学上还经常使用情感这一概念。情绪和情感都是人对客观事物所持的态度体验，两者有着紧密的联系：情绪是情感的表现形式，情感是情绪的本质内容；情绪带有极大的情境性，情感则带有很大的稳定性；情绪较为强烈，冲动性大，具有明显的外部表现，情感一般较微弱，较少有冲动性，外部表现也不明显；情绪更倾向于个体基本需求欲望上的态度体验，而情感则更倾向于社会需求欲望上的态度体验。

二、情绪的分类

情绪本身是非常复杂的，因此要对情绪进行准确的分类就显得尤为困难。许多研究者对此进行了长期的探索，其中有两种分类方法颇具代表性。

1.依据情绪的性质分类

(1)快乐。快乐是盼望的目的达到后，继之而来的紧张解除时的情绪体验。快乐的程度取决于愿望满足的意外程度。快乐的程度从满意、愉快到大喜、狂喜。快乐是一种追求并达到目的时所产生的满足体验。它是具有正性享乐色调的情绪，使人产生超越感、自由感和接纳感。

(2)愤怒。愤怒是由于受到干扰而使人不能达到目标时所产生的体验。目的和愿望不能达到，一再受到阻碍，从而积累了紧张，最终产生愤怒。特别是所遇到的挫折是不合理的或是被人的恶意所造成的时候，愤怒最容易发生。当人们意识到某些不合理的或充满恶意的因素存在时，愤怒也会骤然发生。愤怒的程度依次是：不满，生气，愠怒，激愤，大怒，暴怒。

(3)恐惧。恐惧是企图摆脱、逃避某种危险情景时所产生的情绪体验。恐惧往往是由于缺乏处理、摆脱可怕情景的力量和能力而造成的。引起恐惧的重要原因是缺乏处理可怕情景的能力与手段。

(4)悲哀。悲哀与失去所盼望、所追求的东西和目的有关，是在失去心爱的对象或愿望破灭、理想不能实现时所产生的体验。悲哀情绪体验的程度取决于对象、愿望、理想的重要性与价值。悲哀的程度依次是：遗憾，失望，难过，悲伤，哀痛。悲哀所带来紧张的释放会产生哭泣。

在以上四种基本情绪之上，可以派生出众多的复杂情绪，如厌恶、羞耻、悔恨、嫉妒、喜欢、同情等。

2.依据情绪状态分类

(1)心境。心境是一种使人的一切其他体验和活动都染上情绪色彩的情绪状态。它是持续的、微弱的、平静的。心境的特点是弥漫性。生活中的事件，例如事业的成败，工作的顺利与否，与周围人的关系好坏，机体状态如健康程度、疲劳、睡眠情况等都影响心境。

有些影响心境的原因人们不一定认识到。心境是一种具有感染性的、比较平稳而持久的情绪状态。当人处于某种心境时，会以同样的情绪体验看待周围事物。例如，人伤感时，会见花落泪，对月伤怀。心境体现了"忧者见之则忧，喜者见之则喜"的弥散性特点。平稳的心境可持续几个小时、几周或几个月，甚至1年以上。

(2)激情。激情是一种爆发快、强烈而短暂的情绪体验。例如，在突如其来的外在刺激作用下，人会产生勃然大怒、暴跳如雷、欣喜若狂等情绪反应。在这样的激情状态下，人的外部行为表现比较明显，生理的唤醒程度也较高，因而很容易失去理智，甚至做出不顾一切的鲁莽行为。因此，在激情状态下，要注意调控自己的情绪，以避免冲动行为。处在激情状态下，人的认识活动范围往往会缩小，仅仅指向与体验有关的事物；理智分析能力减弱，往往不能约束自己的行为，不能正确地评价自己行为的意义和后果。激情持续的时间较短。激情通常由一个人生活中的重大事件、对立意向(要求)的冲突、过度抑制和兴奋等因素引起。激情也有积极和消极之分。积极的激情可以成为人们积极行动的巨大力量。

(3)应激。应激是出乎意料的紧张状态所引起的情绪状态。在突如其来的或十分危险的条件下，必须迅速地、几乎没有选择余地地作出决定的时刻，容易出现应激状态。当人面临危险或突发事件时，人的身心会处于高度紧张状态，引发一系列生理反应，如肌肉紧张、心率加快、呼吸变快、血压升高、血糖增高等。例如，当遭遇歹徒抢劫时，人就可能会产生上述的生理反应，从而积聚力量以进行反抗。当驾车出现危险情景的时刻，在遇到巨大自然灾害的时刻，这时就需要人们根据自己的知识经验，集中意志力，迅速地判明情况，果断地作出决定。在应激状态下，人可能有两种表现：一种是目瞪口呆，手足无措，陷入一片混乱之中；一种是头脑清醒，急中生智，动作准确，行动有力，及时摆脱困境。对付应激状态是可以训练的。但应激的状态不能维持过久，因为这样很消耗人的体力和心理能量。若长时间处于应激状态，可能导致适应性疾病的发生。

【认知三】大学生的情绪特点与常见负性情绪

一、大学生的情绪特点

大学生的年龄一般为18～23岁，正处于生理、心理及思想急剧变化发展的时期，是个非常关注自我、注重个性表达、情绪体验丰富、情绪波动起伏、自身尚不成熟、性格不稳定的年龄阶段。该阶段的大学生情绪上有以下几个特点：

1.情绪的丰富性

随着生理和自我意识的不断成熟和发展，大学生出现较多的是自我体验，自尊、交往、爱与被爱以及自我发展的需要更加强烈。随着交往范围的日益扩大，与同学、朋友及师长之间的交往频繁，有的学生开始了恋爱，情绪表现得更细腻、更复杂。

恋爱、人际交往、就业等一系列问题不可避免地摆在了大学生的面前，这些需要和问题相应地产生了多种多样的情绪体验，理智感、美感、集体荣誉感等高级情感也有所发展，使大学生的情绪和情感特别丰富，表现出活跃、浪漫、热情并富有创造性的特点。

2. 情绪的矛盾性

一是独立与依赖的冲突。从中学进入大学，伴随着生理逐渐成熟，反映在心理上，则增强了独立的倾向，独立意识、自我意识大大加强。他们渴望摆脱家庭和老师的束缚。但是，大学生还处于学习阶段，经济必须依赖父母的供给，而且缺乏独立生活的经验，还不能真正依靠自己的力量来独立解决生活中遇到的一些问题，面对社会交往中的各种关系，一时难以摆脱对家庭、老师的依赖，不可避免地造成独立与依赖的矛盾。

二是理想与现实的矛盾引起的情绪困扰。青年期是人生最富于理想的时期，但同时，由于缺乏社会经验，许多大学生对理想只是停留于想象阶段，不确定自我实现理想的途径，没有坚定的行动，这种对自我理想的认识与行为的不同步，以及由此而形成的自我现实与理想的差距，特别是当理想在现实中受挫时，许多大学就会表现出强烈的负性情绪。

3. 情绪的冲动性

有的心理学家把青年期形容为“疾风怒涛”时期。大学生的情绪往往表现得快而强烈，常因一点小事振奋不已，豪情万丈。大学生情绪的冲动性一般表现为对外部环境或他人的不满，情绪失控，语言、行动极富攻击性，如果不予以引导，会给大学生本人以及社会带来危害。

4. 情绪的不稳定性

由于大学生的人生观、价值观还未完全定型，认知能力还有待提高，大学生的情绪活动往往强烈而不能持久，情绪活动随着认知标准的改变而改变。喜怒哀乐无常、阴晴雾雨变化是大学生情绪常见的现象，风平浪静之后可能就是急风暴雨。大学生情绪容易从一个极端走向另一个极端，高兴时忘乎所以，看什么都顺眼；消沉时心灰意冷，看什么都别扭，情绪呈现不稳定状态。

5. 情绪的掩饰性

大学生随着知识水平的提高，思想内涵的丰富，在情绪反映上较隐晦。他们已具备在一定的情景下压抑控制自己愤怒、悲伤等情绪，将真实的情绪掩饰起来的能力，形成外在表现和内心体验不一致的特点。他们会根据一定的条件来表达情绪，如对一件事情或对某人明明是厌烦的，但由于种种原因，可能表现出较好的或不在意的态度。

二、高职生常见的负性情绪

现代社会竞争激烈，生活节奏加快，文化观念多元碰撞，加之大学生正处于青春发育后期，情感丰富且极易波动，这种频繁情绪波动对大学生的学习、生活、人际关系、身体健康等无不产生影响。生活、学习的压力、感情的挫折等，都可能使大学生产生负性情绪。如果负性情绪反应持续时间过长或者泛化，就会影响到大学生的学习和生活。

大学生常见的负性情绪及表现主要有：

1. 焦虑

焦虑是一种紧张、害怕、担忧、焦急混合交织的情绪体验，当人们在面临威胁或预料到某种不良后果时，便会产生这种体验。焦虑是人处于应激状态时的正常反应，适度的焦虑可以唤起人的警觉、集中注意力、激发斗志，是有利的。例如考试对大学生而言，是一种紧张刺激，因而引起适当的焦虑反应是正常的，中等程度的焦虑最有利于考生水平和能力的发挥，但是过高的焦虑或无焦虑则不利于考生能力的正常发挥。所以说，只有不适当的高焦虑才会影响大学生的学习和生活，对身心健康造成不利影响。

【案例】

找工作的焦虑

毕业前2个月的一天，刘某在一场大型招聘会上递交了几十份个人简历，全都是往大企业、大公司投的。招聘单位说，过1个星期会通知她面试，当时她心里还挺兴奋的，心想总会被一两家大公司录用。过了2天，有一家公司通知她去面试。面试的前一天晚上，她把面试应该注意的事项都考虑了一遍，面试当天还精心打扮了一番。面试时，她心里还是挺紧张，以至于说话有点发抖。面试结束后，他们告诉她若通过了面试，会有复试。在等待复试的日子里，她的手机天天开着，连晚上也从不关机，并总是随身带着。可是2个星期过去了，没人通知她去复试，也没有其他公司通知去面试。马上就要毕业了，工作还是没有着落。她每天总在想：为什么找不着好工作？是不是我形象不好？是不是因为我不是名牌大学毕业？这样的念头每天缠绕着她，心情也因此变得非常烦躁和焦虑，看书没有以前专心，老是走神，食欲也下降了，总担心找不着好工作。看到同学们陆续找到了工作，她觉得自己没用，是个废物，同学们一定都很看不起她。她感觉对不起父母。为此，情绪更加低落，也更烦躁了，她不愿意和同学朋友倾诉，无法化解这些负性情绪，内心十分痛苦。

【案例】

考试焦虑

王某，女，大二学生。自述从高中起，每次考试来临的时候就开始紧张、焦虑，坐卧不安。即使不是考试前后，也会经常做关于考试的梦，梦见数学考试，临交卷了，自己一道题也没有做出来，几次三番从睡梦中惊醒。

虽然每次考试前王某都会很积极地复习功课，但每到考试就非常紧张，强迫自己抓紧时间看书、复习，即使是这样，效率也不高。到考试前几天，就会突然闹肚子，浑身不舒服。现在快要到期末考试了，王某想到这些又开始害怕，怕自己再出现这样的现象，影响考试。

点评：易为焦虑感困扰的大学生，常常在头脑中固守着许多不恰当的观念和想法，而且深信不疑，结果使自己像负重行路一样，疲惫不堪。比如认为自己决不能失败或认为一旦发生了某件事（不及格、退学、失恋等）就全完了。类似的观念和想法使得他们过分注重事件的成败结果，对可能产生的后果无限夸大，心理压力太重。因此要先丢开或改变这些观念，放下包袱，才能放松心情、轻松上路。

2. 压抑苦闷

压抑是当情绪和情感被过分克制约束，不能适度表达和宣泄时所产生的内心体验，它混合着不满、苦闷、烦恼、空虚、困惑、寂寞等诸种情绪。有的时候，人们知道自己在压抑什么，但更多的人常常感到一种压抑感，却不知压抑来自何方，更不知如何消除压抑。

处在压抑、苦闷状态中的大学生常常精神萎靡不振，缺少青年人应有的朝气和活力，对生活失去兴趣，不愿主动与人交往，感觉迟钝，容易疲劳，不满和牢骚多。长期严重的压抑会诱发高血压、冠心病、消化道溃疡等疾病，极易导致心理障碍。

3. 自卑情绪

自卑是个体在自我认识过程中对自己的能力或品质评价过低，轻视或者看不起自己，担心失去他人尊重的一种心理状态。产生自卑感的学生大都情绪低落，干任何事情都提不起精神，不敢或不积极参与各项工作和各种活动，甚至在学习上不敢提问，造成了心理上、能力上、学习上的恶性循环。

自卑，并不是指客观上自己不如别人，而是主观上认为自己不如别人，认为自己不够好。上课时，不敢举手发言，因为害怕自己回答得不够好；很多事情想做，但又害怕去做，因为害怕自己做不好；一件衣服，穿在别人身上很好看，但是穿在自己身上即使很漂亮，也觉得土气；做任何事情都小心翼翼的，因为害怕别人说自己不够好。这就是自卑心理在大学生身上的表现。有自卑感的学生由于自我评价过低，导致行为畏缩，瞻前顾后，多愁善感，自尊心极强，过于敏感，严重影响各方面的正常发展。

【案例】

走出自卑的阴影

李某在上高中时，在大众场合不敢发言，跟别人交流时总不能恰当地表达自己，尤其是跟老师或陌生人谈话，总觉得十分局促，举手投足不知如何是好，并且脸红得很厉害。没有一个可以谈心的朋友，让他变得越来越自闭，有时甚至偷偷掉眼泪。他很羡慕别的同学在公共场合能够从容不迫，侃侃而谈。他知道自己的性格会影响自己的生活，甚至是以后的成长，因此强烈希望改变自己。刚进大学时，李某暗暗下决心要改变自己的“交往低能”，他认为“最怕什么，就去做什么”。入校不久，李某不断挑战自己，参加各种校园精英挑战比赛，如“演讲比赛”“辩论赛”等。通过一系列的练习，李某从刚开始的没头绪、没逻辑的讲话，变得神采奕奕，自信非凡。他不再是那个不敢和别人交流的李某，而是在面对别人的不屑、疑问、耻笑时，自己仍会笑着做下去。伙伴们也惊喜于他的变化，觉得他现在有了脱胎换骨的变化，多了自信，有勇气，还有想法。李某说：“在我改变的过程中，遇到的都是友善的笑脸，困难比我想象的要小得多，走出自己心灵桎梏的一小步，就成功了一大步。”

4. 抑郁情绪

抑郁是一种持续时间较长的低落消沉的情绪体验。处于抑郁状态中的大学生，看到的一切仿佛都笼罩着一层暗淡的灰色，对什么事都提不起兴趣，常常感到精力不足、注意力难集中、思维迟钝，同时伴有痛苦、羞愧、自怨自责、悲伤忧郁的情绪体验，自我评价偏低，对前途悲观失望。

一般来说，这种情绪多发生在性格内向、孤僻、敏感多疑、依赖性强、不爱交际、生活遭遇挫折、长期努力得不到报偿的大学生身上。那些不喜欢所学专业，或出现人际关系处理不当、失恋等问题的大学生也会产生抑郁情绪。

长期处在抑郁情绪状态，会使大学生的学习、工作和生活受到极大影响。情绪抑郁消沉的大学生往往对学习、交往和活动失去热情和动力，体验不到生活的乐趣，学习效率大大降低，对生活失去信心，甚至产生自杀的念头和行为。持久的严重抑郁情绪还可能导致抑郁性神经症、肿瘤、胃溃疡、结肠炎等多种身心疾病。

5. 冷漠情绪

【案例】

冷漠情绪

一女生曾这样认为：自我一出生，父母就教我与人竞争，别人会弹琴，我也得会弹；别人会跳舞，我也得会跳；别人考试第二，我得第一。比来比去，虽然上了大学，但我觉得很没有意义，父母真不该把我带到这个社会上来。所以平时这个女生表情平淡呆板，行动了无生气、懒散，对他人的奋斗进取精神不理解。

冷漠是情感的萎缩，对他人冷淡漠然的消极心态。主要表现为对人怀有戒心甚至敌对情绪，既不与他人交流思想感情，又对他人的不幸冷眼旁观、无动于衷、毫无同情心，感知迟钝，缺乏热情和激情，对集体、他人漠不关心，麻木不仁。

案例中的女生冷漠的形成与其生活经历有关。由于她一直处于一种竞争的心态下，并且每次竞争几乎都以胜利告终，发现比来比去毫无意义，进而用一种冷漠的态度来应对周围的一切。帮助该女生克服冷漠最根本的办法是改变认知，让其发现生活的意义，发现自我的价值，改变长此以往形成的对人生消极的看法。从行为上要多鼓励其积极投身于各种有意义的活动中，融入到集体中，进行积极的自我暗示与自我提升。

6. 愤怒情绪

愤怒是由于客观事物与人的主观愿望相违背，或因愿望无法实现时，人们内心产生的一种激烈的情绪反应。心理学研究表明，当愤怒发生时，可能导致人体心跳加快、心律失常、高血压等躯体性疾病，同时还会使人的自制力减弱甚至丧失，思维受阻、行为冲动，甚或干出一些事后后悔不迭的蠢事或造成不可挽回的损失。

愤怒是大学生常见的一种消极情绪，处于精力充沛、血气方刚的青年时期的大学生，在情绪情感发展上往往容易产生好激动、易动怒的特点。如有的大学生因一句刺耳的话或一件不顺心的小事而暴跳如雷；有的因人际协调受阻而怒不可遏、恶语伤人；有的因别人的观点或意见与自己相左而恼羞成怒。如此种种遇事缺乏冷静的分析与思考，图一时之快，逞一时之勇，好激动、易动怒的不良情绪特点，在一些大学生身上时有体现。这种情绪对大学生的影响是极其有害的。因而有人说：“愤怒是以愚蠢开始，以后悔结束。”

【案例】

愤怒导致的校园血案

2010年3月30日，因被人嫌弃样貌丑，令人敬佩的某县高考状元、四川某高校大二学生曾某在校园内持刀杀死1名女生、刺伤2名男生。

曾某在接受警方讯问的时候说，杀人的原因是有人嫌他长得丑，他非常愤怒，受不了歧视。最了解曾某的同学兼室友小于说，大二上学期，曾某曾经说过“我想杀人”之类的话。“在我们看来，这是心情不好时的发泄，他真要杀人会挂在嘴上吗?”这件事情并没有引起同学的重视，更没有人把这件事情告诉辅导员。同学小刘说：“一个班里60多人，尽管辅导员也时常来宿舍检查，但肯定不能像高中老师那样关心、仔细。”

曾某在高中时一度被认为是天才少年，他在高考中也不负众望，夺取了县高考状元的头衔。不过曾某跟马加爵极为相似，都是学习成绩极好，但家境贫穷，且两人都有极强的自尊心。曾某之所以杀人就是因为同学嫌他丑，因为愤怒而展开报复。3月30日晚，两个家庭从此宣告支离破碎。长期压抑的曾某终于展开了他的报复行动，手持尖刀的他在川大明远湖边对着3名同学痛下杀手，其中一名女同学失血过多当场死亡，另外两名男同学也被捅伤。当年12月，成都中院一审以故意杀人罪判处曾某死刑，剥夺政治权利终身。

愤怒情绪表现为，血液涌向四肢、躯干、脑部，心率加快，肾上腺素分泌增加，产生强大的身心能量，以应付激烈的行动。愤怒、生气、不满、仇视、鄙视等情绪都属于激怒冲动类情绪。这种情绪类型的人，常容易产生难于自控的行为。

7. 嫉妒

嫉妒是指他人在某些方面胜过自己引起的不快甚至是痛苦的情绪体验。西班牙作家塞万提斯说："嫉妒是万恶的根源，美德的蠡贼。"嫉妒是人本质上的疵点，嫉妒心强的人容易得心身疾病。嫉妒是一把伤人又伤己的尖刀，不仅会让一个人失去理智的抓狂，也会影响一个人的自我发展。

然而，嫉妒在大学生中是普遍存在的，具体表现为：当看到他人学识能力、品行、荣誉甚至穿着打扮超过自己时，内心产生的不平、痛苦、愤怒等感觉；当别人身陷不幸或处于困境时则幸灾乐祸，甚至落井下石，在人后恶语中伤、诽谤。

【案例】

嫉妒心理

唐某是山东师范大学学生。他的成绩一向优秀，是学习上的佼佼者。正当他飘飘然的时候，别人已经悄悄地赶上了他。这时，他理应奋起直追，可惜他并不觉醒，反而产生了越来越强的嫉妒心，容不得别人超过自己。唐某的脑子里萌发了一种邪念，决定去"报复"他人，不让他人有好成绩。开始，他只是偷拿别人的书籍。当别人苦苦寻找时，他却在一旁幸灾乐祸。后来，他的脑子越来越胡思乱想，竟破坏别人正常学习，纵火焚烧别人的衣物，最终还是被人发现，受到了应有的惩罚。

莎士比亚说："您要留心嫉妒啊，那是一个绿眼的妖魔！谁做了它的牺牲品，就要受它的玩弄。"当嫉妒从心里冒出时，别忘了这句忠告。嫉妒是一种负面情绪，不但危害他人，给人际关系造成极大的障碍，最终还会摧毁自身。

要想摆脱嫉妒的苦恼，最根本的是自己的胸襟要宽，气量要大。

相反，如果你被别人嫉妒，既不要愤怒，也不要害怕，对待嫉妒自己的人，也不必疏远，也许别人对你的嫉妒也就随之瓦解。到那时闲言碎语也不再有作用，因为常相处的人都了解你是什么人，不实事求是的言论自然站不住脚。另外，当你在取得成功和荣誉时，一定不要冷落了大家，更不要居功自傲，因为这的确很容易招来他人的嫉妒。这时，你要做的是真诚地感激大家，让大伙一同分享荣誉。虚怀若谷，就会得到众人的拥护、支持，不致招来嫉妒。

【认知四】调控情绪

平时谈到情绪，很多人都会往负面的方向去想，比如："你看，又闹情绪！"好像除了快乐之外的情绪都是不好的。其实，情绪没有好坏之分，它只是人们对环境的一种反应。环境指的是什么？以前人们认为外界的事物才是环境，比如山水、天气、道路交通等。其实，人内在的东西也属于一种环境，即人对自己也是一种环境。负面的情绪不可能被完全消灭，但我们可以进行有效疏导、有效管理、适度控制。也就是说，情绪管理并非是消灭情绪，也没有必要消灭，而是疏导情绪，并合理化之后的信念与行为。这就是情绪管理的基本范畴。

大学生处于青年成长的高峰期，不良情绪随时都可发生，情绪的健康关系到大学生成长，关系到毕业后能否顺利地踏入社会。那么我们应该将情绪调控在怎样一个合理的范围之内呢？

一、调控标准

情绪调控要以健康情绪的标准为调控标准。

1. 一定的诱因引起相应的情绪

情绪的发生和发展是由一定的诱因引起的。比如：可喜的事件引起欢乐的情绪；不幸的事件引起悲哀的情绪；挫折事件引起愤怒情绪等。情绪不可能凭空产生，无缘无故的情绪反应、不明缘由的情绪表现都不是正常的情绪。情绪反应的强度应与引发情绪的诱因强度相符合。在不同的时间和场合有恰如其分的情绪表达，情绪反应与环境相适应。一般情绪反应有三类表现：情绪反应不足；情绪反应适当；情绪反应过激。两极性的情绪反应对健康有很大危害，极度压抑情绪和过度放纵情绪都对健康无益。

2. 情绪的作用时间随客观情况的变化而转变

情绪的作用时间随客观情况变化而转变。在一般情况下，引起情绪的诱因消失之后，其情绪反应也应逐渐消失。例如，孩子偶尔不慎摔碎了一个碗，母亲可能当时不高兴，事情过后，也就不生气了。如果几天都生气，甚至长期生气，这就是情绪不健全的表现。

3. 情绪稳定

健康的情绪应保持相对的稳定性。情绪稳定是指情绪状态比较平稳，情绪反应不强烈。情绪稳定的人，一般不因外界刺激而产生强烈的情绪反应。那些变化莫测、波动大、起伏剧烈的情绪反应，是情绪不健康的表现。

4. 心情愉快

这是情绪健康的另一个重要标志。愉快表示一个人的身心处于积极的健康状态。一个人经常情绪低落，总是愁眉苦脸，心情苦闷，则可能是心理不健康的表现。但一个人在生活的道路上难免发生挫折或不幸。例如，由于亲友的病故而产生的悲哀情绪，这是正常的情绪反应。

5. 能合理调控情绪

善于控制与调节自己的情绪，既能克制又能合理宣泄自己的情绪。那些只懂得掩盖而过分压抑不表现的情绪反应，不但不能有效地适应环境，还会不利于身心健康。懂得如何调控情绪，并能从别人调控情绪的方法中借鉴到一些适合自己的情绪调控方法，是一个情绪健康者最应学会的保持身心健康的一项技能。

二、情绪调控方法

克服不良情绪，关键就在于情绪的自我调控。情绪控制的方法很多，下面提供几个调动情绪正能量，召唤好情绪的有效方法：

1. 合理宣泄法

心理学认为，每个人都会经常遭受不同的挫折，可能因忧郁、焦虑、苦闷、烦恼、不安、不满乃至愤怒等处于心理不平衡状态。

消极地压抑不良情绪，会在心理上累积侵犯性能量，这种累积往往处于“潜意识层”，成为隐藏于内心深处的暗流，而不会自然消失。它可以通过对内(对自己)侵犯，破坏人体机能平衡协调运行，也可以通过对外(对他人)侵犯，从而产生攻击行为，以减少一定的能量。

所以过分压抑只会使情绪困扰加重，而适度宣泄则可以把不良情绪释放出来，从而使紧张情绪得以缓解、放松。因此，遇有不良情绪时，最简单的办法就是“合理的宣泄”，以排解消极情绪，恢复正常的情绪状态。

什么是合理宣泄？合理宣泄就是在不违法、不违反道德规范、不伤害自己和他人的前提下，适当、适时、适地宣泄。

在运用宣泄法来调节自己的不良情绪时，必须增强自制力，不要随便发泄不满或者不愉快的情绪。要采取正确的方式、选择适当的场合和对象，如果不分时间、场合、地点随意发泄、放纵、任性、胡闹，不仅不能调控好不良情绪，相反还会造成不良后果。表 3-1 列举了各类宣泄方法。

表 3-1

恰当的	中性的	不恰当的
哭、运动、找朋友倾诉、唱歌、娱乐、写日记、到操场上猛跑一阵、到心理咨询室拳击沙袋	睡觉、吃东西	狂哭、狂睡、狂吃、喝酒、吸烟、生闷气、扔东西、打架

2. 调整认知法

美国心理学家艾利斯认为，人的情绪困扰并不是诱发事件本身引起的，而是由对诱发事件的非理性的解释与评价引起的。正是由于我们常有的一些不合理的认知才使我们产生情绪困扰。这些不合理的认知久而久之还会引起情绪障碍。艾利斯经过归纳研究，总结出了不合理信念的几个特征：①绝对化要求：以自己的意愿为出发点，对某一事物怀有认为其必定会发生或不会发生的信念。比如“我必须获得成功”“别人必须很好地对待我”等。②过分概括化：这是一种以偏概全、以一概十的不合理思维方式表现。如面对损失或是极坏的结果时，往往会认为自己“一无是处”，是“废物”等。以自己做的某一件事或某几件事的结果来评价自己、评价自己作为人的价值，其结果常常会导致自责自罪、自卑、自弃的心理及焦虑和抑郁情绪的产生。③糟糕至极：这是一种认为如果一件不好的事发生了，将是非常可怕、非常糟糕，甚至是一场灾难的想法。其实，对已经发生的事情，改变非理性观念，反倒可以获得“退一步海阔天空”的效果。这个世界上的任何事物都有正反两面，既没有绝对的好事，也没有绝对的坏事。举例而言，1980 年美国总统大选期间，里根在一次关键的电视辩论中，面对竞选对手卡特对他在当演员时期的生活作风问题发起的蓄意攻击，丝毫没有愤怒的表示，只是微微一笑，诙谐地调侃说：“你又来这一套了。”一时间引得听众哈哈大笑，反而把卡特推入尴尬的境地，从而为自己赢得了选民更多的信赖和支持，并最终获得了大选的胜利。如果里根没有控制好自己的情绪，因为被人身攻击而怒不可遏，那么大赛的结局将不可预料。

3. 积极暗示法

从心理学角度讲，自我暗示就是个人通过语言、形象、想象等方式，对自身施加影响的心理过程。这个概念最初由法国医师库埃于 1920 年提出，他的名言是“我每天在各方面都变得越来越好”。自我暗示分消极自我暗示与积极自我暗示。积极自我暗示，在不知不觉之中对自己的意志、心理以至生理状态产生影响，令我们保持好的心情、乐观的情绪、自信心，从而调动人的内在因素，发挥主观能动性。心理学上所讲的“皮格马利翁效应”，也称“期望效应”，就是讲的积极的自我暗示。而消极的自我暗示会强化我们个性中的弱点，唤醒我们潜藏在心灵深处的自卑、怯懦、嫉妒等，从而影响情绪。

与此同时，我们可以利用语言的指导和暗示作用，来调适和放松心理的紧张状态，使不良情绪得到缓解。心理学的实验表明，当一个人静坐时，默默地说“勃然大怒”“暴跳如雷”“气死我了”等语句时心跳会加剧，呼吸也会加快，仿佛真的发起怒来。相反，如果默念“喜笑颜开”“兴高采烈”“把人乐坏了”之类的语句，那么他的心里面也会产生一种乐滋滋的体验。由此可见，言语活动既能唤起人们愉快的体验，也能唤起不愉快的体验；既能引起某种情绪反应，也能抑制某种情绪反应。因此，当我们在生活中遇到情绪问题时，我们应当充分利用语言的作用，用内部语言或书面语言对自身进行暗示，缓解不良情绪，保持心理平衡。比如默想或用笔在纸上写出下列词语：“冷静”“三思而后行”“制怒”“镇定”等等。实践证明，这种暗示对人的不良情绪和行为有奇妙的影响和调控作用，既可以松弛过分紧张的情绪，又可用来激励自己。

在《正能量》一书中，针对提高自信，克服自卑的问题，理查德·怀斯曼这样写道：“运用你的肢体语言吧，你的生理将决定心理。在他人面前避免做出胆怯害羞的举动，别畏畏缩缩，别隐藏自己。站直了，昂首挺胸，人们更相信你展现出的肢体语言，而不是你发表的言论。如果你看起来就很胆怯，人们将认为你是害怕的，并且把你当作一个胆小的人对待。让自己看起来像领导者，走起来像总统，自信满满仿佛你是国王。站在桌上，做出大气夸张的手势，站直。假如你拥有国王的肢体语言，人们将开始用对国王的方式对待你，他们会认为你能胜任国王这个角色，假如你穿着国王的服装，你必然有这么做的理由，人们会相信你展现出来的形象！”所以当你感到不自信的时候，可以设想一下自己就是一位尊贵的国王，你要拿出国王的自信和风度来待人接物，这样就能给自己以巨大的勇气。

4. 自我安慰法

当一个人遇有不幸或挫折时，为了避免精神上的痛苦或不安，可以找出一种合乎内心需要的理由来说明或辩解。如为失败找一个冠冕堂皇的理由，用以安慰自己，以此冲淡内心的不安与痛苦。这种方法，对帮助人们在大的挫折面前接受现实，保护自己，避免精神崩溃是很有益处的。因此，当人们遇到情绪问题时，经常用“胜败乃兵家常事”“塞翁失马，焉知非福”等意念来进行自我安慰，可以摆脱烦恼，缓解矛盾冲突，消除焦虑、抑郁和失望，达到自我激励之目的。

5. 注意力转移法

当情绪激动时，为了使它不至于爆发和难以控制，可以有意识地转移注意力，把起不良情绪反应的刺激情境转移到其他事物或使自己感兴趣的事物上去。

比如悲伤时，不要独自闷着，那样只能让悲伤的情绪慢慢将你吞噬。正确的方法是听节奏欢快的音乐、读几段令人开怀大笑的笑话。如果天气好的白天，出去晒晒太阳，散散步，更换一下环境等，在活动中寻找到快乐也是一种好的选择。

又如愤怒时，有人总是压制不住怒气，习惯当场找对方理论，警告胁迫对方，更严重者摔东西、头撞南墙、大吼大叫、暴跳如雷等，或者干脆用暴力解决问题，这些处理情绪的方法都是简单粗暴的，都是错误的。人在愤怒到极限时，很容易导致理性的丧失，说出本不应该说出的话，做出本不应该做出的事。那些经常事后向人赔礼道歉的，多是那些遇事爱动肝火、大发雷霆的人。如果你是这种人，那么就要多学一些制怒的技巧了。具体的方法如下：首先要闭上嘴，因为盛怒时的舌头像把利剑，容易刺伤人；接着深呼吸，强迫心跳、血压恢复正常状态；或者离开现场找个安全的环境，动动身体、打打球或做体操；再有，若在与家人吵架时，可以跑去照镜子，当看见自己怒气冲冲的样子，你会觉得很滑稽，忍不住笑出声来。

6. 交往调节法

某些不良情绪常常是由人际关系矛盾和人际交往障碍引起的。因此，当我们遇到不顺心、不如意的事，有了烦恼时，能主动地找亲朋好友交往、谈心，比一个人独处胡思乱想、自怨自艾要好得多。

你可曾有过这样的经历：整整一天你都不大开心，但突然有朋友对你说"我们出去逛逛吧"，你的心情会立即豁然开朗起来。因此，在情绪不稳定的时候，找要好的朋友谈一谈，具有缓和、抚慰、稳定情绪的作用。

7. 寻求心理帮助

在上述所有的方法都失效的情况下，仍不要灰心，在有条件的情况下，可以找心理咨询老师进行专业咨询，在心理师的指导和帮助下克服不良情绪。

控制情绪的方法多种多样，要视每个人的情况不同，灵活选用适合自己的方法。重要的是要坚信不良的情绪是可以克服的，情绪是可以调节控制的。为了身心的健康要适时地、不断地对情绪进行自我调控。自我调节的关键是重获一种自我控制，在自控的感觉下才会有自由选择的能力。在烦恼的时候，仍需知道我们内心还有快乐与轻松。真正的自我情绪调节是一种情绪的平衡，人不可能总是处于一种亢奋状态，不可能总是快乐，也不能总是不快乐。要让情绪处在一种流动的状态，关注、体验它的起伏，并乐在其中。

心理训练

【活动一】激发你的情绪正能量——让心态平复

许多帮助人们控制愤怒情绪的课程，教人通过表现得咄咄逼人而将心中的怒气释放。这是不对的，并且可能会使情况变得更糟。还有一些其他的方法，让人们找出自己愤怒的深层心理原因，希望通过改变人的思考方式来改变想法，但是难于实现。

事实上，有一个更加快捷有效的方法可以解决这个问题。要想平静下来，请表现得彬彬有礼，举止平和！就像微笑能使你开心，凝视别人的眼睛能让你感觉到自己爱上了对方，表现得平静也能让你迅速平静下来。当你专注于正面的情绪或能量，也就是在召唤它们进入你的生命中。那些需要迅速有效控制怒气的人，往往会觉得深呼吸非常有效。深呼吸法需要你将舌头放在上牙齿后部的口腔顶端，然后心中默数五下，用鼻子慢慢吸气；然后心中默数七下，屏住呼吸；然后默数八下，慢慢通过撅起的嘴唇将气呼出。重复以上过程四遍。

另一个更长效的方法是“渐进式肌肉放松法”。这个方法需要先故意绷紧身体多处肌肉，然后慢慢放松下来。

首先，脱下鞋，脱掉紧身的衣物，在凳子上以舒服的姿势坐下。将精力集中于右脚。轻轻地吸入一口气，将脚部肌肉尽量紧绷 5 秒钟。然后呼气，释放所有的紧张肌肉，使其变得放松、柔软。然后，按照以下顺序对全身各部分肌肉进行练习：

右脚——右边的小腿——整个右腿；

左脚——左边的小腿——整个左腿；

右手——右前臂——整个右臂——左手——左前臂——整个左臂；

腹部——胸部——肩颈——面部。

——摘自《正能量》（[英]理查德·怀斯曼著）

【活动二】克服悲观心理的方法

当一个人在自信不足的时候，悲观的“出现率”会增大，它会给你的行动带来阻碍，让你对未来产生忧虑。如何消除这种不安的感觉呢？美国的精神科医师提出了他们的方案。

具体做法是：在一张大的白纸上画一条竖线，分成左右两栏，左边写上乐观，右边写上悲观，然后把它贴在书房的墙上。每天下班之后，面对这张表把心中乐观和悲观的感觉如实地写在表的左右两边。全部写完以后，把悲观的部分用黑笔一个个地划掉，同时把悲观的感觉从心里赶出去，然后看着乐观的部分，出声念一次，这样心中就会和这张表一样，充满乐观的感觉。

这个方法最大的效果在于：心中感到不安时，乐观和悲观的感觉常常不断地交替出现，若能明确地将它们划分出来，你心里就有了谱，虽然有时会发现悲观的因素占多数，但是这也无妨，只要你有勇气把它划掉，你就能够战胜它，同时还能增加你的自信。所以当你遇到此类的问题时，不妨试一试吧。

心理测试

【测试一】情绪控制力测试

情绪控制是情商的基础，这种随时随地控制感情不外露的能力对于融入社会非常重要。学会控制情绪是获得良好人际关系的基本原则之一。下列的描述中，请选择符合你情况的一项：

1. 你有时向家人大发脾气吗？（ ）

A. 是 B. 不一定 C. 否

2. 你经常会有难以集中注意力的情况吗？（ ）

A. 是 B. 不一定 C. 否

3. 有时你会莫名其妙地感到伤感吗？（ ）

A. 是 B. 不一定 C. 否

4. 在紧张的时候，你总是有办法缓解自己的紧张情绪吗？（ ）

A. 是 B. 不一定 C. 否

5. 你经常因吃得太饱而感到难受吗？（ ）

A. 是 B. 不一定 C. 否

6. 你总是能反复不厌其烦地向别人解释自己的过错吗？（ ）

A. 是 B. 不一定 C. 否

7. 你总是能很细心地向小朋友说明一个难懂的问题吗？（ ）

A. 是 B. 不一定 C. 否

8. 即使是重复单调的工作，但你却有自得其乐的办法吗？（ ）

A. 是 B. 不一定 C. 否

9. 在遇到危险时，你会很沉着起来，努力寻找应对的办法吗？（ ）

A. 是 B. 不一定 C. 否

10. 不高兴的时候，你就会尽量少与人接触吗？（ ）

A. 是 B. 不一定 C. 否

评分标准：

1. A0 B1 C2 2. A0 B1 C2 3. A0 B1 C2 4. A2 B1 C0

5. A0 B1 C2 6. A2 B1 C0 7. A2 B1 C0 8. A2 B1 C0

9. A2 B1 C0 10. A0 B1 C2

本测试最高得分为 20 分，分数越高，证明你的情绪控制力越强；分数越低，说明你的情绪控制力越差。如果你的得分在 10 分以下，证明你控制情绪的能力很差，经常受到不良情绪的困扰。

【测试二】测一测，你感到情绪压抑了吗？

国际劳工组织发表的一份调查报告认为："心理压抑将成为 21 世纪最严重的健康问题之一。"自我压抑，情绪得不到宣泄，会影响身心健康，出现头疼、失眠、记忆力减退、胸闷、消化不良等身体症状，又会产生沉闷、抑郁、冷漠、孤僻、易发怒等心理症状。当不良情绪日积月累，化成愤怒并达到一定程度时，会像火山一样爆发，破坏力是巨大的。因此了解自己的情绪温度是很有必要的。下面检验一下，你的情绪压抑了吗？

1. 家庭中出现了各种问题。

2. 学校中发生了许多变化。

3. 你对平时的事情没有什么愉快的兴趣。

4. 从来不运动。
5. 情绪低落，心情郁闷。
6. 为一点小事大动肝火，焦躁不安。
7. 无心学习，易疲劳。
8. 懒得见人，对什么都嫌麻烦。
9. 昨天的疲劳还没有解除，早上起来仍感到全身倦怠无力。
10. 睡眠不好，多梦。
11. 早上不愿起床，心绪不宁。
12. 头脑不清楚，头昏脑涨，头部发沉。
13. 肩膀、腰背时有酸痛。
14. 没有食欲，体重逐渐减少。
15. 腹部发硬，腹泻、便秘反复交替出现。
16. 眼睛疲劳，头晕眼花。
17. 突然感到呼吸困难或胸痛。
18. 手脚发凉，易出汗。
19. 经常感冒，长时间不愈。
20. 到医院看病，医生说是精神作用。

测试结论：

A：5 个以下，属于正常范围。

B：6~10 个，精神压抑的预备状态，应引起注意。

C：11～20 个，精神压抑明显。

【测试三】测一测，你是愤怒的奴仆吗？

愤怒是一种复杂的本能，它以多种方式影响着私人的和社会的各种关系。愤怒可以起建设性作用，也可以起破坏性作用。心理学家安索尼·恩托博士指出，受阻的愤怒能以压抑、紧张和其他生理失调反馈于人体。本测试题的目的在于考察你到底是愤怒的主人呢，还是愤怒的奴仆。请尽可能仔细地回答下列分成小节的问题。

一、你愤怒的程度

1. A. 我经常发怒，甚至因为小事情。我知道自己有时错了，然而我难于认输。
   B. 我有时也发怒，可一旦事情过去，我总会觉得有点惭愧。
   C. 我不发脾气。我从没有真的发怒，而且每当别人有这种愚蠢的孩子气的行为时，我会感到非常可笑。
2. A. 我欣赏电影中的愤怒场面。我自己不会去摔东西。但看这种非真实的情景使我满足。
   B. 我不喜欢电影中的愤怒场面，就像不喜欢生活中的愤怒场面一样。
   C. 我与电影中的愤怒场面有强烈的共鸣；事实上它有时教会我怎样在自己的生活

中表达愤怒。

3. A. 我发怒时大声叫喊，让人们都知道我是多么愤怒。
   B. 我发怒时，就默默地走开。
   C. 我试图克制，但是不管干什么心里都烦。
4. A. 当我感到受了伤害时，我会几个小时说不出话来。
   B. 当我感到受了伤害时，我会当场反击。
   C. 伤害感情使我痛苦极了，我会再也不提这件事的。
5. A. 愤怒的人使我害怕，我总是想办法与他和解，或者躲开他。
   B. 别人和我翻脸时，我听他说完，然后想办法使他平静下来，以便我们能谈谈这件事。
   C. 我不怕别人发怒，事实上我喜欢吵架。

二、私人关系中的愤怒

本小节测试你在私生活中表达愤怒的倾向。有时人是奇怪的矛盾体，在单位里卑躬屈膝，回到家又大发雷霆，或者反复无常。

6. 你是否与配偶、亲人或亲近的朋友吵架？（　　）
   A. 经常
   B. 有时
   C. 从不
7. 如果你的配偶对你不忠，你会（　　）
   A. 攻击第三者
   B. 使你的配偶感到罪过并且痛苦
   C. 忽视整个事件
8. 你是不是信奉说出真实思想？（　　）
   A. 是的，永远这样
   B. 不，你宁愿从心底说相反的事
   C. 如果会引起麻烦，就不说真话
9. 喝了酒之后，你是（　　）
   A. 通常觉得舒坦和轻松
   B. 变得沉默而忧郁
   C. 心情变坏，说出清醒时藏着的不愉快的话
10. 你愤怒时打过孩子吗？（　　）
   A. 是的，打过几次
   B. 只是偶尔，在特别发火的情况下
   C. 从来没打过
11. 在家里吵架时，你摔东西吗？（　　）
   A. 是的，有时摔
   B. 总是在吵过之后的爆发时摔

C. 从没摔过

12. 你知道自己做了件会激怒配偶或好朋友的事，但你认为自己并没做错。你会 (　　)

A. 对此保持沉默

B. 告诉他们并随他们愤怒

C. 大胆地告诉他们

13. 你的配偶不断地就一个问题责骂你。你是不是 (　　)

A. 发脾气，然后很快平静下来

B. 每次听到唠叨这问题就吵

C. 忍耐着，但感到长时间的生气

14. 你是否认为愤怒能摧毁友情？ (　　)

A. 是的

B. 不是，好的争吵能增进友情

C. 不必要，但又不可避免

15. 当你在工作时不愉快，或离开家的时候，你是否会将愤怒加在与你亲近的人身上？ (　　)

A. 从不

B. 经常

C. 你试图克制，但却无法控制地与他们生气

三、社会愤怒

男人比女人更易于表达对私人关系圈子以外的愤怒。本节测试用以检查你在不是特别熟悉的人面前克制愤怒的能力。

16. 你买了一件很贵的新鲜玩意儿，可是一星期后它就坏了，你会 (　　)

A. 打电话给商店，平和而理智地要求退货

B. 尽一切可能要求赔偿

C. 寄一封措辞激烈的信或打电话骂经理一顿

17. 因为前面一个人在检票口笨手笨脚地找票和问话，使你恰好没赶上唯一合适的火车。你会 (　　)

A. 感到愤怒，但什么也不说

B. 告诉那人他耽误了你的火车

C. 像以往那样耸耸肩了事

18. 早上 3 点钟时，你被邻居家吵闹的音乐惊醒。这已经是两周以来的第三次了。你会 (　　)

A. 径直去大声叫他们安静下来

B. 次日早上从门缝里礼貌地塞张便条

C. 非常生气，但什么也没做

19. 你在单位里发过脾气吗？（ ）

A. 是的，常对下属发脾气

B. 是的，常对上司发脾气

C. 不发脾气

20. 最近你看到一部极糟的电影，你（ ）

A. 中途退场了

B. 坐在那儿等到散场

C. 给报纸去信抨击或在某些公共场合表示你的不满

21. 你排队时有人在你前面加塞，你会（ ）

A. 拍拍他肩膀，叫他到后边排队去

B. 瞪着他，什么也不说

C. 和队里的别人大声抱怨

22. 在一家高级餐馆，服务员将菜汤洒在了你的裤子上，你会说什么？（ ）

A. “没关系。”（真心地）

B. “没关系。”（从牙缝里说）

C. “你这蠢猪，赔我的裤子！”

23. 你在诊所里等着预约的诊断，但你很忙，等了20分钟后，你会（ ）

A. 继续等

B. 礼貌地解释说你必须走了，并且重新约一个日期

C. 大声抱怨着走出去

24. 如果售货员对你态度粗鲁，你会（ ）

A. 猜想他可能今天不顺心，并且忘掉这事

B. 觉得丢脸，但什么也没说，只是想以后再也不到这里来了

C. 以同样的粗鲁回敬他

25. 你和一个惹恼你的陌生人吵了起来，你会（ ）

A. 尽快从这场争吵中撤退

B. 克制着不发脾气，并且顺着他

C. 告诉他你认为他有多么坏

测试结果

	A	B	C		A	B	C
1	5L	3L	1L	14	1P	5P	3P
2	3L	1L	5L	15	1P	5P	3P
3	5L	1L	3L	16	3S	1S	5S
4	3L	5L	1L	17	1S	5S	3S
5	1L	3L	5L	18	5S	3S	1S

续表

测试结果							
6	5P	3P	1P	19	5S	3S	1S
7	5P	1P	3P	20	3S	1S	5S
8	5P	3P	1P	21	3S	5S	1S
9	3P	1P	5P	22	3S	1S	5S
10	5P	3P	1P	23	1S	3S	5S
11	5P	3P	1P	24	3S	1S	5S
12	1P	3P	5P	25	1S	3S	5S
13	3P	5P	1P				

测试结果说明：

第一部分：这些问题与你在愤怒情境中发怒的程度有关。对照下列与你得分相应的部分检查自己，然后再看第二和第三部分。

L 得分为 5～25 分。5～10L，这一低分数表示：毫无疑问，你出于某种原因而害怕愤怒，不仅怕自己发怒，也害怕别人发怒。如果你得分低于 7L 的话，你很可能是那种“没有脾气”的人，尽管你可能不认账。

11～17L，这是一般或“正常”的得分。你了解自己的愤怒并能适当地表达它。总的来说你不是个愤怒的人。不管怎么样，因为你保持理智，所以能克制自己尽量不发脾气。

超过 17L，无疑，你发起脾气来无所顾忌。这就意味着你不受约束，通常来说这是好事，但是你会对他人形成威胁和敌意。有时你会感到自己的感情失去了控制。要注意！

第二、三部分 P 分数用以考虑你在私人和家庭生活中表现或控制愤怒的情况。S 分数则考虑你在社会，非家庭生活中的情况。累加你的 P 和 S 得分，你的总分数在 20～100 之间。总的来说，你的得分越高，你发起脾气来越加明显；你的得分越低，你越压抑愤怒。为获得最佳效果，你应该检查一下各题目的得分情况。如果你希望在自己性格的这一方面达到较好的控制水平，识别一下这个领域是有价值的。检查一下，哪些分数是属于私人关系的，而哪些分数是涉及社会领域的。这种对你的愤怒的“理智”的识别将是很有帮助的。

如果你的总分数(P+S)超过 75，你属于公开愤怒的一类；如果低于 50，属于压抑愤怒的一类。在 51～74 分之间的，属于能够控制愤怒的一类。现在，不管你属于哪一类型，请回答下列问题：

A. 你是否因紧张和焦虑而痛苦？

B. 你是否有暴力和复仇的幻想？

C. 你是否认为愤怒是软弱的标志？

D. 你是否能在怒不可遏的人面前保持镇静？

E. 你是否曾因自己的感情而感到惊异?

这组问题用来检查你被愤怒支配的程度。A、B、C 答"是"的和 D、E 答"否"的得 1 分。如果你的分数超过 3 分(包括 3 分),你很可能被愤怒所左右,不管你是否承认。

请记住,愤怒是对某种情况的自然反应,但不是对所有情况。我们生活在一个需要互相合作和帮助的社会里。因此,克制自己的某些明显的感情经常是必要的。当然,明白自己的感情是重要的,别人也有感情,但这并不是让它随意发泄的借口。

心灵鸡汤

【名人名言】

1. 能控制好自己情绪的人,比能拿下一座城池的将军更伟大。

——[法]拿破仑·波拿巴

2. 只有把抱怨环境的心情,化为上进的动力,才是成功的保障。

——[法]罗素·罗兰

【推荐阅读】

1.《哈佛情绪控制课》(徐宪江著)

本书将带你走进百年名校哈佛,品味成功者的故事,教你控制情绪、修炼情商、提升气场、重塑自我。

2.《正能量情绪控制学:如何管住情绪不失控》(林伟宸编著)

哈佛"幸福课教授"吉尔伯特的讲课精华,卡耐基、罗宾、崔西、霍普金斯等娴熟运用的心理学技巧,教你如何将垃圾情绪转化为积极温暖的活力,让阳光照进心灵,从而开启正能量神奇之门。

项目五　情商提升能力训练

心理体验

【体验一】游戏:“诺亚方舟”

简述:选择不同的动物救,洪水来了则要找位置坐。

游戏方法:

1. 把比总人数少一个数目的椅子围成一圈。除了“诺亚”外,其余的人坐在椅子上。

2. 每个人必须为自己选个代表的动物。

3. “诺亚”必须站在中央,一一地走到每个人面前,他可叫任何一个动物,被叫到的动物必须站起来跟着他走。当诺亚说:“洪水来了!”全部的人,包括诺亚必须赶紧找个空位坐下,没有座位的那人则变成诺亚,原诺亚则变成该动物。

4. 当诺亚三次的人则算输,需表演节目或接受惩罚。

【体验二】心理解读:《爸爸去哪儿》展情商

自湖南卫视《爸爸去哪儿》节目大火之后,不仅捧红了节目中的几个小孩,爸爸们也成了各主流媒体的一时之选。奇怪的是,爸爸们的观众缘和他们的年龄、外形、口碑等可预测的硬实力几乎无关,却与其最能展示情商的微博表现息息相关。

自从《爸爸去哪儿》播出后,引发大量粉丝追捧,网上也热火朝天地讨论各种各样的事情,层出不穷。近日,网友们根据各位爸爸的微博,排出了几位爸爸的各自特点和情商。

情商第五名:王岳伦

王岳伦的微博和他本人一样:随性、反应迟钝。

偶尔更新点照片,转发点别人@他的东西,嗯,还有就是和其他爸爸一样发集体广告(各位爸爸的广告部分不作讨论,目测是给节目组做人情吧)。自己捞两条鱼被剪掉,过了半个月才想起来在微博上澄清一下,这个智商和他节目上相差不多。他的微博没啥亮点,不作过多的讨论了。反正不管怎样他是第五就对了。这个应该没争议吧。

第四名:林志颖

林志颖的微博明显看出是经纪公司经营的。台湾艺人大部分都是这样。很多人说林志颖不和各位爸爸互动。其实真不怪他,因为微博大部分都不是他上的。不过他经济公司危机公关的能力一般:口服液声明效果并不好,招商会发布和其他几个孩子的合影,并提到 Angela,这明显是在打消大家指责 Kimi 打 Angela,由此看出他的经济公司还是比较关注舆论走向并作出维护,加分。之所以把他排在第四位是因为从微博看不出他的真正性格,经济公司危机公关能力一般,暂排第四。

第三名:张亮

目前爸爸中人气最旺的应该是张亮了,而且即使天天被黑的时候,张亮也是零差评。张亮的微博大部分为自拍配一点文字。几乎为参加活动的照片。张亮在几个爸爸中年龄最小,和王岳伦、郭涛互动时都叫哥,比较谦虚。张亮的微博是爸爸中广告最多的,这个应该和他的经纪公司有关吧,而且模特接触的品牌多。广告部分就不作讨论了。总结一下:普通自拍,部分转发,属于正常。暂排第三。

第二名:郭涛

郭涛虽然年龄 40 多岁,但是微博上自称叔,比较幽默,和王岳伦比起来,他显得和年轻人距离拉近了很多。他有自己的工作室,不知部分段子微博是否由工作室代班,不过还是能比较清楚地感觉到他的影子。石头是五个孩子中争议最少的,几乎零差评,所以刚开始讨论度低了一些。不过涛叔的微博比较会抓住重点,比如 Kimi、天天、Cindy 都是喜欢石头哥哥那集,郭涛就发布了三个孩子的截图并配上一段名言。这条微博也转上热门。涛叔会发一些前一天上热门的微博,经过他再次发布,转发率仍然很高,比如给某位孩子的 P 图。他比较关注热门,知道网友喜欢什么,作出相应互动,并为石头提高了人气。综合能力较强,暂排第二名。

第一名:田亮

田亮的微博是和网友互动最多的,比较能摸清网友的心思。比如天橙,比如和张亮的“照顾好我们的孩子”,比如调侃字幕组。他也是对热门微博比较熟悉,也会和涛叔一样发一些之前上过热门的段子,不过经过他的转发之后,仍然会再次火爆。虽然田亮在爸爸中人气不是最高的,次于林志颖、张亮,但是他的微博段子比较多,编辑得比较精心,更受网友欢迎。

田亮危机公关的能力比较强。有两期 Cindy 有点发脾气,田亮总能在节目结束第一时间作出回应,总结 Cindy 本期的亮点,作出表扬。在口水仗到来之前提前遏制住(每个小孩都有情绪波动,这个太正常了,不过从 Angela 到 Kimi 到林志颖被黑,他们都能感受到什么样的镜头可能会被骂,田亮作出这个保护性的回应很正常)。比如某期发布关爱老人的长篇微博,最后一句夸 Cindy 给老奶奶娃娃,又发布 Cindy 帮助别人的镜头剪辑,并配上感人的文字。那九个精心挑选的截图和煽情的文字是非常用心的,很好地为 Cindy 抵挡了黑子的攻击。

总结:田亮微博幽默、段子多,能抓住网友的喜好,反应迅速。综合能力第一。

心理认知

【认知一】了解情商(EQ):情商做人,智商做事

智商显示一个人做事的本领,情商反映一个人做人的表现。在未来社会,不仅要会做事,更要会做人。情商高的人,说话得体,办事得当,才思敏捷,“人见人爱”。情商低的人,不是“不合群”,就是“讨人嫌”,要不就是“哪壶不开提哪壶”。现在,在国外广为流传这样的话:“靠智商得到录用,靠情商得到提拔。”一旦进入一个单位,能不能“工作顺利”“事业有成”,情商是一个关键因素。职场中人在不断提升自己的能力时,还应不断培养自己的情商。否则,即便“身怀绝技”,也难免碰壁。能做到“人见人爱”的,古往今来能有几人!我们不可能做到让每个人都喜欢你,但是情商高的人一定能做到让每个人都不讨厌你。

【阅读材料】

著名的软糖实验

1960 年,著名心理学家瓦尔特·米歇尔(Walter Mischel)进行了这样一个实验。

他在斯坦福大学附属幼儿园里选择了一群 4 岁的孩子,这些孩子多数为斯坦福大学教职员工及研究生的子女。他让这些孩子走进一个大厅,在每一位孩子面前放着 1 块软糖。测试老师对孩子们说:老师出去一会儿,如果你能坚持到老师回来还没有把自己面前的软糖吃掉,老师就再奖励你一块。如果你没等到老师回来就把软糖吃掉了,你就只能得到你面前的这一块。

在十几分钟的等待中,有些孩子缺乏控制能力,经不住糖的甜蜜诱惑,把糖吃掉了。而有些孩子领会了老师的要求,尽量使自己坚持下来,以得到 2 块糖。他们用各自的方式使自己坚持下来。有的把头放在手臂上,闭上眼睛,不去看那诱人的软糖;有的自言自语、唱歌、玩弄自己的手脚;有的努力让自己睡着。最后,这些有控制自己能力的小孩如愿以偿,得到了 2 块软糖。

研究者对接受这次实验的孩子进行了长期跟踪调查。中学毕业时的评估结果是,4 岁时能够耐心等待的人在校表现优异,入学考试成绩普遍较好。而那些控制不住自己,提前吃掉软糖的人,则表现相对较差。而进入社会后,那些只得到 1 块软糖的孩子普遍不如得到 2 块软糖的孩子取得的成就大。

这项并不神秘的实验,使人们意识到对智力在人生成就方面所起的作用估价有些偏高,而对原本并不陌生的人类情感,在人生成就和生活幸福方面实际上所起的巨大作用估价太低了。正是这项实验研究引发了人们对情感智力研究和教育的重视。

一、什么是情商

一个人如果不具备情感能力,缺乏自我意识,不能处理悲伤情绪,没有同理心,不知道怎样跟人和谐相处,即使再聪明,也不会有大的发展。

——哈佛大学心理学教授丹尼尔·戈尔曼

情商(EQ)又称"情感智力",是近年来心理学家们提出的与智力和智商相对应的概念。它主要是指人在情绪、情感、意志、耐受挫折等方面的品质。以往认为,一个人能否在一生中取得成就,智力水平是第一重要的,即智商越高,取得成就的可能性就越大。但现在心理学家们普遍认为,情商水平的高低对一个人能否取得成功也有着重大的影响,有时其作用甚至要超过智力水平。

看看你的周围,是否也有这种现象:有的人明明看上去脑瓜聪明,但生活却一直不尽如人意;有的人看上去智力平平,但却生活得很幸福。仔细想想,这样的例子是不是挺多呢?在我们的潜意识中,这二者之间明明应该是正比关系,但是事实却一再提醒我们,智力的高低与幸福的多少并没有直接关系。

每当遇到困境,我们总能听到类似的言语和行为反应,如"我真的无能为力""这丝毫不在我的掌控范围内"。其实,所有人都"有能为力",包括你和我,只不过是我们没去尝试罢了。也就是说,大多数人缺乏对困境的及时反应能力。这是我们不太幸福的一个重要原因。

问问自己,你有多少次想过或说过这样的话——"我希望自己没那么说""我要是当时不那么做就好了""我不该一时冲动的,忍一下就好了"。答案也许是很多次,因为这对大多数人来说都很正常。因为喜欢抱怨,所以幸福一直离我们很远。

为什么会这样?很简单,情商。情商高低的区别就在于:情商高的人懂得如何去克制自己的情绪,不到合适的时候不会让情绪主导自己;而情商低的人,只会不计后果地释放情绪,让自己做情绪的奴隶。

情商即人的情感和社会技能,是智力因素以外的一切内容。

情感智力是由哈佛大学的彼得·萨洛瓦里和新罕布什大学的约翰·梅耶两位心理学家在1990年首次提出的,并对其应包含的能力内容作出界定,这三种能力是:

——区分自己与他人情绪的能力;

——调节自己与他人情绪的能力;

——运用情绪信息去引导思维的能力。

他们认为高情商的人比高智商的人更容易获得成功。

1995年,美国哈佛大学心理学教授丹尼尔·戈尔曼提出了"情商"(EQ)的概念,认为"情商"是个体的重要生存能力,是一种发掘情感潜能、运用情感能力影响生活各个层面和人生未来的关键的品质因素。戈尔曼甚至认为,在人的成功要素中,智力因素是重要的,但更为重要的是情感因素。研究和实践证明:在人的成功的诸多主观上的因素里面,智商(IQ)因素大约占20%,而情商(EQ)则占80%左右。

在《情感智力》一书中,戈尔曼提出了情商的基本内涵:

1. 了解自我,自我知觉

即当某种情绪出现时便能察觉,这是情感智力的核心。控制情绪时刻变化的能力是自我理解和心理领悟力的基础,若没有能力认识自身的真实情绪,就只好听凭这些情绪的摆布,而对自我的情绪有更大的把握性,就能更好地指导自己的人生,更准确地决策婚姻、职业之类。

【案例】

某公司董事长为了重整公司秩序，宣布自己将早到晚退。不料有一次，他看杂志看得太入迷以至忘了时间，为了抓紧时间，他在公路上超速驾驶，结果被警察开了罚单，最后还是迟到了。这位董事长愤怒至极，进公司后，他将销售经理叫到办公室训斥了一番。销售经理挨训之后，气急败坏地回到办公室，将秘书叫进来挑剔了一番。秘书无缘无故被人挑剔，自然是满腹怨气，就故意找接线员的茬。接线员垂头丧气地回到家，将自己的儿子大骂一顿。儿子莫名其妙地遭到痛斥，也很恼火，便狠狠地踢了一脚身旁的猫咪。

在生活中，人们的性格有乐观向上与悲观绝望的区别，究其根本，就在于观察和处理自己情绪的方式不同。根据这种不同的方式，心理学家迈耶将其归纳为以下几种：

(1)自我觉知型：只要有情绪产生，自己就能觉察到。这种人情绪丰富而复杂，心理健康，为人处世积极乐观。就算情绪低落时，他们也不会辗转反侧、自我纠结。这类人可以有效地管理自己的情绪。

(2)难以自拔型：当陷入情绪的低潮时，这类人往往无力自拔，听凭情绪的主宰。他们总是情绪多变、反复无常，并且不自知。由于经常处于情绪失控的状态，因此他们极易精神崩溃。

(3)逆来顺受型：这类人又被称为“认可型”，他们非常了解自己的感受，接受并认可自己的情绪，而且不打算有所改变。根据日常表现的不同，认可型又被分为两种：一是乐天知命型，这类人每天开开心心，不认为自己有改变的必要；二是悲观绝望型，尽管认识到自己被不良情绪所困扰，但他们采取不抵抗主义，任由绝望痛苦控制自己，所以容易患抑郁症。

高情商者属于自我觉知型，他们善于了解自己的情绪，能很好地认知、体察和监控自己的情绪。他们拥有自我意识，注意力不容易被外界或自身情绪所干扰，能够在情绪纷扰中保持中立自省。

如果想知道你对自己的认识是否到位，请做下面这个测试。准备好一个计时器，因为做这个测试需要计时，在回答每道问题之前都要先按下计时器。再准备好纸和笔，测试就可以开始了。

第一题：列出 10 个自己明显的缺点。

写完后按下计时器。看看自己花了多少时间，然后将所花的时间记在后面。

第二题：列出 10 个自己最明显的优点。

写完后再次按下计时器，并写下所花的时间。

测试做完了，想想做题的过程，看看所用的时间，你发现什么了吗？我来猜一下吧，你可能发现了这么两个问题：

(1)做第一题比第二题要容易得多。

(2)做第一题时，你可能觉得还能写出几个来；但是做第二题时，你却觉得要写出 10 个来还真有点儿费劲。

对大部分人来说，做第二题所花的时间要比做第一题多一些。你可能会有疑问了，要么想“这意味着什么？难道说明我是一个满身都是缺点，没有优点的人吗”；要么想“这是不是代表我总是在悲观地看自己，或者是对自己过于苛刻”。毫无疑问，这两种想法在情感上来讲都是不理智的。

对某些人来说，也许第二种观点才是问题的真正所在。其实，不管你认同哪一种都没有关系，因为理智地看待自己并不要求你是一个完人，只要你能对自己的现实友善以待，而不是悲观刻薄就可以了。

无论自己是什么样，我们都要在情感上保持理智的态度，勇敢地接受自己的一切。试想，如果一个人连他自己都不愿意接受自己，那别人就更不会接受他了。想必你也听说过“人无完人”，有缺点很正常，这仅仅说明你还有一些需要改进的地方。至于优点呢，它们是上天的恩赐，我们应该珍惜。

2.管理自我，即调控自我的情绪，使之适时适地适度

这种能力建立在自我知觉的基础上。这一能力低下将使人总是陷于痛苦情绪的旋涡中。反之，这一能力高者可从人生的挫折和失败中迅速跳出，重整旗鼓，迎头赶上。

自我调节，是人类用于自我管理的本能程序，人可以调控自己的情绪，使之适时适度地表现出来。如遇到麻烦时，人们会尽量表现得乐观、谨慎和平静，而不是像动物一样愤怒地号叫。

控制自我情绪是一种重要的能力，也是人区别于动物的重要标志。事实证明，没有自制力的人终将一事无成，一点小刺激和小诱惑都抵制不了，面对大的诱惑必将深陷其中。

【案例】

2000年，小布什战胜戈尔，当选为美国总统。但很多人不知道的是，就是这样堂堂的美国总统，年轻时曾一度放荡不羁、缺乏自制力。

学生时代的布什，学习成绩一般，但对吃喝玩乐却样样精通。平时，他总是跟那群“狐朋狗友”四处游荡、惹是生非。他最大的喜好便是开着自己那辆哈雷戴维森摩托车，带着时髦的女孩，在大街上疯狂飙车。除此之外，他还是各色舞厅里的常客，经常不到深夜不会回家，而且每次都是醉醺醺的。

老布什看儿子如此不济，多次谆谆教导，但是，小布什根本听不进去，父亲的话对他来说就像耳旁风。

直到有一天，他见到一位很特别的姑娘，并深深地被她的美丽和纯洁打动了。在这位姑娘的影响之下，“花花公子”小布什警醒了，他慢慢学会了克制自己的情绪，并且奋发努力、力争上游。经过一番奋斗，他终于成就了自己的辉煌，登上了总统宝座。

人是有理性的，绝不能只依赖感情行事。托马斯·曼告诫我们：“控制感情的冲动，而不是屈从于它，人才有可能得到心灵上的安宁。”

有位心理学专家做过一个实验，在一段时间内，研究者对125名实验者的情绪和体温变化进行了观察。研究发现，当一个人的体温处于正常范围内，并有上升迹象时，他的心情会更愉快一些，他的精力在这个时候也比较充沛；一个人的精力通常在一天之初最为旺盛，而在午后则有所下降。这就意味着，一件不愉快的事也不是在任何时候都能使人烦心，它往往会在人们精力最差的时候跑出来作怪。

通过这位教授的结论，我们可以了解到人的情绪变化具有周期性。因此，只要我们遵循“生物节奏”的规律，并借助它来了解自己情绪的变化，我们就可以找出控制自己情绪的技巧。

(1)保持充足的睡眠。有关研究发现，那些睡得比较晚的人，第二天大多会情绪欠佳。

匹兹堡大学医学中心的专家也说:"对睡眠不足者来说,那些令人烦心的事更能影响他们的情绪。"可见,充足的睡眠对一个人的情绪很重要。因此,不管你多忙,每天都应该保证七八个小时的睡眠时间。

(2)注意合理饮食。大脑活动所需的能量都来自我们所吃的食物,因此,情绪波动也往往和我们吃的东西有关。当感觉压抑的时候,我们可以多吃点菠菜;当感觉自己委屈、情绪低沉的时候,我们可以多吃香蕉。此外,还有不少食物对人的情绪也有积极的影响,如大豆、牛奶、鲜橙、花生、土豆、蛋类等。所以,要想保持心情愉快,可以借助食物来调节情绪。

(3)变换思维的角度。停止抱怨生活的不公正和残酷,你就会发现,每一件事都有其积极的一面。只要你变换一下思维方式,站在另一个角度看问题,不管是在日常琐碎的生活中还是面对发生的大事,你都能让自己感到好过一些,甚至乐趣大增。

(4)情绪转移法。如果想暂时避开不良刺激,以减轻不良情绪对自己的冲击,我们可以把注意力、精力和兴趣投入到另一项活动中去。最好选择那些自己感兴趣的活动,或对自己有一定吸引力的事情。如一个人喜欢热闹,那他可以约朋友去喝咖啡或者唱歌;如果一个人喜欢独处,那他可以独自去爬山或者打球。总之,要将不良情绪转移到其他的事情上去。这不仅能尽量避免不良情绪的强烈撞击,还有利于情绪的及时稳定。

(5)让自己放松下来。自我放松的方式有很多,据调查显示,亲近自然对保持心情愉快开朗有帮助。如果没有时间经常到户外去活动,那么,就算能走到窗前眺望一下青草绿树,也会对你心情的改善有所帮助。

3.自我激励

这是服从于某目标而调动、指挥情绪的能力。任何方面的成功都必须有情绪的自我控制——延迟满足、压抑冲动。具有这种能力的人,无论从事什么行业都将有更高的效率,更富成效。

人类拥有依据活动的某种目标调动和指挥自己的情绪的能力。尤其在面临失败时,这一能力表现得最为明显,人们总能清醒地意识到:问题并不出在自己的目标上面,而是执行的手段有了失误,或者各种主客观因素造成了现在的被动局面,然后调动内在的意志力,强化目标的重要性,继续坚持下去,直到将事情圆满解决。这就是自我激励的原理和过程。

说简单一些,自我激励就是给自己打气,鼓励自己。中国人自小就被灌输要争气,在逆境中要挺起脊梁的思想,而支持崛起的信念则来自于自我激励。

当遇到不顺心的事时,我们会告诉自己"一切都会过去的,这没有什么大不了的";当陷入困境时,我们的内心就会发出"继续努力,你一定可以改变目前的状态"的呼喊。这种神奇的力量,这种来自于心的力量,其实就是情商的力量。

【案例】

一位中国留学生刚刚到澳大利亚时,为了找到一份能糊口的工作,他骑着一辆破旧的自行车沿着环澳公路走了好几天,帮人放羊、割草、收庄稼、洗碗……只要能有一口饭吃,他就会暂时停下疲惫的脚步。

后来,他到唐人街一家餐馆打工。一天,他无意中在报纸上看见了澳洲电讯公司的招聘启事。由于担心自己英语不地道、专业不对口，留学生决定应聘线路监控员的职位。经过一番激烈的竞争后，最后只剩下了他一个人，眼看他就能得到那年薪三万五的职位了，谁知招聘主管却出人意料地问他："你有车吗？你会开车吗？这份工作需要经常外出，没有车可以说寸步难行。"

其实，澳大利亚的居民普遍拥有私家车，无车者寥若晨星，不巧的是，这位初来乍到的留学生还真是无车族。为了得到这个极具诱惑力的工作，他不假思索地回答："有！会！"主管笑着说："那好，4 天后，你开着车来上班吧。"

用 4 天的时间买车、学车，谈何容易，可为了生存，留学生决定硬着头皮走下去。他跟华人朋友借了一些钱，从旧车市场买了一辆快要被淘汰的"甲壳虫"。第一天，他跟华人朋友学习了简单的驾驶技术；第二天，他在朋友屋后的那块大草坪上进行练习；第三天，他歪歪斜斜地开着车就上路了；第四天，他直接驾车去公司了。

今天，留学生已是澳洲电讯的业务主管了。如果没有当初的孤注一掷，如果不相信自己有这个能力，那他是不可能得到这个机会的。

4. 认识他人的情绪，也称"同理心"

这是在情感的自我知觉基础上发展起来的又一种能力，是最基本的人际关系能力。具有移情能力的人通过细微的社会信号，可以敏锐地感受到他人的需求与欲望。这一能力更能满足如照料、教育、销售或管理职业类的需求。

【案例】

20 世纪的一次经济大萧条中，美国有将近 90％的中小企业都倒闭了，一个名叫克林顿的人开了一个齿轮厂，他的生意也一落千丈。克林顿为人宽厚善良，慷慨体贴，善于交友，并跟客户保持着良好的关系。在这举步维艰的时候，克林顿想让那些朋友、老客户给出点主意、帮帮忙，于是他写了很多信。可是，等信写好后他才发现，自己居然连买邮票的钱都拿不出。

这件事提醒了克林顿：自己都没钱买邮票了，别人的日子又能好到哪里去呢？可能没人舍得花钱买邮票给自己回信。然而，假如没有回信，自己又怎么能得到帮助呢？

于是，克林顿变卖了家里的一些东西，用一部分钱买来了邮票，贴在要寄出的信上，并且在每封信里附上 2 美元，作为对方回信的邮资，希望对方给予指导。在收到信后，他的朋友和客户都大吃了一惊，因为 2 美元能买的东西比一张邮票要多得多。大家都被感动了，他们记起了克林顿平日的种种优点和善举。

不久之后，克林顿就拿到了一些订单，还有朋友来信说计划给他投资，一起做点儿什么。克林顿的生意很快恢复了生机。在这次经济萧条中，他是少数几个站住了脚而且有所成的企业家之一。

5. 处理人际关系

人际关系能力就是调控与他人反应的技巧。人际关系能力有强化一个人受社会欢迎的程度、领导权威、人际互动的效能等。擅长处理人际关系者，凭借与他人的和谐关系即可事事顺利。

社交技能，是一种良好的处理人际关系、调控他人的情绪反应的技巧。每个人都应该具备基本的人际交往能力，这是健全的人格中必不可少的情商部分。

【案例】

美国有一个叫泰德·卡因斯基的人,16 岁就进了哈佛,20 岁毕业。后来,他又在密歇根大学获数学硕士、博士学位。接下来,他应聘到世界第一流的加州大学伯克利分校数学系任教。然而,卡因斯基虽然智力超群,但他从未培养自己的社会交际技能和情商。整个中学时期,同学几乎看不到他的影子,他从不跟任何人交往,更不用说建立长久关系。在大学里,他一样如是,同学们戏称他为"哈佛隐士"。在制造炸弹方面,卡因斯基有特殊才智,但在社交方面,他却是低能儿,并因长期压抑而心理异常。这位聪明人不仅没有对社会做出任何贡献,反而用自己研制的炸弹杀死了 3 人、伤了 22 人。

现代心理学家认为,情商比智商更重要。如果说智商更多地是用来预测一个人的学业成绩,那么情商则是被用于预测一个人能否取得职业上的成功,它更好地反映了个体的社会适应性。

二、情商的分级

1. 高情商

科学家发现,大脑控制情绪的部分(边缘系统)受损的人,可以很清晰和符合逻辑地推理和思维,但所做出的决定都非常低级。科学家因此断定,当大脑的思维部分与情感部分相分离时,大脑不能正常工作。人类在做出正常举动时,是综合运用了大脑的两个部分,即情感部分和逻辑部分。一个高情商的人会综合利用大脑中的各个部位,并在大多数情况下运用其大脑皮层部分。

其典型表现为:①自动自发。②目光远大。③情绪控制。④认识自我。⑤人际技巧。⑥对自己有清醒的认识,能承受压力。⑦自信而不自满。⑧人际关系良好,和朋友或同事能友好相处。⑨善于处理生活中遇到的各方面的问题。⑩认真对待每一件事情。

这样的人情商高:尊重所有人的人权和人格尊严;不将自己的价值观强加于他人;乐于帮助别人;能够放下手头的事情,时不时停下来关注别人,向有困难的人伸出援手,而不是完全沉浸在自己的小世界里。

(1)知道什么时候该拒绝。情商高的人懂得何时以及如何拒绝别人,并有强大的心理承受能力来有礼有节地拒绝。

(2)善于读懂别人的面部表情。面部表情是一种通用的情感语言。能领悟别人感受的人情商高。

(3)失败后能重新崛起。情商高的人无论遇到何等逆境,都会坚持下去,迅速调整情绪,恢复活力,具有很强的心理韧性。

2. 较高情商

自信而不自满,很乐观,很幽默,能站在别人的角度想问题,有较好的人际关系,做事不怕难,心理承受能力强,能应对大多数的问题。

3. 较低情商

(1)易受他人影响,自己的目标不明确。

(2)比低情商者善于原谅,能控制大脑。

(3)能应付较轻的焦虑情绪。

(4)把自尊建立在他人认同的基础上。

(5)缺乏坚定的自我意识。

(6)人际关系较差。

4.低情商

自我意识差,没有自信,无确定的目标,也不打算付诸实践。严重依赖他人,说话和做事时从不考虑别人的感受,经常大发脾气。处理人际关系能力差,应对焦虑能力差,生活无序,爱抱怨。总喜欢为自己的失败找借口,推卸责任,做事怕困难,胆量小。心理承受能力差,受不了一点打击,经常流泪,对生活感到悲观绝望。

三、情商与智商有什么不同

多年以来,人们一直认为高智商意味着高成就,而进入21世纪后,人们越来越深刻地认识到,情商对于人的成功起着比智商更重要的作用。那么,情商和智商到底有什么不同呢?

1.概念上有着本质的区别

智商(intelligence quotient,IQ),是用于表现智力水平的工具,也是测量智力水平的常用方法,智商的高低直接反映出智力水平的高低。

情商是一种认识、控制和调节自身情感的能力。情商的高低直接反映出情感品质的差异。

2.智商和情商反映两种性质不同的心理品质

智商主要反映人的记忆力、想象力、分析判断力、思维能力、语言能力、观察能力、计算能力、应变能力等。也就是说,智商主要表现人理性的能力。

而情商与它不同,情商主要反映一个人感受、理解、运用、表达、控制和调节自己情感的能力,以及处理自己与他人之间的情感关系的能力。情商反映个体把握与处理情感问题的能力。情感常常走在理智的前面。

3.智商和情商的形成基础有所不同

智商和情商虽然都与遗传因素、环境因素有关,但是,它们与遗传、环境因素的关系是有所区别的。智商与遗传因素的关系远大于社会环境因素。对于情商的形成和发展,先天的因素也是存在的,但是,情商有很大的文化差异。

4.智商和情商的作用不同

智商的作用主要在于更好地认识事物。智商高的人,思维品质优良,学习能力强,认识程度深,容易在某个专业领域取得杰出成就,成为某个领域的专家。

情商主要与非理性因素有关,它影响着认识和实践活动的动力。它通过影响人的兴趣、意志、毅力,加强或弱化认识事物的驱动力。智商不高而情商较高的人,学习效率虽然不如高智商者,但是,有时能比高智商者学得更好,成就更大。因为锲而不舍的精神使勤能补拙。

【认知二】情商的作用

21 世纪，人与人之间的竞争实质上就是情商的比拼。

在过去人们认为，一个人能否在一生中取得成就，智力水平是第一重要的，即智商越高，取得成就的可能性就越大。但现在心理学家们普遍认为，成功不但与智商有关，还与情商、逆商有关，而且情商占 80％的比率。所以说情商水平的高低对一个人能否取得成功有着重大的影响作用。美国一家有名的研究机构调查了 188 个公司，测试了每个公司的高级主管的智商和情商，并将每位主管的测试结果和该主管在工作上的表现联系在一起进行分析。结果发现，对领导者来说，情商的影响力是智商的 9 倍。对于情商较低的人来说，提高情商一样可以取得成功。可见情商的重要地位。那情商是如何占有这一重要地位的呢？情商是一种驾驭自己的能力，包括驾驭自己的情绪、思想和意志，控制和协调构成自己心理过程的不同要素的相互作用关系，让自己努力去实现自己的愿望。同时情商也是一种协调人际关系的能力，包括对人情与人性的深刻了解和理解，对人的需要内容、形式的了解，对人的感情的深刻敏感的洞察力，对人际交往的内容、原则、方式及规律的了解和运用能力。

【案例】

震惊一时的佛罗里达州“杰森刺杀老师”事件，让人们从只注重智力而忽略社会情感的错误观念中惊醒，让大家认识到低情商的危害。

杰森的智商很高，就读于佛罗里达州中学，他学习成绩名列前茅，准备报考哈佛大学医学院。在很多人眼中，他前途光明。然而，在一次物理考试中，杰森居然只得了 80 分，他认为这项成绩会影响他的前途，并因此对给他分数的大卫老师怀恨在心。终于，在一次实验课上，他将尖刀刺入了老师的颈部。

那些对自己情绪控制能力很差的人，就算受过高等教育，仍然有犯下大错的可能。还记得中国博士留学生卢刚吗？这个就读于美国爱荷华大学的人，因忌妒和压力太大而在校园里开枪击毙了 5 人。

受到一点小挫折就丧失理智，恰恰反映了一个人情商的低下。由此可见，低情商除了会危害到自身外，还有可能会危害到他人的生命安全。

情商可以缔造领导力，通过培养一个人的心智，实现人与人的和谐。高情商能让他在生活和事业中与人为善，让人信服；让他永远的激情澎湃，能最大程度的发挥自身的聪明才智同时还能带动身边人的积极性；让他总是坚忍不拔，度过生活、事业中的难关，抓住身边的每个机遇。

情商对我们的职业发展有着正面的推动作用和决定性的意义。

【认知三】情商培养和提高

综合以上所述，情商对人的成功和幸福生活的重要性已经不言而喻了，那我们该如何提高自己的情商，成为一个高情商的人呢？

我们无法预定智商，却可以提高情商，一个杰出的人未必有着高智商，却一定有着高情商。提高情商其实有着简而易行的方法，你需要的就是坚持。

1.学会划定恰当的心理界限，这对每个人都有好处

你也许自认为与他人界限不明是一件好事，这样一来大家能随心所欲地相处，而且相互之间也不用激烈地讨价还价。这听起来似乎有点道理，但它的不利之处在于，别人经常伤害了你的感情而你却不自知。

其实仔细观察周遭你不难发现，界限能力差的人易于患上病态恐惧症，他们不会与侵犯者对抗，而更愿意向第三者倾诉。如果我们是那个侵犯了别人心理界限的人，发现事实的真相后，我们会感觉自己是个冷血的大笨蛋。同时我们也会感到受伤害，因为我们既为自己的过错而自责，又对一个第三者卷进来对我们评头论足而感到愤慨。

界限清晰对大家都有好处。你必须明白什么是别人可以和不可以对你做的。当别人侵犯了你的心理界限，告诉他，以求得改正。如果总是划不清心理界限，那么你就需要提高自己的认知水平。

2.找一个适合自己的方法，在感觉快要失去理智时使自己平静下来，从而使血液留在大脑里，做出理智的行动

美国人曾开玩笑地说："当遇到事情时，理智的孩子让血液进入大脑，能聪明地思考问题；野蛮的孩子让血液进入四肢，大脑空虚，疯狂冲动。"

是的，当血液充满大脑时，你头脑清醒，举止得当；反之，当血液都流向你的四肢和舌头的时候，你就会做蠢事，冲动暴躁，口不择言。

事实上，科学实验证明，当我们在压力之下变得过度紧张时，血液的确会离开大脑皮层，于是我们就会举止失常。此时，大脑中动物的本性起了主导作用，使我们像最原始的动物那样行事。要知道，在文明社会中，表现得像个原始动物会带来大麻烦。

控制情绪爆发有很多策略，其中一个方法就是注意你的心率，它是衡量情绪的精确尺子。当你的心跳快至每分钟100次以上时，整顿一下情绪至关重要。在这种心率下，身体分泌出比平时多得多的肾上腺素。我们会失去理智，变成好斗的蟋蟀。

当血液又开始涌向四肢时，你可以选用以下的方法来平静心情：

(1)深呼吸，直至冷静下来。慢慢地、深深地吸气，让气充满整个肺部。把一只手放在腹部，确保你的呼吸方法正确。

(2)自言自语。比如对自己说："我正在冷静。"或者说："一切都会过去的。"

(3)有些人采用水疗法。洗个热水盆浴，可能会让你的怒气和焦虑随浴液的泡沫一起消失。

(4)你也可以尝试美国心理学家唐纳·艾登的方法：想着不愉快的事，同时把你的指尖放在眉毛上方的额头上，大拇指按着太阳穴，深吸气。据艾登说，这样做只要几分钟，血液就会重回大脑皮层，你就能更冷静地思考了。

3.想抱怨时，停一下，先自问："我是想继续忍受这看起来无法改变的情形呢，还是想改变它呢？"

对于没完没了的抱怨，我们称为"唠叨"。抱怨会消耗精力而又不会有任何结果，对问题的解决毫无用处，又很少会使我们感到好受一点。

几乎所有的人都发现，如果对有同情心的第三方倾诉委屈，而他会跟着一起生气的话，我们会感觉好受一些。有人对你说："可怜的宝贝。"这对你来说是莫大的安慰，你的压力似乎减轻了，于是你又能重新面对原有的局面了，尽管事情没有任何改变。

但是如果你不抱怨呢，你会感受到巨大的心理压力。压力有时并不是个坏东西，是的，它也许会让你感觉不舒服，但同时也是促使你进行改变的力量。一旦压力减轻，人就容易维持现状。然而，如果压力没有在抱怨中流失，它就会堆积起来，到达一个极限，迫使你采取行动改变现状。

因此，当你准备向一个同情你的朋友抱怨时，先自问一下：我是想减轻压力保持现状呢，还是想让压力持续下去促使我改变这一切呢？如果是前者，那就通过抱怨把压力赶走吧。每个人都有发牢骚的时候，它会让我们暂时好受一些。但如果情况确实需要改变的话，那就下定决心切实行动起来吧！

4. 扫除一切浪费精力的事物

什么是不利于我们提高情商的力量呢？答案就是一切浪费精力的事物。

许多人的神经系统就像父亲的手一样长了厚厚的老茧。我们已经习惯于意识不到精力的消耗。精力是微妙的，但也可以体会到明显的变化，比如听到好消息时，肾上腺素会激增，而听到坏消息时，会感到精疲力竭。我们通常不会留意精力的细微消耗，比如与一个消极的人相处、在桌上到处找一张纸等等。

你的生活中有哪些缓慢消耗精力的事情？我家的墙角堆着一小块地毯，每次看到它，我都会想可能有人会被它绊倒。这本不是什么大不了的问题，但它分散我的精力。这就是我们如何界定分散精力的事物——每次接触之后都会感到精力被分散了。有时和朋友相处也是如此——相互吸取和给予精力——但有些人是精力的吸血鬼，他们只会吸取你的精力。这时有两个选择：一是正视这个问题，建立心理界限继续与他们谨慎交往；二是减少与这种人交往。

的确，我们需要去除缓慢地浪费精力的东西，解脱出来以集中精力提高我们的情商。

想加速——你可以选择减小阻力或增加推动力。

试试我们提供的方法吧：

(1)经常列出消耗你精力的事情。

(2)系统地分析一下名单，并分成两部分：

A. 可以有所作为的。

B. 不可改变的。

(3)逐一解决 A 单中的问题。比如对我来说，把汽车钥匙挂在一个固定的钩子上，这样就不用到处找了。

(4)再看一下 B 单中的问题，你是否有把握？有没有把其中一些移到 A 单加以解决的可能？

(5)放弃 B 单中的问题。

5. 找一个生活中鲜活的榜样

我们都曾经历过学榜样的年代，那些榜样对于我们来说高尚而又疏远。于是我们学榜样的热忱在和榜样的距离中渐渐熄灭了。因为我们知道，自己也许一生都成不了大英雄。

是的，你不能成为大英雄，但你可以成为一个快乐的常人。比如你的朋友丹宁，她精力充沛、年轻、大方、聪明、有趣。她经营妇科诊所，做公司顾问，为一家市报定期写专栏文章，有英俊的丈夫和可爱的女儿。

你身边有这样的出色人物吗？把她作为你的榜样吧！你可以想：她所能做的我也可以，但我们的风格迥异，我不可能以她的方式完成她所做的事。但我会模仿她做的一些事，以我的方式来完成。从她身上你总能看到从来没察觉到的自身潜能。

在周围的人中找出你学习的榜样吧！他们比你更聪明，所受教育更好，层次更高，比你更有毅力。你会在追赶他们的过程中自然地提高自己的情商。

6.从难以相处的人身上学到东西

我们的周围有很多牢骚满腹、横行霸道、装腔作势的人，我们多么希望这些人从生活中消失，因为他们会让人生气和绝望，甚至发狂。为什么不能把这些人圈起来，买张飞机票，送到一个小岛上，在那里他们再也不会打扰到别人。可是，最好别这样，这些难以相处的人是我们提高情商的帮手。你可以从多嘴多舌的人身上学会沉默，从脾气暴躁的人身上学会忍耐，从恶人身上学到善良，而且你不用对这些老师感激涕零。

而且，你定义的“难以相处的人”，最终被证明可能只是与你不同的人，而对所谓的难以相处的人来说，你也是难以相处的人。

应付难以相处的人最有效的方式就是灵活。也就是说，发现他们的方式，在与之交往的过程中，尽量灵活地采用与之相同的方式。如果这人喜欢先闲谈再谈正事的话，你的反应应当是放松下来，聊聊家常。另一方面，如果这人直截了当，你也应当闲话少说，直奔主题。这样，在与难以相处的人打交道时会更有效率，而且会发现这些人并不那么难以相处。

应付难以相处的人的第二点就是把他们当成礼物。朱迪嫁给了一个霸道的人，婚姻生活对她来说充满坎坷，因为她没有很明确的界限。在分手多年以后，她学会了感谢他，因为他教给了她建立和维持界限的重要性。现在再遇到这样的男人时，她根本不在乎。朱迪说：“在与他一起生活过以后，这些家伙你就会根本不放在眼里。”如果她当时嫁给了一个随和的人，她可能到现在还没有明确的界限，也很难对付那些难缠的家伙。

不过，如果可以选择的话，或许我们永远不会选择难以相处的人。

7.时不时尝试另一种完全不同的方式，你会拓宽视野，提高情商

你是一个性格开朗外向的人还是性格内向、只喜欢独处或和几个密友在一起的人呢？你喜欢提前计划好每一天，以知道要干些什么事，还是毫无计划呢？人人都有自己的偏爱，如果可以选择的话，每个人都会选择自己偏爱的方式。然而，突破常规，尝试截然相反的行动会更有助于我们的成长。

如果你总是热衷于在聚会中做中心人物，这次改改吧，试着让那些平日毫不起眼的人出出风头。如果你总是被动地等待别人和你搭讪，不妨主动上前向对方问个好。

【阅读材料】

提高EQ的十个方法

第一，不抱怨不批评

高情商的人一般不批评别人，不指责别人，不抱怨，不埋怨。其实，这些抱怨和指责都

是不良情绪，它们会传染。高情商的人只会做有意义的事情，而不做没有意义的事情。

第二，热情和激情

高情商的人对生活工作或是感情保持热情，有激情。知道调动自己的积极情绪，让好的情绪伴随每天的生活工作。不让那些不良的情绪影响到生活或工作。

第三，包容和宽容

高情商的人宽容，心胸宽广，心有多大，眼界有多大，你的舞台就有多大。高情商的人不斤斤计较，有一颗包容和宽容的心。

第四，沟通与交流

高情商的人善于沟通，善于交流，并且以坦诚的心态来对待生活工作，真诚又有礼貌。沟通与交流是一种技巧，需要学习，在实践中不断地总结摸索。

第五，多赞美别人

高情商的人善于赞美别人，这种赞美是发自内心的、真诚的。看到别人优点的人，才会进步得更快，总是挑拣别人缺点的人会故步自封，反而退步。

第六，保持好心情

高情商的人每天保持好的心情，每天早上起来，送给自己一个微笑，并且鼓励自己，告诉自己是最棒的，告诉自己是最好的，并且周围的朋友们都很喜欢自己。

第七，聆听好习惯

高情商的人善于聆听，聆听别人的说话，仔细听别人说什么，多听多看，而不是自己滔滔不绝。聆听是尊重他人的表现，聆听是更好沟通的前提，聆听是人与人之间最好的一种沟通。

第八，有责任心

高情商的人敢做敢承担，不推卸责任，遇到问题时分析问题，解决问题。能正视自己的优点或是不足，敢于担当。

第九，每天进步一点点

高情商的人每天进步一点点，说到做到，立刻就开始行动。不是光说不做，行动力是成功的保证。每天进步一点点，朋友们也更加愿意帮助这样的人。

第十，记住别人的名字

高情商的人善于记住别人的名字，用心去做，就能记住。记住了别人的名字，别人也会更加愿意亲近你，和你做朋友，你会有越来越多的朋友，有好的朋友圈子。

心理训练

【活动一】怒海逃生

1. 准备物品

报纸若干张。

2. 游戏玩法

在起点处摆放障碍物（凳子或课桌侧翻放置），假设为在暴风雨中即将沉没船只的“船舷”。参与者从起点，依次跨过“船舷”，依靠七块救生板（报纸）在距离为5米的“海面”上依次逃生，直至到达距离5米外的“安全岛”。

3.游戏规则

（1）第一名成员在逃生过程中摆放救生板，最后一名成员在逃生的同时必须收起身后的救生板。

（2）除了摆放和收拢的一瞬，漂浮在海面上的每一块救生板必须被逃生人的脚踩住。一旦救生板上有一瞬间没有脚踩住，救生板就视作被海浪“冲走”，整队重回起点，重新开始。

（3）在逃生的过程中，在“海面”上的任何人身体的任何部分不能碰触“海面”，否则视作落水，整队必须重回起点，重新开始。

（4）已经到达安全岛的成员身体任何部分不得碰触“海面”，否则整队回起点重新开始。

（5）以第一名逃生者放下第一块救生板开始计时（裁判说预备时，第一人必须保持直立状态，开始声落后，方可开始），最后一名成员到达安全岛，收拢最后一块救生板回到站立状态结束计时。中途重回起点重新开始计时累计。

【活动二】掌声响起来

目的：通过这个游戏让同学们了解自我激励的魔力。相信自己的潜能和价值，因为你的力量常常比你估计的要大得多，就像一块璞玉，不经琢磨，你无法全面地看到它灼目的光辉，然而让它闪光的唯一办法，不是等待，而是打磨。

需要物品：一张纸，一支笔；老师要准备一个带秒针的钟，放在讲台上，面对大家。

步骤：

1.老师说：同学们，让我们想象一下，此刻你正在观看一台精彩的演出，台上是你最喜爱的偶像。演出结束，演员向你走来，你无比激动。好了，游戏现在开始——请你预计一下，假如你用最快的速度双手鼓掌，一分钟能鼓多少下呢？

2.这时候，同学们不要进行太多的思考，把第一个进入你脑海的数字写在纸的左上角。写好之后，就把纸反过来放在桌面上，咱们进入下面的步骤。

3.咱们实地测验一下，看看你的估计准不准。具体鼓掌的时间，请老师掌握在10秒钟左右。开始的时候，请同学们试着鼓几次掌以适应节奏。当大家明白之后，就可以正式开始了。

4.老师的口令：同学们，准备好了之后，咱们就进入倒计时了。当我喊道“0”的时候，你就用最大的力气和最快的速度鼓掌。好，现在我开始数数了：5、4、3、2、1——0（通常在5秒钟之后，大伙会感觉疲劳，这时请老师鼓励大家说“加油！更快一些！努力！”的话，让气氛达到高潮）。当达到10秒钟的时候，老师要很果断地喊“停”。然后大家把鼓掌的次数乘以6，就得出了自己一分钟鼓掌的次数，把这个数字写在纸的正中央。

5.现在你得到了两个数字，一个是你在鼓掌之前预计的掌声次数，一个是你的实际鼓掌次数。按照咱们事先的约定，你的预计数字是在纸的左上角，你的实际数字是在纸的中央。

结果：每个人预计的掌声次数和实际鼓掌次数都有很大的出入。如120—480，40—

172,200—366,前面出现的数字是预计的掌声数,后面的是实际数目。

小结:在我们每日无数次摩擦的双手之中,居然都蕴含着你我所不知道的潜能,只要你尽全力去做,你就会看到数倍于你估计的结果出现。关键在于你是否竭尽全力。

思考:我们换个角度想一想,如果有人让大家在纸的左上角写完预想数字之后“补充说一句:现在开始鼓掌,每个人都尽量和自己写下的数字相符”,你估计结果会怎么样?(让同学们反思)

启示:

1.我们再也不会鼓出很高的数字,每个人都会和自己写下的数字相差很少,这就是自我期待的魔力。其实我们的身体、内心,一直在倾听着思想和意志的决定。它们既忠诚又愚昧,为什么呢?人们平日做的事,有些在意识层面,比如咱们看书、说话、上台舞蹈,这是受意志支配的。有些就在潜意识层面,比如你并不能控制你肠胃的蠕动,也无法决定你夜间睡眠以后呼吸的频率,身体里都有一套程序自动控制了。

2.如果你对自己提出了很高的要求,它们会殚精竭虑地为此努力,将身心调整到最好的状态。如果你三心二意的话,它们也就懈怠起来。

3.希望你相信自己的潜能和价值,因为你的力量常常比你估计的要大得多,就像一块璞玉,不经琢磨,你无法全面地看到它灼目的光辉,然而让它闪光的唯一办法,不是等待,而是打磨。如果你哪一天灰心丧气了,就看看写在纸中央的数字。学会自我激励,尤其在人生低谷时,相信自己,永远要记得给自己加油!

【活动三】EQ剧场——控制情绪的角色扮演

活动目的:通过角色扮演,意识控制情绪的重要性并学习控制情绪的正确方法。

活动准备:准备好角色扮演用的题目、个案和誓词;桌椅安排成几个小组讨论的形式。

活动步骤:

(1)设情境:

①有人弄坏了你的自行车。

②有个同学告诉你,放学后他要找几个人一起来揍你一顿。

③当你正在食堂排队买饭时,有人突然插队到你前面。

④你在公共汽车上被人踩了一脚。

⑤同学们喊你的绰号。

(2)每组讨论一个情绪,根据各组讨论的情景进行角色扮演表演。

(3)大家逐个观看并进行点评。

(4)小组讨论,感受分享。

教师先请大家一起满怀激情地朗读一段誓词:“我有明确的奋斗目标,决不放弃!我将百折不挠,主动迎战困难!我必须勤奋学习,提高效率,珍惜时间!我要积极行动,勇敢实践!我乐观、自信、自强!我将不断超越自我,走向辉煌!”

(教师领读一遍,团体成员读两遍,起到暗示作用)

【活动四】心理窗口——吴彦(化名)的故事

终于熬到下班了,吴彦为即将到来的浪漫夜晚而兴奋不已,她的男朋友正在剧院门口等着她,还给她准备了礼物。当她兴冲冲地去车库开车时,却发现有一个同事的车居然斜停在两个停车位的中间。

吴彦心想:“真是一个自私的人,难道不考虑别人的需要吗?”虽然还有不少空的停车位,影响不是太恶劣,但她还是感到很愤怒。“我应该给这个人上堂课。”她寻思着,然后向停车保安处走去。意外的是,保安员竟然不在。吴彦心想:“这个该死的保安员肯定提前回家了,把工作当作儿戏,真是一点儿也不称职。”

为了表达自己的气愤,她从服务台上拿起一张大白纸,写了一张纸条儿粗鲁地骂了刚才那个没好好停车的司机一顿。然后,她又写了一张纸条儿,强烈地谴责保安员的失职,竟然在工作时间就离开自己的岗位。

吴彦将第一张纸条儿贴在刚才那辆汽车的挡风玻璃上。她对这两件事如此愤怒,以至于她在剧院都无法集中精力看整场表演。对她来说,这绝对是一个扫兴的夜晚,因为好情绪都被这个意外事件给搅了。

第二天,吴彦来到办公室,她发现同事们都表情凝重,空气中弥漫着一种令人揪心的气氛。原来昨天下班后,有个同事在开车时撞到了停车场的墙上,心脏受到了强烈的冲击,现在正在医院抢救。吴彦放在挡风玻璃上的纸条儿已经被保安员拿走了,昨天一发现她的同事出事,保安员就去帮着停车去了。

吴彦惊呆了,她顿时陷入了苦恼之中,甚至快要崩溃了——一方面因为自己看到不顺眼的情形时,竟然做出那么冲动的事情;另一方面觉得自己欠缺考虑,车之所以那么歪停着可能是有事发生了。过了很长时间,她才从这种失落和消极的情绪中走出来。

小组讨论:事情怎么会这样?吴彦欠缺哪一方面的情商技能呢?

分析:这是一个典型的情商运用的例子,在日常生活中随处可见。

首先,吴彦不懂得对自己的情绪进行自我管理。对所看到的场景感到生气,这是情有可原的,人人都有这个权利。但是,错就错在她不能及时地控制自己的消极情绪,任由一腔怒火控制自己的行为,并且为此搭上了一个浪漫的夜晚。在知道真相后,她又让悔恨折磨了自己很久。

其次,她缺乏足够的情感理解力和判断力。看到那个场景,吴彦可以选择把愤怒发泄出来,也可以站在别人的角度分析一下情况(有同理心)。但她直接认定是别人自私,丝毫不为别人着想。保安员不在岗位上,她也没去想一些可能的原因,而是大怒。她缺乏找出事件发生原因的情商。

缺乏情商的直接后果就是:吴彦陷入自我埋怨之中,感到羞愧,同事也会因为她的行为而不高兴,她的人际关系也因此而蒙上了一层阴影。其实,也可以说她缺乏社交技能方面的情商,不懂得如何正确运用情感。

心理测试

【测试一】国际标准情商测试题

这是一组欧洲流行的测试题，可口可乐公司、麦当劳公司、诺基亚公司等众多世界500强企业，曾以此为员工EQ测试的模板，帮助员工了解自己的EQ状况。共有33题，测试时间为25分钟，最大EQ为174分。假如你已经预备就绪，请开始计时。

第1～9题：请从下面的问题中，选择一个和自己最切合的答案。

1. 我有能力克服各种困难 （　）

A. 是的　B. 不一定　C. 不是的

2. 如果我能到一个新的环境，我要把生活安排得 （　）

A. 和从前相仿　B. 不一定　C. 和从前不一样

3. 一生中，我觉得自己能达到我所预想的目标 （　）

A. 是的　B. 不一定　C. 不是的

4. 不知为什么，有些人总是回避或冷淡我 （　）

A. 不是的　B. 不一定　C. 是的

5. 在大街上，我常常避开我不愿打招呼的人 （　）

A. 从未如此　B. 偶然如此　C. 有时如此

6. 当我集中精力工作时，假使有人在旁边高谈阔论 （　）

A. 我仍能用心工作　B. 介于A、C之间　C. 我不能专心且感到愤怒

7. 我不论到什么地方，都能清晰地辨别方向 （　）

A. 是的　B. 不一定　C. 不是的

8. 我热爱所学的专业和所从事的工作 （　）

A. 是的　B. 不一定　C. 不是的

9. 气候的变化不会影响我的情绪 （　）

A. 是的　B. 介于A、C之间　C. 不是的

第10～16题：请如实选答下列问题，将答案填入右边括号中。

10. 我从不因流言蜚语而气愤 （　）

A. 是的　B. 介于A、C之间　C. 不是的

11. 我善于控制自己的面部表情 （　）

A. 是的　B. 不太确定　C. 不是的

12. 在就寝时，我常常 （　）

A. 极易入睡　B. 介于A、C之间　C. 不易入睡

13. 有人侵扰我时，我 （　）

A. 不露声色　B. 介于A、C之间　C. 大声抗议，以泄己愤

14. 在和人争辩或工作出现失误后，我常常感到震颤、精疲力竭，而不能继续安心工作 （　）

A. 不是的　　B. 介于 A、C 之间　　C. 是的

15. 我常常被一些无谓的小事困扰　（　）

A. 不是的　　B. 介于 A、C 之间　　C. 是的

16. 我宁愿住在僻静的郊区，也不愿住在嘈杂的市区　（　）

A. 不是的　　B. 不太确定　　C. 是的

第 17～25 题：在以下问题中，每一题请选择一个和自己最切合的答案。

17. 我被朋友、同事起过绰号，讥讽过　（　）

A. 从来没有　　B. 偶尔有过　　C. 这是常有的事

18. 有一种食物使我吃后呕吐　（　）

A. 没有　　B. 记不清　　C. 有

19. 除去看见的世界外，我的心中没有另外的世界　（　）

A. 没有　　B. 记不清　　C. 有

20. 我会想到若干年后有什么使自己极为不安的事　（　）

A. 从来没有想过　　B. 偶尔想到过　　C. 经常想到

21. 我常常觉得自己的家庭对自己不好，但是我又确切地认为他们的确对我好（　）

A. 否　　B. 说不清楚　　C. 是

22. 天天我一回家就马上把门关上　（　）

A. 否　　B. 不清楚　　C. 是

23. 我坐在小房间里把门关上，但我仍觉得心里不安　（　）

A. 否　　B. 偶尔是　　C. 是

24. 当一件事需要我作决定时，我常觉得很难　（　）

A. 否　　B. 偶尔是　　C. 是

25. 我常常用抛硬币、翻纸、抽签之类的游戏来猜测凶吉　（　）

A. 否　　B. 偶尔是　　C. 是

第 26～29 题：下面各题，请按实际情况如实回答，仅需回答“是”或“否”即可，在你选择的答案下打“√”。

26. 为了工作我早出晚归，早晨起床我常常感到疲劳不堪：

是________　否________

27. 在某种心境下，我会因为困惑陷入空想而将工作搁置下来：

是________　否________

28. 我的神经脆弱，稍有刺激就会使我战栗：

是________　否________

29. 睡梦中我常常被噩梦惊醒：

是________　否________

第 30～33 题：本组测试共 4 题，每题有 5 种答案，请选择与自己最切合的答案。

答案标准如下：

A. 从不　　B. 几乎不　　C. 一半时间　　D. 多数时间　　E. 总是

30. 工作中我愿意挑战艰巨的任务。

31. 我常发现别人好的意愿。

32. 能听取不同的意见，包括对自己的批评。

33. 我时常勉励自己，对未来充满希望。

参考答案及计分评估：

计分时请按照计分标准，先算出各部分得分，最后将几部分得分相加，得到的分值即为你的最终得分。

第 1～9 题，每回答一个 A 得 6 分，回答一个 B 得 3 分，回答一个 C 得 0 分。计________分。

第 10～16 题，每回答一个 A 得 5 分，回答一个 B 得 2 分，回答一个 C 得 0 分。计________分。

第 17～25 题，每回答一个 A 得 5 分，回答一个 B 得 2 分，回答一个 C 得 0 分。计________分。

第 26～29 题，每回答一个“是”得 0 分，回答一个“否”得 5 分。计________分。

第 30～33 题，从左至右分数分别为 1 分、2 分、3 分、4 分、5 分。计________分。

总计为________分。

结果分析：

测试后如果你的得分在 90 分以下，说明你的 EQ 较低，你常常不能控制自己，你极易被自己的情绪所影响。很多时候，你轻易被激怒、动火、发脾气，这是非常危险的信号——你的事业可能会毁于你的暴躁，对此，最好的解决办法是能够给不好的东西一个好的解释，保持头脑冷静，使自己心情开朗。正如富兰克林所说：“任何人生气都是有道理的，但很少有令人信服的理由。”

如果你的得分在 90～129 分，说明你的 EQ 一般，对于一件事，你不同时候的表现可能不一，这与你的意识有关，你比前者更具有 EQ 意识，但这种意识不是常常都有，因此需要你多加注意、时时提醒。

如果你的得分在 130～149 分，说明你的 EQ 较高，你是一个快乐的人，不易恐惧担忧，对于工作你热情投入、敢于负责，你为人更是正义正直、同情关怀，这是你的长处，应该努力保持。

如果你的 EQ 在 150 分以上，那你就是个 EQ 高手，你的情绪聪明不但不是你事业的阻碍，反而是你事业有成的一个重要前提条件。

【测试二】哈佛大学的情商测试

1. 坐飞机时，突然受到很大的震动，你开始随着机身左右摇摆。这时候，你会怎样做呢？（　　）

A. 继续读书或看杂志，或继续看电影，不太注意正在发生的骚乱

B. 注意事态的变化，仔细听播音员的播音，并翻看紧急情况应付手册以备万一

C. A 和 B 都有一点

D. 不能确定——根本没注意到

2. 带一群四五岁的孩子去公园玩，其中一个孩子由于别人都不和他玩而大哭起来。这个时候，你该怎么办呢？（　　）

A. 置身事外——让孩子们自己处理

B. 和这个孩子交谈，并帮助他想办法

C. 轻轻地告诉他不要哭

D. 想办法转移这个孩子的注意力，给他一些其他的东西让他玩

3. 假设你是一个大学生，想在某门课程上得优秀，但是在期中考试时却只得了及格。这时候，你该怎么办呢？ （　　）

A. 制定一个详细的学习计划，并决心按计划进行

B. 决心以后好好学

C. 告诉自己在这门课上考不好没什么大不了的，把精力集中在其他可能考得好的课程上

D. 去拜访任课教授，试图让他给你高一点的分数

4. 假设你是一个保险推销员，去访问一些有希望成为你的顾客的人。可是一连 15 个人都只是对你敷衍，并不明确表态，你变得很失望。这时候，你会怎么做呢？ （　　）

A. 认为这只不过是一天的遭遇而已，希望明天会有好运气

B. 考虑一下自己是否适合做推销员

C. 在下一次拜访时再做努力，保持勤勤恳恳的工作状态

D. 考虑去争取其他的顾客

5. 你是一个经理，提倡在公司中不要搞种族歧视。一天你偶然听到有人正在开有关种族歧视的玩笑。你会怎么办呢？ （　　）

A. 不理它——这只是一个玩笑而已

B. 把那人叫到办公室去，严厉斥责他一顿

C. 当场大声告诉他，这种玩笑是不恰当的，在你这里是不能容忍的

D. 建议开玩笑的人去参加一个有关反对种族歧视的培训班

6. 你的朋友开车时别人的车突然危险地抢到你们前面，你的朋友勃然大怒，而你试图让他平静下来。你会怎么做呢？ （　　）

A. 告诉他忘掉它吧——现在没事了，这不是什么大不了的事

B. 放一盘他喜欢听的磁带，转移他的注意力

C. 一起责骂那个司机，表示自己站在他这一边

D. 告诉他你也曾有同样的经历，当时你也一样气得发疯，可是后来你看到那个司机出了车祸，被送到医院急救室

7. 你和伴侣发生了争论，两人激烈地争吵。盛怒之下，互相进行人身攻击，虽然你们并不是真的想这样做。这时候，最好怎么办呢？ （　　）

A. 停止 20 分钟，然后继续争论

B. 停止争吵，保持沉默，不管对方说什么

C. 向对方说抱歉，并要求他(她)也向你道歉

D. 先停一会儿，整理一下自己的想法，然后尽可能清楚地阐明自己的立场

8. 你被分到一个单位当领导，想提出一些解决工作中繁难问题的好方法。这时候，你第一件要做的事是什么呢？ （　　）

A. 起草一个议事日程，以便充分利用和大家在一起讨论的时间

B. 给人们一定的时间相互了解

C. 让每一个人说出如何解决问题的想法

D. 采用一种创造性地发表意见的形式，鼓励每一个人说出此时进入他脑子里的任何想法，而不管该想法有多疯狂

9. 你 3 岁的儿子非常胆小，实际上，从他出生起就对陌生地方和陌生人有些神经过敏，或者说有些恐惧。你该怎么办呢？（　　）

A. 接受他具有害羞气质的事实，想办法让他避开他感到不安的环境

B. 带他去看儿童精神科医生，寻求帮助

C. 有目的地让他一下子接触许多人，带他到各种陌生的地方，克服他的恐惧心理

D. 设计渐进的系列挑战性计划，每一个挑战相对来说都是容易对付的，从而让他渐渐懂得他能够应付陌生的人和陌生的地方

10. 多年以来，你一直想重学一种你在儿时学过的乐器，而现在只是为了娱乐，你又开始学了。你想最有效的利用时间。你该怎么做呢？（　　）

A. 每天坚持严格的练习

B. 选择能稍微扩展能力的乐曲去练习

C. 只有当自己有情绪的时候才去练习

D. 选择远远超出你的能力但通过勤奋的努力能掌握的乐曲去练习

测试题答案及解释：

1. 除了 D 以外的任何一个答案。选择答案 D 反映了你在面临压力时经常缺少警觉性。A=20，B=20，C−20，D=0。

2. B 是最好的选择。情商高的父母善于利用孩子情绪状态不好的时机对孩子进行情绪教育，帮助孩子明白是什么使他们感到不安，他们正在感受的情绪状态是怎样的，以及他们能进行的选择。A=0，B=20，C=0，D=0。

3. A。自我激励的一个标志是能制订一个克服障碍和挫折的计划，并严格执行它。A=20，B=0，C=0，D=0。

4. C 为最佳答案。情商高的一个标志是面对挫折时，能把它看成一种可以从中学到东西的挑战，坚持下去，尝试新的方法，而不是放弃努力，怨天尤人，变得萎靡不振。A=0，B=0，C=20，D=0。

5. C。形成一种欢迎多样化的气氛的最有效的方法是公开挑明这一点。当有人违反时，明确告诉他你的组织的规范不容许这种情况发生。不是力图改变这种偏见（这是一个更困难的任务），而只是让人们遵照规范去行事。A=0，B=0，C=20，D=0。

6. D。有资料表明，当一个人处于愤怒状态时，使他平静下来的最有效的办法是转移他愤怒的焦点，理解并认可他的感受，用一种不激怒他的方式让他看清现状，并给他以希望。A=0，B=5，C=5，D=20。

7. A。中断 20 分钟或更长的时间。这是使愤怒引起的生理状态平息下来的最短时间。否则，这种状态会歪曲你的理解力，使你更可能出口伤人。平静了情绪后，你们的讨论才会更富有成效。A=20，B=0，C=0，D=0。

8. B。当一个组织的成员之间关系融洽、亲善，每一个人都感到心情舒畅时，组织的工作效率才会最高。在这种情况下，人们才能自由地做出他们最大的贡献。A=0，B=

20,C=0,D=0。

9.D。生来带有害羞气质的孩子,如果他们的父母能安排一系列渐进的针对他们害羞的挑战,并且这种挑战是能逐个应付得了的,那么他们通常会变得喜欢外出起来。A=0,B=5,C=0,D=20。

10.B。给自己适度的挑战,最有可能激发自己最大的热情。这既能使你学得愉快,又能使你完成得最好。A=0,B=20,C=0,D=0。

【测试三】你的情商有多高

对下列问题作出"是"或"否"的选择:

1.与你的同学或朋友发生争吵时,你能在他人面前掩饰住你的沮丧。

2.当学习遇到困难时,你认为这是对未来的警告。

3.在你最好的朋友开始说话以前,你就能分辨出他(她)处于何种情绪状态。

4.当你担忧某件事时,你在夜里几个小时难以入睡。

5.你认为大多数人必须更加努力而不要轻易放弃。

6.与你最好的朋友告诉你的一些好消息相比,你更容易受一部浪漫影片的感染。

7.当你的情况不妙时,你认为到了你该改变的时候了。

8.你经常想知道别人是怎样看待你的。

9.你对自己几乎能使每个人高兴起来而感到自豪。

10.你讨厌讨价还价,尽管你知道讨价还价能使你少花20元钱。

11.你十分喜欢直率地说话,而且认为这样能使一切事情变得更容易。

12.尽管你知道自己是正确的,你也会转换这一话题,而不愿引来一场争论。

13.你在学习中作出一个决定后,会担心它是否正确。

14.你不会在乎环境的改变。

15.你是否是这样一个人:对于周末去做什么,你总是能够提出有趣的想法。

16.假如你有一根魔棒的话,你将挥动它来改变你的外貌和个性。

17.不管你学习多么尽心尽力,你的老师似乎总是在催促着你。

18.你认为你的家人或朋友对你寄予厚望。

19.你认为一点小小压力不会伤害任何人。

20.你会把任何事情都告诉你最好的朋友,即使是个人隐私。

评分规则:

每题选"是"记1分,选"否"记0分。各题得分相加,统计总分。

16分以上:你对你的能力很是自信,因此,当处于强烈情感边缘时,你不会被击垮。即使你在愤怒时,也能进行有效的自我控制,保持彬彬有礼的君子风度。在控制你的情感方面,你是出类拔萃的,与他人相处也很融洽。

7~15分:你能意识到自己和他人的情感,但有时却忽视它们,不明白这对你的幸福是多么重要。你对下一步升学或就业等诸如此类事情的关心支配着你的生活。然而,无论实现多少物质目标,你仍然感到不满足。

6分以下:你过分注重自己,对别人关心不够。你喜欢打破常规,并且不会担心通过疏远他人来得到自己想得到的东西。你可能在短期内就会取得一定成果，但人们不久就将开始抱怨于你。

心灵鸡汤

【名人名言】

1. 在任何领域，情商的重要性都是智商的两倍；在成功的层面上，情商比智商重要几倍。

——李开复

2. 未来的世界，方向比努力重要，能力比知识重要，健康比成绩重要，水平比文凭重要，情商比智商重要。

——清华大学前校长顾秉林

【推荐阅读】

1.《EQ情商》([英]克里斯汀·韦尔丁著，尧俊芳译)

人际关系教授韦尔丁从实际问题出发，集情商领域精髓，创作《情商》。全书从培养自我价值、控制不良情绪、提高沟通技能、完善两性关系、培养孩子情商等多个方面，深入浅出地讲解了提高情商的具体方法。让我们真正进入情商世界，并学会运用情商来完善自己的性格，在竞争中取胜，在社会上立足。

2.《每天十分钟情商课》(章岩著)

情商课是全世界最高端的课程。在一个人成功的过程中，情商的比重超过80%。成功绝非偶然！不论在职场中、在爱情里还是在生活中，不论你是为人父母、当领导还是当别人的下属，情商的能量无处不在。如何获得倾听的艺术？如何知道赞赏别人的技巧？如何与领导相处？如何获悉取悦异性的奥妙？如何在朋友圈中左右逢源？如何才能拥有世界精英的超级情商？本书为你揭开全球顶尖人物花100万美金才能得到的秘密！

3.《一本书读懂情商》(梁革兵著)

改变全球5000万人的顶级情商开发书，让不可能之事亦有可能之法！畅销25年，奥巴马、洛克菲勒、巴菲特等人强烈推荐的成功理念和方法。一本帮你摆脱过去“智商宿命论”的心灵读本，一本让你借由改变情商而改变命运的自助宝典。

项目六　人际交往能力训练

心理体验

【体验一】根据情境做短暂思考

情境一：

最近张某老是喜欢开我玩笑，说我唱歌很难听，虽然他是我的好朋友，但是我并不喜欢常常被嘲笑，真不知道该如何跟他说。

同学A：张某，你不觉得你开这种玩笑很无聊吗？要笑不会笑你自己啊！你自己也没好到哪里去！

同学B：张某，当我听到你一直拿我唱歌跑调的事儿来开玩笑时，我心里觉得很不舒服，在大家面前觉得很尴尬，希望你尽量不要再拿这件事来开玩笑了，好吗？

请同学们体验一下上述两个情景中，谁的话更容易被人接受，为什么？

情境二：

朋友向你倾诉："这次期末考试，我作弊被抓到了，学校给了处分，我很害怕。都是因为我这个学期找了两份兼职，浪费了好多学习时间。我已经意识到作弊是可耻的，可是事情已经出了，我现在非常后悔，不敢告诉父母。为了供我上学，他们拼命赚钱，已经很辛苦了。我虽然每天都鼓励自己努力，但是现在感觉压力很大，我该怎么办？"

假设你是他的好朋友，你会怎样安慰他？

A. 你要想开一点，面包会有的。

B. 不用太悲观，现在后悔顶什么用啊。

C. 你应该告诉你的父母这件事，瞒着他们就是欺骗，你必须告诉他们！

D. 你不敢把这件事情告诉父母，怕他们担心你，可是你的压力非常大。你把我当你的知心朋友，我很感动。让我们来共同想想办法，看看如何跟你的父母沟通合适，好吗？

【体验二】游戏活动

游戏名称：心理侦探

游戏目的：了解第一印象的有关知识；训练自己的观察力、分析力和判断力；消除由第一印象造成的人际偏见。

游戏规则：

1. 宣布先做一个游戏，如果大家还不认识，就征求两名自愿者，或指定一男一女两位成员，如果大家已熟悉，则请出协助者。

2. 让两个同学上台各讲 3 分钟话，可以说说自己昨天的经历或是最近发生的事，其他同学像侦探那样，仔细观察，抓住各种线索，对这两位同学的未知情况作判断，如性格、爱好、家庭、籍贯、经济状况等。结束后，参与者在 10 分钟内写出侦查报告，并在纸上写下你的所有观察、判断和理由。

3. 所有同学写完后，分 2～3 人小组讨论交流看法：

(1)彼此间的结论有何相同和不同之处？

(2)如有不同，彼此的依据是什么？

(3)10 人的大组交流，各小组派代表阐述小组意见。

心理认知

【认知一】社交恐惧及其克服方法

一、社交恐惧

现代社会，人与人的距离看似近了，实则是疏远了。不知道你有没有这样的情况？比如与陌生人会面让你很紧张，聚会上拥挤的人群让你很恐慌，结交新朋友的念头令你非常惧怕，或常常感到家是你唯一感觉舒适的地方？如果有，这其实就是对社交恐惧的表现，即一种对社会环境及与他人社交互动的恐惧。

与其他心理疾病相比，社交恐惧症似乎受关注度不高，人们对其了解也不多，直到 20 世纪 90 年代，这一名词才被首次提及。

令人担忧的是，社交恐惧症患者往往很年轻，大多集中在 16～25 岁，也就是“85 后”的青年人居多。有专家认为，之所以这些年轻人易患“社交恐惧症”，主要原因有两个，一是网络时代导致人与人之间的交流减少，他们喜欢宅在家里，跟网络上的人打交道，慢慢地变成排斥面对面交流；其次，这些年轻的人群中独生子女居多，很多人性格是比较自我的，且自理能力较差，因而在社交问题上容易出现障碍。社交问题并非小问题，社交焦虑若不及时发现和干预，很容易导致自闭。

【案例】

张某是一位十分文静的女大学生，长着一双明亮的大眼睛，笑起来嘴角上扬，很甜美。同时，张某还是一位很聪明的女孩，有自己的见解，兴趣也很广泛，然而却一直因为没有知心朋友而烦恼。

她对心理咨询王老师这样倾诉："我觉得自己很孤独，周围的人与我格格不入，常常觉得自己是另类。这样的情况大概是从大二开始的，进入大三之后，情况更严重了。上课时，只要老师面对我们，我就不敢朝黑板的方向看。老师看我，我就特别不舒服，很紧张，课也听不下去。有时候，如果老师讲得很吸引人，我就会忘了紧张，但多数情况下，总是因为紧张，对老师所讲的内容不知所云。更糟糕的是，现在在亲友面前说话也不自然了。"

张某说，自己极少去社交场所，很少与人接触，因为和"不熟悉"的人在一起会感觉不自在。至于参加集体活动，例如演讲会等，即使不要求她去演讲，只是做一个听众，她都会紧张。还有，现在和同学交往中，特别是在彼此距离很远时，同学会大声叫她，和她打招呼，但她却不能大声反应，同学就以为她冷漠，事实是她害怕周围人的目光聚焦于自己，紧张得说不出话来。

听到这里，心理咨询王老师打断张某的话，问道："你周围的同学，比如同寝室的同学，你和她们应该好交流吧？""我觉得她们的身上缺点太多。比如说李某，性格太古怪，我不喜欢；张某，很做作，太张扬，我受不了；明某，不讲卫生，邋邋遢遢的……总之，我不喜欢她们，跟她们没话说。"

二、激发自身的正能量，克服社交恐惧

下面介绍几个激发自身正能量，克服社交恐惧的方法。

1. 跳出消极的想法

在公开场合讲话或者回答问题时，通常有三个相关概念：你打算呈现出的事物，你实际呈现出的事物和你希望呈现出的事物。当你专注于自己还能完善的地方，那些消极想法，就是恶性循环。离开会议、聚会或者某个社交场合之后，不要老惦念"哪些地方我应该做得更好"，别去想"为什么我会那样说"，专注于负面将使你相信自己是一个在社交场合说错话的人，而且这种想法会经常表现出来。你要认识到，每个人都会说错话，别纠结，忽略它。

2. 给自己解压

不要认为他人比你有魅力、比你幽默，也不要因为他人的善谈而让你感觉到自卑和压力。做最正常、最自然的自己！你无需成为整个聚会的焦点所在，做最好的自己就好。当你必须要发表意见时，说出自己的想法。如果你无需说话，也别感到压力，开心就好。

3. 走出你的假想

别总是假想人们会对你评头论足，大部分人主要关心他们自己和他们周围的事物，他们没时间拿你的行为消遣。请记住：只要是人都会偶尔笨手笨脚。不用认为尴尬的状况和冷场完全是你的责任，别因为交谈中的负面因素而感到内疚。总会有不合时宜的事情

发生，肯定会有冷场，这些都再正常不过了，继续做你自己！

4. 没人强迫你马上作答

在社交场合，如果有人问你问题，停下来，思考一会儿再给出适当的回答。大部分在社交场合感到焦虑和恐慌的人，都会选择对别人给出的问题予以立即回答。他们感到当别人话音刚落，自己就已经被迫开始说话了。

其实可以容许自己在短时间内思考一下，而后作出回应。如果你这么做，你的话听起来将更加深思熟虑和有见解，而且你将更完备地表达你想表达的内容，给他人的感觉也会更有执行力。

5. 用得体的着装来体现你的自信

理查德·怀斯曼在《正能量》第六章中提到，要重视“着装隐含的能量”。书中这样写道：我们经常通过服装对别人作出判断。如果你看到一个身着昂贵西装的男士，你会自觉地认为他是一个成功人士，很有能力。如果同一个人穿着土耳其长衫或者花哨华丽的衬衫，你可能会觉得他富有创造力。碰到一个鞋子巨大不合脚，鼻头发红，裤子上带链的人，你知道自己该赶快躲得远远的。

人在视觉上是喜美厌丑的，一个衣着大方、举止得体、谈吐高雅的人，其优雅的气质风度在人际交往中可产生巨大魅力；相反，一个邋邋遢遢、衣冠不整、举止粗俗的人，永远是不受欢迎的。

【认知二】人际交往的心理学理论

一、人际关系的定义

人的一生就是从“生物人”“自然人”逐渐转化为“社会人”的过程，即社会化的过程，也是一个人不断地与他人相互沟通、相互作用与相互影响的过程，最终与他人之间形成稳定的心理联系即人际关系。也就是说，人际关系是人们在各种现实的环境中，通过人与人之间的交往互动建立起来的稳定的心理的联系。大学生的人际关系是指大学生在其所处的特定学习生活与社会实践环境中建立起来的心理联系。

1. 什么不是人际关系

人际关系不是交际应酬、逢迎巴结。这些行为也许可以帮助你建立良好的公共关系，却不能帮助你建立良好的人际关系。

人际关系也不是人脉，良好的人际关系可以帮助你建立广大的人脉；但是，人脉的广大却不一定就表示你有良好的人际关系。有可能是因为你位高权重，也有可能你握有某些关键性资源，才得以建立广泛的人脉，但其实你的人际关系可能还是很糟糕。

2. 什么才是人际关系

任何社会组织、任何人的群体中，大到整个社会，小到一个小企业、小单位里，都有两种基本的人与人之间的关系存在，一是权力关系，一是人际关系。

权力关系是指因为你在这个群体中的身份地位，而与他人建立的关系。比如说你是董事长，他是部门经理，你们之间有从属关系，你们之间因为从属关系所产生的任何人际互动，都是权力关系。

人际关系则是指非因利害、从属、血缘等任何因素，人与人之间所建立起的关系。这样的关系必须建立在人与人的互相尊重与接纳的基础上。

这两种最基本关系的连接源头多半都与利害、从属或血源相关，所以人与人之间所建立的最早的人际关系，通常都是来自于亲人之间的。换句话说，我们多半都与人先有权力关系，然后才有人际关系。所以人际关系不一定与权力关系相冲突，比如说，一个企业的总经理与他所领导的副总经理，一开始可能纯粹是权力关系，但久而久之，双方可能建立真正的交情，退休后甚至两人的家庭还保持长期来往，这就表示他们已建立真正的人际关系了。同样的道理，如果你是业务人员，你与顾客一开始可能是基于利害因素而建立关系，因为他想买东西买得便宜些，所以要与你套交情；而你想卖东西卖得多，所以也要与他套交情。你们一开始是基于利害而发生的业务关系、公共关系，但是后来你们也可能发展出真正的人际关系。

一般而言，社会组织的结构越复杂，人与人之间的权力关系越明显，人际关系则越淡化，反之亦然。所以在大企业、大单位里，比较层级分明，公私分明，相对的人情味就很淡薄；反之，在小企业、小单位里，人情味则很重，像个家，比较不像企业组织。

权力关系的运作比较讲究，很可能要有制度、法律等来加以规范；人际关系的运作越自然越好，不需要（最好也不要）经过刻意的安排，乃是（随性之所至）直接地互动。也因此，如果你要查验你与别人之间是否有人际关系，或者人际关系好不好，就看你能否随性之所至与他互动即可。说得再简单些，就是你能否很自然地与他人互动。

二、舒茨人际关系的三维理论

社会心理学家舒茨（W. Schutz）1958 年提出人际需要的三维理论。舒茨认为，每一个个体在人际互动过程中，都有三种基本的需要，即包容需要、支配需要和情感需要。这三种基本的人际需要决定了个体在人际交往中所采用的行为，以及如何描述、解释和预测他人行为。三种基本需要的形成与个体的早期成长经验密切相关。他根据个体的三种人际需求、支配需求、情感需求和两种满足方式即主动表现和被动表现，把人际关系趋向分为六种形式。

1. 主动包容式

其主要特征是交往一方主动与他人交往，并积极参与社会活动。这是交往主动方出于某明确的目的，以极大的热情主动与他人交往的强烈需求而产生的人际关系。比如，刘备为了诸葛亮出山而三顾茅庐，当他第三次光顾诸葛茅庐时，诸葛亮正在睡觉，出于诚意，刘备一行三人静静地守候在门外，直至诸葛亮醒来。

2. 被动包容式

其主要特征是交往一方期待他人接纳自己，而自己往往表现为退缩。这种人际关系取向往往陷入矛盾的怪圈中，交往方一方面希望别人接纳自己，另一方面由于害怕不被别人接纳，而在人际交往活动中表现出退缩、不合群等特点。比如自卑感很强的人一方面非常希望周围的人们接纳他，但另一方面由于害怕受到打击或遭遇挫折，又回避与人交往，把自己孤立起来。

3. 主动支配式

其主要特征是交往一方常常运用权力控制他人。这种人际关系取向中的一方处于支配地位,另一方处于被支配地位。比如教师指导学生和家长训斥子女时所建立的人际关系。

4. 被动支配式

其主要特征是交往一方期待他人引导,愿意追随他人。有着这种人际关系取向的人大多表现出追随他人与受人支配的倾向,甚至表现出抗拒权威与忽视纪律的倾向。比如非正式群体中的部分青少年学生就倾向于追随他们的"头儿"而失去主见。

5. 主动情感式

其主要特征是交往一方表现出对他人的喜爱、友善、同情、亲密。如恋人之间、母子之间在表达相互爱恋、彼此关心与理解、尊重与被尊重的过程中所形成的人际关系就属于主动情感式。

6. 被动情感式

其主要特征是一方对另一方显得冷淡,负面情绪较重。这时一方表现出疏远对方甚至厌恶与憎恨对方的情感,但内心期待另一方对自己亲密。如父母管教子女太严时,子女常常会产生这样的情感。一方面,由于严厉的管教,子女极力回避与父母进行沟通;另一方面,子女渴望得到父母的肯定和理解。

总而言之,每个人的人际关系都极具多样性。对于同一个人,儿时在父母面前可能会表现出被动支配式;成年后对于下属会表现出主动支配式;对于自己所仰慕的对象如恋人、偶像等会表现出主动包容式;在工作中遇到困难时,又很容易表现出被动包容式;对于母亲、父亲、爱人等表现出主动情感式;对于苛刻的领导、不公正的老师,则会表现出被动情感式。基于不同的交往对象、交往情境等因素建立的人际关系有着各自的特征,形成不同的类型。个体在社会交往舞台上扮演的社会角色不同,显现出的交往行为也各有差异。因此在交往中应尽量使言谈举止与扮演的角色身份相符,这样才能取得良好的人际交往效果。

三、其他人际关系理论

(一)社会交换理论

社会交换理论是20世纪60年代兴起于美国进而在全球范围内广泛传播的一种社会学理论。社会交换理论由霍曼斯创立,主要代表人物有布劳、埃默森等。霍曼斯提出,人与人之间的交往本质上是一个社会交换过程。这种交换不仅涉及物质的交换,同时还包括非物质品,如情感、信息、服务等方面的交换。人们如何看待与他人的关系主要取决于人们对关系中回报与成本的评价和体验。社会交换理论认为人们所知觉到的一段关系积极或消极的程度取决于:①自己在关系中所得到的回报;②自己在关系中所花费的成本;③对自己应得到什么样的关系和能够与他人建立一个更好关系的可能程度。总之,我们总是希望以最小的代价换取最大的回报。

福阿(E. Foa)确定了人际关系的六种基本回报:爱、金钱、地位、信息、物品和服务。这些回报可被归为两个维度:一是特定性,即回报的价值在多大程度上依赖于提供者。比如，爱是一种特定性的回报。相反，不管金钱来自于谁，它都是有用的，因此金钱是非特定性的或通用的回报。二是具体程度，它区分了有形回报——看得见、摸得着、闻得到的物品和无形或象征性回报，如建议或社会赞许。

例如，在北京的某一路公共汽车上，一位优秀售票员请别人给抱小孩的人让座有一绝招。他先将抱小孩的人引到一位坐着的年轻小伙或姑娘面前，引导孩子先说“谢谢叔叔”或“谢谢阿姨”，紧接着再说“请您给这位抱孩子的让个座，谢谢”。研究者跟踪观察售票员请人让座的方式，结果发现这位售票员的方式竟然屡试不爽。而另一些售票员看到抱小孩的人上车后同情地大声喊：“请哪位乘客给抱小孩的让个座。”可真正得到让座机会的却不多。

为什么两种请求方式效果如此大相径庭呢？按照福阿夫妇的发现，任何人都有着保护自己心理平衡的稳定倾向，都要求自身同他人的关系保持某种适当性、合理性，并根据这种适当性、合理性使自己的行为、与别人的关系得到解释。这样，当别人对我们作出一个友好的行动，对我们表示接纳和支持，我们也会感到“应该”对别人报以相应的友好回答。这种“应该”的意识会使我们产生一种心理压力，迫使我们对别人也表示相应的接纳行为。否则，我们的行为就是不合理、不适当的，就会妨碍自己以某种观念为基础的心理平衡。如上述让座的例子，当人们接受了别人一声诚恳的“谢谢”，特别是这声“谢谢”是来自我们的文化背景下尤其看重的孩子，其造成的心理压力更大。在这种情况下，人们会很情愿地作出让座的回报。

我们对于行为合理性和适当性的理解也会投射到与我们发生相互联系的人身上。当我们对别人作出一个友好的行为，对别人表示接纳以后，我们也会产生一种要求别人作出相应回答的期望。如果别人的行动偏离了我们的期望，我们会认为别人不通情理，认为对方不值得我们报以友好，从而产生一种不愉快的情绪体验，对对方产生排斥情绪。同样道理，对于排斥、拒绝我们的人，其排斥与拒绝对我们是一种否定。因此我们也必须报之以相应的排斥和拒绝才是合理的、适当的。如果我们对这样的人反而报之接纳与喜爱，那我们的行为就得不到合理的解释，我们就难以达到心理上的平衡。

（二）公平理论

一些研究者指出社会交换理论忽视了关系中一个重要因素——公平。公平理论认为，人们并非简单地以最小代价换取最大利益，他们还要考虑关系中的公平性，即关系双方贡献的成本和得到的回报基本是相同的，公平的关系才是最稳定、最快乐的关系。根据公平理论，过度受益和过度受损的关系中，交往双方都会对这种关系感到不安，且双方都有在关系中重建公平的动机。很容易理解过度受损的一方会不开心，但研究表明，过度受益的个体也会感到烦恼。研究者认为可能的原因是：公平是一个强有力的社会标准，因此利益不均衡会让人不舒服，甚至感到内疚。

不过，在长期的亲密关系中，交换理论和公平理论都变得复杂起来。例如，你可能乐意帮同学记社会心理学的笔记，但你显然希望他也会帮你记下英语笔记。相反，你和你最好的朋友在双方需要的时候可能经常帮忙，但谁也不会总记得付出了什么又得到了什么。为此，克拉克（K. B. Clark）和米尔斯（C. W. Mills）区分了两种类型的关系：交换关系和共有关系。在两种关系中，交换过程都在发生，但是规范利益的付出和回报的规则却有显著差异。在交换关系中，人们受公平原则支配，付出利益的同时期望能在不久的将来回收同等的利益。交换关系经常发生在陌生人或偶然认识的人之间或业务关系上。身处交换关系中的人不会觉得自己对对方的幸福有特别的责任。相反，在共有关系中，人们会切实感受到自己对对方的需要负有责任，人们最关注的是对他人需要作出回应，表明自己对对方的关心，并不期望不久就要得到对方同样的回报。共有关系通常发生在家庭成员、朋友和恋人之间。

阿隆(A. Aron)的自我延伸概念可以解释亲密关系中这种复杂的互惠模式和交换规则。阿隆认为在亲密关系中一个人会逐渐把对方看成是自己的一部分。处于某个关系中的自己和他人重叠越多，人们越可能报告亲密感和相互联系的行为，比如一起消磨时间。

【认知三】大学生常见的人际关系问题及处理方法

大学生的人际关系主要包括寝室关系、朋友关系、师生关系。广义的人际关系还包括两性关系、亲子关系和社会关系等。在这里，我们着重讲一下两种常见的人际关系问题。

一、寝室关系

"睡在我上铺的兄弟，睡在我寂寞的回忆，你曾经问我的那些问题，如今再没人问起……"这个旋律，曾是令无数上过大学的人们熟悉和感动的旋律。对于他们而言，"睡在上铺"的兄弟姐妹，是大学生活记忆中的瑰宝。

然而近年来，寝室室友间发生斗殴、动用刀枪，甚至下毒或引发精神疾患的案例层出不穷。继震惊全国的云南大学马加爵杀人案之后，复旦大学室友投毒事件再次拷问"上铺兄弟的情谊"。2013 年 4 月，复旦大学一名在读研究生黄洋因生活琐事与室友林森浩关系不和，遭到心存不满的林森浩投毒，不幸身亡。2014 年 2 月 18 日上午，上海市第二中级人民法院一审宣判，被告人林森浩犯故意杀人罪被判死刑，剥夺政治权利终身。这场投毒事件在社会上引起了广泛关注，折射出大学生在宿舍人际关系中的焦虑。

不少高校心理咨询老师反映，在高校心理咨询中，学生们反映最多的就是寝室人际关系问题。寝室关系是时间和空间充分接近的人际关系，在这个空间里，个体的行为习惯、人格特征在同室关系中彻底呈现出来，差异较大的同学之间会不可避免地产生矛盾。

1. 大学寝室人际关系的主要矛盾

矛盾一："你让我无法安睡。"迟睡或早起的学生与入睡困难的学生之间，往往会燃起战火。

矛盾二："我凭什么扫地，我不觉得乱啊。"习惯乱放杂物的学生与习惯整洁的学生之间时常会出现摩擦和矛盾。

矛盾三："可不可以不吵我。"喜欢安静环境的学生与喜欢热闹气氛的学生之间经常是矛盾重重。

矛盾四："他真的是太会表现自己了。" 性格内敛的学生与个性张扬的学生之间，均可能相互误解、讨厌、反感和敌视。

矛盾五："你的裤子干净吗?""我的洗发水怎么少了那么多?"上下铺的同学之间也容

易出现矛盾，有的学生不喜欢别人坐自己的床铺；还有的学生不喜欢别人用自己的东西，倘若某些同学注意不够，就容易引起不愉快。

【案例】

林某，女，20岁，大二学生。自幼生长在农村，性格偏内向。从高中开始住校，对集体住宿生活不太习惯，寝室狭小的空间让自己感觉不舒服，与同学关系一般。上大学后，内向性格有所好转，跟几个外省的同学玩得较好，但仍不太热衷参加集体活动，时常感到自己压力大，每天主要精力都放在学习上。但大二开始，很多同学学习放松了，寝室另外三个同学更是不在乎学习，有时还逃课，只顾玩，找男朋友。寝室一位同学前两周买了一台笔记本，从那以后就经常上网聊天或看电影看到很晚，还开着台灯，影响其睡眠。有一次林某跟该室友说请她关掉台灯，早点睡觉，她就很冒火地吵了起来，其他室友也帮着她。类似矛盾时有发生，林某感觉自己在宿舍受排挤，导致情绪烦躁，晚上睡眠不好，身体疲惫。

【案例】

小A与小B是某艺术院校大三的学生，同在一个宿舍生活。入学不久，两个人成了形影不离的好朋友。小A活泼开朗，小B性格内向，沉默寡言，小B逐渐觉得自己像一只丑小鸭，而小A却像一位美丽的公主，心里很不是滋味，她认为小A处处都比自己强，把风头占尽，时常以冷眼对小A。大学三年级，小A参加了学院组织的服装设计大赛，并得了一等奖，小B得知这一消息先是痛不欲生，而后妒火中烧，趁小A不在宿舍之际将小A的参赛作品撕成碎片，扔在小A的床上。小A发现后，不知道该怎样对待小B，更想不通为什么她要遭受这样的对待。

【案例】

蓝风(化名)，男，21岁，某高校大三学生，是学生干部，学习成绩优秀，但人际关系紧张，不仅与寝室同学相处不好，就连班上的许多同学也无法正常交往。在同学们心目中，他是一个清高、傲慢的人，实在不好接近，虽然优秀，但对他的其他方面则不敢恭维。蓝风为此也很头疼，只要是他主持的活动项目，同学们似乎都有意不参加，好像故意和他作对，而他本人长期坚持的做人准则就是：我行我素，万事不求人。他几乎不接受别人的帮助，也认为自己没有帮助别人的义务，他成绩好，可每当班上同学向他求教时，他要么说不知道,要么就在给别人讲完之后,将别人奚落一顿,有时还要加上一句"拜托你上课时认真听讲,下次不要再来问我这么简单的问题"。时间一长,同学们都不愿意与他交往,他的人际关系也就越来越差。蓝风对此十分不满意,感到孤独、没有归属感,有时孤独令他窒息,他焦虑甚至恐惧,但不知如何入手去改变现状。

2.建立良好寝室关系的对策

寝室人际关系可能是很多大学生都会遇见的问题,怎样处理好这类问题,理顺同寝室同学之间的关系呢?如果你能掌握以下几点,就会收到良好的效果。

(1)寝室一家亲。寝室的每位同学来自天南地北,相聚在一起是缘分,切记不要搞小团体,要彼此照顾,当成是一家兄弟或姐妹。寝室成员的年龄会有大有小,大家可以在最初认识的一段时间,互报生日,谁的年龄大谁就是老大,依次类推,如此称呼,自然会感觉到亲切,会有归属感。

(2)互相尊重。每个人都有自己的秘密,那是他们不容触碰的禁区。对于室友的隐私,我们不要想办法去探究,要予以尊重。尤其需要注意的是,未经室友的同意,切不可乱翻他人的物品,对于室友的隐私要注意守口如瓶。告诉他人,甚至添油加醋地描述和评论,不仅是对他人的不尊重,也是不道德的行为。

(3)培养"钝感力"。我们需要敏感力,适当的敏感能让人拥有及时察觉别人好恶、生活习惯的本领,及时做出相应调整,以便在学习、生活中更加游刃有余。但我们同样也需要"钝感力"。"钝感力"即"迟钝的力量"。它要求人们:迅速忘却不快之事;认定目标,即使失败仍要继续挑战;坦然面对流言蜚语;对嫉妒、讽刺常怀感谢之心,从而从容面对生活中的挫折和伤痛,坚定地朝着自己的方向前进。开头提到的云南大学马加爵、复旦大学林森浩,正是因为过分敏感,没有及时宣泄自己的不良情绪而导致犯罪。面对室友间的小矛盾,如果他们能够迟钝一点,"迅速忘却不快之事",或许惨案就不会发生。

(4)学会相互理解。徐某玲来自农村,因为家庭条件不好,她读书特别认真,天没亮就开始学习,深夜12点还在看书。1个星期后,室友感到不满,因为徐某玲起床、睡觉时动静很大,往往吵醒其他人。大家委婉地向徐某玲提过几次,但徐某玲依然我行我素。室友中的小王忍无可忍:"我不是看不起农民,但现在是在城里,就得守城里的规矩。"徐某玲哭了很久,觉得自己受了天大的委屈,再也不理其他三个人了。

在这个故事里,谁对谁错呢?你可能也发现了,矛盾的出现,仅仅是因为思考角度不同,导致她们错误地理解对方。假如小王能站在徐某玲的角度,看到她勤奋学习的闪光点,在肯定的基础上和风细雨地提出建议,徐某玲能站在小王的角度,反思一下自己的行为可能给大家带来的不便,那么,事情就会变得很简单。

二、朋友关系

大学生的朋友关系是那些有共同志向、意趣、爱好,关键时候可以提供更大更切实帮助的个体之间的关系。正如通常所理解的,朋友关系是一种比较密切的人际关系。朋友对个体的影响可以超过家长或教师的作用。在时空过分接近的情况下,朋友之间如果过于亲密,也可能产生有害的人际关系,使个体失去人身自由和个性独立,形成无法摆脱的人际束缚和人际张力。

大学生往往存在理想化的朋友观念，认为朋友就应该是亲密无间的，绝对以双方的利益为重，这是人际期望的表现之一。实际上，保持适度的时空距离有利于大学生朋友关系的巩固和发展。不过，随着时空距离的增大，朋友关系也倾向于淡漠，所以要张弛有度。

下面给大家几条建立良好朋友关系的对策。

1.别人有困难要帮忙

交朋友的真谛是：你自己首先要够朋友。要学会关心朋友，当朋友遇到困难或者生病的时候，主动去帮助他，即使你做不了什么事，也要在旁边说一些安慰的话，至少可以给朋友心灵的依靠。

当朋友遭到打击、孤立的时候，应该伸出友谊的双手。如果在朋友遭到歪风邪气打击的时候，你为了讨好多数，选择保持沉默，或者反戈一击，那你就成了友谊的可耻“叛徒”。正如巴尔扎克的《赛查·皮罗多盛衰记》中所说的：“一个人倒霉至少有这么一点好处，可以认清楚谁是真正的朋友。”一个好朋友常常是在逆境中得到的。假如你在遭到打击、孤立的时候，有人与你本不熟悉，但却理解你、支持你，坚决同你站在一起，那你一定会把他视为挚友，会为找到一个真正的朋友而感到高兴。

有这样一则真实的故事。19世纪，在英国的哈罗学校，常常会出现以强凌弱、以大欺小的事情。有一天，一个高个子男生拦住一个新生，他粗暴地命令那个新生替自己做事，新生初来乍到，不明白其中“原委”，断然拒绝。高个子恼羞成怒，一把揪住新生的领子，劈头盖脸地打起来，嘴里还骂道：“你小子，为了让你聪明点，我得好好开导你！”新生虽疼得龇牙咧嘴，却不肯乞怜告饶。旁观的学生或者冷眼相看，或者起哄嬉笑，或者一走了之。只有一个外表文弱的男生，看着这一幕，眼里渐渐涌出了泪水，终于忍不住嚷起来：“你到底还要打他几下才肯罢休！”高个子朝那个又尖又细的抗议的声音望去，一看也是个瘦弱的新生，就恶狠狠地骂道：“你这个不知天高地厚的家伙，问这个干嘛？”那个新生用含泪的眼睛盯着他，毫不畏惧地回答：“不管你还要打几下，让我替他忍受一半的拳头吧。”高个子看着他的眼泪，听到这出人意料的回答，不禁羞愧地停住了手。从这以后，学校里反抗恶行暴力的声音开始响亮，帮助弱者的善举也逐渐增多，两个新生也成了莫逆之交。那位被殴打的少年，深感爱与善的可贵，后来成为英国颇负盛名的大政治家罗伯特·比尔；挺身而出、愿为陌生弱者分担痛苦的，则是扬名全世界的大诗人拜伦。人生途中，我们也需要像拜伦一样，在别人只是畏惧地逃避，或幸灾乐祸地观看时，能够拿出罕有的勇气，为了善，为了爱，也为启迪和震撼那些冷漠的心灵，帮助别人一把。友谊往往建立在关键的时刻，在面临困境的时刻，恰恰是建立牢固友情的关键时刻。

2.避免争论，绕过矛盾

卡耐基说：“我们绝不可能对任何人——无论其智力的高低——用口头的争斗改变他的思想。”一个过于争强好胜的人面临着两种选择：要么是暂时的、口头的、表演式的胜利，要么是他人对你的长期好感。很少情况下能够二者兼得。

而我们有些人总是喜欢与人舌战不休，与人拍桌打椅，争得面红耳赤，嗓音嘶哑，而最后的结果只有一个：徒劳无益。因为即使争赢了，这种表面的胜利也实无大益，而且会损伤对方的自尊，影响对方的情绪。若是争输了，当然自己也不会觉得光彩。所以，最好的策略就是不要过多地与人争论。

3.如果错了,当即承认

我们经常是由于自身的缺点而不是优点招人喜欢。假如我们知道自己势必遭受责备时先发制人,自己责备自己,这样岂不比让别人责备好听得多?任何愚蠢的人都会尽力为自己的错误进行辩护。而聪明人则会用让步的方法,退一步,你所得到的往往会比你期望的还要多。

4.多一些换位思考,少一些指责抱怨

动不动就批评、指责他人是一种恶习。出现了问题,首先想到的是射出批评之箭,中伤他人,其结果要么是伤害他人,要么是被人抵挡,弄得自己反遭他人伤害。其实,尽量去了解别人,尽量设身处地去思考问题,这比批评责怪要有益得多。"了解就是宽恕",何不多点温柔之术呢?尽量去了解别人,尽量设身处地去想"他们为什么要这么做",这比起批评责怪要有益得多,困惑也会迎刃而解。

5.说话如三月的春风,用关怀温暖人心

读中学时,大家大概都听过这样一个寓言故事。传说太阳和北风打赌,看谁能先让行人把大衣脱去。于是太阳用它温暖的光轻而易举地使人脱下大衣;而北风使劲地吹,反而使行人把大衣裹得更紧。太阳与北风打赌的故事向我们展示了一个道理:对别人要像太阳那样,用温暖去感化他们,让他们从中体会到温暖;如果一味地强逼压制,会使人感到极强的心理压力。所以,人与人相处,首先要打开胸襟,对他人真心实意的人,才能收获更多的友情。

6.宽以待人,不计得失

一个善于做人的人,总是会宽恕别人。唐书中有"唾面自干"的教训,佛家有"忍辱"的修为,这都是培养大度的最好例子。

心大方能容纳万事万物。气度盖人,才能容人;气度盖物,才能容物;气度盖世,才能容世;气度盖天地,才能容天地。

老子说:圣人不存在占有之心,而是尽力照顾他人,他自己也就更充足了;尽力给予他人,他自己反而更丰富。又说:有"道"的圣人始终不贪图大贡献,所以才能做成大事。一个人越不为名声,反而越能成就他的名声;越不为利益,反而能成就他的利益。与物无争,就能抚育万物;与名无争,名就自动到来;与利无争,利就聚集而来;与人无争,就能亲近别人。

7.与人方便,自己方便

生活中总有一些人有了一点成就和机会,就关起自家房门,不愿与朋友分享,他们担心朋友得到了帮助,就会在竞争中出人头地,超越自己。其实,在人与人的交往中,帮助别人就是帮助自己,成就别人就是成就自己,做大事、立大功、建大业的人,必然是有大德的人。

有一篇叫《慷慨的农夫》的短文,说美国南部某个州每年都举办南瓜品种大赛。一位经常获得头奖的农夫,获奖之后,毫不吝惜地将得奖的种子分送给街坊邻居。有人不解,问他为何如此慷慨,不怕别人的南瓜品种超过他吗?农夫回答:"我将种子分送给大家,方便大家,其实也就是方便我自己!"原来,邻居们种上了良种南瓜,就可以避免蜜蜂在传递花粉过程中,将邻近较差品种南瓜的花粉传给农夫的南瓜。这样,农夫就能专心致力于品种的改良。否则,他就要在防范外来花粉方面大费周折而疲于奔命。这则故事告诉我们,理解与大度会为你赢得意想不到的收获。

8.摒弃仇恨,有仇不报是君子

当你受到无辜伤害或被他人欺侮时,你是以牙还牙呢,还是宽恕忍让呢?我们从泰戈尔的《画家报仇》一文中会找到答案。

【阅读材料】

一位画家在集市上卖画,不远处,走来一位大臣的孩子,这位大臣在年轻时曾经把画家的父亲逼死了。这孩子在画家的作品前流连忘返,并且选中了一幅,画家却用一块布把它遮盖住,并声称这幅画不卖。从此以后,这孩子因为心病而变得憔悴,最后,他父亲出面,表示愿意付出一大笔钱。可是,画家宁愿把这幅画挂在自己画室的墙上,也不愿意出售。他还坐在画前自言自语地说:"该我报仇的时候到了。"每天早晨,画家都要画一幅他信奉的神像,这是他表示信仰的唯一方式。可是现在,他觉得这些神像与他以前画的神像有很大不同。这使他苦恼不已,他不停地找原因。然而有一天,他惊恐地丢下手中的画,跳了起来:他刚画好的神像的眼睛,竟然是那大臣的眼睛,而嘴唇也是那么酷似。画家把画撕碎,并且高喊:"我的报复已经回报到我的头上来了!"

这则故事告诉我们,一个人对别人若心存报复,自己所付出的代价会比对方更大。

一个人报仇需要付出很多代价:譬如精神代价,每天计划报仇要花费很多精神,想到切齿处,情绪精神剧烈波动,严重影响了身体健康;再如金钱代价,有人为报仇而放弃一辈子的事业,大有"玉石俱焚"的精神;生命代价,有时仇恨会让人作出冲动的选择,一不小心触犯法律,不少人事后追悔莫及,却无法挽回。

心理训练

【活动一】同理心的表达

游戏名称:同理心训练游戏(我猜我猜我猜猜猜)

游戏目的:让人了解到了解人的感觉是非常美妙的一件事情,但要了解到人的内心,同理心是很重要的。

游戏规则:

1.将学生分为2人一组,面对面坐下。

2.请两人中的一人写下最近发生的一件事,由另外一个同学辨识他的情绪是愤怒、伤心、快乐、紧张或烦躁。

3.之后,写下事情的同学再叙述现在的感受,如"我很伤心",而由另一人来确认想法背后的原因,如"你是因为上次期末考试吗"。

4.每个人必须获得对方三个"yes"的回答才算过关,然后再交换角色。

5.由同学表达参与活动的感受。

【活动二】身体/情感信任

游戏名称：疯狂叫喊

游戏目的：通过活动协作和一定的冒险尝试，加强成员之间的身体/情感信任。

游戏规则：

1. 让学生自由组合或就近配对，2 人一组。

2. 要求各组为自己起一对代号，代号是两个有关联的词，比如盐和胡椒粉，火和消防栓等。

3. 班级分享、交流各组的代号，确保没有重复。

4. 告诉同学，他们将被分开，然后蒙上眼睛，通过喊代号来找搭档（比如盐喊“胡椒粉”）。

5. 将各组的学生分开，确保每个组的两个人在场地中不同的两处。

6. 发下眼罩，请同学戴上，或者要求每个人闭上眼睛。

7. 提醒大家慢慢移动，并保持缓冲姿势，即在胸前伸直前臂，掌心朝前。

8. 宣布找搭档活动开始，学生们开始呼叫搭档的代号，搭档找到后就地站停，握住对方的手，不再移动、发声。

9. 活动持续到所有人找到搭档，然后大家取下眼罩或睁开眼睛，检查搭档是否找对。

10. 班级分享讨论：

（1）活动中有何感受？

（2）你是怎样找到搭档的？

（3）你是使用什么策略来找到搭档的？事先有计划吗？活动中计划有变吗？

（4）你怎么保护自己的安全？

（5）你如何保护周围人的安全？

【活动三】沟通技巧训练

游戏名称：你比我猜

游戏目的：深入人际沟通的探讨，讨论如何有效、高效地进行双向沟通。

游戏规则：

1. 每两人一组，一人看主持人手中纸条上的词语，并通过语言、动作、道具等表达这个词语，要求是不能说出这个词语中任何一个字；另一人根据搭档的信息猜测。

2. 一共 2 分钟时间，完全正确才可以算一个，看一共猜对多少个。

3. 前两组只能一人说，另一人听，然后猜；后两组两人可以问答交流。

分享：

1. 一、二组同学和三、四组同学在交流中有什么不同感受？

2. 为什么结果不同？

3. 单向沟通和双向沟通，哪种更重要？

4. 如何有效、高效地进行双向沟通？

心理测试

【测试一】你有社交恐惧症吗？

有些人讨厌面对人群或是害怕面对人群，他们不只是觉得害羞、不好意思，而是对自己以外的世界有着强烈的不安全感和排斥感，这种因对社交生活和群体不适应而产生的焦虑和社交障碍就被称作“社交恐惧症”。那么你是否患有社交恐惧症呢？你可以通过下面的测试得知。请在15分钟内完成试题，每题有五个选项：A. 根本不符合；B. 某方面符合；C. 比较符合；D. 大部分符合；E. 完全符合。

1. 和不熟的人聚会时，我会很不自然。 （ ）
2. 和老师或上级交谈时，我会很不自在。 （ ）
3. 我在面试中常常不知所措。 （ ）
4. 我是个比较内向的人。 （ ）
5. 和权威人士对话使我很害怕。 （ ）
6. 即使在非正式场合我也会感到不安和害怕。 （ ）
7. 我处在与我不同类型的人群当中仍感觉很舒服、很自在。（Q） （ ）
8. 假如给一个陌生人打电话，我会有紧张感。 （ ）
9. 和交往不深的同性交谈会让我产生不适感。 （ ）
10. 和异性谈话时我会感到更加自在。（Q） （ ）
11. 我是个比较不害怕与人交际的人。（Q） （ ）
12. 在人多的场合我不会有什么不自在。（Q） （ ）
13. 我想让自己更擅长与人交际。 （ ）
14. 和很多人聚在一起时我不知该做什么。 （ ）
15. 如果面对一位吸引人的异性，我会不知所措。 （ ）

计分标准：不带“Q”标记的题目，选A得1分，选B得2分，选C得3分，选D得4分，选E得5分；带有“Q”标记的反向记分，即选A得5分，选B得4分，选C得3分，选D得2分，选E得1分。最后计算总分。

结果解释：

15～59分：善于交际，没有社交恐惧症。

60～75分：不善于交际，有社交恐惧症倾向。

心理评析：现代社会，大家面临的压力愈来愈大，罹患社交恐惧症的人数大有上升的趋势。治疗社交恐惧症可分为心理治疗和药物治疗。病况较轻微的人只需要接受心理治疗；若是病情较严重，就应该请求医师配合药物治疗。

——摘自《世界上最经典的1500道心理测试题》(邢群麟编著)

【测试二】你是一个会说话的人吗?

讲究说话在我国是有传统渊源的。春秋战国时代,百家争鸣出现了能说会道的诸子百家,对人们的生活和社会发展起了积极的推动作用。在国外,美国人在第二次世界大战时期,把“口才、金钱和原子弹”看作在世界上赖以生存和竞争的三大法宝。随着科技的发展,“电脑”取代了“原子弹”,而“口才”依然独冠“三宝”之首,足见其作用和价值。不讲究说话技巧的人,往往会在人际交往中碰壁。那么,你是一个会说话的人吗?我们来做一个小测试吧。

1. 当你不是聊天的中心人物,不是众人关注的焦点时,你会不由自主地走神吗? ( )

A. 强烈肯定　　B. 有时　　C. 绝对否定

2. 当有人试图与你交谈或对你讲解一些与你关系不大的事情时,你是否觉得很难聚精会神地听下去? ( )

A. 强烈肯定　　B. 有时　　C. 绝对否定

3. 一个人在火车上时,刚认识的朋友详细地向你讲述他从恋爱到失恋的全过程,并期待你的回应,你会 ( )

A. 极不情愿,觉得不舒服　　B. 无动于衷　　C. 很乐意倾听并积极开导

4. 你是否觉得需要有时间一个人静静,才能清醒和整理思路? ( )

A. 强烈肯定　　B. 有时　　C. 绝对否定

5. 你是否很难放松警惕向他人倾诉自己的心事,除非他是你多年相交的密友? ( )

A. 强烈肯定　　B. 有时　　C. 绝对否定

6. 你往往和哪种人最容易相处? ( )

A. 各种人

B. 和已经了解的人

C. 和相处很久的人,但往往感到很困难

7. 你是否会刻意避免表达自己的感受,因为你认为说了别人也不会理解? ( )

A. 强烈肯定　　B. 有时　　C. 绝对否定

8. 你是否认为轻易流露心情和感受的人是没有内涵的？（　　）

A. 强烈肯定　　B. 有时　　C. 绝对否定

9. 你是否总在人群中的气氛达到高潮时反而有一种失落感？（　　）

A. 强烈肯定　　B. 有时　　C. 绝对否定

计分标准：选 A 为 1 分，选 B 为 2 分，选 C 为 3 分。计算总分。

结果解释：

得分为 22～27 分的人：你不太会“说话”或者你本来就有“语言排斥”的倾向。这表示你只有在极需要的情况下才同别人交谈，或者你与对方有强烈的志同道合的感受，都觉得相见恨晚，通常你不会通过语言的形式去发展友谊。除非对方愿意主动频频跟你接触，否则你便总处于孤独的个人世界里。你有些自闭倾向。

得分为 15～21 分的人：你是个外冷内热的人，其实交谈也是你的强项，只是你不会轻易显露。你大概比较热衷跟别人做朋友。只是你与对方不太熟识，你开始会很内向似的，不太愿跟对方交谈。但是时间久了，你便乐意常常搭话，彼此谈得来。

得分为 9～14 分的人：你是一个非常会“说话”的人。你非常懂得交际，能够营造一种热烈气氛鼓励人家多开口，别人觉得同你谈得来，彼此十分投合。

【测试三】你是一个宽容的人吗？

面对伤害，你是否能够做到一笑而过？人生短暂而珍贵，你一定不想把宝贵的时间都花在郁闷、苦恼中。为了自己，为了你心灵的宁静和幸福，宽容别人吧！测试一下你是一个宽容的人吗？

1. 很多人故意和我过不去。
2. 碰到熟悉的人，向他打招呼而他却不加理会，这让我很是尴尬。
3. 和整天沉默寡言的人一起生活、工作对我来说是一种折磨。
4. 我想不通那些哗众取宠的人居然能博得很多人的喝彩。
5. 生活中庸俗的人比比皆是。
6. 和目中无人的人一起共事让我感到痛苦。
7. 喜欢嘲讽他人的人其实也不怎么样。
8. 我不能理解为什么自以为是的人总能得到领导的重用。
9. 反应迟钝的人真让人窝火。
10. 我不能忍受上课时老师为迁就差生而把讲课的速度放慢。
11. 有不少人明明方法不对，还非要别人按着他的意见行事。
12. 和事事争强好胜的人待在一起会使我感到压力。
13. 我不愿意在独断专行的领导手下工作。
14. 有的人整天牢骚满腹，而我觉得这全是他们自己造成的。
15. 与怨天尤人的人打交道会使自己的生活也变得灰暗。
16. 总有一些人喜欢对别人的工作百般挑剔，而不顾及别人的感受。
17. 辛辛苦苦做完一件工作却得不到别人的认可和赞赏时，会让我大发雷霆。

18. 为什么有些蛮横无理的人常常事事畅通无阻。

计分标准：答“是”记 1 分，答“否”记 0 分。

结果解释：

13～18 分：你生活得很不快乐，你是一个敏感的人，一点点小事就会让你的心情低沉下来。你需要在生活中加强自己的灵活性，培养宽容精神。

7～12 分：你具有常人的心态，能够谅解其他人的行为，也能与难相处的人相处，但是有时你也会被他们的态度或行为所激怒，做出一些不理智的举动，但总的来说你的肚量还可以。

0～6 分：人们常说的能撑船的肚子就是对你的写照，即便外界再纷繁复杂也很难左右你平和的心态。

【测试四】测测你的人际关系现状

这是一份大学生人际关系行为困扰的诊断量表，一共有 28 个问题，请你根据自己的实际情况，逐一对每个问题用“是”或“否”回答。

1. 对于自己的烦恼有口难开。
2. 和生人见面感觉不自然。
3. 过分地羡慕和忌妒别人。
4. 与异性交往太少。
5. 对连续不断的会谈感到困难。
6. 在社交场合感到紧张。
7. 时常伤害别人。
8. 与异性来往感觉不自然。
9. 与一大群朋友在一起时常感到孤寂或失落。
10. 极易受窘。
11. 与别人不能和睦相处。
12. 不知道与异性如何适可而止。
13. 当不熟悉的人对自己倾诉他(她)的生平遭遇以求同情时，自己常感到不自在。
14. 担心别人对自己有什么坏印象。
15. 总是尽力使别人赏识自己。
16. 暗自思慕异性。
17. 时常避免表达自己的感受。
18. 对自己的仪表(容貌)缺乏信心。
19. 讨厌某人或被某人所讨厌。
20. 瞧不起异性。
21. 不能专注地倾听。
22. 自己的烦恼无人可申诉。
23. 受别人排斥，感到冷漠。
24. 被异性瞧不起。

25. 不能广泛地听取各种意见和看法。

26. 自己常因受伤害而暗自伤心。

27. 常被别人谈论、愚弄。

28. 与异性交往不知如何更好地相处。

计分标准:选择“是”的加 1 分,选择“否”的给 0 分。

结果解释:

如果你的总分为 0～8 分,那么说明你在与朋友相处上的困扰较少。你善于交谈,性格比较开朗,主动关心别人。你对周围的朋友都比较好,愿意和他们在一起,他们也都喜欢你,你们相处得不错。而且,你能从与朋友的相处中,得到许多乐趣。你的生活是比较充实而且丰富多彩的,你与异性朋友也相处得很好。一句话,你不存在或较少存在交友方面的困扰,你善于与朋友相处,人缘很好,能获得许多人的好感与赞同。

如果你的总分为 9～14 分,那么,你与朋友相处存在一定程度的困扰。你的人缘一般,换句话说,你和朋友的关系并不牢固,时好时坏,经常处在一种起伏之中。

如果你的总分为 15～28 分,那就表明你同朋友相处的行为困扰比较严重,分数超过 20 分,则表明你的人际关系行为困扰程度很严重,而且在心理上出现较为明显的障碍。你可能不善于交谈,也可能是一个性格孤僻的人,不开朗,或者有明显的自高自大、讨人嫌的行为。

心灵鸡汤

【名人名言】

我们想的是如何养生,如何聚财,如何加固屋顶,如何备齐衣衫;而聪明人考虑的却是怎样选择最宝贵的东西——朋友。

——[美]拉尔夫·沃尔多·爱默生

我们粗心的错误,往往不知看重我们自己所有的可贵的事物,直至丧失了它们以后,方始认识它们的真正价值。我们的无理的憎嫌,往往伤害了我们的朋友,然后再在他们的坟墓之前捶胸哀泣。

——[英]威廉·莎士比亚

【推荐阅读】

1.《人性的弱点》([美]戴尔·卡耐基著,刘祜译)

励志经典图书。旨在帮助人们解决日常生活中所面临的问题:如何在生活、商务活动与社会交往中与人打交道,并有效地影响他人;如何击败人类的生存之敌——忧虑,以创造一种幸福美好的人生。

2.《人性的优点》([美]戴尔·卡耐基著,刘祜译)

汇集了卡耐基的思想精华和经典励志内容。无数读者通过阅读和实践书中介绍的各种方法,不仅走出了困境,还最终获得了成功。

项目七　情感能力训练

心理体验

【体验一】爱情天梯的故事

照片说明：6000 级爱情天梯，深山相守半世纪。

2001 年中秋，重庆渝北区一队户外旅行者前往这一带的原始森林探险，在深山老林里走了两天两夜不见一人。忽然之间，探险队发现有条人工修筑的石梯通往山顶，石梯上有新的打凿痕迹，撒有新鲜的泥沙。两小时后，队员们来到山顶，四周始终一片寂静。

这座叫“半坡头”的高山，海拔 1500 米，夏天与外界温差在 8 ℃左右，刘国江、徐朝清夫妇就居住在这片深山中。刘国江、徐朝清夫妇穿着老式蓝布衫，得知队员们来自大城市，两人竟问了句：“毛主席他老人家身体可还好？”看到队员们拍照的闪光灯，女“野人”吓得直往男“野人”身后躲。

探险队很快知道，50 年前，19 岁的刘国江和比他大 10 岁的寡妇徐朝清相爱，两人携手私奔至与世隔绝的深山老林，过着刀耕火种的原始生活，一住就是半个世纪。为了让爱人出行安全，刘国江在悬崖峭壁上凿下石梯，一凿也是半个世纪，共凿了 6000 多级。

山里至今没通电，大白天屋里一片漆黑，借着煤油灯，隐约能看见有三间房屋。屋里只有一些简单的自制桌椅板凳和木床，粗糙但结实，桌上一本发黄的毛主席语录特别显眼。刘国江、徐朝清夫妇两人都是满脸沟壑，牙齿掉得一颗不剩，穿着洗得发白的老式蓝布衫，裹着厚实的头巾，头巾边露出几缕青丝。互相称呼“小伙子”和“老妈子”时，两位老人的恩爱之情溢于言表。与刘国江、徐朝清夫妇交谈很困难，他们听不太懂山外的话，不知道当今的国家主席是谁，不懂什么叫接触，不懂什么叫谈恋爱，只知道“两口子要团结、讲情义。”

这个故事在2006年经媒体报道后，在全国引起强烈反响，两位老人被评为2006年首届“感动重庆”十大人物，同年被评为“中国十大经典爱情故事”。这段位于深山密林的6000多级“爱情天梯”一度成为情侣朝拜的“圣地”。

2007年，“爱情天梯”的男主人公刘国江病逝，如今，女主人公徐朝清也追寻着爱人的足迹奔赴天国，然而他们浪漫的爱情故事将永远流传。

自古以来“问世间情为何物，直教人生死相许”，也有见过用爱心搀扶共赴一生的壮举。而这个隐藏在大山深处的传奇爱情故事的浮现，感人三生。

现代社会，很多人都在疑问，什么是真爱？什么是真情？他们就是。不知道罗密欧与朱丽叶，却比罗密欧、朱丽叶还懂得怎样去爱；不知道什么是浪漫，却叫人感慨其浪漫的持久；不想创造奇迹，自己却是传奇。谁说爱情只是美丽的神话？谁说爱情不能用什么来衡量？6000级的阶梯，就是凿入大山的爱的刻度。

【体验二】诠释爱情

第一部分：分组，每6～8名同学组成一个小组，阅读故事并思考。

在德国西北部城市明斯特的Aasee湖，上演着一段感人的童话爱情故事。故事的主人公是一只叫皮特的黑天鹅和它的恋人，一只“白天鹅”。

2006年5月，在一个阳光灿烂的日子里，一只不知来自何方的美丽的黑天鹅在明斯特美丽的人工湖Aasee湖边寻觅到了它的恋人，一只“白天鹅”，一只静守着Aasee湖的沉默的“白天鹅”脚踏船。从此以后，黑天鹅就在“白天鹅”身边定居下来，成了忠实的护花使者。它每天围绕着“白天鹅”起舞，为它唱着情歌，当有游人划着游船离近时，它会不顾一切地冲过去，极力驱赶，直到游人远去。它一直期待着“白天鹅”有一天能和它共舞、同鸣。它期待着自己的真诚能打动“白天鹅”，哪怕对自己眨眨眼睛，点点头。

半年来，它不曾离开过“白天鹅”，只是有几天它生病时，有好心的市民将它移往别处看护了两天，病一好，它又急急忙忙飞回来，生怕有谁动了它的恋人。只是至今它也不知道，它的美丽的恋人其实是一只塑料制的小天鹅船。善良的人们被它的爱情故事所打动，谁也不曾想打破它的爱情梦，人们在努力帮它，帮它延续着它的爱情梦。冬天快到了，天气渐渐转冷，人们担心Aasee湖结冰会冻坏了黑天鹅，决心将它和“白天鹅”一起迁移到离湖1500米的动物园去。人们以每天200米的距离沿湖迁移“白天鹅”，直至把它们转移到动物园。

黑天鹅的爱情故事不仅吸引着众多的游客，也吸引了来自世界各地的记者。人们被它们的故事所感动,纷纷用不同的语言、不同的方式,传播着它们的故事。一家旅游品专卖店也以它们的故事为背景制作了一系列工艺品和儿童童话书。

黑天鹅皮特和它挚爱的“白天鹅”成为明斯特市一个新的标志。

第二部分:总结升华。

请同学们发挥聪明才智,用比喻的方式描写爱情。描写得越详细越好,最后在全班评选出最具创意的小组(以所写出比喻句的数量为主要衡量标准,兼顾句子的质量)。

心理认知

【认知一】理解爱情

一、爱情的意义

“醉过方知酒浓,爱过方知情重。”关于爱情,每个人都有属于自己的感受,都有属于自己的故事。

社会学家说:爱情是社会生存繁衍的基础,是人类生物性的体现。生物学家说:爱情是荷尔蒙分泌的产物。经济学家说:爱情是缔结婚姻契约前的谈判。历史学家说:爱情是历史的转折或者是一个年轻而古老的神话。文学家说:爱情是首诗,一首永恒的诗。艺术家说:爱情是倏忽闪现的灵感。厨师说:爱情是一颗洋葱头,一片一片剥下去,总有一片会让你流泪。古往今来,爱情一直是在哲学、宗教、心理学、美学、文学与社会学等领域引起激烈争论的话题。爱是什么?爱的动力源是什么?

“唯精神论”认为,爱情是纯粹的,与性毫不相干,是男女精神上的相互依恋,爱者的情感完全融化在对爱的人关怀之中。如柏拉图认为,爱情分低级的肉体之爱和高级的精神之爱两种。肉体之爱是低级的、肤浅的,心灵之爱是高级的、深刻的,这才是真正的爱情。这种爱情观强调情感的交流,坚决排斥和谴责性在爱情中的角色。这种爱情观具有强烈的空想色彩,其结果是把人间美妙的爱情变成了永远无法触及的天国之物。

“唯性欲论”认为,爱情的本质就是人类性的本能,性是产生爱情的唯一根源,爱情的目的是为了性欲的满足。这种爱情观较前一种有所进步,但其过分强调性在爱情中的作用,认为性是爱情的全部,因此也是不全面的。

马克思主义的爱情观认为,爱情是人的自然属性和社会属性的统一。爱情的自然属性就在于它是以性欲、性心理为自然基础,并由此而发展起来的;爱情的社会属性则在于它是在男女两性自由、互爱基础上产生的渴望在肉体和精神上融为一体的强烈倾慕之情。

现代社会对爱情的表述尽管各有差异,但基本内容是一致的。真正的爱情既不是柏拉图式的精神之恋,也不是异性之间纯粹的生理吸引。正如英国哲学家罗素所说:“爱情源于性,又高于性。”也就是说,爱情离不开男女之间的性爱,丧失了性基础的爱情是不真实的爱情。但狂热的激情、生理的欲望也不等于爱情。总之,爱情是一对男女之间,基于一定的客观物质基础和共同的生活理想,在各自内心形成对对方的最真挚的仰慕,并渴望对方成为自己终身伴侣的最强烈的、稳定的、专一的感情。一般而言,美好的爱情要经历一个萌芽、生长、开花和结果的过程。男女双方培育爱情的过程，称为恋爱，按过程又可分为初恋期、热恋期和恋爱质变期(失恋或结合)。

【阅读材料】

名人对爱情的理解

1.地球运转，不仰爱情；人有爱情，不虚此行。

——[美]富兰克林·皮·琼斯

2.一旦爱情降临，人人皆有诗情。

——[古希腊]柏拉图

3.爱情是情不自禁地渴求别人对自己情不自禁地渴求。

——[美]罗伯特·弗罗斯特

4.有了爱情，何求其余之需；没有爱情，他物又有何益。

——[英]詹姆斯·马修·巴里爵士

5.爱情是幻想战胜理智。

——[美]亨利·路易斯·门肯

6.爱情是配乐的友情。

——[比利时]约瑟夫·科斯曼

7.真爱无声，旗灯不庆；钟鸣鼓喧，塞耳莫听。

——[美]艾瑞克·西格尔

8.爱情是自然提供的一张白布，幻想在上面绣出五彩斑斓。

——[法]伏尔泰

9.暗恋不露，缘分不足。真爱之旅，绝无坦途。爱是挚友，爱是恶魔；善恶分明，不可调和。

——[英]威廉·莎士比亚

10.爱情像麻疹，晚发最伤人。

——[英]乔治·戈登·拜伦

二、爱情的特点

爱情作为人与人之间，特别是两性之间的一种特殊关系，有着不同于其他人与人之间关系的特点。

(一)性吸引是爱情的基础

爱情是以性爱为前提的，是只能发生在成年男女之间的感情，它不是同性恋，也不是儿童过家家的游戏。

(二)爱情具有专一性和排他性

爱情具有专一性和排他性。爱情是两颗心相撞发出的共鸣，男女一旦相爱，就会要求相互忠贞，并且排斥任何第三者亲近双方中的一方。伟大的教育家陶行知曾经形象地说过：爱情之酒甜而苦，两人喝是甘露，三人喝是酸醋，随便喝要中毒。

因此，爱情双方一旦确立了恋爱关系，就必须忠贞专一，“脚踏两只船”，搞“三角”“多角”恋爱的行为，是既不严肃也不道德的，非但不是真正的爱情，还是一种危险的游戏。

(三)爱情具有平等性和互爱性

爱情具有平等性,不存在依附或占有关系。平等的互爱包括三方面:

1. 男女都有爱和被爱的权利

相爱的双方是自愿、绝不勉强的,即无怨无悔地爱你所喜爱的人。在观念世界里,你原本的另一半就是你最完美的对象。真正的爱情是以尊重双方自愿选择为前提的,一方强制对方或勉强凑合都不是爱情。

2. 爱情不是“单相思”和“一厢情愿”

一方自作多情,而对方却毫无此心,那么“雨中站岗”“每日一花”都会成为浪费和奢侈。“落花有意,流水无情”,不能称为爱情。

3. 恋爱双方的人格完全平等,在爱情中的地位也完全平等

爱情是互爱,不能因为自己爱对方,也要求对方必须爱自己;也不能因为对方爱自己,虽然自己不爱对方,也“知恩图报”。处于同情和怜悯等形成的不平等的两性关系,不是爱情,因为爱情必定能带来精神上的愉悦感,而这种关系却会给双方造成巨大的心理压力。

(四)爱情具有持久性和阶段性

爱情是一棵苍松,而不是一枝昙花,爱情所包含的感情因素和义务因素,不仅存在于婚前的整个恋爱过程之中,而且延续到婚后的夫妻生活和家庭生活。

爱情的持久性表现在爱情的不断深化、充实和提高上,恰如莎士比亚所说:“真正的爱,非环境所能改变;真正的爱,非时间所能磨灭;真正的爱,给我们带来欢乐和生命。”

恋爱双方彼此不仅要有深厚的情感,还要相互倾慕,承担相应的义务和责任,这对维系双方感情和保持婚后家庭稳定有重要作用。如果一方对另一方采取不负责任的态度,或漠不关心,或朝秦暮楚,或视婚姻为爱情的坟墓,放弃维护婚姻的努力,放弃家庭责任和义务,这样的爱情就难于持久。事实上,爱情的持久性正是建立和保持婚姻关系的基础。

真正的爱情不会随着年岁的增长而减弱,但在人生的不同年龄阶段,爱情的表现会有所不同,因此爱情具有阶段性。

(五)爱情具有纯洁、无私性

爱情是纯洁无私的结晶,真爱来临,如同年少时做过的梦,好像忽然间掉入圣洁的世界里。你会因为一首歌,迷恋上一个声音;因为一段舞蹈,迷恋上一个身姿;因为一张照片,迷恋上一个容颜。当一对男女青年遭遇真爱时,他们绝没有对庸俗的权势、地位、金钱的盘算,更不会斤斤计较恋人会给自己带来多少物质上的好处,相反,他们在内心深处都做了为爱情而承受必要牺牲的准备。

爱情的无私表现在,爱情是给予而不是索取,是无私的奉献。爱的核心因素是责任。恋爱一方对另一方负有道德责任,这表现在爱一个人既要分享对方的幸福与快乐,又要分担痛苦,甚至做出巨大的牺牲。车尔尼雪夫斯基说:“爱一个人意味着为他的幸福而高兴,为他能够幸福而去做所需要做的一切,并从这当中得到快乐。”

(六)爱情具有隐秘性

最后,爱情还具有隐秘性。血缘爱、友爱都是公开的,过分的流露并不需要特定的条件。爱情则不同,尤其是在它的初始阶段,相爱双方的行为带有明显的隐秘性。即使在热恋阶段,爱情的亲昵行为也是不愿让人看到的,使爱的心理感觉在含蓄的体验中带有某种

美好的诗意。

【认知二】爱情的理论

【阅读材料】

1917年的美国,一个年轻人给自己的新娘写了一首情诗,然后把它塞进瓶子里扔进了太平洋。10年后,一位在关岛海岸慢跑的人捡到了它,并发现了这首装在瓶子里的诗,大意如下:"当你看到这封信的时候,我可能已经是白发苍苍的老人了,但我相信我们的爱情仍然会像现在一样鲜活……即使它永远都不能到你的手中,我仍然铭记于心的就是,我会不顾一切地去证明我对你的爱。——你的丈夫,鲍伯。"拾到瓶子的热心人通过电话找到了那位十年前的新娘。当将信中内容讲给她听时,她竟然哈哈大笑起来:"我们已经离婚了",随之挂断了电话。

这不是 Nicholas Sparks 的畅销小说,也不是好莱坞《瓶中信》的一幕,而是发生在真实的周遭世界中。故事没有朝我们希望的方向发展下去,一切美好与浪漫突然止于现实。到底是什么原因让这两个爱得死去活来的人做出离婚这样缺乏浪漫的行为呢?某一方不忠?价值观的偏差?经济出了状况?我们也许永远没有办法知道真相,唯一确定的是他们的爱情肯定发生了什么变化。

"爱情"到底是什么?在普通人的生活经验中,爱可能仅仅是一种感觉。但在心理学家的视角下,不可捉摸的爱也是有章可循的。

(一)斯腾伯格的爱情三角理论

耶鲁大学社会心理学家斯腾伯格认为,真正的爱情是一个等边三角形:激情、亲密和承诺三个边的完美组合。然而,爱情的正三角形是一种理想的状态,现实中的爱情并不都是完美的。

爱情体验由激情、亲密和承诺三大要素构成。激情指的是一种情绪上的着迷,个人的外表和内在魅力是影响激情的最重要因素;亲密指的是两人心理上相互喜欢的感觉,包括对爱人的赞赏、照顾爱人的愿望、自我展露和内心的沟通;承诺指的是个人内心或口头对爱的预期,是爱情中最理性的成分。

斯腾伯格根据激情、亲密、承诺三大要素,组成七种不同类型的爱情(见图7-1):

1.喜欢式爱情:只有亲密,没有激情与承诺

当两性之间的关系,在爱情的三因素中只有亲密的因素时,相处的双方在交往中会感觉亲切、轻松,有很强的信赖感,表现在生活中就是两性之间真诚的友谊。

2.迷恋式爱情:只有激情,没有亲密与承诺

只有激情,没有亲密和承诺,如初恋。第一次的恋爱总是充满了激情,却少了成熟和稳重,是一种受到本能牵引和导向的青涩活动。我们都有这样的经历:剧烈的心跳、双手发抖。这也许是因为恐惧、焦虑或喜悦。从生理学来看它们都是类似的情绪体验。当我们处在愉快的环境氛围中,我们将这种"生理唤醒"体验为喜悦;而当我们处于充满危险与敌意的环境中时,我们将这种"生理唤醒"体验为恐惧或愤怒;而假如我们正处在一个浪漫的情境中时,那么我们把这种体验叫作"激情之爱"。

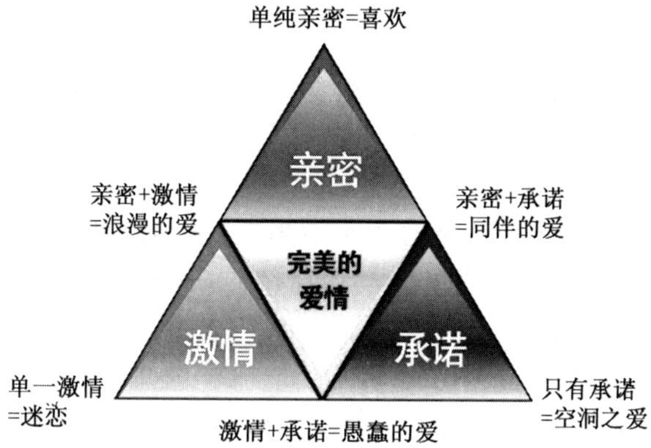

图 7-1 斯腾伯格的爱情三角理论

3. 空洞式爱情：只有承诺，缺乏亲密和激情，如纯粹为了结婚的爱情

此类爱情看上去丰满，却缺少必要的内容，金玉其外，败絮其中。

4. 浪漫式爱情：只有激情和亲密，没有承诺

这种爱情崇尚过程，不在乎结果。

5. 伴侣式爱情：只有亲密和承诺，没有激情

指的是四平八稳的婚姻，只有权利、义务却没有感觉。

6. 愚蠢式爱情：只有激情与承诺，没有亲密

这种爱情没有亲密的激情，顶多是生理上的冲动，而没有亲密的承诺不过是空头支票。

7. 完美式爱情：包含激情、亲密与承诺

只有在这一类型中我们才能看到爱情的庐山真面目。

斯腾伯格的爱情三角理论告诉人们什么是理想的爱情，它更大的意义在于让那些陷入情感困惑的人们去判别自己的情感生活，为情感生活提供一个理智的指引。

（二）约翰·李的爱情类型学说

加拿大社会学者约翰·李（J. A. Lee）将男女之间的爱情分成六种不同的爱情类型：

1. 情欲之爱

情欲之爱，也称浪漫之爱。一见钟情式的爱情较容易发生在这种类型当中。情欲之爱者非常注重外表的吸引力，能很快进入爱情。

2. 游戏之爱

这种爱情类型的人，从来不会把爱情当作严肃的事情。他们将爱情视为一场游戏，视自己为这场爱情游戏中的高手。

3. 友情之爱

这是一种缓慢发展的爱情，恋爱关系从友情慢慢演变而来。相似性在情侣间极为重要。

4. 现实之爱

这是十分讲求实际的爱情类型。他们会站在现实的角度上，选择最符合其条件的人。

这些条件包括家世、学历、能力、未来成就等。

5.激情之爱

这类人对情人有强烈的依赖感、占有欲。他们的情绪常常两极化，总为恋爱对方的喜怒哀乐而牵动着。

6.奉献之爱

这是一种无私的、给予的爱情类型。这种恋爱者视付出爱情为理所当然，永远把对方的快乐、幸福放在自己的前面，希望爱人一切都好而不求回报。

（三）中国人的爱情类型

在西方，爱情往往被描述成浪漫和激情的同义词。然而，由于中国数千年来的传统文化影响，中国人对爱情的理解包含了更多社会规范的意义。根据中国一些学者研究表明，在中国普通人的爱情观里，作为爱侣间社会关系的规范占据了相当的位置，其重要性超过了浪漫和激情。

细数上述几种爱情理论，尽管其研究角度和方法各有不同，但这并不混淆爱情的本质。不管爱情起源于哪里，爱情包含什么样的类型，爱情终究是世界上最美好的情感之一。爱情是一剂良药，能够治愈情感枯竭的病人；爱情是人与人之间相互依靠的温暖，能给人以信心和力量。

对于大学生而言，爱情是他们必经的一段美好旅程。人生没有彩排，爱情也是，没有任何人会为爱情做好充分的准备。所以，大学生在爱情来临时，会面临各种各样甜蜜而痛苦的问题，能否正确地对待并妥善处理这些问题，直接关系到爱情的开始和继续。把握爱的真谛，在爱情中获得成长，是每一位大学生必须要面对的问题。

【案例】

有一位男青年与他的女友才见面两次，就心血来潮，写了一封长达二十页的情书，开头就写起了“我最最亲爱的……”，整封信都热得发烫，姑娘读了感觉脸红耳赤、心跳肉麻。这位姑娘透过这洋溢着过分热情冲动的信的字里行间，觉得这位小伙子太轻浮，不够庄重，于是很快就把恋爱发展的电路“剪断”了。

讨论：什么是中国式的爱情主要的基调？中国式爱情发生了什么变化？

【认知三】大学生恋爱观

在人生的道路上，有许多岔路口，紧要处就那么几步。恋爱就是其中关键的一步，它影响人的一生。大学生已进入恋爱的季节，当爱情悄悄降临的时候，大学生应该怎样迎接它、把握它、体验它？当深陷爱情的误区时，我们又应该如何从容应对呢？

一、大学生的恋爱问题及其调适

（一）单相思

单相思即单恋、暗恋，是以一方对另一方的一厢情愿的倾心与爱慕为特点的感情。每个人在恋爱之前总有那么一段单相思，初恋大多以单相思为开端。可大多数人要么直接求爱，要么认识到这种爱的不切实际而转移方向。

单相思可分为“无感单恋”和“有感单恋”两类。“无感单恋”，是对方并不知道你在爱他（她）。例如，有个内向的男同学经常向同桌的女生请教学习上的各种问题。这个女生性格活泼，热情助人，对男生们总是落落大方。对于这个男生，她也是热情相助。时间一长，男生就爱上了这个女生，但是羞于表白，为此他日思夜想，很是苦恼。其实，对于“无感单恋者”，若是条件相当，不妨大胆地向对方表白你的爱，不必后怕，也可创造条件接触对方，从中试探对方，也许对方会有意于你。

“有感单恋”是指一方有情，但不被另一方接受的单向爱恋。可怕的是“有感单恋”，即对方明知你爱他（她），而他（她）根本不爱你。你把满腔的热情和爱奉献给对方，却遭到回绝，但你仍一往情深。这样就有可能形成一种严重的心理抑郁，是非常痛苦的。

对于单相思，一般认为表现在以下几方面：

1.幻想

这是造成单相思的主观因素。在现实生活中，如果难以适应正常的恋爱生活，单相思者往往以其丰富的想象力，在幻想中获得相思对象的爱，从而得到心理的满足。

2.错误的信念

这类人的特点是往往持有“伟大的爱充满艰辛和痛苦，它是不需要回报”的信念，因而，在无法得到对方的爱时，就会自我暗示：“爱，只是为了爱，不需要承诺，更不要回报，只有这种不顾一切的爱才是最伟大的爱。”

3.认知偏差

由于单相思的人往往对思恋的人一往情深，强烈希望得到对方的爱，因而会把对方的一举一动纳入自我主观需要的想象中，造成认知上的偏差。也有的无法正视被拒绝的事实，为了所谓的“自尊”和“面子”，强迫自己将求爱进行到底。

克服单相思的痛苦重在防患于未然。首先，要避免“爱情错觉”。学会准确地观察和分析对方的表情，用心明辨。其次，要敢于和自己所恋的对象进行接触和交往，一方面可以更加全面地了解对方，有助于矫正认知偏差，另一方面可以在接触交往中传递自己的感情意向。如果有较大的把握可行，就拿出十足的勇气，克服羞怯的心理，勇敢地用心灵撞击，向对方表明自己的爱恋。对方若有意，心灵的碰撞就会闪现出“爱情”的火花，而单相思也质变为相知相恋了，爱的快乐就取代了爱的痛苦。若是对方对你没有感觉，则应该承认事实，正视现实，及时把自己的心理能量分散到感兴趣的活动中去，投入到对生活的热爱中去，从中找到感情的寄托，努力从单相思的旋涡中摆脱出来。

【案例】

求爱遭到拒绝时

王某甜，女，22岁，林业专业三年级学生。王某甜来自祖辈都是林业工人的东北林区。曾有轻度神经衰弱的病史。王某甜在家中排行老大，还有一个弟弟和一个妹妹。她的父母身体多病，年近60岁。对于能到省城上大学，王某甜感到万分高兴。然而，为了供她上大学，正上高中的弟弟不得不退学回家到林场当工人。对此，她心里一直感到很内疚。所以，她上大学后，想拼命学习，取得奖学金，以减轻家庭的负担。到校后，她学习刻苦，成绩优异，大一时曾被评为三好学生。

随着年龄的增长，生理的急剧变化，王某甜对异性的倾慕与日俱增，盼望早日有位白马王子出现。加上看到同宿舍的女同学，晚饭后、节假日都有男友相伴在花前月下叙谈，越发加剧了她想交异性朋友的欲望。但由于家境贫寒，相貌又一般，没有男生喜欢她。所以，她费了好多心思，把全年级三个班的男同学都在脑海中过滤了一道，最终她鼓足勇气向某一男生发出了求爱信号。她约他到学校附近的公园中，诉说了她积蓄已久的爱慕之情。对方听后，却以正要考试，待有时间考虑后再答复她为由，未置可否。由于她一厢情愿，根本没能看出对方的冷淡。假期，她又向男方寄出了一封信。对方马上给她写了回信。信中说："放假前你提出这个问题时，我实在没有认真思考过，因此无法明确回答你，请原谅。我目前不想考虑个人问题，但这并不是针对某个人。当时，你约我，一是我出于尊重你的感情，二是礼貌，未立即答复。但现在我明确告诉你，我不想因为这个问题影响学习。"她接到回信后，一方面感到十分内疚，感到自己因此事耽误了功课；另一方面强烈的自尊心和心里的渴望又促使她在快要开学时再一次写信给对方。信中说："爱情的力量已促使一个不愿赶时髦的姑娘做到大胆地在意中人面前表露自己的心情，这说明你在我的心目中已占据了重要的位置"；"几天来，我日思夜想，心里很难受，只好写这封信等着你返校相聚"。不巧的是，信发出后，由于对方顺路约请同学一同返校而已离开家。他的哥哥便把这封信原封不动地转寄到学校来了。

信到校后，同寝的同学以为他家里出事了，便拆开了信。他们的关系被公开。消息一传出，原本内向、忧郁的她，心情更加沉重了，心里的矛盾也更大了，觉得丢了面子，做了件丢人的事。整天精神萎靡不振，看见同学们在一起说笑，她就以为同学们在取笑她，她便上前去和同学们解释，可自己又说不明白，搞得满城风雨。她原本的神经衰弱更严重了，考虑到自己上大学的艰难，想到目前的处境，越发烦恼，越发自责。在承受不了心理重负的时候，便想到了死。由此经常剧烈头痛。

终于有一天，她写完给学校领导、父母、同学的信之后，吃了大量的安眠药。由于老师、同学发现及时，送到校医院被抢救过来。她在留给父母的遗书中写道："现在女儿的神经衰弱很严重，而且这学期我为自己的个人追求伤了脑子。这是我最不应该的。我现在上来一阵，头疼得厉害，根本无法学习。像我这样的人，走上社会也根本适应不了环境，将来会给父母带来连累。"她在写给老师、同学们的信中说："我的名誉全完了，走到哪儿，都会受到世人的歧视，而且我无法摆脱这些，现在，我就像鲁迅小说中的祥林嫂了，见谁都想说那几句后悔的话，做什么事都后悔。我越往好处想，往好处做，事情却越糟，一时的猜测，一世的痛苦，一时的病症，无法挽回的影响，我的路越走越窄了，以至于我无法生存在世上。"

(二)失恋

失恋有两种情形：一是双方都不满意，双方同意分手；二是单方失恋，即一方已无情意而提出分手，而另一方仍然情意绵绵，沉湎于对恋情的怀念之中。

从心理学角度看，无论哪一种失恋，都是青年时期面临的最严重的挫折之一，如果不能及时地进行自我心理调节，会严重影响大学生的生活和学习。

对于失恋的人，往往会出现以下几种错误的处理方式：一种是把失败归因于自己无能，把痛苦发泄在自己身上，"借酒浇愁愁更愁"，沉浸在痛苦中无力自拔，从此一蹶不振，郁郁寡欢、万念俱灰，甚至自伤、自残、自杀来求解脱；二是不甘心，继续出击，死缠硬磨；三是有的人由爱生恨，把痛苦发泄到对方身上，散布流言，破坏名誉，施加压力，甚至挖空心思向对方和他人进行报复，酿出悲剧。以上三种都是不正确的态度。

作为一名有知识、有文化的大学生，我们应当有面对风雨的勇气，努力控制自己的感情，及时摆脱烦恼，将痛苦升华，尽力把思想转移到学习和工作中去。面对失恋的“风雨”，我们应树立这样几种观念：

1. 失恋并不是一件可耻的事情

有恋爱就有可能失恋。当恋人之间因为社会现实、他人干预、情感不合等因素而导致感情破裂时就会产生失恋，这几乎是无法避免的现象。奥斯特洛夫斯基曾经说过：“个人问题，恋爱问题，在我思想里占据的地位很小……即使失恋一百次，我也不会自杀的。”历史上很多名人也失恋过，如恩格斯、贝多芬、居里夫人、歌德等。

【案例】

用积极方式转移失恋的痛苦

德国大诗人歌德，24 岁时回故乡当律师，邂逅了一个名叫夏绿蒂的少女，歌德一见钟情，热烈求爱，不料夏绿蒂已同歌德的朋友凯士特相爱。失恋的痛苦使歌德一时不知所措，但他很快离开了夏绿蒂，埋头于写作之中，结果《少年维特之烦恼》这部千古力作得以问世。

【阅读材料】

“不要难过”“节哀”

那些失恋后最痛苦的人，往往是没有办法抑制自己悲伤的人。然而在心理学中，悲伤是一种身体的保护机制，让我们在遇到低潮的时候，去行动起来，主动排除压抑在心头的负面能量。

陷入深深爱恋中的你，是否感到很难结束这段旧恋情？让“表现”原理来帮助你。

新加坡国立大学商学院的研究员李修平让 80 个人写下自己最近做过的感到后悔的一件事，然后让其中一些人把自己写下的东西交给实验人员，另一些人把写下的东西封在一个信封里。比起把自己的经历交给实验人员的人，那些将自己的经历封在信封里的人后来感觉好得多，通过这一行为，他们表现得好像已经在心理上不再纠结于过去的事情，开始关注新的生活。

下一次你想结束旧恋情的时候，就在一页纸上简单写明上一段恋情中发生了什么，撕下这一页，然后将它装在信封里封好，与过去吻别。如果你真的想找点乐子，那就找根火柴把那个信封烧个一干二净。

从现在开始，开始全新的生活。

——改编自[英]理查德·怀斯曼《正能量》

2. 强扭的瓜不甜

如果对方觉得跟他(她)合不来，对你没有了感情，换句话说，无法再建立“心理相容”，在此种情况下，勉强去爱不如友好分手。

3. 失恋有时是一件幸事

引起失恋的原因很多，其中常见的一种原因是一方不讲道德，见异思迁而引起恋爱波折。对于这种情形的失恋，如果我们失去理智，陷入盲目的痛苦，甚至做出不明智的举动，是非常不值得的。俗话说，上帝把我们的大门关上时，就一定会为我们打开一扇窗。错过了太阳，只要我们对生活不丧失信心，就会迎来月亮和星星。失恋了，也许失去的正是不合适自己的，“对的那个人”正在前方等候着我们。

4.时间是治愈心理创伤的良药

一般说来，失恋总要经过一个雷震似的轰击感、焦灼的痛苦燃烧感和烦躁不安到冲动平息的过程。前两个阶段是“危险期”，有长有短，但只要闯过了危险期，以后就可以逐渐从失恋的痛苦中摆脱出来。所以，不必着急，也不必绝望，痛苦会随时间的流逝不知不觉地慢慢消散。失恋时，告诉自己：“爱别离，求不得，放不下，这是通病，但是生活总是要向前看的。我从未忘记过你，但我终究要继续往前走。”

(三)多角恋

所谓多角恋，是指一个人同时被两个或两个以上的异性所追求或自己同时追求两个或两个以上的异性并建立了爱情关系。多角恋是爱情纠纷的主要原因之一，实质上是比单恋更为复杂、更为严重的异常现象。由于性爱具有排他性、冲动性，因此任何一种多角恋，都潜伏着极大的危险性，一旦理智失控，就会给对方及社会带来恶果。导致多角恋的原因主要有以下几个方面：

1.择偶标准不明确

由于个性不成熟，生活经验不足，择偶前没有一个较为明确的标准，不知如何才能断定与自己关系密切的异性中哪一位与自己更合适，因此只好颇费心思地多方应付，多头追逐，从而出现了选择性多角恋。

2.择偶动机不良

有的人一开始和异性交往就出现了动机冲突，一会认为张三英俊、潇洒，一会又觉得李四深沉、稳重；今天认为王某开朗、可爱，明天又觉得赵某妩媚、艳丽，各人的长处他都想兼得。为了满足不同的欲求，只好在不同的角色中周旋以寻求快乐，有的甚至发展到玩弄异性的程度。

3.虚荣心强

总以为追求者越多，身份就越高，若退出竞争，就是承认失败，承认自己比别人差，这是导致恋爱上自私自利，对别人和自己感情不负责任的多角恋的主要原因。

4.盲目崇拜

明知对方已有对象，但由于盲目崇拜，加上嫉妒好强，固执任性，从而导致冲动性、竞争性的多角恋。

【案例】

大学生女友变心引发血案

被告人张某某，无业，与在校女大学生孙某某谈恋爱。不久，孙某某结识了大学同学被害人王某。此后，被告人张某某经常见到孙某某与王某在一起，认为二人关系暧昧，心生怨恨。2013年2月23日，张某某与王某在电话中发生口角，双方约定次日在某市某公园见面商谈，解决情感纠纷。次日，张某某随身携带一把水果刀至约定地点，见面后二人争执期间，张某某用刀将王某左胸部扎伤。案发后，民警赶至现场将被告人张某某抓获。经司法鉴定，被害人王某损伤程度为重伤。

(四)异地恋

异地恋,又称远距离恋爱,是指一对情侣长时间分居两地生活,由于交通费时或昂贵,这对情侣不能经常见面和约会。

现代通信技术很大地扩展了同其他地区保持联系的方法。技术包括手机、电子邮件、即时通信软件和视频会议等,因此有些人认为远距离对双方感情影响不大。然而,远距离恋爱始终不能有亲密的接触,亦难以观察对方行动,定力不够的人容易被第三者所吸引而背叛伴侣;即使没有第三者,情侣也可能因为聚少离多而感情变淡,双方生活环境不同也可能增加相处上的分歧、冲突,导致分手或离婚。

因此,异地恋的双方,要维持一段爱情,必须要有坚守爱情的信念,以及处理各种状况的能力和平和的心态。

【案例】

爱怎么成了负担

我和男友从初中就开始了交往,感情一直蛮稳定的,高中毕业考入了不同的大学,不过还是在一个城市里。一开始,我们各自忙于全新的生活而没有觉察分开两地带来的思念,并且以"距离产生美"来相互安慰。但到了半年后,我慢慢地发现原来自己非常不适应他不在身边陪伴的日子,甚至可以说是越来越不能忍受了。

我知道他并不是那种很有情调的男生,而我也只是一个非常务实的女生,不会无理取闹地去要求他太多。有时,我甚至觉得自己可以不要很多女生认为恋爱中"想当然"的浪漫情调,但我要的,只是一个实实在在陪伴我的人。在我开心的时候他能够分享我的快乐,在我难过的时候希望能够得到他温暖的慰藉。这些我最想要得到也最在乎的他却最不能给予。更要命的是,我和男友有时一个月才见一次面,而且由于各自学校的课时安排得很不相同,总有时差,连打个电话也困难。现在,我们之间的沟通似乎变得充满了不理解和不信任,争吵成了每次难得通话的主要内容,而他老是以"忙"和"没时间"为借口。为此,我开始整天胡思乱想:他为什么总是不能理解我?难道这样的一点点要求很过分吗?难道他已经不再爱我了?满脑子想起的只是两人吵架的内容和语气,接着我开始失眠,进而影响到了我的学业。我觉得我精神都快要崩溃了,想过要放手这段感情,可转念又会觉得"放手我能舍得吗?"我很困惑,感情真能做到"两情若是久长时,又岂在朝朝暮暮"吗?

二、大学生爱的能力培养

大多数人认为爱是一种令人心旷神怡的感受,是一种强烈的情感,其实,爱也是一项决定、一种判断、一个诺言,更是一种能力。爱的能力是指建立亲密关系的能力。那么,如何获得美好的爱情?如何去建立、发展健康的恋爱关系?如何保持爱情之树常青?我们需要在以下几个方面去学习和提高。

(一)接受爱的能力

接受爱的能力包括施爱的能力和接受爱的能力。前者是主动给予爱,后者是被动接受爱。一个人心中有了爱,在理智分析之后,要敢于表达,善于表达。要以适当的方式坦然地表达自己的爱,追求自己所渴望的爱情。

大学生要有迎接爱情的能力。首先要有健康的恋爱价值观,懂得自己爱什么,了解自己喜欢什么,需要什么,适合什么。当别人向你表达爱时,能及时准确地对爱的信号作出判断,通过对求爱者客观的观察分析,勇敢地接受爱,以免错失良机。

【案例】

小丽的独白

已经大学毕业的小丽在读大学期间,曾经历了一场刻骨铭心的恋爱,之后因为种种原因,一对恋人又经历了歇斯底里的分手。如今的她遇到了一个心仪的男同事,这是她梦寐以求的白马王子,然而小丽却迟迟不敢接受这份爱了。

她在博文里这样写道:“胆小的我,思想和心却背道而驰。因为他的笑而开心,因为他皱起的眉头而烦恼,心里早已明了这是因为什么,却害怕面对,怕自己的心太小了,容不下太多的痛苦,于是总是做着连自己都觉得可笑的事,有时这一切也会在不经意间伤害了他,看到他那如树欲静而风不止般的无奈心情,心也会跟着痛,我不原谅这样的自己,这样的自己连自己都会觉得累,何况是他? 因为有我,他有了太多的烦恼,如果不是我,他会笑得更灿烂吧! 电话响起,是他的来电,却不敢接,怕他听到我在哭泣,如果听到了,他肯定会自责的,其实与他无关,是我自己太烦人了,让心和灵魂静下来,用泪水冲刷下也好,每次看到他的无奈,真的好想放他自由,可心却不罢手,爱了就是爱了,收不回来了,为什么会是这样,我是否应该改变? 心连自己都控制不了的时候该怎么办? 诗人说,爱情也有保质期,如果哪天他不再爱我了,我该怎么办? 是哭着退出,还是微笑着再见,我应该选择后者吧,我的微笑会给他的心理一个安慰吧!”

(二)拒绝爱的能力

拒绝爱也非常重要,是指对自己不愿或不值得接受的爱应有勇气加以拒绝。一般情况下,拒绝他人的求爱以如实说明自己的态度为好。在向对方说明自己的态度时,要注意尊重对方,话要说得婉转一些,切莫恶语伤人,尔后扬长而去。同时,态度要表达清楚,不能吞吞吐吐、模棱两可,免得对方误解你的感情而陷入“单相思”之中。但是,在现实生活中,有的人求爱被拒绝后仍然对对方纠缠不休,甚至向对方施加压力。针对这种情况,要耐心地说服对方,让对方明白“强扭的瓜不甜”的道理。如果本人说服不了对方,可以请好朋友帮忙做说服工作。只要工作做得细、做得好,求爱者一般是能够接受的。对于那些胡搅蛮缠、恶意要挟的人,可以请求老师或朋友帮忙处理。

【案例】

如何拒绝爱情

方小姐大学毕业才半年,就发觉自己在办公室里很孤立了。

原来她的办公室里全都是年轻人,方小姐长相靓丽,追求者很多,然而她拒绝了所有的追求者,因为她还不想谈恋爱。但每个被她拒绝过的人都成了她的仇人。她对小吴是这样说的:“才一米七五,你条件不够!”对小曾这样说:“你以为在科里是个小头头就能追到我吗? 以前多少大老板追我,我都不理!”后来她烦了,更加简单明了,一句话就解决了:“我不想和你谈恋爱,不要问原因! 不谈就不谈!”“我不想看电影,不看就不看,不要问原因”,不想吃饭,不想接受礼物等等。而且,和女同事的关系也越来越差,小曾被她拒绝之后,去追求她的好友小杜,方小姐立即对小杜说:“千万别和小曾好,他以前追过我,你知道吗?”于是把小曾被拒绝的种种窘态描绘了一番,最后盖棺定论:“我都不要的人,你还和他好!”但实际上小杜已经对小曾芳心暗许了。

方小姐坚持独身主义是她的自由,但如果她注意一些拒绝人的技巧,就不会让自己在办公室里很孤立,而是相反,会受到大家的欢迎,得到许多人朋友式的关心和帮助。

一个受欢迎的女孩需要学习的不是如何吸引男性,而是如何拒绝他们的热情。塞万提斯说:“恋爱和作战一样,在二者之中都可以使用机谋和策略。”拒绝爱情,是需要机谋和策略的。只有懂得拒绝的艺术,才可以既领了对方的“情”,又拒绝了对方的“爱”,使对方离开你以后,还会对你称赞不已。

(三)鉴别爱的能力

鉴别爱的能力是指能把爱情与其他情感区分开来的能力。一方面要鉴别自己的感情,鉴别出是友情还是爱情;另一方面,还要从首因效应、光环效应中走出来,避免这些心理效应产生的负面影响。那么,我们该如何区别爱情和友情呢?

异性之间的友情可能是一段爱情的基础,但友情和爱情在某些方面是截然不同的。首先,两者的基础不同。爱情是以两性吸引为基础的强烈情感;而友情则是朋友之间、同学之间一种平等、诚挚、相互信任的友爱之情。其次,两者的性质不同。爱情是人与人之间的强烈的依恋、亲近、向往,具有排他性和封闭性,不允许第三者插足。友情则产生于普遍的人际关系中,是开放、广泛和可以传播的。友情一般只承担道德义务,如朋友之间要相互帮助和遵守诺言;而爱情总是与婚姻、家庭联系在一起,同时又必然会对社会生活产生影响,因此爱情双方不仅要承担道德义务,还要承担法律义务。

【案例】

原来这不是爱

李某倩和小明是在学校的一次社会实践活动中认识的,他俩不仅是同乡,而且还是同一个中学的校友,只是小明高了两届。从此,两人你来我往十分频繁。每到节假日,两人相约游玩,看电影、逛公园、郊游等,很快活。寒暑假,他们必是一同回家,又一同返校。这样两年过去了,小明毕业后被分配到了本市,他还是常回校看李某倩,李某倩也常去小明单位玩,一转眼,李某倩也将毕业了,考虑到分配的问题,李某倩写了一封信表明自己的心迹。小明的回答却是出乎她的意料。他说她误解了自己的意思,他总觉得一个女孩来到异乡求学,举目无亲的,也许会有一些寂寞之感,所以,他一直很关心她,常常抽出时间看望她,是出于对同乡、校友的友情。事实上,他有女朋友,他为造成这种误会而道歉。

李某倩对此感到深深的羞愤,她觉得小明欺骗了她,可细细想来,小明对她确实始终没有越过友谊的界限,至多不过是一个兄长对小妹的情谊。

(四)保持爱的长久的能力

恋爱只是爱情生活的第一步,长久地维系爱情则需要理智、耐力和付出。相爱的两个人在一起,除了互相照应,分享时光外,更重要的是,在漫长的人生道路上携手并肩前行。

美国著名诗人惠特曼说:“爱,不是一种单纯的行为,而是我们生活中的一种气候,一种需要我们终生学习、发现和不断前进的活动。”恋爱只是爱情生活的第一步。在人生的漫漫长途中,积极发展爱的能力,是每一个人的任务。

在未来的恋爱和家庭生活中,我们会遇到许多的矛盾、纠纷,这就需要具有妥善处理矛盾的能力。缺乏这种能力,爱就不能被维护,更不能发展。从恋爱到结婚尤其是有了孩子之后，爱情生活会发生重大的转折。如何适应这种转变，从浪漫回到现实，使结婚不是成为爱情的坟墓，而是爱情的新起点？如何使爱情不断更新、不断发展，保持永久的魅力？这些都需要有发展爱的能力。美满的婚恋是完美人生的一半，同时是心理健康的重要保证。同时，也只有心理健康的男女双方，才能创造出幸福的婚姻。

【案例】

大一领证，还没毕业就分手

2010 年，重庆高三女生翠翠和扬州大一男生阿华在网络上相识。两人一见钟情，当即确定男女朋友关系。为了守护这份爱情，2011 年，翠翠从重庆追随男友来扬州上大学，还瞒着双方家长领了结婚证。没想到婚后的生活并不如意。前段时间，对婚姻绝望的翠翠提出了离婚。后经法官调解，双方已解除婚姻关系。据了解，离婚时，翠翠尚未毕业。该案也成为扬州首例大学生离婚案。

【认知四】大学生性心理健康

一、中西方性教育的差异

（一）中国性教育

如今我们眼中已较为开放的性观念，并不是由于学校和家庭的正确教育。中国的男女孩子，父母大都避免和他们谈论这些问题，就算孩子们问，家长大都也是避重就轻，不切实际地讲解。

学校更是缺少这方面的教育，同时一旦孩子有了性关系，不管是邻居还是家长都会觉得很丢脸，特别是女生的家长，更是看成一种耻辱；反过来男孩子有了这些行为就只是轻描淡写地说说算了，这就形成了一种男尊女卑的潜移默化的教育，好像只有男性可以搞性关系，女性就是乱来了。

结果就是导致更多女孩子在几乎没有性知识的情况下，偷吃禁果，意外怀孕，偷偷堕胎，私自生子并抛弃或扼杀小生命等等，对女性身心造成严重伤害。这种家庭和社会都不直接面对性的结果，就是更加让性成为问题，导致越来越多的小女孩小男孩犯更多性错误。

（二）西方性教育

在西方国家，早从 20 世纪二三十年代就开始了“性解放”，与中国灌输式的保守教育不同的是，西方国家注重于疏导式教育，与孩子进行适当合理的沟通来培养孩子的性观念。

西方家庭在孩子十来岁或更早就开始了从简单到复杂的性教育。进入中学以后，性教育显得更重要，父母大都是直接面对孩子们的性问题，没有男尊女卑的思想。对男孩子和女孩子都一视同仁地进行教育。一旦孩子真的有了性关系，父母大都给予帮助指导和解决问题，而不是一味地指责或打骂孩子，可能父母更多的是注重性关系中安全与卫生以及怀孕避孕的教育，以及过早有性关系的危害性，特别是意外怀孕的危害性和后果，从而对孩子进行教育。

而在学校方面，老师也注重于疏导和指导，并不是一味指责。可是在中国，有些学校的老师甚至会在晚上拿着手电筒去操场或是偏僻角落“巡逻”，这样并不是真的对学生好，反而会越帮越忙。

二、性心理健康的标准

（一）性心理健康

1974 年，世界卫生组织（World Health Organization，WHO）在一次关于性问题的研究会上，对性健康的概念作了如下论述：“所谓健康的性（sexual health），系融和了有关性的生理面、情绪面、知识面及社会面，亦以此提升人格发展、人际沟通和爱等等。”由此可见，性健康涉及性生理、性情感、知识和社会，并把与社会有关的整体表现与积极增进人际交往和情爱作为性健康的标准，为我们认识性心理健康及标准提供了概括的依据。

性心理健康是指个体具有正常的性欲望，能够正确认识性的有关问题，并且具有较强的性适应能力，能和异性进行恰当交往，在免受性问题困扰的同时，还能使之增进自身人格的完善，促进自身身心健康的发展。

（二）性心理健康的标准

根据性心理健康的内涵，个体的性心理健康应该符合以下标准：

1. 能够正确认识自我，愉快地接纳自己的性别

一个性心理健康的人，能够正视自己性生理的发育，性心理的变化，会自觉地把自己融于社会这个大背景下认识自我，能客观地评价自己和他人，并乐于承担相应的性别角色。

2. 具有正常的性欲望

性欲是能够获得性爱和性生活的前提条件。因此具有正常的性欲望首先就得具有性欲望，一个人如果没有性欲望，就不会有性爱和和谐的性生活，性心理健康就无从谈起。同时，它又是正常的性欲望，性欲望的对象是成熟的异性而不是同性或其他物品等替代物。

3. 性心理健康的个体性心理特点和性行为符合相应的性心理发展年龄特征

在生命发展的不同年龄阶段，人的心理发展表现出不同的质的特征，性心理的发展也同样呈现出阶段性的特点。如果一个人的性心理与大多数同龄人格格不入，就绝不是健康的性心理。

4. 性心理健康的人具有较强的性适应能力

性适应是指个体在生长和发育过程中，性活动（包括性欲、性意识、性观念及相应的情感、品质和性行为）和所处的社会环境和文化形态之间形成的一种和谐关系，也就是性生理、性心理、性社会的三要素在性生活过程中交互作用而显示出的一种协调状态，即性适应就是个体的性活动与外界形成的一种和谐关系。性适应能力就是个体的性活动与外界形成和谐关系的能力。性适应能力的获得是一个漫长而复杂的过程，它是伴随着个体的性生理从不成熟到成熟的过程而逐渐建立的。它表现为个体性的自我同一性的建立；能够正确对待性生理成熟所带来的一系列身心变化；在出现性冲动后，能够正确地释放、控制、调节性冲动，使之符合社会规范的要求等等。

5.性心理健康的人能和异性保持和谐的人际关系

随着性生理和性心理的发展与成熟，希望与异性交往，并能保持良好的关系，是个体自然而正常的性要求。性心理健康的个体，能够在日常的学习生活中，与异性进行自然的、符合社会规范要求的交往，在彼此的交往过程中，保持独立而完整的人格，有自知之明，不卑不亢，做到相互尊重、相互信任、自然有礼。

6.性心理健康的人其性行为能增进社会风尚的文明

性心理健康的人具有一定的性知识和性道德修养，能自觉去分辨性文化的精华与糟粕、淫秽与纯洁、庸俗与高雅、谬误与真理，自觉抵制腐朽没落性文化的侵蚀，并以自己文明的性行为、性形象去为整个社会的性文明构筑一道亮丽的风景线。

所以，健康的性心理不仅表现为个体身心的健康，也表现为在健康性心理作用下的性行为的健康，从而构建整个社会的性心理健康。

(三)性心理健康的意义

1.健康的性心理有助于人们掌握科学的性知识，正确对待性信息

人们具备健康的性心理，就能坦然面对性知识，既不会把与性有关的语言、文学等视为下流，拒之于千里之外，也不会来者不拒，不分良莠，一味追求性刺激。掌握科学的性知识与建立健康的性心理二者是相互依存的。有健康的性心理，便能正确接受有关性的知识与信息；具备了正确的性知识和理智的性认识，又有利于性心理的健康发展。

2.健康的性心理有助于人们接纳自己的性身份，承担起相应的性别角色

性身份是从生理上讲的男性或女性的性别所属。性别角色则是指作为生理意义上的男性或女性所应承担的社会生活角色。性身份是客观存在的，性别角色是个体所处的社会文化环境所规定的，都是难以更改的事实。人们若不能正视它、接纳它，就会导致心理失调。比如，有些人不愿意接受自己的性身份，不能形成性的自我同一性，严重者会形成易性癖。

3.健康的性心理有助于增进个人、家庭生活幸福和社会文明进步

健康的性心理使个体乐于接受自己的性别，乐于承担自己的性别角色，恋人间相处融洽，婚姻关系和谐等等。而性别角色的偏差，会对家庭成员的心理造成不良影响。因此，健康的性心理对于每一个人、每一个家庭及其社会都具有十分重要的意义。

三、大学生性意识的表现

我国大学生的年龄多在18～22岁，这一阶段正是个体的青春发育成熟期，性成熟是这一时期最大的生理变化。就其生理和心理发展过程而言，大学生已经进入了性生理成熟和性心理趋于成熟的阶段。因此，在大学生活阶段出现诸如仰慕异性、渴望与异性相处、有时会有意无意地想到性的问题，甚至性幻想、性梦等各种性心理活动，也就成为符合人的生理和心理发展自然规律的普遍而正常的现象。对这些性意识活动，多数大学生能够正确认识并积极应对，使自己的日常学习和生活不受它们的负面影响。但也有部分学生不能正确认识，将其视为异端，而厌恶、苦恼、焦虑，甚至有少部分大学生，在这些性意识活动常常出现、难以克制的情况下，影响了正常的学习和生活。这就是在大学生成长过程中比较突出的性意识困扰现象。

（一）大学生的性幻想

性幻想又叫性的白日梦和精神“自淫”，通常是指在特定因素的影响下在遇到有吸引力的异性，在阅读或看到影视及报纸杂志中与性有关的镜头、图片或文章时，联想到性的问题，如产生与对方或自身有关的裸体表象、性感部位等同性相关的联想，甚至产生并体验到性冲动。性幻想是人为的幻想和梦境。

【阅读材料】

《2000 年中国大学生性文明现状调查》数据显示：“经常有”性幻想的大学生占 4.4%，“偶尔有”性幻想的大学生占 67.7%。可见，性幻想是大学生中比较普遍和正常的心理活动。关于性幻想，人类两性关系研究的先驱、英国著名学者蔼理士(H. Ellis)曾说过：“白日梦的婉转情节和性爱成分，虽不容易考察，但它在青年男女的生活中，是一个很普通的现象，尤其是在少女的生活里，无可怀疑的。”对于性幻想的作用，美国的精神病学教授霍兰特·凯查杜里安指出：“性幻想是每一个人随时准备进入的一种快乐源泉，也是对行动的一种替代——作为一种暂时的满足，同时等待更具体的幸福，或者是对不能实现目标的一种补偿。他们允许被禁止的希望进行部分的、可容忍的表达，并在一定程度上缓解了性生活上的挫折。”

（二）大学生的性梦

性梦是指个体进入青春期后，在睡梦中出现的带有各种性内容色彩的景象。在体征、一些性情景以及已有性体验基础上，自行“编导”带有性爱色彩的故事并融于其中。它可能导致生理上的性兴奋，也可能偶尔体验到性高潮。其情景通常具有虚幻、恍惚的特点，难以用普通语言形容。而且醒后往往也难以回忆出梦境的全部细节。一般说来，梦境越生动，色情的色彩也就越浓厚。《2000 年中国大学性文明现状调查》显示：67.7%的大学生做过性梦，其中男生占男生总数的 88.5%，女生占其总数的 40.8%。还显示“在梦中与异性是否有过亲密行为”的情况为：“经常有”和“偶尔有”的大学生共占 67.7%；从性梦的内容来看，包括了性行为的一切方式，“接吻”“抚摸”“相拥”“性交”“嬉戏”。性梦也是大学生中较普遍的心理现象。从性梦中与异性的行为来看，女大学生对“性交”的心理要求已由 10 年前的 6.7%上升到了 11.1%，男大学生由 10 年前的26.5%上升到了 53.6%。在性梦的过程中，男性可能会有遗精，女性有性兴奋等身体反应伴随。导致性梦产生的原因主要有：涉猎具有性刺激特点的内容；劳累过度；性自慰过于频繁或过于强烈；内裤穿得过紧，阴部受到摩擦刺激；泌尿系统炎症、膀胱充盈以及心理兴奋、情绪激发等。甚至有学者认为，导致性梦发生的最主要因素还是精囊中精液的充积。

四、大学生健康性心理的塑造

作为大学生心理健康的重要组成部分，性心理的健康对大学生成才同样有着重要的意义。大学生健康性心理的完美塑造，依靠内因和外因来实现。内因是指大学生的自身条件，除了具有健康的生理状态外，还要掌握科学的性知识，以科学的态度对待“性”，以健全的人格调控性冲动；外因是指外部条件，即家庭、学校和社会为大学生的健康成长提供性文明的良好风尚。

众多研究和事例均表明，缺乏科学的性知识，是大学生出现各类性心理障碍的主要原因所在。掌握科学的性知识，能帮助大学生以坦然客观的态度面对性问题，正确对待性生理和性心理发展过程中出现的各种生理心理现象，免受忧郁、焦虑、恐惧等不良情绪干扰。要建立健康的性心理，掌握科学的性知识是最基础的一环。

1.从科学健康的渠道获取性知识

随着大学生性生理和性心理的成熟，他们对性知识和性信息必然表现出一种关注和渴望。但是，社会上信息渠道多种多样，传播的性知识良莠不齐，对大学生的性心理健康也会产生不同的影响。大学生应该选择恰当的性知识传授者，从科学健康的渠道获取性知识。性知识的传授者应是具备性知识的父母、性教育工作者或者医生。许多大学生由于受传统观念的影响，有了性的困惑往往不愿意向家人、老师和医生求助或进行探讨，而是或者压抑自己，或者四处翻阅与性相关的书籍，或者通过和同学、朋友间隐晦性的交流，获取一些与之相关的知识。但是现在一些性知识书籍良莠不齐，同学朋友的认识也大多带有片面性，通过这些途径获得的所谓性知识，常常是不恰当，甚至是错误的性知识，不少还带有色情和暴力倾向。这不仅无助于缓解和消除性的困惑，而且常常是适得其反，导致不健康性心理和性行为的产生。

2.以科学的态度坦然面对"性"

性是一门科学，大学生应该以科学的态度坦然面对，积极主动地向具备科学、系统性知识的家人、教师和医生请教，或者去新华书店购买正式出版发行的，符合自己年龄特点的有关性知识的图书或影视资料。具有了关于性的科学知识，学会了以科学为标准来鉴别和选择性信息，才能真正地从身心及社会各方面把性统一起来，达成和谐的性的自我同一。

3.合理调节性冲动

在健全的人格力量调控下，将性行为控制在适当的时间、地点、对象和社会规范之内，以"转移、升华、克制、释放"。合理调节性冲动，达到性生理、性心理及社会性道德规范三者之间的和谐统一；正常进行两性间的交往，对两性间的关系形成正确的认知，做情感的主人；明辨是非，增强对黄色文化的免疫力，不受各类性意识或性行为问题的困扰。

【案例】

易某某，女，大学四年级学生，因持续的抑郁、空虚感及亲密关系建立困难而求助。初次见面，来访者的微笑让人觉得有些羞涩。来访者主诉的情况为情绪状态不好，经常觉得空虚，想流泪，特别是与人在一起时觉得很快乐，而当人离开时这种空虚感会加剧。这种状态于大一时开始出现，进入大学约1个月后，喜欢上一个男生，并作了表白，但在后来相处的过程中，又觉得很压抑，也知道自己对他还有感情，却提出了分手，接着大一下学期又与班上第二个男生开始交往，明明知道对方很喜欢自己，最终仍然是自己提出分手。大三遇到一名男生，对其很有好感，向其表白后，男生提出两人到外边去住，后糊里糊涂发生了性关系，第二天早上男生似乎有不想负责任的说法，虽然自己也想到了，但被他说出来，自己就很难受。两人的关系很奇怪，既会经常发生性关系，但又不是在谈恋爱。自己也感觉不到对方的关心，心里很难受，一想到这些就会哭。

该如何分析这位女同学的困惑？

心理训练

【活动一】我心中的他(她)

情景:背景音乐——《最浪漫的事》

背靠着背坐在地毯上,听听音乐,聊聊愿望;
你希望我越来越温柔,我希望你放我在心上。
你说想送我个浪漫的梦想,谢谢我带你找到天堂;
哪怕用一辈子才能完成,只要我讲你就记住不忘。
我能想到最浪漫的事,就是和你一起慢慢变老;
一路上收藏点点滴滴的欢笑,留到以后坐着摇椅慢慢聊。
我能想到最浪漫的事,就是和你一起慢慢变老;
直到我们老得哪儿也去不了,你还依然把我当成手心里的宝。

第一部分:分组

每 6～8 名同学组成一个小组,闭目欣赏音乐。

第二部分:调查——我心目中的他(她)

1. 你心目中的天使(男生填写)。

(1)你认为女生最吸引你的三项特质,依次用字母标出。

A. 温柔 B. 漂亮 C. 贤惠 D. 热情 E. 真诚 F. 稳重 G. 聪明
H. 勤奋 I. 身材好 J. 有修养 K. 好运动 L. 有主见 M. 活泼好动
N. 内向沉稳 O. 善于打扮 P. 穿着大方 Q. 爱好相近 R. 家庭背景好
S. 其他(列出上面未说明而你认为重要的特质)

(2)简单描述你讨厌什么样的女生。

2. 女生眼中的男生(女生填写)。

(1)你认为男生最吸引你的三项特质,依次用字母标出。

A. 高大 B. 英俊 C. 幽默 D. 真诚 E. 稳重 F. 热情 G. 聪明
H. 勤奋 I. 讲义气 J. 好运动 K. 有主见 L. 有修养 M. 出手大方
N. 乐观外向 O. 穿着潇洒 P. 爱好相近 Q. 乐于助人 R. 家庭背景好
S. 其他(列出上面未说明而你认为重要的特质)

(2)简单描述你讨厌什么样的男生。

3. 统计并公布调查结果,并由此展开讨论:

(1)女生为什么看重男生的这些特质?对男生的启示。

(2)男生为什么看重女生的这些特质?对女生的启示。

【活动二】认知“喜欢还是爱”

陷入恋爱和准备恋爱的人们往往会苦恼一个问题——“我到底是爱他(她)还是喜欢他(她)?”或者“我不知道自己到底爱不爱他(她)?”那么,下面的表格能够帮助你确认自己的感情。

爱情的表现	友情的表现
如果忽然看不见他(她),我会非常难过,并感到不安	如果忽然看不见他(她),我会好奇他(她)去了哪里,并有点想念
我认为他(她)是完美的,即使是缺点也是魅力的表现	我认为他(她)是一个很有才华,并值得信任的人
我想要独占他(她),并希望他(她)一直关注、关心我	我希望他(她)认同我,但他(她)有他(她)的朋友我也并不在意
如果他(她)犯了错,我会气恼,但一定会原谅他(她),不会完全不理他(她)	如果他(她)犯了错,我会严厉指责,并可以不理他(她)
如果他(/她)离开,我希望能和他(她)随时通话、保持联系,并计算他(她)回来的日期	如果他(她)离开我,我会有点不舍,但可能会因为寄情于其他事情,而忘记他(她)
我愿意为了他(她)做出任何牺牲,让他(她)幸福是我的心愿	我愿意帮他(她)做一些事,但如果危及到自己,就会认真考虑
我会憧憬和他(她)一起生活的将来,甚至想到了我们的孩子	和他(她)在一起,我感到愉快,但我从没想过和他(她)一起生活,并养育孩子

【活动三】“理解性别,美满爱情”团体心理活动

1.所需材料

卡片,背景音乐。

2.实施程序

(1)热身运动:幸福拍手歌——使成员放松心情,活跃气氛。

(2)说明活动进行的目的及方式和要求。

(3)游戏:“花落谁家”——参与者自我介绍,团体成员相互认识。

(4)第一环节——非常男女:①游戏:“copy 不走样”——体验男女性别之间的差异;②心海探航:从刚刚的交流中大家有哪些体验?有没有发现原来男女生之间有这么多、这样大的差异?③心语放送:“爱你在心口难开”——你心中的男(女)生一概是什么样的呢?④总结:男女性别差异。

(5)第二环节——“感恩的心,感谢有你”:心语放送,“真情告白”——在卡片上写下对成员中一员的祝福,对你的他(她)的心语。

(6)结束曲:《一路上有你》。

心理测试

【测试一】总体幸福感量表(GWB)

以下问卷涉及你近期对生活的感受与看法,无好坏之分,根据自己的现实情况和切身体验回答,并请你仔细阅读每道题目,在相应的答案代码上打"√"即可。

1. 你的总体感觉怎样(在过去的1个月里)?

好极了	精神很好	精神不错	精神时好时坏	精神不太好	精神很不好
1	2	3	4	5	6

2. 你是否为自己的神经质或"神经病"感到烦恼(在过去的1个月里)?

极端烦恼	相当烦恼	有些烦恼	很少烦恼	一点也不烦恼
1	2	3	4	5

3. 你是否一直牢牢地控制着自己的行为、思维、情感或感觉(在过去的1个月里)?

绝对的	大部分是的	一般来说是的	控制得不太好	有些混乱	非常混乱
1	2	3	4	5	6

4. 你是否由于悲哀、失去信心、失望或有许多麻烦而怀疑还有任何事情值得去做(在过去的1个月里)?

极端怀疑	非常怀疑	相当怀疑	有些怀疑	略微怀疑	一点也不怀疑
1	2	3	4	5	6

5. 你是否正在受到或曾经受到任何约束、刺激或压力(在过去的1个月里)?

相当多	不少	有些	不多	没有
1	2	3	4	5

6. 你的生活是否幸福、满足或愉快(在过去的1个月里)?

非常幸福	相当幸福	满足	略有些不满足	非常不满足
1	2	3	4	5

7. 你是否有理由怀疑自己曾经失去理智,或对行为、谈话、思维或记忆失去控制(在过去的1个月里)?

一点也没有	只有一点点	有些,不严重	有些,相当严重	是的,非常严重
1	2	3	4	5

8. 你是否感到焦虑、担心或不安(在过去的1个月里)?

极端严重	非常严重	相当严重	有些	很少	无
1	2	3	4	5	6

9. 你睡醒之后是否感到头脑清晰和精力充沛(在过去的1个月里)?

天天如此	几乎天天	相当频繁	不多	很少	无
1	2	3	4	5	6

10. 你是否因为疾病、身体的不适、疼痛或对患病的恐惧而烦恼(在过去的1个月里)?

所有的时间	大部分时间	很多时间	有时	偶尔	无
1	2	3	4	5	6

11. 你每天的生活中是否充满了让你感兴趣的事情(在过去的1个月里)?

所有的时间	大部分时间	很多时间	有时	偶尔	无
1	2	3	4	5	6

12. 你是否感到沮丧和忧郁(在过去的1个月里)?

所有的时间	大部分时间	很多时间	有时	偶尔	无
1	2	3	4	5	6

13. 你是否情绪稳定并能把握住自己(在过去的1个月里)?

所有的时间	大部分时间	很多时间	有时	偶尔	无
1	2	3	4	5	6

14. 你是否感到疲劳、无力或精疲力竭(在过去的1个月里)?

所有的时间	大部分时间	很多时间	有时	偶尔	无
1	2	3	4	5	6

15. 你对自己的健康关心或担忧的程度如何(在过去的1个月里)?

不关心 0 1 2 3 4 5 6 7 8 9 10 非常关心

16. 你感到放松或紧张的程度如何(在过去的1个月里)?

松弛 0 1 2 3 4 5 6 7 8 9 10 紧张

17. 你感觉自己的精力、精神和活力如何(在过去的1个月里)?

无精打采 0 1 2 3 4 5 6 7 8 9 10 精力充沛

18. 你忧郁或快乐的程度如何(在过去的1个月里)?

非常忧郁 0 1 2 3 4 5 6 7 8 9 10 非常快乐

计分:按选项0～10分累积相加。

说明:本量表共有33项,其中1、3、6、7、9、11、13、15、16项为反向评分。得分越高,幸福感越高。全国常模得分,男性为75分,女性为71分,得分越高,主观幸福感越强烈。

总体幸福感量表(General Well-Being Schedule, 简称GWB)由美国国立统计中心制定,共33个题目。本研究中采用国内段建华对该量表的修订表,即采用该量表的前18项对被试者进行测试,单个项目得分与总分的相关为0.48～0.78,分量表与总表的相关为0.56～0.88,内部一致性系数在男性为0.91、在女性为0.95。

【测试二】鲁宾(Zick Rubin)爱情与喜欢量表

请针对自己的实际情况对下列陈述作出判断,符合记1分,不符合记0分。

1. 他(她)情绪低落的时候,我觉得很重要的职责就是使他(她)快乐起来。
2. 我在所有的事件上,都可以信赖他(她)。
3. 我觉得要忽略他(她)的过失是一件很容易的事。
4. 我愿意为他(她)做所有的事情。
5. 我对他(她)有一种占有欲。
6. 若不能和他(她)在一起,我觉得非常不幸。

7. 假如我很孤寂，首先想到的就是去找他(她)。
8. 他(她)幸福与否是我很关心的事。
9. 他(她)不管做什么，我都愿意宽恕他(她)。
10. 我觉得他(她)的幸福和成功是我的责任。
11. 当和他(她)在一起时，我发现什么事都不做，只是用眼睛看着他(她)。
12. 若我也能让他(她)百分之百的信赖，我觉得十分快乐。
13. 没有他(她)，我觉得难以生活下去。
14. 当和他(她)在一起时，我发觉好像两人都有相同的心情。
15. 我认为他(她)非常好。
16. 我愿意推荐他(她)去做为人尊敬的事。
17. 以我看来，他(她)特别成熟。
18. 我对他(她)有高度的信心。
19. 我觉得什么人和他(她)相处，大部分都有很好的印象。
20. 我觉得他(她)跟我很相似。
21. 我愿意在班上或团体中，做什么事都投他(她)一票。
22. 我觉得他(她)是许多人中，容易让别人尊敬的一个。
23. 我认为他(她)是十二万分聪明的。
24. 我觉得他(她)在我所有认识的人中，是非常讨人喜欢的。
25. 他(她)是我很想学的那种人。
26. 我觉得他(她)非常容易赢得别人的好感。

比较前13项(“喜欢量表”)与后13项(“爱情量表”)的分数，衡量是爱情还是喜欢。

【测试三】爱情态度量表

这个量表主要是想了解你对爱情所持的态度。题目中的“他(她)”，是指目前与你密切交往的男(女)朋友(请以你目前的恋人为回答依据；若目前没有恋人，请就上任对象作答；若没有谈过恋爱，也请你想象一下再作答)。请针对每一题项所叙述的情形，选出你认为最能反映你实际状况的数字。

条目内容	完全不符合	不符合	没意见	符合	完全符合
1. 我和他(她)属于一见钟情型	1	2	3	4	5
2. 我很难明确地说我和他(她)是何时从友情变成爱情的	1	2	3	4	5

续表

条目内容	完全不符合	不符合	没意见	符合	完全符合
3.对他(她)做承诺之前,我会考虑他(她)将来可能变成的样子	1	2	3	4	5
4.我总是试着帮他(她)渡过难关	1	2	3	4	5
5.和他(她)的关系不太对劲时,我的身体就会不舒服	1	2	3	4	5
6.我试着不给他(她)明确的承诺	1	2	3	4	5
7.在选择他(她)之前,我会先试着仔细规划我的人生	1	2	3	4	5
8.我宁愿自己痛苦,也不愿意让他(她)受苦	1	2	3	4	5
9.失恋时,我会十分沮丧,甚至会有自杀的念头	1	2	3	4	5
10.我相信他(她)不知道我的一些事,也不会受到伤害	1	2	3	4	5
11.我和他(她)很来电	1	2	3	4	5
12.我需要先经过一阵子的关心和照顾,才有可能产生爱情	1	2	3	4	5
13.我和他(她)最好有相似的背景	1	2	3	4	5
14.有时候,我得防范他(她)发现我还有其他情人	1	2	3	4	5
15.我和他(她)的亲密行为很热情且很令我满意	1	2	3	4	5
16.我有时会因为想到自己正在谈恋爱而兴奋得睡不着觉	1	2	3	4	5
17.我可以很容易、很快地忘掉过往的恋情	1	2	3	4	5

续表

条目内容	完全不符合	不符合	没意见	符合	完全符合
18. 他(她)如何看待我的家人是我选择他(她)的主要考量	1	2	3	4	5
19. 我希望和曾经相爱的他(她)是永远的朋友	1	2	3	4	5
20. 当他(她)不注意我时,我会全身不舒服	1	2	3	4	5
21. 我和他(她)的爱情关系是最理想的,因为是由长久的友谊发展而成的	1	2	3	4	5
22. 我觉得我和他(她)是天生一对	1	2	3	4	5
23. 自从和他(她)谈恋爱后,我很难专心在其他任何事情上	1	2	3	4	5
24. 他(她)将来会不会是一个好父亲(母亲)是我选择他(她)的一个重要因素	1	2	3	4	5
25. 除非我先让他(她)快乐,否则我不会感到快乐	1	2	3	4	5
26. 如果他(她)知道我和其他人做了某些事,他(她)会不高兴	1	2	3	4	5
27. 我和他(她)的感情、亲密行为进展得很快	1	2	3	4	5
28. 我和他(她)的友情随着时间逐渐转变为爱情	1	2	3	4	5
29. 当他(她)太依赖我时,我会想和他(她)疏远一些	1	2	3	4	5
30. 我通常愿意牺牲自己的愿望,达成他(她)的愿望	1	2	3	4	5
31. 我和他(她)的爱情是一种深刻的友情,而不是一种很神秘的情感	1	2	3	4	5
32. 他(她)可以任意使用我的东西	1	2	3	4	5

续表

条目内容	完全不符合	不符合	没意见	符合	完全符合
33. 我和他(她)非常了解彼此	1	2	3	4	5
34. 当我怀疑他(她)和其他人在一起时,我就无法放松	1	2	3	4	5
35. 他(她)如何看待我的职业会是我选择他(她)的一个考量	1	2	3	4	5
36. 他(她)的外貌符合我的理想标准	1	2	3	4	5
37. 我享受和他(她)及一些不同的情人玩爱情游戏	1	2	3	4	5
38. 当他(她)对我发脾气时,我仍然全心全意、无条件地爱他(她)	1	2	3	4	5
39. 在和他(她)深入交往之前,我会试着了解他(她)是否有良好的遗传基因	1	2	3	4	5
40. 为了他(她),我愿意忍受任何事情	1	2	3	4	5
41. 如果他(她)忽略我一阵子,我会做出一些傻事来吸引他(她)的注意力	1	2	3	4	5
42. 我和他(她)的爱情关系是最令人满意的,因为是由良好友情发展成的	1	2	3	4	5

爱情类型	题目	说明
浪漫型	1、7、13、19、25、31、37	最注重的是对方的外表和身体的接触;只要是好看的,就容易跟对方坠入情网
游戏型	2、8、14、20、26、32、38	视爱情为游戏,爱情的关系短暂,经常更换对象,承诺在这种类型的人身上几乎看不到
同伴型	3、9、15、21、27、33、39	感情发展细水长流,平静而祥和,通常刚开始时都只是好朋友的关系,后来才慢慢从相知友谊发展成爱情
现实型	4、10、16、22、28、34、40	这种类型的人选择对象以理性条件的考虑为主,诸如教育背景、经济能力、社会地位、共同兴趣等

续表

爱情类型	题目	说明
占有型	5、11、17、23、29、35、41	这种人占有欲和嫉妒心强烈，关系也有如风暴，起伏不定，对方一点爱意的表示就会让他狂喜，一点点降温或关系出现一点小问题就痛苦不已
奉献型	6、12、18、24、30、36、42	与占有型相反，这种类型的人为爱人完全付出自己，关心对方而不求回报。这种人极有耐心，不要求对方，甚至不嫉妒

将上表中各类型包括的题目得分相加，总分最高的类型即为你的爱情类型。

【测试四】爱情深度测试

世界级心理学大师理查德·怀斯曼在《正能量》中提到，一些学者研究揭示了爱的两种主要形式。尽管这些研究其实是试图发现人类如何确定恋爱对象，但它们揭示了爱的两种主要形式。

第一种爱被称为“热烈之爱”，它会引起强烈的兴奋、迷恋之情，使人情绪高涨。正是在这种爱情的作用下，两个人才能促膝长谈，然后一起观看日出。一些心理学家对这样的恋爱持有浪漫主义的观点，将注意力更多地集中在好的一面：情侣渴望待在一起，不停地想念对方。然而，另一些人摘掉有色眼镜，以更实际的态度看待这种感情，指出热烈之爱对某部分大脑的刺激其实与吸毒、酗酒并无二致。

第二种爱被称为“慈悲之爱”，它更多的是人们之间依恋而不是一种吸引。这种爱情形式往往存在于那些关系稳定、长期、和谐的情侣间，它更多的不是关注求偶时的兴奋之情或初次接吻时的强烈感受。

测试：你是否活在爱中？请完成以下答卷，在以下句子中填上你伴侣的名字，然后在每一句后面从1(完全错误)到5(完全正确)打分。

如果________离开我，我一定会心碎。

我一直在想着________。

在我认识的所有人中，我就愿意跟________在一起。

如果________爱上了别人，我会感到非常嫉妒。

当________碰我时，我浑身颤抖。

当看到________受苦受难时，我感到非常难过。

我和________一起做事非常愉快。

帮助________做事让我感到人生充满意义。

我更愿意帮________而不是帮我自己。与________在一起，我感到很舒服。

打分：首先，请将前五个题目的分数相加，这是你“热烈之爱”的分数。参考下文，看看你自己的分数情况。

5以下：你没仔细阅读答题说明。5～7：感觉相当冷淡，激情好像已经流逝了。8～

10:感情有点冷淡,不温不火。11~15:一般,偶有激情时刻。16~20:感情热烈,但仍有进步空间。21~25:恭喜你,你正在经历着疯狂热烈的爱情。

接下来,请将后五个题目的分数相加,这是你“慈悲之爱”的分数。参考下文,看看你自己的分数情况。

5~7:感情淡薄的友谊。8~10:你俩之间有一定的感情,但是并不强烈。11~15:一般,偶有激情迸发。16~20:强烈关怀。21~25:恭喜你,你正在经历着慈悲之爱。

——改编自《正能量》([英]理查德·怀斯曼著)

心灵鸡汤

【名人名言】

人生最大的幸福是放得下,一个人在处世中,拿得起是一种勇气,放得下是一种肚量,对于人生道路上的鲜花,掌声,有处世经验的人大都能够闲视之,屡经风雨的人更有自知之明。但对于坎坷与泥泞,能以平常视之,绝非易事。大的挫折与大的灾难,能不为之所动,能坦然承受之,这就是一种肚量。

——[法]让·弗朗索瓦·米勒

每一个幸福而满足的人的房门背后应当站上一个人,拿一把锤子不住地敲门,提醒他:天下还有不幸的人,尽管自己怎样幸福,可是生活早晚会向他露出爪子来,灾难早晚会降在他身上——疾病、贫穷、损失;到时候谁也不会看见他,也不会听见他,就跟现在他也看不见别人、听不见别人一样。

——佛家妙语

【推荐阅读】

1.《性学与爱情心理学》([奥]西格蒙德·弗洛伊德著,罗生译)

该书是对于性和爱情以及两者关系的最系统科学的分析和研究,是弗洛伊德精神分析学说的经典著作之一,它与《性学三论》《文明的性道德与现代人的不安》共同构成了“泛性论”的核心。所谓“泛性论”就是一切从性谈起,一切归结于性。但是,当我们把弗洛伊德的大部分著作阅读之后,就不难得到一个印象,他所指的“性”,除狭义的男女之事外,实具有更深远的含义。

2.《幸福婚姻心理学》(米雪儿著)

健康的心理能吸引成功、快乐和幸福的婚姻;不健康的心理则是心灵的垃圾,不仅排斥成功、快乐,甚至会影响到你的日常生活,带走你生命中所有美好的东西。如果你能多懂一点儿心理学,那么,在你处于迷惑、愤怒、悲伤、失望等一切负面情绪状态中的时候,你就能更好地寻找到其产生的根源,找到化解的途径。

【故事分享】苏格拉底与一位失恋者的对话

苏格拉底:孩子,你为什么悲伤?

失恋者:我失恋了。

苏格拉底:哦,这很正常。如果失恋了没有悲伤,恋爱大概也就没有什么味道了。可是,年轻人,我怎么发现你对失恋的投入甚至比对恋爱的投入还要倾心呢?

失恋者:到手的葡萄给丢了,这份遗憾,这份失落,您非个中人,怎知其中的酸楚呢?

苏格拉底:丢了就是丢了,何不继续向前走去,鲜美的葡萄还有很多。

失恋者:等待,等到海枯石烂,直到他回心转意向我走来。

苏格拉底:但这一天也许永远不会到来,你最后会眼睁睁看着他和另一个人走了的。

失恋者:那我就用自杀来表示我的诚心。

苏格拉底:但如果这样,你不但失去了你的恋人,同时还失去了你自己,你会蒙受双倍的损失。

失恋者:踩上他一脚如何,我得不到的别人也别想得到。

苏格拉底:可这只能使你离他更远,而你本来是想与他更接近的。

失恋者:您说我该怎么办?我可真的很爱他。

苏格拉底:真的很爱?

失恋者:是的。

苏格拉底:那你当然希望你所爱的人幸福。

失恋者:那是自然。

苏格拉底:如果他认为离开你是一种幸福呢?

失恋者:不会的!他曾经跟我说,只有跟我在一起的时候他才感觉到幸福!

苏格拉底:那是曾经,是过去,可他现在并不这么认为了。

失恋者:这就是说,他一直在骗我?

苏格拉底:不,他一直对你很忠诚,当他爱你的时候,他和你在一起,现在他不爱你了,他就离去了,世界上再没有比这更大的忠诚。如果他不再爱你,却还装的对你很有情谊,甚至跟你结婚,生子,那才是真正的欺骗呢。

失恋者:可我为他投入的感情不是白白浪费了吗?谁来补偿我?

苏格拉底:不,你的感情从来没有浪费,根本不存在补偿的问题,因为在你付出感情的同时,他也对你付出了感情,在你给他快乐的时候,他也给了你快乐。

失恋者:可是,他现在不爱我了,我却还苦苦地爱着他,这多不公平啊!

苏格拉底:的确不公平,我是说你对所爱的那个人不公平。本来,爱他是你的权利,但爱不爱你则是他的权利,而你却在自己行使权利的时候剥夺别人行使权利……这是何等的不公平!

失恋者:可是您看得明明白白,现在痛苦的是我而不是他,是我在为他痛苦。

苏格拉底:为他而痛苦?他的日子可能过得很好,不如说是你在为你自己而痛苦吧。明明为自己,却还打着别人的旗号,年轻人,德行可不能丢呀。

失恋者:依您的说法,这一切倒成了我的错?

苏格拉底:是的,从一开始你就犯了错。如果你能给他带来幸福,他是不会从你的生活中离开的。要知道,没有人会逃避幸福。

失恋者:可他连机会都不给我,您说可恶不可恶?

苏格拉底:当然可恶。好在你现在摆脱了这个可恶的人。你应该感到高兴,孩子。

失恋者:高兴?怎么可能呢,不管怎么说,我是被人抛弃了,这总是叫人感到自卑的。

苏格拉底:不,年轻人的身上只能有自豪,不可自卑。要记住,被抛弃的并不是就是不好的。

失恋者:此话怎讲?

苏格拉底:有一次,我在商店看到一套高贵的衣服,可谓爱不释手,店主问我要不要。你猜我怎么说?我说质地太差了,不要!其实,我口袋里没有钱。年轻人,也许你就是这件被遗弃的衣服。

失恋者:您真会安慰人,可惜您还是不能把我从失恋的痛苦中引出。

苏格拉底:是的,我很遗憾自己没有这个能力。但,我可以向你推荐一个有这个能力的朋友。

失恋者:谁?

苏格拉底:时间,时间是人最伟大的导师。我见过无数被失恋折磨得死去活来的人,是时间帮助他们抚平了心灵的创伤,并重新为他们选择了梦中情人,最后他们都享受到了本该属于自己的那份人间之乐。

失恋者:但愿我也有这一天,但我的第一步该从哪里做起呢?

苏格拉底:去感谢那个抛弃你的人,为他祝福。

失恋者:为什么?

苏格拉底:因为他给了你忠诚,给了你寻找幸福的新的机会。

项目八　压力管理能力训练

心理体验

【体验一】头脑风暴：压力管理的小故事

培训师在课堂上拿起一杯水，然后问台下的听众："各位认为这杯水有多重？"

有人说是半斤，有人说是一斤，回答各异。

培训师则说："这杯水的重量并不重要，重要的是你能拿多久？拿一分钟，谁都能够；拿一个小时，可能觉得手酸；拿一天，可能就得进医院了。其实这杯水的重量是一样的，但是你拿得越久，就越觉得沉重。"

"这就像我们承担着的压力一样，如果我们一直把压力放在身上，不管时间长短，到最后就觉得压力越来越沉重而无法承担。正确的做法是，放下这杯水，休息一下后再拿起这杯水，如此我们才能拿得更久。"

"所以，各位应该将承担的压力于一段时间后适时地放下并好好休息一下，然后再重新拿起来，如此才可承担更久。"

头脑风暴法小组讨论：如何有效地管理压力？

【体验二】游戏："压力释放气球竞赛"

目标：以小组竞赛的形式，帮助成员释放压力。

材料：纸若干、笔若干(最少 10 支，用完后可收回)、气球若干。

程序：

(1)请成员将目前最感压力的一件事写在纸上，塞进气球里，将气球吹大，有多少压力就吹多少个气球。

(2)以小组为单位，选出能接住最多气球的人，代表小组比赛。

(3)让小组的其他成员把气球丢给该组代表，在规定时间内，比较能接住气球的个数，选出最佳选手。

(4)大家一起把气球踩破。

小结:这次活动引导大家正确看待压力,每个人能承受的压力程度都不同,一旦压力超出本人的承受范围,那么最后肯定会崩溃。要有效的应对压力,学会释放压力。

心理认知

【认知一】认识压力

【小故事】

挪威有一种沙丁鱼,以前渔夫很苦恼的是:捕完鱼后海上航行3个小时,所有的沙丁鱼都死了。直到一个老渔夫想出了一个办法:在沙丁鱼里放入一条鲶鱼。发现沙丁鱼不仅没有被吃掉,反而很鲜活。为什么呢?因为沙丁鱼终于找到了赖以生存的条件,那就是压力。只要不游,鲶鱼立刻就会把它吃掉。

压力是动物生存的必要条件,动物离不开压力就像人离不开空气一样。同样,人也离不开压力,我们每个人每时每刻都有压力。大学生有考试、就业的压力,老师有教学的压力,父母也有生活的压力,所以压力是社会的常态,我们就是在压力中成长的。

一、压力的含义

压力是现代社会人们最普遍的心理、情绪和情感上的体验,人们常常会焦虑、紧张和不安,内心体验到巨大的压力。时下里,非常流行一句口头禅——郁闷,小到小学生,大到教授都用此来描述自己的负性情绪,可见,压力存在于社会生活的各个方面,人人都经历过。

压力是指个体在生活适应过程中,由于实际或认识能力上的不平衡而引起的一种通过生理、心理和行为反应而表现出来的身心紧张状态。具体来说:压力指的是一种身心反应。

压力的内涵包括四个方面:

1. 压力情境或事件

这是指诱发压力的外在客观环境或事件,它属于一种(或数种)刺激(导因)。既可能是现实中已经遭遇的事件,也可能是未来将要面对的问题。

2. 压力认知

它是对现实或未来压力情境或事件的认知和评价。压力必须被知觉到,压力感才会产生。如果在现实中，客观上发生了或将要发生一些事，但主观上个体并无知觉，并不会产生压力感。

3.压力反应

它是指个人主观对外界刺激所作的适应或所引起的紧张压迫感，包括身体、心理和行为的一系列反应。

4.压力应对

个体面对压力情境或事件，运用自身的内外部资源，作出旨在消除、减弱、预防该压力情境或事件的努力。应对方式是个体与环境交互作用的结果，可分为三种类型：

(1)采取直接行动以消除或减少压力及增加处理压力的资源，称为问题取向的应对。

(2)重新认识压力，以更易于处理压力，称为评估取向的应对。

(3)处理由压力所导致的紧张、焦虑等应对方式称为情绪取向的应对。

压力在生活中无处不在，适度的压力对人有益，使人们能自觉调动自身能量解决面临的各种挑战，但过强或过久的压力不仅会妨碍学习和工作，而且会威胁身心健康。

【阅读材料】

对压力的十大误解

误解一：压力是从神经紧张开始的。事实上，压力从精神紧张就开始了，精神紧张导致神经紧张。

误解二：只要你遇到压力你一定会知道。事实上，很多人遭遇了压力，可是他们并不知道。如出现背痛、胸痛等；如中小学生考试前莫名其妙地发烧、拉肚子、起荨麻疹；成年人每天早晨都赖床，不愿意去上班等。事实上，他们遭遇压力的躯体反应已经出现了，可是在意识层面还不知道。

误解三：长期运动会减弱你抵御压力的能力。事实正相反，长期运动恰恰能恢复身体素质，增加我们抵御压力的能力。

误解四：有压力总是不好的。压力是我们维持生存所必需的，是我们生活的一部分，有压力才会享受精彩的人生。

误解五：压力会制造不愉快的问题，但不会置你于死地。压力不但会制造不愉快的问题，而且会置人于死地。前几年各地电台都举办了晚间心理热线节目，某些节目主持人由于节目制作本身的压力和长期接触负面问题，最后以结束自己的生命而辞世。

误解六：打针吃药可控制压力，我们常常以为这是一个无稽之谈。一个生理的，一个心理的，它们之间怎么可能有关系呢？事实上，药物可以起到改善生理状态，从而能改善心理状态的作用。对患比较严重抑郁症的患者，直接进行心理治疗是没有用的。有经验的心理治疗师常常首先用药，等病情缓解后再配合心理治疗。

误解七：下班后回到家，你不会把压力带回家。人们很难在心理上把压力界定在某一个时间或某一个场合。压力常常弥漫整个学习、工作和生活。当爱人从单位回家，阴沉着脸进门的时候，有经验的妻子立即就该意识到是丈夫在工作中遇到麻烦了。然后小心翼翼，免得惹他生气，把愤怒撒在自己的身上。这时只要孩子有一点不顺从或调皮，立刻就会招来父亲的惩罚或训斥。

误解八：压力只是心事。压力不只是心事，而且还可能形成生理疾病和心理疾病。

误解九：压力是完全可以消除的，压力可以减轻，某一方面的压力可以消除。但在生活中，一个人不可能完全没有压力。就像人生活在大气层中都有大气压一样。压力是一个人正常生存的条件。

误解十：除非你剧烈改变生活方式，否则无法应对压力。完全改变生活方式只是应对压力的方式之一，应对压力的方式很多。

二、压力的来源

1. 压力源是指那些引起当事人压力感受的情景或生活事件。

引发压力事件的性质可分为四类：

(1)生物性压力源：直接阻碍和破坏个人生存与种族延续的事件，包括躯体创伤或疾病、饥饿、噪音、睡眠剥夺、气温变化等。

(2)精神性压力源：直接阻碍和破坏个体精神需求的内在和外在事件，包括错误的认知结构、个体不良经验、长期生活经历造成的不良个性心理特点等。

(3)社会环境性压力源：造成个人生活方式的变化，要求人们对其做出调适的情境与事件，包括个人生活中的变化及社会生活中的重要事件。

(4)文化性压力源：文化性迁移，即从一种语言环境或文化背景进入另一种语言环境或文化背景中，使人面临全新的生活环境、陌生的风俗习惯和不同的生活方式，从而产生压力。

2. 能够成为压力源的刺激物具有某些共同的特点：

(1)超负荷。

(2)动机冲突。

(3)不可控制。

具体的压力大小可以用表 6-1 测出，即霍曼(T. Holmes)和瑞希(R. Rahe)编制的生活改变与压力感量表。

表 6-1

编号	生活事件	压力指数
1	丧偶	100
2	离婚	73
3	分居	65
4	犯法/拘留	63
5	亲人死亡	63
6	自己受伤或患重病	53
7	结婚/谈恋爱	50
8	失业/解雇	47
9	再婚 / 婚外恋情	45

续表

编号	生活事件	压力指数
10	退休/退学/休学	45
11	家庭成员的健康变化	44
12	怀孕/妻子或女友怀孕	40
13	性生活不协调	39
14	家庭成员增加	39
15	挂科/考试不理想/事业重新调整	39
16	失恋/受人歧视/预期评选落空	38
17	关系密切的朋友死亡	37
18	工作岗位改变	36
19	夫妻争吵/与恋人吵架	35
20	外债超过 10 万元/与人打架	31
21	丧失财物/被偷盗/意外惊吓/事故	30
22	工作责任的改变/职位的升降	29
23	儿女离开家/长期不能与家人团聚	29
24	法律上的麻烦/打官司	29
25	个人突出的成就/获奖/升学压力	28
26	配偶找到或失去工作/与好友发生纠纷	26
27	开始或结束学校生活	26
28	生活条件变化/人际交往的变化	25
29	与上司有麻烦/与老师发生冲突/当众丢脸	23
30	个人习惯改变	23
31	学习、工作的时间或地点改变	20
32	换学校/换专业/换工作	20
33	迁居	20
34	娱乐方式改变	19
35	信仰改变	19
36	社会活动改变	18
37	抵押或借贷少于 1 万元/经济困难	17
38	睡眠习惯改变	16
39	家庭成员的离合	15
40	饮食习惯的改变	15

续表

编号	生活事件	压力指数
41	度假/假期旅游	13
42	春节/圣诞节	12
43	小的违法行为/被罚款200元以下	11

根据研究发现：

如果一个人在一年里所经受的刺激事件的压力指数值的总和为150，或更高的值，定为生活转折点。

压力指数值为150～199，那么在下一年可能有37%的患病概率。

压力指数值为200～299，则患病的可能性为51%，如果在300以上，患病的可能性更大。

因此，如果当事人在一年里遭遇生活的压力的指数值大于150时，应该做积极的调整(做好压力管理)来缓解或消除刺激事件对自己身心的影响。

3. 大学生常见的压力

(1) 新生适应：这个压力主要是针对新生而言的。众所周知，在现有教育体制下，从小学到高中，学生的学习和生活的环境基本上没有太大的变化。但进入大学后，学习和生活环境却发生了重大的改变。一个西方哲人这样概括这个变化的特点："在中学阶段，学生伏案学习；在大学里，他需要站起来，四面观望。"从中学到大学的变化涵盖了很多方面：学习方式由原来老师手把手带着学，变为老师只是个引路人，主要靠自学。原来主要是走读生活，变为住校。学习目标由原来的单一明确转变为复杂模糊。学习内容由过去的由学校统一规定转变为学校提供参考和学生自己选择决定。人际关系由过去的无需过于关注转变为必须面对，由过去的单纯转变为现在的复杂。主要任务由过去的为升学考试而学习转变为为就业而全面培养自己。从生活上说，由过去熟悉、适应了的生存环境突然来到一个陌生的城市，一个在语言、生活习惯、生活水平、社会环境、文化氛围等等方面都与自己的过去有着巨大差别的全新环境。

这么多的巨大转变，几乎是在同一时间突然降临到大学一年级新生的头上。这无疑会给他们带来巨大的压力和适应上的困难。

(2)专业选择：大学期间所学的专业对一个学生将来的就业机会、职业满意度、薪酬水平等都具有重大的影响。因此，选择一个适合自己的专业，了解专业发展的前景及其对个人能力的要求，也成为大学新生最常见的一个问题。这个问题如果解决好了，会有力地增强学生的学习动机和兴趣，强化其学习的目标与方向感，为毕业时找工作及今后的事业发展打下一个良好的基础。然而，由于大多数的高中生及其家长、中学教师对于大学里的专业设置、不同专业对学生的要求、专业的发展前景、学生的专业兴趣等都不甚了解。所以，在专业的选择上具有很大的盲目性。因此，在进了大学之后，专业定向问题会再次出现。一个学生在进入大学后发现自己所选择的专业并不适合自己，这时会给其带来不小的压力。如果改换专业已经不太可能，那么不得不学习自己不喜欢的专业，对于自己喜欢的专业又没有时间和精力去学习，这时压力感就更大了。

(3)人际关系问题：在我国的大学校园里，一般而言，同一寝室里的成员在大学期间基本上是固定不变的。他们往往也来源于同一个班，人数为4～8人，因此他们在日常的学习和生活中存在着密切的接触。这种状况一方面使同学关系更加亲密，其表现是同寝室的同学往往生活步调高度一致：一起到食堂吃饭，一起打开水，一起上课上自习，一起逛街等。但是，这种状况也埋下了一些隐患，那就是人际关系的问题。这是因为，过度紧密的接触和狭小的空间使得每个人的物质空间和心理空间都很少，从而导致了人与人之间的摩擦与冲突。而且，团体动力学的研究表明，在一个3～4人的团体里，很容易出现两个或三个人结成一帮，而使另外的一个或两个感到孤立的情况。

生活习惯的不同也容易导致各种矛盾。来自不同地区、不同家庭，性格各异的学生同住一室，难免会有干扰或摩擦。如有人习惯早睡早起，有人却习惯熬夜；有人习惯在寝室里自习，有人则喜欢在寝室里聊天会友；有人爱整洁，有人却喜欢生活随便，等等。生活中大大小小的差异是他们每天都要面对的，因此，摩擦也就在所难免。而这样一些小的摩擦积累到一定程度，就会以冲突的形式爆发出来。寝室人际关系问题是大学生人际关系问题的突出表现，也是给大学生造成巨大心理压力的关键。

最后，性格特征也是引起人际问题的原因之一。如有的人想与人交往，但性格内向、被动、敏感、不合群，因而交不到朋友。有的人又个性太强，事事以自我为中心，不会考虑别人的感受，只愿收获不愿付出，也让别人敬而远之。这些人都因为自身的原因而无法获得良好的人际关系。他们体验着不被人理解、无人关心的孤独滋味。

(4)恋爱问题：处于20岁左右的年轻人，对异性越来越关注，对感情的需要也越来越强烈。大学生恋爱早已不是什么新鲜的和个别的现象。但是，他们往往爱得热切，同时也爱得艰难。因为，他们缺乏对于自身以及对于异性的足够的了解，处理和把握事情的能力和经验都不够。所以，恋爱中常常出现这样或那样的问题。面对这些问题他们又不知如何解决。因此，恋爱也是给大学生造成压力的一个方面。

(5)专升本和择业：在工作岗位没有明显增加的情况下，毕业生却一年比一年多，因而就业竞争成为现代大学生最大的压力。能不能找到理想的工作、能不能适应工作的要求而保住饭碗等等压力，不仅仅是毕业生才有，许多大学生在很早甚至是一、二年级时就体验到了就业的压力。同时，一部分同学或者为了提高自己，或者为了规避眼前巨大的求职压力，他们选择了专升本。如何选择专业？如何提高备考的效率？如何获得学费和生活费？这些问题成为了这一部分学生的压力来源。

(6)经济的压力：中国农村人口占总人数的近50%，大学生来自农村的占30%以上，而且相当一部分来自贫困地区。据有关部门统计，目前在全国普通高校中，贫困大学生差不多占在校生总数的25%，他们中绝大多数来自于农村，人数近300万。经济的压力无时无刻不萦绕在他们心头。而且，由于经济拮据，他们可能交友不力，分心打工而荒废部分学业。大学生喜欢幻想并追求理想，而他们却要面对经济上的残酷现实。

【案例】

张某华，最近睡觉经常会半夜惊醒，还做噩梦，梦见有人在后面追她，她拼命地跑，却跑不动……早上醒来觉得很疲倦，吃饭也没啥胃口。每天有做不完的事，但觉得没有收获。在社团里当干事忙着干活，还经常加班；身为班长，她要负责班里的所有事情，辅导员那边一天到晚叫过去做这做那的。一睁开眼就在忙，没时间静下心来看书，有时上课听不懂，还打瞌睡……

她是很看重学习成绩的，也想多参加社会活动锻炼人际能力，特别是跟辅导员的关系，但是时间是有限的。"学习不能落下……可是……"张某华越想心越烦，觉得自己快要崩溃了。

思考：最近半年里，你的生活发生了哪些变化，对你影响较大的事情是什么？评估一下你自己的压力指数。

三、压力的作用

【阅读材料】

压力效应

有一位经验丰富的老船长，有一次当他的货轮卸货后在浩瀚的大海上返航时，突然遭遇到了可怕的风暴。水手们惊慌失措，老船长果断地命令水手们立刻打开货舱，往里面灌水。"船长是不是疯了，往船舱里灌水只会增加船的压力，使船下沉，这不是自寻死路吗？"一个年轻的水手嘟囔。

看着船长严厉的脸色，水手们还是照做了。随着货舱里的水位越升越高，随着船一寸一寸地下沉，依旧猛烈的狂风巨浪对船的威胁却一点一点地减少，货轮渐渐平稳了。

船长望着松了一口气的水手们说："百万吨的巨轮很少有被打翻的，被打翻的常常是载重轻的小船。船在负重的时候，是最安全的；空船时，则是最危险的。"

这就是"压力效应"。那些得过且过，没有一点压力，做一天和尚撞一天钟的人，像风暴中没有载货的船，往往一场人生的狂风巨浪便会把他们打翻。

◆有压力就是坏事？

◆压力对我们的生活造成了什么影响？

适度的心理压力能成为人们活动的动力，对活动起激励作用。

过大的心理压力会引起有机体过度的情绪紧张，导致有机体内活动失衡，从而带来一系列动作紊乱现象，注意和知觉范围变得狭窄，正常的思维活动受到干扰和限制，因而活动效率降低，甚至导致活动失败。

长期的心理压力过大，会引起人们持续的情绪紧张，并由此而引发一系列的心身疾病。

在教育心理学上，有个非常有趣的学习压力（焦虑）和学习效率的倒U形曲线（见图8-1）。

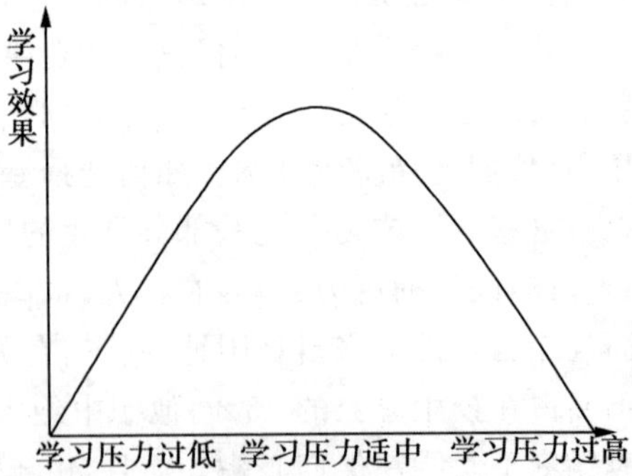

图 8-1

由曲线可知：如果人完全缺乏紧张、毫无压力，会导致没有学习动力，这是不利于学习的；适度的焦虑紧张会让你看到差距，激发斗志，带着适度的紧张应考，还会激发人身体的应激水平，有利于超水平地发挥。当然过度的焦虑紧张却起到相反的效果，需要调节一下。

1. 压力的正面作用

大家应该都有过这样的生活体验，在学校的时候放暑假，或者工作中放长假，刚开始的时候感觉很舒服，但是时间一长，就有点无所事事了，反而觉得很不舒服，希望能尽快回到之前忙碌点的生活中。这个例子表明，一点压力都没有，并不会让我们有非常幸福的感觉，有了压力才有驱动力。比如，当你有了欲望或出现紧迫感的时候，压力就随之而来，人的潜能也会得到更大发挥。同时，有压力说明你还没有放弃自己，人生轨迹还朝着你的目标前进。这就是压力的正面作用。

2. 压力的负面影响

压力的结果既可以是正面的，也可以是负面的，其取决于压力的大小和一个人对压力的承受程度。一个长期处于压力之下的人就像一个齿轮转动过多的汽车，引擎会过早报废，我们的身体也同样如此。压力过大的影响依次会在人的心理、生理、行为等方面反映出来。

(1)压力过大的心理症状：

①焦虑、紧张、迷惑、烦躁、敏感、喜怒无常。

②道德和情感准则削弱。

③感情压抑，兴趣和热情减少，厌倦工作。

④意志消沉，自信心不足，出现悲观失望和无助的心理。

⑤短期或长期记忆力减退。

⑥精神疲劳，错觉和思维混乱增加。

(2)压力过大的生理症状：

①心率加快、血压升高。

②身体疲劳，肌肉紧张(尤其是头、颈、肩、背等)。

③汗流量增加，恶心，胸闷，头痛。

④疑病症增加，睡眠不好。

⑤皮肤干燥、有斑点和刺痛(皮肤对压力特别敏感)。

⑥消化系统问题，如胃痛、消化不良或溃疡扩散。

有研究表明，在应对压力的不同阶段，人们的生理反应会不一样。加拿大著名生理学家塞利(Hans Selye)在20世纪50年代从多次研究的结果发现，白鼠在持续压力的情境下，其反应过程可以分为三个不同的阶段。塞利把这个过程称为一般适应综合征(general adaptation syndrome，GAS)。由于这个结果是经多次研究发现的一般规律，一般认为可适度地推论到人类的身上。这三个阶段是：

①警戒反应阶段：在这个阶段，一开始由于压力的突然出现，会产生情绪震撼，随后体温与血压均下降，肌肉松弛，表现出好像缺乏适应这种变化的能力。当压力继续持续下去时，肾上腺素分泌增加，继而全身的生理功能增强，如心跳加快，血压升高，呼吸加快等等，从而进入应急状态以保护生命的安全和抵抗力。

②抵抗阶段：在这个阶段，生理功能大致恢复正常，这表示我们已能适应压力下的环境。在大多数情况下，压力在抵抗阶段就已被征服了或者消失了。但是如果这种压力一直持续下去，我们的能量就会耗尽，适应能力也跟着下降，最终出现第三个阶段。

③衰竭阶段：如果压力非常严重，那么人体会进一步耗尽身体的力量，精疲力竭，陷入崩溃的状态，产生各种身体疾病，甚至死亡。

(3)压力过大的行为症状：

①工作懈怠、能力降低，错误率增加且不愿意承担责任。

②吸烟、酗酒、过度饮食、纵情声色。

③没胃口，吃得少，体重迅速下降。

④孤僻、抑郁、自闭、烦躁不安或出现稀奇古怪的行为，无性格特征的行为产生。

⑤冒险行为增加，包括不顾后果的驾车和赌博。

⑥攻击、侵犯他人，破坏公共财产。

⑦与家庭和朋友的关系恶化。

⑧自杀或企图自杀。

四、压力的影响因素

1.经验

当面对同一事件或情境时，经验会影响人们对压力的感受。对两组跳伞者的压力状况进行调查发现，有过100次跳伞经验的人不但恐惧感小，而且会自觉地控制情绪；而无经验的人在整个跳伞过程中恐惧感强，并且越接近起跳越害怕。同样的道理，一帆风顺的人一旦遇到打击就会惊慌失措，不知如何应付；而人生坎坷的人，同样的打击却不会引起重大伤害。可见，增加经验能增强抵抗压力的能力。

2.准备状态

对即将面临的压力事件是否有心理准备也会影响压力的感受。心理学家曾对两组接受手术的患者做实验。对其中一组在术前向他讲明手术的过程及后果，使患者对手术有了准备，对手术带来的痛苦视为正常现象并坦然接受；对另一组不作特别介绍，患者对手术一无所知，对术后的痛苦过分担忧，对手术是否成功持怀疑态度。结果手术后有准备组比无准备组止痛药用得少，而且平均提前3天出院。因此，有应付压力的准备也是减轻伤害的重要因素。

3.认知

认知评估在增加压力感和缓解压力中有着重要作用。同样的压力情境使有些人苦不堪言，而另一些人则平静地对待，这与认知因素有关。当一个人面对压力时，在没有任何实际的压力反应之前会先辨认压力和评价压力。如果把压力的威胁性估计过大，对自己应对压力的能力估计过低，那么压力反应也必然大。例如，你在安静的书房看书，忽然听到走廊里响起一串脚步声，如果认为是将要入室抢劫的坏人来了，就会惊慌恐惧，如果认为是朋友全家来拜访，就会轻松愉快。正如一位哲学家所说："人类不是被问题本身所困扰，而是被他们对问题的看法所困扰。"

对压力的认知评估可以分为两个阶段。初步评估是评定压力来源的严重性，二级评估是评定处理压力的可能性。如果压力严重，又无可利用的应付压力的资源，必然产生一种持续性的紧张状态。

4. 性格

不同性格特征的人对压力的感受不同。那些竞争意识强、工作努力奋斗、争强好胜、缺乏耐心、成就动机高、说话办事讲求效率、时间紧迫感强、成天忙忙碌碌的A型性格特征的人，在面对压力时，性格中的不利因素就会显现出来，而且A型性格与冠心病有密切的关系。研究发现，A型性格者患心脏病的人数是B型性格者的2～3倍。B型性格的特征是个性随和，生活悠闲，对工作要求不高，对成败得失看得淡薄。

5. 环境

一个人的压力来源与他所处的小环境有直接关系，小环境主要指工作单位或学校及家庭。工作过度、角色不明、支持不足、沟通不良等都会使人产生压力感，家庭的压力常常来自于夫妻关系、子女教育、经济问题、家务劳动分配、邻里关系等。如果工作称心如意，家庭和睦美满，来自环境的压力必然小，则心情舒畅，身心健康。

【阅读材料】

A型性格与B型性格

A型性格或称A型行为模式的提出是心理学对于身心疾病研究的一大贡献，长期以来医学界认为诱发心脏病的原因是高血压、高血清胆固醇、吸烟等，但这些因素解释或预测不到心脏病的半数。后来心理学提出易患心脏病的人有一种共同的行为模式，称为A型行为模式。A型以外的行为模式称为B型行为模式。

A型性格的人常处于中度的焦虑状态中。他们不断给自己施加时间压力，总为自己制订最后期限。这些特点导致了一些具体的行为结果。A型性格表现为：

(1)运动、走路和吃饭的节奏很快。

(2)对很多事情的进展速度感到不耐烦。

(3)总是试图做两件以上的事情。

(4)无法处理休闲时光。

(5)着迷于数字，他们的成功是以每件事情中自己获益多少来衡量的。

与A型性格对应的是B型性格。B型性格表现为：

(1)从来不曾有时间上的紧迫感以及其他类似的不适感。

(2)认为没有必要表现或讨论自己的成就和业绩，除非环境要求如此。

(3)充分享受娱乐和休闲时光，而不是不惜一切代价表现自己的最佳水平。

(4)充分放松而不感到愧疚。

【小测验】

下列是用于诊断A型性格的一份问卷，读者按各题所问事项作出"是"或"否"的回答。如果有半数以上题目答"是"，希望你改变习惯，放慢一些生活的节奏。

1. 你说话时会刻意加重关键字的语气吗？

2. 你吃饭和走路时都很急促吗？

3. 你认为孩子自幼就该养成与人竞争的习惯吗？

4. 当别人慢条斯理做事时你会感到不耐烦吗？

5. 当别人向你解说事情时你会催他赶快说完吗？

6. 在路上挤车或餐馆排队时你会被激怒吗？

7. 聆听别人谈话时你会一直想你自己的问题吗?

8. 你会一边吃饭一边记笔记或一边开车一边刮胡子吗?

9. 你会在休假之前先赶完预定的一切工作吗?

10. 与别人闲谈时你总是提到自己关心的事吗?

11. 让你停下工作休息一会时你会觉得浪费了时间吗?

12. 你是否觉得全心投入工作而无暇欣赏周围的美景?

13. 你是否觉得宁可务实而不愿从事创新或改革的事?

14. 你是否尝试在时间限制内做更多的事?

15. 与别人有约时你是否绝对遵守时间?

16. 表达意见时你是否握紧拳头以加强语气?

17. 你是否有信心再提升你的工作绩效?

18. 你是否觉得有些事等着你立刻去完成?

19. 你是否觉得对自己的工作效率一直不满意?

20. 你是否觉得与人竞争时非赢不可?

21. 你是否经常打断别人的话?

22. 看见别人迟到时你是否会生气?

23. 用餐时你是否一吃完就立刻离席?

24. 你是否经常有匆匆忙忙的感觉?

25. 你是否对自己近来的表现不满意?

【认知二】压力管理

压力管理(stress management),就是个体用有效的方法应对在压力情况下的生理、心理唤起。

压力管理的目的并不是彻底消除这种压力,而是学会一套有效应对压力的方法,从而起到缓解、调节和分散作用,并使个人有一种积极、乐观向上的心态。

一、诊断压力

可以把上面所描述的压力过大负面影响的各种症状当作预警信号来诊断自己是否是压力过大。同时,要根据内外压力来源的各个方面,找出:①目前我的压力有哪些;②我最大的压力是什么。以便于有针对性地缓解压力。确切地说,到底是什么压垮了你?是工作,是家庭生活,还是人际关系?如果认识不到问题的根源所在,你就不可能解决问题。

另外,可以通过以下的一个小测试来诊断自我的压力状况。

【压力小测试】

过去1个月内你有否出现以下情况:

1. 觉得手上工作太多,无法应付。

2. 觉得时间不够,所以要分秒必争。例如过马路时闯红灯,走路和说话的节奏很快。

3. 觉得没有时间消遣,终日记挂着工作。

4. 遇到挫败时很容易会发脾气。

5. 担心别人对自己工作表现的评价。

6. 觉得上司和家人都不欣赏自己。

7. 担心自己的经济状况。

8. 有头痛/胃痛/背痛的毛病，难以治愈。

9. 需要借烟酒、药物、零食等抑制不安的情绪。

10. 需要借助安眠药去协助入睡。

11. 与家人/朋友/同事的相处令你发脾气。

12. 与人倾谈时，打断对方的话题。

13. 上床后觉得思潮起伏，很多事情牵挂，难以入睡。

14. 有太多工作，不能每件事都做到尽善尽美。

15. 在空闲时轻松一下也会觉得内疚。

16. 做事急躁、任性，而事后感到内疚。

17. 觉得自己不应该享乐。

计分方法：从未发生 0 分，间或发生 1 分，经常发生 2 分。

分析结果：

0～10 分：精神压力程度低，但可能生活缺乏刺激，比较简单沉闷，个人做事的动力不高。

11～15 分：精神压力程度中等，虽然有些时候感到压力较大，仍可应付。

16 分或以上：精神压力偏高，应反省一下压力来源和寻求解决方法。

二、确定压力来源

1. 生活改变

生活变故是指个人日常生活秩序上发生的重要改变。因为生活事件所形成的生活压力，都会给人以紧张的甚至痛苦的负面情绪经验。

故而生活改变也多半指生活中带给人们负面情绪的事件。俗语中所谓“天有不测风云，人有旦夕祸福”的说法，是指凡事变化莫测，大家所担心的，不是福气到来，而是祸事发生。

心理学家霍曼和瑞希从各方搜集一般人在生活中最关心的事，列为 100 个项目，然后再让 400 位不同年龄、不同职业者，判断其可能使人产生心理压力的大小，评以分数，数字愈大的项目，表示给人的压力感愈重。各项目的评分标准，以虽有压力但无伤害的结婚一事为中点，给 50 分。以上以下的评分，由受试者自行评断。最后选定 43 个事项，按其引起压力感的大小排列，编成了生活改变与压力感量表。

2. 生活琐事

烦心的生活琐事，日积月累之后也会给人造成生活压力。所谓生活琐事(daily hassle)，指的是日常生活中经常遇到且无从逃避的琐事。此等琐碎事件，虽在性质上每件事的严重性均不足危害于人，但日积月累的结果，就会对人的身心造成不良影响。根据心理学家拉扎勒斯等人调查分析，在日常活动中成为生活压力的琐碎事件可归类为以下六个方面：

(1)家用支出方面:家庭生活中的一切费用支出,诸如衣、食、住、行、娱乐、纳税以及学费、医药费、保险费等等。

(2)工作职业方面:家庭的经济收入靠工作,工作的性质、兴趣、待遇以及发展机会等,对一般人来说,失意者多,满意者少。俗语所谓“干一行怨一行”者,正说明工作带给人的心理压力。

(3)身心健康方面:家庭成员中,难免有人生病,而且家人相处也很难永远和谐不发生冲突。因此,疾病的痛苦以及人际相处的困难,自将增加人的心理压力。

(4)时间分配方面:生活在现代都市工业化社会里的人,无法支配及把握自己的时间,已形成一种极大的心理压力。对现代人而言,时间问题发生在两方面:一方面是因事务多时间少而造成顾此失彼的焦虑;另一方面是因交通拥挤而造成等待与浪费时间的痛苦。

(5)生活环境方面:居住在现代都市中的人,近年来遭受环境污染的问题已日趋严重。构成环境污染的因素中,除空气、噪音等污染之外,属于文化层面(如不良广告及书刊等)的污染,也随社会变迁而愈益恶化。对终日处于污染中而无法逃避的人来说,其心理压力自然沉重。

(6)生活保障方面:人的生活是有目的有方向的,“人无远虑,必有近忧”。因此,除了现实生活之外,每个人都会为未来的安全保障打算;学业进修、工作保障、职位晋升、经济储蓄、退休安排等等,都是为安全保障考虑而带来的心理压力。

3.与工作相关的事件

4.环境事件

环境压力源同样会使个体的心理、生理稳态发生破坏,如地震、洪水、火山爆发、有毒化学物质的外泄、噪声、空气污染等。

【案例】

北京某公司职员张某,出于改善家庭经济状况的考虑,接受了朋友的建议离开原来的城市来到现在的公司打工。他抱着一定要尽快改变现状的决心,夜以继日地努力工作。但半年下来,没看到什么大的起色,和单位的同事也因工作上的问题发生了几次争执。加上两地分居、父母年迈、孩子6岁面临入学、妻子工作不顺利等问题,张某认为自己压力太大,并且已经开始怀疑自己是否还要继续干下去。

仔细分析后张某列出面临的主要压力,主要有五类:①工作过度;②缺乏交流;③不切实际的过高期望;④孩子入学;⑤夫妻分居。

列出了压力名单后,下一步就是要区分轻重缓急,有选择地采取行动。对于可以采取行动,但不清楚采取什么行动,或者清楚应采取什么行动,但必须等待时机的压力比如工作过度、孩子入学两个问题,选择将来行动;对于短时间内无法处理的压力,如不切实际的过高期望、夫妻分居两个问题,选择适应或忽略;对于现在、今天或几天之内就可以处理的压力如缺乏交流,则选择立即行动。决定作出后,张某按部就班地分项处理,压力无形中就减轻了许多。

三、应对压力

前面我们说过，压力既有它积极的作用，也有它消极的作用。究竟压力会对你产生什么样的作用？这取决于你是如何看待压力以及你采用什么样的策略和方式来应对压力。

(一)消极的应对方式

1.逃避和退缩

有的人遇到压力马上就灰心、退却，放弃努力。小王生性内向，不知道该怎样和同寝室的人相处，也很少与同学们交流。久而久之，大家觉得他不爱说话、性格孤僻、不好打交道，便不会主动与他交往。然而，每当看到别人有说有笑时，他都倍感压力。在这种压力之下他更加回避与周围人交往，把所有的时间都放在了上网玩游戏上。最后，他与周围同学之间的距离越来越远。

逃避虽然能让我们暂时从压力之下解脱出来，但许多问题并不会因为我们的逃避而自动消失。相反，逃避还会耽误了解决问题的最好时机。就拿小王来说，如果一开始他就能好好地反省，找到问题的症结，那么，问题就可以早日解决，也不至于同学离他越来越远。然而他选择的却是逃避问题的消极应对策略。结果是，不但没有缓解与同学交往的压力，反而使自己更加孤独。

在生活中经常见到的逃避压力的方式有抽烟、喝酒、上网、服用安眠药甚至吸毒等。这些方式的共同特点是，让人们暂时从压力的情境中解脱出来，避免了此时的痛苦。但是，它们也同时阻止了我们去寻找对付压力的建设性的和有效的办法。避免了眼前的痛苦却导致长远的更大的痛苦。

因此，当问题出现时，最好的办法就是面对它，想办法去解决它。因为，有些问题即使我们暂时绕开了，它还是会在另一个地方，以另外的也许是更恶劣的面貌等着我们。在压力面前选择逃避，就意味着你被压力所控制；如果你选择主动、积极地应对，则意味着你在控制压力。

2.自责

与那些一出了问题就把责任推到别人头上的人相比，有些人更倾向于“把所有问题都自己扛起来”。小武是某高校演讲协会的会长。一次，他主动申请负责承办校际演讲比赛。这项活动事先并没有得到学校相关部门的支持，所以包括组织的费用、评委的聘请、场地和音响设备的租用等都必须自己解决。由于参加的人数远远超过了他的估计，加之他并没有组织大型活动的经验。因此，虽然整个活动内容设计得非常好，但活动场面有点混乱。小武也因此认为活动很失败，并且对自己痛加责骂，认为是由于自己组织能力不行、事前考虑不周、策划失误等，导致了活动的失败。虽然他确实已经尽力了，但是，他依然将事情的全部责任归结于自己。

生活中像小武这样的人并不少。一旦遇到挫折，面临压力时，他们便不问青红皂白地将所有责任归于自身。对于影响事情成败的其他原因，他们像没看见似的，或者是即便看见了，也会因为认为那些原因根本就不重要而毫不理会。自责者往往有三种倾向：①将失利归咎于个人的缺点；②忽视了正面的反馈信息，看不到事情好的一面；③对未来悲观失望。正是这样的一些倾向，使得他们情绪低落，对负面的信息过于敏感，忽视事物积极的方面，并且在以后的行动中会变得更为保守，缺乏探索和冒险的精神。

面临压力时过度自责敏感，不仅会增强压力给人造成的压迫感，而且还会降低人们应对压力的积极性。

3. 否认和压抑

一个人可能会通过否认和压抑来消除不愉快的情感。在精神分析学家弗洛伊德的人格理论中，否认和压抑是人们用来应付压力的两种心理机制。否认就是忽视当前所面临的压力，不承认某些严峻的事实，而压抑则是将这些压力推到无意识里去。它们的共同特点是拒绝接受现实。当一个人患上了致命的疾病或刚刚死去了一个亲人时，往往会出现这种防御性的应对方式。防御机制的缺点在于，它只是减轻了我们心头的焦虑而并没有减少实际存在的威胁，它会妨碍我们去正视自己真实的感情，还会妨碍我们去寻找更好的、更合理的解决问题的办法。

【案例】

李某的家庭是一个四口之家，父母都是知识分子，她上了大学，弟弟也聪明好学。家人的关系非常融洽。但是弟弟在一次车祸中意外丧生，全家人为此悲痛欲绝。李某始终不能相信前几天还活蹦乱跳、缠着自己给他买足球的弟弟真的就此永远地离开了人世。父母也从此沉默寡言，从来不在家里讨论弟弟的死亡或有关弟弟生前的一切，因为怕引起对方痛苦的回忆。但是，不相信、不谈论并不等于就真的可以不面对亲人离世的悲痛。事实上，直到3年之后，他们一家人还是不能从这种丧失亲人的悲痛之中走出来。

（二）建设性的应对方式

虽然到目前为止，还没有任何应对压力的策略可以保证一定会取得成功的结果，但是建设性的应对方式却是我们唯一的选择。建设性的应对压力的方式具有如下特点：

(1)直接面对问题。

(2)所做的一切符合现实情形。

(3)准确而实际地评估压力情境，而不是扭曲真实的情形。

(4)学会辨认和抑制因压力而产生的伤害性的情绪反应。

(5)能主动地、理性地评估各种可能的解决问题的办法。

(6)努力保证自己的身体不至于因压力而变得容易遭受伤害。

符合上述特征的应对方式成千上万，为了便于我们分析，我们把应对压力的策略分为四个大的类型来给大家介绍。

1. 以改变认识为中心的应对方法

所谓改变认识，指的是对那些让我们感到烦恼无比的压力事件进行重新认识和评价。前面我们提到过，一个压力事件带给我们的压力到底有多大，取决于我们如何评估所面临的压力。“天下本无事，庸人自扰之。”人的烦恼不是起于事，而是起于他对事情的看法。心理学家艾里斯(A. Ellis)提出ABC理论来论证这个道理。A代表产生压力的刺激性的事件(activating events)，比如遭遇车祸、没有拿到预期的“三好”学生奖、被恋人抛弃等。B指的是你对事件的看法，是你的头脑中的一些与事件有关的个人信念(beliefs)，比如“他之所以离开我，是因为我不够好”“我总是这么倒霉，坏事都叫我碰上了”“人们必须公平地对待我，必须满足我的要求”等等。C指的是由于压力事件而产生的后果(consequences)，即我们对具有压力的事件常常会产生的愤怒、焦虑、丧气、反感、失望等等消极情绪。

在通常情况下，我们常常认为 A 直接引发了我们的情感反应 C，比如“我这段时间心情不好，是因为我失恋了”。但艾里斯则认为，C 并不是直接由 A 引起，而是由我们对于压力事件的信念、评价，即 B 引起的。换句话说，“我这段时间之所以心情不好，不是因为失恋，而是因为我认为失恋表明我没有魅力，我不够好，没有人会爱我了。我是因为瞧不起自己，才会沮丧自责的”。

事实上，人们总是带着自己已有的信念、期待、价值观去评价他所遇到的压力事件。因此，即使人们面临同样的压力事件，其感受也是大不相同的。比如，在网球比赛中，同样是止步于四强，去年的卫冕运动员甲因为自己没有拿到理想的成绩而懊恼万分，非种子选手运动员乙却兴奋不已，因为这是他有史以来取得过的最好成绩。在这里，是懊恼还是兴奋，不是取决于我们的实际成绩，而是我们之前的期望。因此，如果我们能找出那些给我们带来消极感受的不合理的信念，对它们加以批判，并以更加合理的信念取而代之，就可以改变我们那些消极的感受。所谓的“退一步海阔天空”“横看成岭侧成峰”说的也是这个道理。因此，改变我们对于压力事件的看法，是缓解和消除压力的好方法。

有人认为：只有得到周围所有人的爱，生活才是幸福的。因此，只要有任意一人对其不太友好，他就会感到沮丧，感到有压力。但是，如果他换个想法，认为：没有得到所有人的爱，生活也可以幸福。这样，即便同样有人不喜欢他，对于他来说也构不成压力了。因此，对事情进行积极的比较也可以改变对压力事件的看法。例如，“我们的困难虽然使我不知所措，令我十分不愉快，但是想想那些处境还不如自己的人，我还算是幸运的，我的处境还不是最糟糕的”。

你还可以用幽默来缓解压力。换个角度以幽默的方式来看待我们所面对的压力，来嘲笑我们的荒唐愚昧，我们的固执己见，我们的自以为是，我们的矛盾和伪装，这是具有高度治疗性的缓解压力的办法。花时间嬉戏是我们与压力的负面力量抗争所必需的灵药。当我们被恋人抛弃时，我们可以这样调侃自己的失恋：“原来他(她)的主动退出，是为了让我找到一个更好的恋人。”

2. 以问题为中心的应对方法

以问题为中心是指直接面对威胁或问题本身，寻求有效的解决问题的办法。压力是因为问题而产生的，既然问题解决了，那么压力也就自然消解了。

下面我们以应对学习困难的压力为例，来说明以问题为中心的应对过程。假定有这样一位同学，他已经有多门课程不及格，面临退学的危险。遇到这种情况，我们应该怎么处理呢？

第一步：把问题弄明白。问题搞不清楚，自然也就谈不上解决它了。我们需要弄清楚的是：我一共有多少门课不及格？这些课程是公共课还是专业课？不及格的原因是什么？是因为课程难，还是因为对它不感兴趣，或者是对所学的专业不感兴趣？或者是因为老师讲得不好而逃课？亦或是因为学校的管理不像高中那么严格细致了，因此也放松了对自己的要求？进一步，我们还要分析：如果觉得课程难，它难在什么地方？哪些地方是经过努力可以克服的，哪些地方是必须寻求老师或同学的帮助的？如果是因为对所学的课程不感兴趣，怎样才能让自己感兴趣呢？是变换学习方式，还是与老师同学交流，找到这门课程的吸引力与意义？抑或是发现自己真的不适合这个专业，如果是这样，那么我到底喜欢什么专业和适合什么专业呢？我能换个我喜欢的专业吗？如果能，我需要做些什么？等等。还要分析，当我觉得学习困难或学习没劲的时候，我做了些什么？是逃课、上网聊天、玩游戏，还是整天在寝室里睡大觉？这一步分析得越细致、越具体越好。要详尽地分析出，譬如，我什么时间的学习效率最高？哪门课程的哪一章哪一节哪一个原理或哪一个技术环节我不清楚？等等。将你的分析用一个笔记本整理出来。

第二步：制订各种行动方案。根据自己上面分析的原因，找到各种可能的解决问题的办法。如怎样调整自己的作息时间？怎样分步地、从易到难地把"挂"了的课程再补回来？如果需要他人的帮助，我可以向谁求助？我需要他怎样帮助我？我该怎样获得他的支持？在完成这学期课程的同时，我还有多少空余时间？列一张时间表。在我可以控制的时间里，我可以先重修哪几门课程？总之，我们需要探讨所有可能的解决方案。

第三步：从众多的方案中选出一个可行性强的方案。应当考虑到方案的代价和要求。在作出决定的时候，你必须问一问自己："对我来说什么是重要的？我最欣赏哪一种结果？"一旦选定某个方案，一定要制订一个详细的计划出来。计划要具体到每一周每一天的安排。当然，这个计划也要留一点机动的时间，让自己偶尔偷一下懒或应付一些意外的事件。制订计划的时候可以参考同学们的意见。

最后一步：实施自己的计划。计划制订好了之后，就可以按部就班地去完成自己的计划。行动时一定要机动灵活，可以适当地根据具体的情况修改计划，但是，从总体上来说，你还是要按照这个计划行事。在实施计划的时候，如果能请你周围的人监督你完成，会起到事半功倍的效果。

以上我们举的是学习困难的例子。如果你在生活中面临其他的压力，你可以首先找到造成压力的问题，然后按照我们所谈到的以问题为中心的压力解决办法的步骤将造成压力的问题解决，从而解除自身的压力。

3. 以情绪为中心的应对方法

以情绪为中心的应对方法是指通过缓解由压力而产生的消极情绪来消除压力的做法。主要的形式有：

(1)宣泄：一般来说，我们在生活中都会遇到由于压力过度而导致紧张过度的问题。每逢这时候，你都可以尝试着缓解自己的紧张情绪。长时间不能控制情绪绝不是一个好的现象。所以情绪的适度发泄就具有重要的意义。刘德华的那首好听的歌——《男人哭吧不是罪》表达的就是这种观点。常见的宣泄方式有：痛哭一场，向值得信赖的人倾诉，用没有伤害的方式发泄自己的愤怒与不满(如写日记、打沙包、在空旷无人的地方大喊大叫、在卫生间里大声唱歌等)。

(2)转移注意力：当心情烦躁的时候，我们可以让自己暂时从具有压力的情境中走出来，去做点其他的事情。如做家务，去室外运动等，都可以使我们的心情得到缓解。转移注意力只能作为一种过渡性的办法来使用，因为它并没有让我们直面压力，压力并没有真正消失。但是，它的确可以使我们的情绪得到缓解，而且这总比向别人大发雷霆要好。当我们的情绪得到缓解之后，还是要直接面对压力事件，并力图将其解决。

(3)学会放松:使自己情绪平稳下来的另一个方法是使自己放松。放松也是我们下面要讲的以生理为中心的应对策略当中的一种。

放松有许多方法,比如在一个安静的地方做白日梦、听音乐、睡觉、做自己感兴趣的事情、散步、洗个热水澡、和朋友一起出去玩、练习特定的放松技巧等等。我们可以根据自己的喜好和实际情况,来选择一个既符合自己的个性同时又能缓解当时特定情绪的方法。

【阅读材料】

放松训练

放松训练是指使有机体从紧张状态松弛下来的一种练习过程。放松有两层意思:一是说肌肉松弛,二是说消除紧张。放松训练的直接目的是使肌肉放松,最终目的是使整个机体活动水平降低,达到心理上的松弛,从而使机体保持内环境的平衡与稳定。

放松训练的基本种类有呼吸放松法、肌肉放松法、想象放松法三种,而具体放松训练的形式又多种多样,有渐进式放松训练、印度的瑜伽术、日本的禅宗以及中国的气功。

放松训练是一种自我调整方法,通过机体主动放松来增强对自我的控制的有效手段。一般是在安静的环境中按一定要求完成特定的动作程序,通过反复的练习,使人学会有意识地控制自身的心理生理活动,以达到降低机体唤醒水平,增强适应能力,调整因过度紧张而造成的生理心理功能失调,起到预防及治疗作用。

1.呼吸放松法

(1)要穿舒适宽松的衣服,保持舒适的躺姿,两脚向两边自然张开,一只手臂放在上腹,另一只手臂自然放在身体一侧。

(2)缓慢地通过鼻孔呼吸,感觉吸入的气体有点凉凉的,呼出的气息有点暖。吸气和呼气的同时,感觉腹部的涨落运动。

(3)保持深而慢的呼吸,吸气和呼气的中间有一个短暂的停顿。

(4)几分钟过后,坐直,把一只手放在小腹,另一只手放在胸前,注意两手在吸气和呼气中的运动,判断哪一只手活动更明显。如果放在胸部的手的运动比另一只手更明显,这意味着我们采用的更多的是胸式呼吸而非腹式呼吸。我们要提高腹式呼吸。

2.肌肉放松法

(1)手臂部的放松:

伸出右手,握紧拳,紧张右前臂;

伸出左手,握紧拳,紧张左前臂;

双臂伸直,两手同时握紧拳,紧张手和臂部。

(2)头部的放松:

皱起额前部肌肉,似老人额前部一样皱起;

皱起眉头;

皱起鼻子和脸颊(可咬紧牙关,使嘴角尽量向两边咧,鼓起两腮,似在极度痛苦状态下使劲一样)。

(3) 躯干部位的放松:

耸起双肩,紧张肩部肌肉;

挺起胸部,紧张胸部肌肉;

拱起背部，紧张背部肌肉；

屏住呼吸，紧张腹部肌肉。

(4) 腿部的放松：

伸出右腿，右脚向前用力像在蹬一堵墙，紧张右腿；

伸出左腿，左脚向前用力像在蹬一堵墙，紧张左腿。

3. 想象放松法

选一个安静的房间，平躺在床上或坐在沙发上。

闭上双眼，想象放松每部分紧张的肌肉。

想象一个你熟悉的、令人高兴的、具有快乐联想的景致，或是校园或是公园。

仔细看着它，寻找细致之处。如果是花园，找到花坛、树林的位置，看着它们的颜色和形状，尽量准确地观察它。

此时，敞开想象的翅膀，幻想你来到一个海滩(或草原)，你躺在海边，周围风平浪静，波光粼粼，一望无际，使你心旷神怡，内心充满宁静、祥和。

随着景象越来越清晰，幻想自己越来越轻柔，飘飘悠悠离开躺着的地方，融进环境之中。阳光、微风轻拂着你。你已成为景象的一部分，没有事要做，没有压力，只有宁静和轻松。

在这种状态下停留一会儿，然后想象自己又慢慢地躺回海边，景象渐渐离你而去。再躺一会儿，周围是蓝天白云，碧涛沙滩。然后做好准备，睁开眼睛，回到现实。此时，头脑平静，全身轻松，非常舒服。

4. 以生理为中心的应对方法

对压力的反应中相当重要的是身体方面的反应。在前面我们已经讨论过，压力会对我们的身体形成危害。为了与这种潜在的问题作斗争，保持良好的体形是很有好处的。食品营养要注意平衡，睡眠要充足，要有一定的活动量，不暴饮暴食，烟酒不过量。能做到这些，就会使我们对于压力可能产生的伤害具有一定的免疫力。我们需要多注意以下几个方面：

(1)营养：应付压力所需要的能量来自食品。因此，我们所吃的食品中应当含有充分的营养。如果你的主食是一堆垃圾食物，你根本就不会有足够的能量来应付日常生活。大多数营养专家会建议我们摄入的食品要多样化，应该含有人体必需的六种成分：蛋白质、脂肪、糖类、维生素、矿物质和纤维。满足上述的要求的食品有：①奶与奶制品；②肉类与其他含蛋白质的食品；③水果与蔬菜；④面包与谷类。除了吃饱、吃好、吃得均衡之外，吃也可以增加生活的满足感。为了让吃能成为一种享受，我们建议：①跟你喜欢的人一起吃饭；②在吃饭时只说快乐的事；③细嚼慢咽，体验与品尝食物的味道；④不要边吃边做其他的事。

(2)睡眠：充足的睡眠是健康的基础。睡眠有助于我们从所经历的各种压力中恢复过来，为我们提供有效地面对挑战的能量。睡眠也有数量和质量的问题。每个人需要的睡眠时间各不相同，因此，我们首先要确定自己所需要的睡眠时间。方法是：在一个比较轻松的假期，每天在你平常睡觉的时间去休息，一直睡到第二天自然醒来。这样持续一周左右，注意避免喝酒、茶或其他刺激性的食品。这一周平均的睡眠时间就是我们每天所需要的睡眠时间。其次是提高睡眠的质量。定时睡觉、每次睡够、不过量饮酒或服用药物，这些良好的行为习惯都有助于提高我们的睡眠质量。如果出现了失眠的现象，应注意以下几点：①不要轻易服用安眠药，因为镇定类药物从长远效果看是不好的，它会使我们产生依赖性。而且，长期服用会产生耐药性，你必须要不断增加剂量。②不要过于担心。有的人因偶尔几夜睡眠不好就会立刻担心自己患了失眠症，非常紧张、害怕。然而心里越怕，就越是睡不着。③学会放松自己。有些人失眠是因为过分紧张，学会放松有助于减轻自己必须立刻睡着的压力。

(3)运动：运动有很多好处，可以增强我们的体质，降低生病的概率；还可以增加活力，延缓老化过程；可以缓解愤怒与焦虑的情绪，释放压制已久的情绪，提高幸福感；可以防止过度紧张，避免和减轻忧郁。总之，运动是我们快乐的来源之一。大多数人都很难有一个适当的锻炼计划，也没有足够的毅力坚持下去，因此许多人很难付诸实际行动或持之以恒。以下建议可供参考：

①找一个自己喜欢的运动。

②每次运动的时间不少于 30 分钟，每周不少于 3 次。但运动量也不宜过大。

③要有恒心和毅力。

④参加一些集体性的或竞赛性的运动，可以增加我们对运动的兴趣。

【阅读材料】

心理减压二十法

1. 健康的开怀大笑是消除压力的最好方法，也是一种愉快的发泄方法。

2. 高谈阔论会使血压升高，而沉默则有助于降压。在没必要说话时最好保持沉默，听别人说话同样是一件惬意的事。

3. 轻松的音乐有助于缓解压力。如果你懂得弹钢琴、吉他或其他乐器，不妨以此来对付心绪不宁。

4. 阅读书报可以说是最简单、消费最低的轻松消遣方式，不仅有助于缓解压力，还可使人增加知识与乐趣。

5. 做错了事，要想到谁都有可能犯错误，因而继续正常地工作。

6. 在僻静处大声喊叫或放声大哭，也是减轻体内压力的一种方法。

7. 与人为善，千万别怀恨在心。把“百年之后”会变得荒唐的愤恨存在自己心里，付出的利息是紧张情绪。

8. 世上没有完美，甚至缺少公正。我努力了，能好最好，好不了也不是自己的错。

9. 学会一定程度的放松，对工作统筹安排，从而能劳逸结合，自在生活。

10. 学会躲避一些不必要、纷繁复杂的活动，从一些人为制造的杂乱和疲劳中摆脱出来。

11. 不要害怕承认自己的能力有限，学会在适当的时候对某些人说“不”。

12. 夜深人静时，让自己的心彻底静下来，不加掩饰，悄悄地讲一些只给自己听的话，然后酣然入梦。

13. 放慢生活节奏，把无所事事的时间也安排在日程表中。

14. 超然洒脱地面对人生。想得开没有精神负担，放得下没有心理压力，淡泊为怀，知足常乐。

15.在非原则问题上不去计较，在细小问题上不去纠缠，对不便回答的问题佯作不懂，对危害自身的问题假装不知，以聪明的“糊涂”舒缓压力。

16.遇事是否沉着，是一个人是否成熟的标志之一。沉着冷静地处理各种复杂问题，有助于舒缓紧张压力。

17.不妨给久未联系的亲友写封信，不仅可吐露一下自己的感受，同时也能让对方在收信时得到意外的惊喜。

18.当你无力改变现状时，你应学会换一个角度看待问题。请独自对困扰你的问题进行分析，然后找出一个最合适的解决方法。

19.一旦烦躁不安时，请睁大眼睛眺望远方，看看天边会有什么奇特的影像。

20.既然昨天和以前的日子都过得去，那么今天和往后的日子也一定会安然度过，多念念“车到山前必有路”。

【案例】

张朝阳压力管理经验

选择舒服，原是人的一种本能。可偏偏有些人放着舒舒服服的日子不过，却宁愿过那诚惶诚恐，度日如年的日子。张朝阳就是这样一种人。

应该懂得在极端压力下求生存。被评为“全球50个数字化英雄”之一，对我来说，经过了许多奋斗，我不会膨胀。我必须随时考虑下一个战役在哪里。安德鲁·葛鲁夫说，只有偏执狂才能生存。我的理解是：诚惶诚恐才能生存。

——张朝阳自述

从小学、中学到考入清华大学，他和所有的同龄人一样，一直处在应试教育的压力之下。社会价值观仿佛是：念书最好的学生才是好学生，才能拿诺贝尔奖，才能干一番大事业。为了实现童年的梦想，他奋力读书。清华的5年，又是艰苦的寒窗生涯。1986年，他终于到了美国。在美国的压力有增无减：社会总是把一大堆优秀的年轻人放到一起，24小时里都让他们进行着激烈的竞争，每个人都怀着同样偏激的思想，没有任何保护措施。7年的身心煎熬，他终于拿到了博士学位，进入ISI创业公司。开创ISI公司中国业务之初，他窝在万泉庄园一个仅有24平方米的地方，没有热水，整天工作、住宿都在里面。在这样的环境里，他度过了回国后的第一个元旦。他练就了一身在压力下参与竞争、在竞争的压力下创造新纪录的“看家本领”。

公司一开办，给他下马威的是：两起官司接踵而至。他当时没有退路，专心融资，希望尽快让自己公司的业务开展起来。

机遇也正是在这“诚惶诚恐”中到来。

1992年9月，当他再遇尼葛洛·庞蒂时，对方邀他一起到英国参加先锋论坛的演讲。他经历了有生以来最忙的几个日子。这个时候，他的护照页已经用完，钱也快花光了。为参加伦敦会议，他去北京的英国使馆签证时，护照被拒签，因为护照上已没有地方可以盖章，必须马上飞回纽约解决护照问题。他就用一张可以允许飞到波士顿的以前的联程机票，赶忙飞到了波士顿。一天里，辗转奔忙，办好签证，飞机已经快要起飞了。

这次会议的参加者都是全球IT界的大人物，他不能失去这个机会。后来，张朝阳说:“第二天就是我的演讲,错过了这次机会,难以想象会是什么结局。成败就在这一两个小时。”先锋讲坛为他说服风险投资者到中国投资打下了基础。目标和压力,使他“诚惶诚恐”,使他一步步去开拓。1997年1月,张朝阳的爱特信公司推出“中国工商网”,一举成为中国主干网(163)上信息的重要组成部分。1998年2月,随着“出门靠地图,上网找搜狐”的广告,中国人自己的网上搜索引擎“搜狐”开始运行。如果把比尔·盖茨作为功成名就的天下巨富的参照坐标,那么,张朝阳以其“诚惶诚恐”求生存的坚韧毅力开拓了一条崭新的创业之路。

作为企业家,张朝阳每天面临来自各方面的压力,但是他并不惧怕压力,反而成功地应对了压力,他管理压力的经验给我们提供了很多有益的借鉴。

大家都知道搜狐是中国首家大型分类查询搜索引擎,张朝阳是第一个把互联网带入中国的人。要知道在日益发展的社会,一件新事物的崛起必定会被很多人觊觎,竞争对手就会不断增加,百度、新浪、腾讯迅速走红,以至于超越搜狐,令这个中国互联网的开拓者很受打击;而作为互联网新兴产业的领头人,张朝阳有着明星一样的待遇,走到哪都会有大批量的“粉丝”尾随,在外人看来风光无限、呼声四起的背后,张朝阳却有着常人无法想象的压力;另外不光外部的压力,公司内部的董事会也会给张朝阳施压,一顿午饭的机会就会让自己CEO的位置面临危机。以上所有内部外部的压力都是导致张朝阳精神崩溃、不得已闭关的重要原因。

张朝阳在压力得不到释放的时候选择了闭关,这无疑是个很明智的选择。2013年1月他回来了,对比过去,少了几分张扬和骄傲,多了几分稳重和谦虚,在压力释放过之后对一切都看得很淡了。对于微博和微信的迅速崛起,张朝阳也会用平和的心态去想,互联网需要发展,大家都在为一个目标而努力。

张朝阳非常关心自己的健康问题。“我要活150岁!如果从现在开始吃健康的食品,过健康的生活,也许活80岁还来得及。”他认为只有身体好,一切才有可能。

张朝阳说:“这两年我也悟出点道理,其实快活是人生最重要的标准,健康又是快活的重要标准,如果你不快乐,体内马上就会产生很多毒素,所以我是尽量保持自己身体健康。”

说到自己的休闲方式,张朝阳的神情顿时很悠闲,“在北京生活就是卡拉OK呗,蹦迪呗,电影不看。”张朝阳的乐感非常好,他透露自己可以“敲”出歌来,“我用口腔、任何牙齿都可以敲出任何歌来。”他说自己听得特别杂,什么歌都听。而歌手呢,一段时间就喜欢一个,跟着潮流。

张朝阳还是一个登山爱好者,只要一有空,他就会通过登山等活动来享受生活。

请思考:张朝阳采取了哪些措施来应对压力?有哪些经验你可以借鉴?你是如何理解“诚惶诚恐才能生存”这句话的?

心理训练

【活动一】压力情景剧表演

活动目标：以小组竞赛的形式，通过扮演不同的情境故事，加深大家对压力来源及其解决办法的了解。

活动程序：

1. 组员随机抽取解决压力类型的卡片以及要扮演的情境故事类型。
2. 在扮演情境故事后，让组员分享压力体验。
3. 智囊团分析压力源以及提供解决压力的办法。
4. 让其他小组对这个小组的表现进行评价，每个小组都有两部分的分数，一部分为情境扮演的分数，另一部分为解决压力建议上的分数。

小结：这个活动让我们了解到压力对我们的影响，这种压迫感在某些时候会产生积极作用，但是绝大部分时间会对我们的工作、生活产生消极影响。那接下来的活动中，就让我们共同去面对压力，释放压力。

【活动二】我的压力我做主

每个人都会有多多少少各种各样的压力感，请结合你最近一周的实际情况，分析一下这一周的压力事件有哪些？这些压力事件属于何种压力源？为此你有何种反应？如何应对这些压力？填入下面的表中。

压力事件	压力源类别				反应状况	解决措施
	躯体性	心理性	社会性	文化性		

【活动三】心理放松操

1. 静思颐养操

用一种你认为最舒适的体姿坐在高度适中的椅子上，让朋友缓缓地按摩你的肩、颈部肌肉。其间，做均匀的深呼吸，并轻微地转动头部。注意：此时你注意力必须全部集中到放松的感觉上来，时间一般以15分钟左右为宜。可缓解学习时注意力不能很好地集中，思维凌乱等心理障碍。

2. 耳部按摩操

选择一种舒服的体姿平躺或静坐，然后闭上双眼，用拇指和食指夹住耳朵。拇指在后，食指在前，自耳朵上部向下部反复轻轻捏揉10分钟左右。可改善记忆力减退的状况。

3. 鸣天鼓

双肘支在桌子上，头略低，闭双目，用双手掌心紧紧按住两耳孔，然后用两手中间三指轻击头后枕骨，随即可以听到"咚咚"的好像击鼓的响声。敲击声略快些，要有节奏，心中默念数字，敲击20～30下即可。两手掌按住左右耳朵，两手食指架在中指上，放在头后处，轻轻叩打24次。然后，手掌按耳孔，再骤然放开，连续开闭放响8次。做完"鸣天鼓"，慢慢睁开眼，收功。

"鸣天鼓"可防治头晕耳鸣，长期练习可以改善注意力不集中，对清醒头脑，稳定情绪有明显效果。

4. 提腿摸膝操

两脚开立与肩同宽。先平抬左腿，用右手摸左膝；再抬起右腿，换左手摸右膝，如此交叉反复练习3分钟。然后改做平行练习，即抬左腿，以左手够左膝；再抬右腿，以右手够右膝，持续练习3分钟。动作要舒缓、有韵律，眼睛保持平视，全身自然放松，类似于做广播体操的"整理运动"。由于大脑两半球对躯体功能实施对侧控制，即右半球控制躯体左侧，左半球监管躯体右侧。该练习可以促进两半球协调工作的能力，缓解因单侧用脑过度而引发的身心疲劳症状。

5. 想象放松操

选择舒适的姿态让自己倚靠或平躺下来，然后闭上双眼，努力想象：自己正坐在或躺在一叶泊于港湾的小舟上，小船随着湛蓝的海水泛起的轻波荡漾着，天空中几朵浮云在自由地徜徉……你尽情地享用这一切。当然，也可以想象自己躺在绿茵如织的草坪上，总之，怎么美怎么想，练习时间每次为10分钟。

心理测试

【测试一】压力状况自测表

本量表根据国外常用的贝克量表等进行改编，可以评估自己最近的压力状况、心理承受能力、是否有悲观厌世情绪等。请根据自身情况如实进行选择：A. 非常不符合，B. 不太符合，C. 有点符合，D. 非常符合。

1. 最近我总是莫名其妙地失眠。
2. 最近我的脾气变得很差。
3. 现在我容易感到悲观或伤感。
4. 我觉得非常孤独。
5. 我身边能够理解我的人不多。

6. 人们看起来并不喜欢我。

7. 我缺乏家人或朋友的支持。

8. 我需要一个幸福的家庭。

9. 最近我刻意回避朋友或家人。

10. 最近我经常喝闷酒或抽很多烟。

11. 我想把以前最珍爱的东西丢掉或送人。

12. 我曾经写过遗书或非常绝望的文字。

13. 对于未来我感觉希望渺茫。

14. 无论如何也无力改变我的生活现状。

15. 我开始怀疑生活的意义。

16. 我认为活得没什么意思。

17. 我无法做到别人要求我做的事情。

18. 有时候我真想解脱这一切。

19. 不用极端的办法无法改变我的处境。

20. 很多时候我觉得尊严受到了伤害。

每题选 A 记 0 分，选 B 记 1 分，选 C 记 2 分，选 D 记 4 分，将 20 道题总分加起来判断你的压力状况：

0～25 分：你是个乐天派，生活幸福。

26～35 分：你有一些压力，需保持乐观心态。

36～49 分：你面对的压力较大，需要得到释放，建议你调整心情，或者休息一段时间。

50～65 分：你压力很大。建议你走出自我的小圈子寻求他人的帮助，保持轻松愉快的心情。

66 分以上：你承受着巨大的压力，你的心理状况不容乐观，有必要看心理医生。

【测试二】心理压力自测量表

下面有 20 道测试题，每题有“是”“否”两种答案。选“是”加 1 分，选“否”不加分。测试完毕后，将所有分数相加得到总分。对照后面的测试结果分析，即可知道自己处于什么状态下了。

1. 站立时有头晕的感觉。

2. 有口腔溃疡的现象，并且舌苔出现异常现象，如颜色加重、舌苔增厚等。

3. 有耳鸣现象出现。

4. 经常感到喉咙或咽喉疼痛，嗓子干涩不适。

5. 食欲下降，即使很饿或者面对喜欢吃的东西，也提不起胃口，并且进食后有难以消化的感觉。

6. 经常便秘或腹泻，并感觉腹胀、腹痛。

7. 肩膀、脊椎僵硬，并伴有酸痛的感觉。

8. 常患伤风感冒等小毛病，并且不易痊愈。

9. 感觉眼睛肿胀、干涩、容易疲劳。
10. 经常出现手脚冰凉的现象。
11. 有心慌、心悸等感觉出现。
12. 常感觉胸闷气短、胸痛、呼吸困难，甚至有窒息感。
13. 常有头晕、眼花症状出现，并感觉头部沉重或大脑不清晰。
14. 体重下降。
15. 清晨起床困难，常有不愿起床的倦怠感。
16. 经常感觉疲劳，注意力下降，精神不集中。
17. 情绪烦躁、暴躁、易怒。
18. 不愿与人交际，甚至有厌倦感。
19. 出现鼻塞症状。
20. 睡眠质量不好，容易做梦，甚至做噩梦；醒来之后不易入睡。

将得的分数相加，低于5分者，说明你承受的压力很小；6～10分者，属于正常情况，说明压力在你的承受范围之内，没什么大碍；11～15分者，你的压力较大，已经给你的身体造成不适感，要及时进行防范和调整；16～20分者，你的压力太大了，已经处于严重的紧张状态之中，并对身体造成了严重的危害，威胁到了健康，建议及时就医。

心灵鸡汤

【名人名言】

有压力才会有动力，有动力才能坚持进步。

——雷锋

【推荐阅读】

1.《压力管理策略——健康和幸福之道》([美]B. L. 西华德著，许燕等译)

这部教材曾被誉为压力管理领域的“圣经”和权威之作，它将教会你明智而理性地去看待外界的压力，在变化中实现和保持内心的平衡。本书作者以广博的知识基础道出了压力的本质内涵，他吸收东西方文明的精华，提出16种应对策略和12种放松技术，帮助你更有效地管理你的压力，减轻和消除压力症状，从而减缓现代生活给人们带来的心理冲击。

当你身心疲惫时，我推荐你阅读这本书；
当你面对挑战时，我推荐你阅读这本书；
当你感到沮丧时，我推荐你阅读这本书；
当你遭遇不公时，我推荐你阅读这本书；
当你反思自我时，我推荐你阅读这本书；
当你阅览人生时，我推荐你阅读这本书；

当你追求卓越时,我推荐你阅读这本书。

2.《为了今天》

(1)为了今天,我要十分快乐。如果林肯说的“大部分人只要下定决心,就能获得快乐”这句话是对的,那么,快乐应该是来自于内心,而不是存在于外在。

(2)为了今天,我要让自己适应一切,而不去试着调整一切来适应自己的欲望。我要以这种态度接受我的家庭、我的事业和我的运气。

(3)为了今天,我要爱护自己的身体。我要多加运动,善于照顾、珍惜身体。不损伤它,不忽视它,使它能成为我争取成功的好基础。

(4)为了今天,我要丰富自己的思想,要学习一些有益的东西。我不要做一个胡思乱想的人,要看一些需要思考、更需要集中精神才能看的书。

(5)为了今天,我要用三件事来锻炼我的灵魂,我要为别人做一件好事,而不让人知道,我还要做两件自己并不想做的事,如同威廉·詹姆斯所说的,只是为了锻炼。

(6)为了今天,我要做个讨人喜欢的人,外表整洁,衣着得体,说话低声,行动优雅,丝毫不在乎别人的毁誉。对任何事都不挑毛病,也不干涉或教训别人。

(7)为了今天,我要试着认真思考如何度过每一天,而不是试图将一生的问题一次解决,因为,一个人虽能连续工作12个小时,但却不可能一辈子这样做下去。

(8)为了今天,我要制订一个计划,写下每一个小时应该做的事,也许我并不会完全照着做,但依然要定下这个计划,这样至少可以免除两种缺点——过分仓促和犹豫不决。

(9)为了今天,我要为自己留出安静的半个小时,放松一下,使自己的生命更充满希望。

(10)为了今天,我要心中毫无畏惧。尤其是不要害怕快乐。我要去欣赏一切美的东西,勇敢地去爱,相信我爱的人会爱我。

项目九　意志能力训练

心理体验

【体验一】突围与闯关

成员自愿报名做挑战者。

突围：成员手拉手、肩并肩、面对面紧紧地围成一个圈——“围城”，并快速走动。挑战者站在圆中央，想方设法伺机从“围城”中突围，活动过程不得有打人现象，注意安全。

闯关：成员手拉手、肩并肩、背对背紧紧地围成一个圈，挑战者站在圈外，想方设法闯入“城”中央。活动直至挑战成功为止。若挑战不成功，挑战者要举手表示投降。活动后团体分享。

【体验二】头脑风暴

材料一：

22 岁生意失败；
23 岁竞选州议员失败；
24 岁再次生意失败；
27 岁精神崩溃；
29 岁竞选州议长失败；
34 岁竞选国会议员失败；
35 岁当选州议员；
39 岁竞选国会议员再次失败；
46 岁竞选参议员失败；
47 岁竞选副总统失败；
49 岁竞选参议员再次失败；
51 岁当上美国总统。
猜猜他是谁？（林肯）

材料二：

5岁时，他父亲就去世了。

14岁时，他从学校辍学，开始了流浪生活。

16岁时，他谎报年龄参了军，而军旅生活也是处处不顺心。

18岁时，他娶了个媳妇，可只过了几个月，媳妇就变卖了他所有的财产逃走了。

他曾通过函授学习法律，可没有学成；后来，他卖过保险，卖过轮胎，还经营过一条渡船，开过一家加油站，但都失败了。

人到中年。他成了一家餐厅的主厨和洗瓶师，可因政府修公路而拆了那家餐馆，他又失业了。

俗话说“三十而立”，可是这个人到了中年还是没有创造一份属于自己的事业，你认为他还会继续尝试新的工作，最后获得成功吗？时光飞逝，眼看一辈子就这样过去了，而他仍一无所有，过着贫困的生活。

65岁那年，邮递员送来了他的第一份社会保险支票，他用这105美元的保险金创办了自己的一份崭新的事业。

88岁高龄时，他的事业终于大获成功。

他，就是肯德基创始人——哈兰·山德士！

材料三：

印度的甘地与南非的曼德拉一样，在监狱里被关了二三十年，最后分别变成印度和南非共和国的国父，这就是逆境帮助毅力顽强的人勇于生存，增强斗志的最好的例证。李嘉诚16岁时父亲去世，17岁当学徒；台北的王永庆，从小就失去了父亲，跟着叔叔学做生意，开始卖米，卖木材，最后变成了富商。

日本本田机车创始人本田宗一郎说过：“世上的人都知道我的成功，却都不知道其实我有99%是失败的，开始搞本田机车，就是搞摩托车，差点做不下去。今天我成功了，那些人只看到我1%的成功，却没有看到我99%的失败。”

讨论与分享感受和体会。

小结：面对挫折失败，必须坚持努力不松懈——失败并不意味着结束，成功者不过是爬起来比倒下去多一次。

【体验三】故事竞猜

草地上有一个蛹，被一个小孩发现并带回了家。过了几天，蛹上出现了一道小裂缝，里面的蝴蝶挣扎了好长时间，身子似乎被卡住了，一直出不来。天真的小孩看到蛹中的蝴蝶痛苦挣扎的样子十分不忍，于是就拿起小剪刀把蛹壳剪开，帮助蝴蝶脱蛹而出……

思考：你猜猜蝴蝶最后的命运是怎么样的？为什么？

结论：失去了成长的必然过程。蝴蝶的成长必须在蛹中经过痛苦的挣扎，直到它的翅膀强壮了，才会破蛹而出。否则，它很快就会被环境所吞噬。因此，挫折的影响具有两重性：积极影响和消极影响。

心理认知

【认知一】了解挫折

我们每个人都希望生活中少一些挫折失败，多一些顺利成功。但任何人终其一生不可能不遭遇挫折，挫折或大或小，或令人走向成功，或使人走向沉沦。人生就像一次遥远的探险旅行，道路漫长而曲折。虽然我们都希望旅途能一帆风顺，但挫折会像影子一样忠实地伴随着每一个人，与人做着一生的游戏。

大学生正处在人生的关键时期，需要面对很多挫折和矛盾冲突，需要承担生活中的波折与压力。对我们而言，挫折既是磨难又是财富，学会面对挫折是人生的一门必修课。我们的行为总是从一定的需要和动机出发，经过努力达到一定的目标。如果在实现目标的过程中碰到困难或遇到障碍，就产生了挫折。挫折会引发我们生理、心理上的紧张反应，并表现为各种挫折行为。挫折的产生既可以说是必然的，也可以说是偶然的。说它是必然，是因为在人漫长的一生中，必然会遇到或大或小的困难障碍；说它是偶然，是因为我们往往不知道挫折会在什么时间、哪个地方等着我们。

遭受严重挫折后，个人会在情绪上表现出紧张、焦虑、愤怒、低落、消极等；在生理上会表现为血压升高、心跳加快等；在行为上会表现为消极对抗、攻击侵犯等。总之，个人的挫折可能引发各种消极反应，导致我们的身心失调。同样的一个挫折事件，不同的人却可能体会到不同程度的挫折。所谓挫折感是指个体在朝向目标努力的行为过程中，认识并感受到自己的活动受到阻碍或干扰而不能实现目标时所引起的一种主观感受。由于每个人的理想抱负水平、神经类型以及容忍力存在差异，使得不同个体感受挫折大小的程度也不同。

1. 挫折的定义

挫折是指人们在有目的的活动中，遇到无法克服或自以为无法克服的障碍或干扰，其需要或动机不能得到满足而产生的消极反应。从定义可以看出，挫折这一概念包括以下三个方面：

(1)挫折情境：阻碍个体行为的情境（高考失利、受讽刺打击等）。

(2)挫折认知：个体对挫折情境的认知、态度和评价（失败乃成功之母，第十名已经不错了等）。

(3)挫折反应：伴随挫折认知而产生的情绪体验和行为反应（焦虑、紧张、愤怒、攻击等）。

2. 挫折对强者的积极意义

在人们正常的学习、工作和生活中，常常会遇到努力去做的事会失败，需要的东西未满足心理体验，这正是“人生不如意十有八九”。心理学家把由于遇到障碍和干扰，其需要不能得到满足时的状态谓之挫折。个体遭到挫折时会产生失眠、焦虑、抑郁等。生活中的强者，对挫折的承受力极大，面对困境，不是被动的、无可奈何的，而是积极主动地迎接挑战，以百倍的力量去努力奋斗以摆脱挫折的困扰。在挫折面前，强者常常利用挫折对个体的有益作用来提高自己的活动力量。

(1)挫折能提高人的认识水平:强者面对挫折和失败,不是手足无措、被动等待,而是积极总结经验,反思自己的认识过程,找出不足,及时采取补救措施。知不足而后学,学好后再去用。如此反复,有助于个体知识结构的不断完善。同时,吸收经验教训,改变策略,提高了个体解决问题的水平。

(2)挫折能增强个体的承受力:遭遇挫折仍能正常地进行社会活动,说明个体的承受力强。一个人历经艰辛,遇到的挫折比较多,那么他对挫折的承受力也随之增强,一次次挫折及其应对措施,日积月累,奠定了以后他面对挫折的策略及心理准备。这种预期可以大大降低挫折的程度,而提高对挫折的耐受力,真可谓"曾经沧海难为水,除却巫山不是云"。

(3)挫折能激发人的活力:为了摆脱挫折,人们常常被驱使去为实现目标而做出更大的努力。挫折是一种内驱力,生活中的强者往往被挫折激发出强大的身心力量。虽身处逆境,却百折不挠,投入更多的时间和精力,发奋努力,最终实现自己的愿望。

面对挫折,每个人解脱的行为是不同的。消极应对行为是攻击行为、固执行为、倒退行为和厌世行为。积极的应对行为表现为升华行为、增强努力行为和改变策略再做尝试等。生活中的强者往往采取后一种行为。

3.挫折对弱者的消极意义

与强者不同,面对挫折,弱者表现为悲观失望、畏缩后退、冷漠无情、焦虑,甚至采取攻击、压抑、倒退、轻生等方式来自我解脱,以达到心理上的平衡。这些消极方式的运用不利于问题的解决,反而造成个体动机、认识、情感的障碍。挫折对弱者的消极意义体现在下列几个方面:

(1)降低个体的成就动机水平:成就动机表现为想要做事并把事情努力做好的愿望。成就动机水平的高低取决于个体对自我能力的评估以及对问题的把握,它与个体的自信心、抱负水平、人生价值取向有关。在挫折面前,弱者受消极情绪影响,往往从主观上过高估计各种困难,过低估计自己的能力。对挫折不是积极尝试,探究摆脱的方法,而是手足无措、无所适从、"习得性无助",从而降低个体的抱负水平。一个屡受挫折的人,很难客观地评价自身的能力和水平,不可能再给自己提更高的目标,长此以往会变得保守、封闭、自卑、丧失自信,降低成就动机水平。

(2)降低个体的创造性思维活动水平:现代生理心理学研究表明,在不良的情绪状态下,大脑能释放一种有害的物质,使人的身心疲劳,从而影响个体对问题的思维过程,不利于问题的解决;在不良的情绪状态下,还会引起大脑神经元联系精确度的变化,引起主体心理状态积极性的改变,从而影响思维的敏捷性。

挫折使弱者产生的是紧张、焦虑、失望等消极情绪,它会使神经系统,特别是大脑功能处于紊乱、失调的状态,无法进行创造性思维活动。严重的挫折会导致弱者精神崩溃,大脑神经细胞被破坏。

【阅读材料】

西点军校的故事——麦克阿瑟的满分

被喻为魔鬼训练营的美国西点军校以严格著称。学校规定要毕业者需经过一个有意思的考试。毕业前，把学员放入一个陷入地下四米、直径两米的圆柱形光滑金属筒中，给他一夜的时间从里面出来，如果不能通过这项考核，那么受试者除了考试成绩按零分计算外，还将受到处罚：被人从上面抛泥土盖顶，埋至腰部。

自从西点设该项测验以来，几乎没有学员可以徒手走出圆筒。他们的这项测验均为零分。这项纪录直到一个年轻人出现才被打破。这个年轻人在被放入圆筒的时候与别人不同的是他开始思考解决难题的答案。过了一夜，当主考官让士兵往圆桶里放土的时候，刚刚还平静的他立刻站了起来，他并没有像别人那样等着惩罚，而是左右闪动身体，迅速将泥土踩在脚下。不一会儿，出乎意料的情景出现了：那些泥土越积越高，最后竟成了一个土堆。他踩着土堆，双手搭在桶边，成功脱困。“恭喜你，你得了满分。”

泥土是唯一的工具。那一年，道格拉斯·麦克阿瑟以98.14的平均分毕业于西点军校。据说这是25年来毕业学员中分数最高的。人生中不免遇到各种各样的困境，坐以待毙只是懦夫的行为。唯有智慧而积极地因地制宜，化危机为转机，才能获得人生考试中的满分。

【认知二】大学生常见的挫折

1. 学业挫折

学业动力不足；学习方式不适应；学习竞争日益激烈。

2. 人际关系挫折

自私导致人际关系挫折；冷漠导致人际关系挫折。

3. 恋爱挫折

选择的困惑；单相思与爱情错觉。

4. 就业挫折

找工作的困难，或找到的工作不合意。

5. 家庭挫折

家庭经济状况不好导致自卑等心理挫折。

【认知三】挫折产生的原因

（一）客观因素

客观因素指由外界阻碍和限制而形成的挫折情境。

1. 自然环境因素

自然环境因素指各种非人为力量所造成的时空限制、自然灾害和各种事故，以及人世间的生老病死等等。如地震、洪水、交通事故、疾病、死亡等。

每个人随时都可能遇到自然因素造成的挫折，如亲人去世，因交通事故致残等；又如正当踌躇满志的大学生收到一个极有影响力的工作单位的面试通知，设想着美好的前程之时，一场突如其来的大病却使他不能参加面试，从而丧失了应聘的良机而产生失落感；有些学生刚入学时对当地的气候不适应，不习惯集体住宿等。

2.社会环境因素

社会环境因素是指个人在社会生活实践中受到的各种人为因素的限制与阻碍，包括政治、经济、法律、道德、宗教、风俗习惯以及人际关系等方面的挫折。此外，还包括管理方式的不妥、教育方法的不当以及缺乏良好的设施等等。

3.学校环境的影响

(1)如有的高职校园的环境设施简陋陈旧。

(2)教学内容与管理方式的滞后。

(3)校园文化品位不高。

(4)教育体制的改革带来的冲击。例如，奖学金和贷学金制度的改革，“双向选择，自主择业”毕业分配政策等。

4.家庭环境因素

部分高职学生的不少心理问题是与家庭生活的不良背景、早期不良家庭生活经历联系在一起的。

例如，自小娇生惯养和过分受保护、被溺爱的孩子进入大学后，更容易产生心理挫折。家庭贫穷、双亲不和或单亲家庭的孩子，由于父母对他们过分管制或放任不管，他们上大学后，有些人表现得蛮横无理或做出一些违背社会规范的反常举动；有些人表现出内向、孤僻的性格，很少与人交往，不易表露感情，郁郁寡欢，也容易产生心理挫折。

(二)主观因素

挫折的主观因素，即个人内在原因，是指由于个人在生理、心理以及知识、能力等方面的阻碍和限制，使人的需要和目标不能满足和实现而产生挫折。

1.生理因素

生理因素指个体与生俱来的身体、容貌、健康情况、生理缺陷等先天素质所带来的限制。

例如，近视眼者要求当飞行员，或身材矮小者想成为优秀的篮球运动员，必然受到限制；患高血压或心脏病者难以到空气稀薄的高原地带工作；年迈体胖者难以适应长途奔波或繁重的体力劳动；有志于考医学院的学生因为色盲却不能被录取而倍感沮丧和无助；人际交往等社会活动中可能由于其貌不扬而处于劣势，往往无法在社交场合中潇洒自如、谈笑风生、展示自己的才能，甚至正常交友也受影响，使自己陷入孤寂境界，等等，都可能给大学生带来挫折感。

2.心理因素

产生挫折的心理因素比较复杂，主要有以下几种：

(1)自我认知偏差。

(2)独立精神不够，生活环境的不适应。

(3)期望值过高。

(4)人际交往不适。

(5)动机冲突。高职学生的动机冲突主要有四种形式：一是双趋冲突，“鱼和熊掌不可能兼得”。二是双避冲突，“二者必居其一”。三是趋避冲突，“进退两难”。四是双趋避冲突，“左顾右盼，难以抉择”。

(6)青春期性的困惑。

【认知四】大学生的挫折反应

(一)挫折后积极的行为反应

高职大学生受挫后积极的行为表现是指不失常态的、有控制的转向摆脱挫折情境为目标的理智性行为。积极的反应方式能够有效缓冲心理挫折,使人表现出自信、进取的倾向。主要有以下几种形式:

1. 升华

弗洛伊德认为,如果人原始的一些行为和欲望直接表现出来,可能会受到社会规范的惩罚或产生不良后果,因此不能直接表现出来。如果能将这些行为和欲望导向比较崇高的符合社会规范的方向,使其具有建设性,有利于社会和他人,同时也能减轻自己的精神痛苦,这就是升华作用。例如,把失恋的痛苦转化为发奋学习的动力,或成为写作的能量等。

2. 补偿

高职大学生在实现既定目标的过程中,因种种原因阻碍导致失败时,设法以另一新的目标来替代原有目标,以现有的成功体验弥补原有的失败痛苦,从而满足自尊的需要。例如,有的同学参加演讲比赛发挥不佳,没有取得名次,便转而努力锻炼,参加运动会,通过一番努力拼搏而取得较好名次。

3. 幽默

幽默也是一种积极的行为反应,是较高级的适应环境的方法之一。

4. 寻求改变

在发现原有的方法无法发挥作用、实现目标的时候,可以改变行为方式,寻求其他可能解决问题的方法。

(二)挫折后消极的行为反应

高职大学生受挫后消极的行为表现是指失常的、失控的、没有正确目标导向的行为,甚至是对自己、他人或社会造成一定程度危害的情绪性行为。主要有以下几种形式:

1. 攻击

由于受到阻碍,愿望不能实现,从而产生强烈的侵犯和对抗的情绪和行为反应。攻击包括直接攻击和间接攻击。直接攻击是指一个人受到挫折以后,把愤怒的情绪指向对其构成挫折的人或者物,多以动作、表情、言语、文字等形式表现出来;间接攻击是指将挫折引起的愤怒和不满的情绪转向发泄到自我或与挫折来源不相关的其他人或物上,如埋怨自己能力不够强、机遇不好、命运不佳、生不逢时等。

【案例】

小强和班上一位女同学谈恋爱,但是没多久女朋友就提出了分手,理由是小强性格不好,喜欢猜疑,爱发脾气。小强不同意分手,但是女朋友不但不回心转意,不久之后还交上了一位外系的男朋友,并带到班里来一起听课。小强一气之下把那个男生打了一顿,被学校处分之后还愤愤不平,觉得不是自己的错。

2.逃避

逃避是指在现实生活中,自己与社会及他人发生矛盾及冲突时,不能自觉地解决矛盾、冲突,而是躲避矛盾、冲突的心理现象。主要类型有:① 通过沉迷于其他事来逃避。例如,有的高职学生在学习、生活中碰了钉子或者追求的目标、理想不能实现时,便心灰意冷,沉迷于赌博、烟酒之中。②通过幻想进行逃避。个体企图以自己想象的虚幻情境来应对挫折,借以脱离现实。幻想能使人暂时脱离现实,使人减轻挫折后的焦虑和不安,但幻想本身并不能真正解决问题,长期沉溺于幻想则会降低个体对现实生活的适应。③ 通过生理疾病进行逃避。如参加高考的学生考试当天发烧、拉肚子等。这种疾病的发生是无意识的,并非装病。

3.固执

固执是指个体在受到挫折后,采取刻板的方式盲目重复某种无效行为,尽管情况已经变化,这种行为并无任何结果,但是刻板式的反应仍在继续进行。从外部特征来看,固执与正常习惯有许多相同点,但是在遭受挫折时,二者的区别就明显地表现出来了。如果因习惯的行为遭受挫折或惩罚,那就会改变习惯行为;而与此相反,固执行为不但不会改变,而且还会反常地强烈起来。这是因为,人们在社会生活环境中再三遇到同样的挫折,又一时难以克服,就可能慢慢失去信心而形成刻板化的反应方式,再重复同样而无效的行为。另外,过多过严的惩罚和指责,也可能导致固执行为。

4.反向

为处理一些不能被现实接受的欲望和冲动,将这些被自己和社会规范不能容忍的原始行动欲望压抑到潜意识中去,但是这些欲望和冲动仍然有强大的力量,个体害怕这些欲望和冲动会暴露,就用相反的行为来表达。

比如,有的学生非常自卑,觉得自己什么都比不上别人,但是却表现出自高自大、过分自负,其实就是害怕别人知道他的短处。

5.退行

受到挫折后,其行为表现和他的年龄很不相称,恢复到一种不成熟的行为模式。如有的成人会像小孩一样又哭又闹,显得十分幼稚;也有的人会采用粗暴的行为方式,为一点小事暴跳如雷,大声叫嚷。

【认知五】培养挫折承受力

挫折承受力是指个体在遭遇挫折时适应挫折、抵抗挫折和应对挫折的能力,是个体在遇到挫折情境,经受打击和面对各种压力时,摆脱和排除困境而使自己避免心理与行为失常的一种耐受力。挫折承受力是维护个体心理健康的一道防线,挫折承受力较低的人,在挫折面前容易陷于不良情绪困扰之中,几经挫折打击之后,容易失去人格的统一和完整,甚至导致行为失常和心理疾病的产生;而挫折承受能力较强的人,不易被强烈的负面情绪困扰,挫折反应小,持续时间短,在重大挫折面前仍可保持正常的行为能力,采取理智的态度和正确的方法应付挫折。

增强挫折承受能力不但是高职大学生健全人格的需要,也是提高其心理健康水平,增强其社会竞争力的需要。

1. 正确认识自己

(1)肯定自己，增强自信。挫折可以使人沉沦，也可以使人猛醒和奋起。关键在于受到挫折时，能否从失败中吸取经验，能否发现自己的优势和长处，从而振作精神，重整旗鼓。因为人在情绪低落的时候，最容易自我贬低，所以失意时更要寻找自己美好的一面，增强自信。

①发现自己的优点。努力去发掘自己的优点，逐点用笔记录下来。可分类记录，如个人专长，做过什么有益或建设性的事，过去什么人称赞过自己，受过的教育，家人、朋友对自己的关怀等等。

②肯定自己的能力。每天找出三件自己做成功的事，不要把成功看成登上月球、发明计算机一类的大事。成功可能是买到了合身的衣服，在图书馆借到了满意的书，完成了一篇论文，在宿舍给同学做一盘可口的凉菜等等。日常生活、工作都可以有成功与挫折之分。一日至少顺利完成三件事，又怎能责备自己一事无成呢？

(2)培养自己某方面的兴趣。在自己的兴趣中，找一样来培养、发展，使之成为专长。专长不必太困难，可能简单到剪发、游泳、做菜或点心、织毛衣……什么都可以，有了专长，就有机会做主角，自然神采飞扬。

(3)发挥自己的外在美。穿衣不必名牌、昂贵，作为高职生应打扮得适合自己的身份，清新、自然、大方、不落伍。情绪低落时，尤其要注意穿得鲜艳明丽，加上适当发型、化妆。这样不仅自己的坏心情因为打扮分散了注意力，表情也会生动、活泼些。

2. 调节抱负水平

抱负水平是人在从事某种实际活动之前，对自己要达到的目标规定的标准。挫折总是跟目标连在一起的，挫折就是行为受阻，目标没有实现。因此，在受到挫折后，要重新衡量目标是否定得过高，是否符合主客观条件。

国外心理学研究者做过一个有趣的投掷实验：投掷距离由被试者自己确定，距离越远，投中得分越高。结果表明，凡是抱负水平高的人多选择中等距离投掷，与自己实际水平相符。而抱负水平低者多选择很近或很远的距离投掷。也就是说，要么他的要求很低，要么孤注一掷。距离很近，他固然容易达到目标，但这种成就感并不能给他带来满足；若目标过高，超过实际水平，他虽全力以赴，仍会力不从心，达不到希望的目标，亦会产生失败感。

所以，遇到挫折时，应审视自己的目标是否得当，所定的目标最好是既有足够的把握，又要经过一定努力才能实现。

3. 建立和谐的人际关系

遇到挫折时，朋友、亲人的帮助支持也是提高挫折承受力的重要因素。所以，平时就应主动建立和谐的人际关系。人际交往遵循互惠互助原则。你要想在困难时得到朋友精神上的支持和其他帮助，那么在别人困难时，你应主动伸出援助之手。此外，应多与亲人、朋友交流思想、沟通感情。

如果自己无法走出挫折的阴影，也不能获得朋友、家人足够的帮助，可以尝试求助于心理咨询，通过心理咨询来调适情绪，更好地认识自己并获得成长。

4.学会适当宣泄

对挫折导致的紧张、焦虑或过度压抑,如果持续时间过长往往会给身心带来伤害,所以应及时采取合理有效的方式适当宣泄。例如,在你心情极度烦躁,不能自调的情况下,应及时外出与朋友聚一聚,一吐心中的不快,或者写写日记,或者去听听音乐、散散步等,都能起到良好的调节作用。如果这些措施都不能有效地减轻你的痛苦,就一定要找心理咨询师,寻求他们的帮助。

5.构建积极的心理防御机制

心理防御机制是指个人在挫折与冲突的情境中,在其内部心理具有的自觉不自觉地解脱烦恼,减轻内心不安,以恢复情绪平衡与稳定的一种适应性倾向。

(1)消极的心理防御机制:

①压抑作用:就是把不能被意识所接受的念头、情感和行动在不知不觉中抑制到潜意识里去的作用。这是精神防御机制最根本的方式。例如,一位中年妇女的独女18岁时死于车祸,事情发生在10月份。当时她非常痛苦,经过一段时间以后,她把这不堪忍受的情绪抑制、存放到潜意识中去,“遗忘”了。这些潜意识中的情绪不知不觉地影响她的情绪,果然她每年10月份均会出现自发抑郁情绪,自己不知道为什么,药物治疗也无效。

②否定作用:把引起精神痛苦的事实予以否定,以减少心灵上的痛苦。例如,小孩打破东西闯了祸,往往用手把眼睛蒙起来;癌症病人否认自己患了癌症;妻子不相信丈夫突然意外死亡等。

③退化作用:当人们感到严重挫折时,放弃成人方式不用,而退到困难较少、阻力较弱、较安全的境地——儿童时期,无意中恢复儿童期对别人的依赖,而不积极克服自己的挫折,害怕再负成人的责任。

(2)中庸的心理防御机制:

①幻想作用:指一个人遇到现实困难时,因为无力实际处理这些问题,就利用幻想的方法,任意想象应如何处理心理上的困难,以达到内心的满足。例如,“灰姑娘”型幻想,即一位在现实社会里备受欺凌的少女,坚信她有一天可以遇到诸如英俊王子式的人物,帮助她脱离困境。

②转移作用:指对某一对象之情感,因某种原因(发生危险或不合社会习惯)无法向其对象直接表现时,而转移到其他较安全或较为大家所接受的对象身上。例如,一个售货员或服务员因家中一大堆烦恼问题既无法解决,又不能向孩子或老人发泄,只好迁怒于顾客,服务态度极差。

③合理化作用:个人遭受挫折或无法达到所追求的目标以及行为表现不符合社会规范时,给自己找一些有利的理由来解释。虽然这些理由常常是不正确的,在第三者看来是不客观或不合逻辑的,但本人却强调这些理由去说服自己,即用一种能为自己所接受的理由来替代真实的理由,以避免精神上的苦恼。例如,吃不到葡萄说葡萄是酸的。

④投射作用:一般是指将自己所不喜欢或不能接受的性格、态度、意念,“投射”到别人身上或外部世界去,而断言别人也是如此,即所谓“以小人之心度君子之腹”。

⑤摄入作用:或称内向投射,与投射作用相反。指广泛地、毫无选择地吸收外界的事物,而将它们变为自己内在的东西。如常言所说:“近朱者赤,近墨者黑。”由于摄入作用,

有时候人们爱和恨的对象被象征地变成了自我的组成部分。如当人们失去他们所喜爱的人时,常会模仿他们所失去人的特点,使这些人的举动或喜好在自己身上出现,以慰藉内心因丧失所爱而产生的痛苦。相反,对外界社会和他人的不满,在极端情况下变成恨自己,因而自杀。

⑥反向作用:又称“矫枉过正”现象,为处理一些不能被接受的欲望及冲动所采用的方法。这是由于人的许多原始的行动欲望,是自己和社会规范所不能容忍的,所以常被压抑而潜伏到潜意识中去,不为自己所察。但它们仍有极大的动力,随时在伺机而动。人们为了害怕它们可能会突然冒出来,不得不加以特别防范。例如,有很强烈的吃手动机的小孩,见到妈妈马上把双手背在身后,声明“妈妈,我没有吃手”。有的人对伺机报复的对象内心憎恨,而表面却非常温和,过分热情。可见如果人的某些行为过分的话,表明他潜意识中可能有刚好相反的欲望。

(3)积极的心理防御机制:

①补偿作用:即一个人因生理上或心理上有缺陷,而感到不适时,企图用种种方法来弥补这些缺陷,以减轻不适感。例如,盲人的触觉、听觉敏锐。又如,一个一向淘气的十岁男孩,由于突然同时失去了母亲和妹妹,他的父亲就把全部爱和希望给予了他,使他感到自己应该懂事了,不能再淘气了,于是一下变为好学生。但是过分的补偿则可导致心理变态。

②仿同作用:把一个他所钦佩或崇拜的人的特点当作是自己的特点,用以掩护自己的短处。仿同有两种:一种是近似模仿。例如,在不知不觉中,男孩模仿父亲,女孩模仿母亲。另一种是利用别人的长处,满足自己的愿望、欲望。例如,一个不漂亮的女孩子喜欢和一个漂亮的女孩子做朋友,她可以因为别人夸奖她的女友而感到自豪。

③隔离作用:把部分事实从意识境界中加以隔离,不让自己意识到,以免引起精神的不愉快。最常被隔离的,乃是整个事情中与事实相关的感觉部分。如老人一般不说“死”而说“归天”“长眠”等。在心理治疗中,医生注意发现病人使用隔离作用的现象,可帮助找到病人的重大心理问题。因为病人在潜意识中所要掩饰的,正是心理治疗可能针对的问题。

④抵消作用:是指以象征的事情,来抵消已经发生了的不愉快事情,以补救心理上的不适与不安。例如,按我国习惯,过阴历年时不要打破东西。万一小孩打破了碗,老人则要赶快说“岁岁平安”。

⑤升华作用:人原有的行动或欲望,如果直接表现出来,可能会受到处罚或产生不良后果,因而不能直接表现出来。如果能将这些行动或欲望导向比较崇高的方向,使其具有建设性,有利于社会和本人,这便是升华作用。例如,一位具有强烈嫉妒心的人,理智又不允许他表现出嫉妒别人的成就,于是他发奋学习,成绩超过了别人。这对于社会和他本人均有积极意义。

⑥幽默作用:幽默作用也是一种积极的心理防御机制的形式,是较高级的适应方法之一。当一个人遇到挫折时,常可以用幽默来化解困境,维持自己的心理平稳。例如,大哲学家苏格拉底不幸有位脾气暴躁的夫人。有一次,当他在跟一群学生谈论学术问题时,听到叫骂声,随后他夫人担了一桶水来,往他身上一泼,弄得人全身都湿透了,在场的人都很

尴尬。可是苏格拉底只是一笑，说："我早知道，打雷之后，一定会下雨。"本来很难为情的场合，经此幽默，也就化解了。

【阅读材料】

你是哪一只狐狸？

有一个古老的故事开头：在一位农夫的果园里，紫红色的葡萄挂满了枝头，令人垂涎欲滴，当然，这种美味也逃不过安营扎寨在附近的狐狸们的眼睛，它们早就想享受一下了。

第一只狐狸来到了葡萄架下，它发现葡萄架要远远高出它的身高。它站在下面想了想，不愿就此放弃，机会难得啊！想了一会儿，它发现了葡萄架旁边的梯子，回想农夫曾经用过它。因此，它也学着农夫的样子爬上去，顺利地摘到了葡萄。

（这只狐狸采用的就是问题解决方式，它直接面对问题，没有逃避，最后解决了问题。）

第二只狐狸来到了葡萄架下，它也发现以它的个头这一辈子是无法吃到葡萄了。因此，它心里想，这个葡萄肯定是酸的，吃到了也很难受，还不如不吃。于是，它心情愉快地离开了。

（这只狐狸运用的是心理学当中经常提到的"酸葡萄效应"，也可以称为"文饰作用"或"合理化解释"，即以能够满足个人需要的理由来解释不能实现自我目标的现象。）

第三只狐狸来到了葡萄架下，它刚刚读过《钢铁是怎样炼成的》，深深地被主人公的精神打动。它看到高高的葡萄架并没有气馁，它想：我可以向上跳，只要我努力，我就一定能够得到。"有志者事竟成"的信念支撑着它，可是事与愿违，它跳得越来越低，最后累死在了葡萄架下，献身做了肥料。

（这只狐狸的行为，在心理学上我们称为"固执"，即反复重复某种无效的行为，有时我们也称它为强迫症。它说明，不是任何事情的最佳方案都是解决问题，要看自己的能力、当时的环境等多种因素。）

第四只狐狸来到了葡萄架下，一看到葡萄架比自己高，愿望落空了，便破口大骂，撕咬自己能够得到的藤，正巧被农夫发现，一铁锹把它拍死了。

（这只狐狸的行为被称为"攻击"，这是一种不可取的应对方式，于人于己都是有害无利的。）

第五只狐狸来到了葡萄架下，它一看自己的身高在葡萄架下显得如此渺小，便伤心地哭起来了。它伤心为什么自己如此矮小，如果像大象那样，不是想吃什么就吃什么吗？它伤心为什么葡萄架如此高，自己辛辛苦苦等了一年，本以为能吃到，没想到是这种结果。

（这只狐狸的表现，在心理学上被称为"倒退"，即个体在遇到挫折时，从人格发展的较高阶段退到人格发展的较低阶段。）

第六只狐狸来到了葡萄架下，它仰望着葡萄架，心想，既然我吃不到葡萄，别的狐狸肯定也吃不到，如果这样的话，我也没什么好遗憾的了，反正大家都一样。

（这只狐狸的行为在心理学上被称为"投射"，即把自己的愿望与动机归于他人，断言他人有此动机和愿望，这些东西往往都是超越自己能力范围的。）

第七只狐狸来到了葡萄架下，它站在高高的葡萄架下，心情非常不好，它在想为什么我吃不到呢，我的命运怎么这么悲惨啊，想吃个葡萄的愿望都满足不了，我的运气怎么这么差啊？它越想越郁闷，最后郁郁而终。

（这只狐狸的情况是“抑郁症”的表现，即以持久的心境低落状态为特征的神经性障碍。）

第八只狐狸来到了葡萄架下，它尝试着跳起来去够葡萄，却没有成功，它试图让自己不再去想葡萄，可是它抵抗不了，它还试了一些其他的办法，也没有见效。它听说有别的狐狸吃到了葡萄，心情更加不好，最后它一头撞死在葡萄架下。

（这只狐狸的下场是由于它心理不平衡造成的，在现实生活中我们经常会遇到类似的“不患无，患不均”的现象。很多人在与别人比较的时候，因为心理不平衡选择了不适当的应对方式。）

第九只狐狸来到了葡萄架下，同样是够不到葡萄。它心想，听别的狐狸说，柠檬的味道似乎和葡萄差不多，既然我吃不到葡萄，何不尝一尝柠檬呢，总不能在一棵树上吊死吧！因此，它心满意足地离开去寻找柠檬。

（这只狐狸的行为在心理学上被称为“替代”，即以一种自己可以达到的方式来代替自己不能满足的愿望。）

第十只狐狸来到了葡萄架下，它看到自己的能力与高高的葡萄架之间的差距，认识到以现在的水平和能力想吃到葡萄是不可能的了，因此它决定利用时间给自己充下电，报了一个研究生课程进修班，学习采摘葡萄的技术，最后当然是如愿以偿了。

（这只狐狸采用的是问题指向应对策略，它能够正确分析自己和问题的关系和性质，找到最佳的解决方案，是一种比较好的应对方式。）

第十一只狐狸来到了葡萄架下，它同样也面临着相同的问题。它转了一下眼睛，把几个同伴骗了过来，然后趁它们不注意，用铁锹将它们拍昏，将同伴摞起来，踩着同伴的身体，如愿以偿地吃到了葡萄。

（这只狐狸虽然最后也解决了问题，但它是在损害他人利益的基础上解决的，这种应对方式不可取。）

第十二只狐狸来到了葡萄架下，这是一只漂亮的狐狸小姐。它想：我一个弱女子无论如何也够不到葡萄了，我何不利用别人的力量呢？因此，它找了一个男朋友，这只狐狸先生借助梯子给了狐狸小姐最好的礼物。

（这在心理学上被称为“补偿原则”，即利用自己另一方面的优势或是别人的优势来弥补自己的不足，这种方式在一些情境下也不失为一种好方法。）

第十三只狐狸来到了葡萄架下，它对葡萄架的高度非常不满，因为这导致了它不能尝到甜美的葡萄，于是它就怪罪起葡萄藤来。说因为葡萄藤太好高骛远，爬那么高，说葡萄的内心其实并没有表面看上去那么漂亮。发泄完后，它平静地离开了

（这只狐狸的行为在心理学上被称为“抵消作用”，即以从事某种象征性的活动来抵消、抵制一个人的真实感情。）

第十四只狐狸来到了葡萄架下，发现自己无法吃到自己向往已久的葡萄，看到地上落下来已经腐烂的葡萄和其他狐狸吃剩下的葡萄皮，它轻蔑地看着这些，作呕吐状，嘴上说：“真让人恶心，谁能吃这些东西啊。”

（这只狐狸的行为在心理学上被称为“反向作用”，即行为与动机完全相反的一种心理防御机制。）

第十五只狐狸来到了葡萄架下,它既没有破口大骂,也没有坚持不懈地往上跳,而是发出了感叹,美好的事物有时候总是离我们那么远,这样有一段距离,让自己留有一点幻想又有什么不好呢?于是它诗兴大发,一本诗集从此诞生了。

(这只狐狸的行为在心理学上被称为"置换作用",即用一种精神宣泄去代替另一种精神宣泄。)

第十六只狐狸来到了葡萄架下,它发现想吃葡萄的愿望不能实现后,不久便产生了胃痛、消化不良的情况。这只狐狸一直不明白一向很注意饮食的它,怎么会在消化系统出现了问题。

(这只狐狸发生的情况在心理学上被称为"转化",即个体将心理上的痛苦转换成躯体上的疾病。)

第十七只狐狸来到了葡萄架下,它发现了同样的问题。它嘴一撇,说:"这有什么了不起的,我们狐狸中已经有人吃过了,谁说只有猴子才能吃到果子,狐狸也一样行!"

(这只狐狸所表现的言行是一种情绪取向的应对方式,在心理学上被称为"傍同作用",即当自我价值低于他人价值时,寻找与自己有关系的人来实现自我价值。)

第十八只狐狸来到了葡萄架下,它心想,我自己吃不到葡萄,别的狐狸来了也吃不到葡萄,为什么我们不学习猴子捞月的合作精神呢?前有猴子捞月,现有狐狸摘葡萄,说不定也会传为千古佳话呢!于是它动员所有想吃葡萄的狐狸合作,搭成狐狸梯,这样大家都吃到了甜甜的葡萄。

(这只狐狸采取的是问题取向的应对方式,它懂得合作的道理,最终的结果是既利于自己,又利于大家。)

心理训练

【活动一】风雨同行

活动目的:通过游戏,让学生在面对挫折时感受到其他人的帮助。

活动道具:篮球、雨伞、书包、凳子、抱枕等。

活动程序:

(1)按8人一组分组,规定2个盲人,2个无脚人,2个无手人,2个哑巴。

(2)在角色分配完成后,按要求盲人带上眼罩,哑巴戴上口罩,无脚人捆绑双脚,无手人捆绑双手,任意两人结合。

(3)让小组成员把所有物品搬运到终点,以用时最少的组为胜。

(4)全班交流,分享感受。

注意事项:每个组的所有物品,要求集体配合、共同承担、一次搬运完毕。若物品掉落到界限之外,则搬运者出局。禁止使用规定的残缺部位。

【活动二】心理情境剧表演(任选一)

1. 求职遇到挫折
2. 恋爱遇到挫折
3. 学习遇到挫折

【活动三】人生曲线

目的:对过去、现在和未来的我作出评估和展望。

操作程序:

(1)画一个坐标,横坐标表示年龄(时间),纵坐标表示对生活的满意程度。

(2)然后找出自己生活中的一些重要的转折点,连成线。

(3)最后在小组中以坦诚的心情向他人介绍自己的人生。通过相互交流了解千差万别的人生经历。

总结:生命中有太多不堪回首的往事和痛苦,失意、失恋、失落有太深的痕迹令人难以解脱,过于沉浸于这类情结就会影响健康和生命的成长。过去的就由它逝去,要拿得起,放得下。尝试将一副重担从肩上卸下来的感觉,体验轻松、快乐的喜悦。成长是一个“错了再试,败了再来”的过程,生活中“失败”的经验和“成功”的经验一样可贵。

【活动四】提高自信心实验

要参与这个练习,你需要准备一支笔、一张纸,以及你的双手。

首先,从1(一点都不自信)到7(非常自信)为自己的自信指数打分。

然后,看看以下罗列的形容词,选择三个能反映你最好性格的词、三个能反映你最差性格的词。

忠诚、亲切、冷漠、雄心勃勃、不主动、偷偷摸摸、关心他人、无情、快乐、脾气暴躁、善解人意、粗心、善于合作、不愿合作、勇敢、粗鲁、优柔寡断、热情、冷淡、灵活、固执、不依不饶、专注、节俭、慷慨大方、善于感恩、努力、懒惰、诚实、不诚实、谦逊、自大、猜忌、不成熟、谦虚、乐观、悲观、守时、自信、缺乏安全感、真诚、没条理、自命不凡、浮夸

其次,用你的非惯用手慢慢写下自己刚才选出的三个不好的性格特点。

再次,用你的惯用手慢慢写下自己刚才选出的三个好的性格特点。

最后,从1(一点都不自信)到7(非常自信)再次为自己的自信指数打分。

这个练习做完后,你是不是感觉更加自信了呢?

这个练习根据马德里自治大学的心理学家帕布罗·布里诺的试验研究设计而成。布里诺告诉被试者,他们要参加一项对笔迹的研究,因此让他们用自己的惯用手和非惯用手写下他们最好的和最差的性格特点。紧接着,他让被试者评价自己的自尊、自信程度。

实验人员知道,当被试者用非惯用手写字时,他们的笔迹会歪歪扭扭,因此表现得好

像他们对所写词语并没有什么信心一样。因此，试验人员推测，使用非惯用手写出好的性格特点，会降低被试者的信心，而用非惯用手写出不好的性格特点，则会让他们觉得更加自信、积极。而试验结果也验证了这一观点。

如果你想快速、有效地提高自己的自信心，以上方法可以帮助你。

——摘自《正能量》（[英]理查德·怀斯曼著）

心理测试

【测试一】测测你的抗挫折能力

对下列 10 道题选出自己心中最接近的答案。

1. 有十分令人担心的事时，你会 （　）
   A. 无法工作　B. 照常工作　C. 介于 A、B 之间
2. 碰到讨厌的对手时，你会 （　）
   A. 无法应付　B. 应付自如　C. 介于 A、B 之间
3. 遇上难题时，你会 （　）
   A. 失去信心　B. 动脑筋解决问题　C. 介于 A、B 之间
4. 当困难落到自己头上时，你会 （　）
   A. 嫌弃和厌恶
   B. 认为是锻炼自己的好机会
   C. 兼而有之
5. 产生自卑感时，你会 （　）
   A. 不想再工作　B. 振奋精神去工作　C. 介于 A、B 之间
6. 当领导给你很困难的任务时，会 （　）
   A. 顶回去了事　B. 想一切办法完成　C. 顶一会儿再去做好
7. 当工作条件恶劣时，你会 （　）
   A. 无法做好工作　B. 克服困难做好工作　C. 介于 A、B 之间
8. 工作中感到疲劳时，你会 （　）
   A. 总想着疲劳，脑子不好使　B. 休息一会儿，忘了疲劳　C. 介于 A、B 之间
9. 当你遇上难题时，你会 （　）
   A. 失去信心　B. 动脑筋解决问题　C. 介于 A、B 之间
10. 当你面临失败时，会 （　）
   A. 破罐子破摔　B. 将失败变为成功　C. 随机应变

计分标准：选 A 的计 0 分，选 B 的计 2 分，选 C 的计 1 分，将所得分数相加。

17 分及以上：说明你抗挫折能力很强，能抵抗失败和挫折。

10～16 分：你虽有一定的抗挫折能力，但对某些较大的打击依然难以抗衡，需加强心理素质的训练。

9 分及以下：你的抗挫折能力急需提高，甚至一些细小的挫折就能让你消沉半天。

【测试二】抗挫折心理小测试

1. 在过去的一年中,你自认为遭受挫折的次数 ( )
   A. 0~2次 B. 3~4次 C. 5次以上
2. 你每次遇到的挫折 ( )
   A. 大部分都能自己解决 B. 有一部分能解决 C. 大部分解决不了
3. 你对自己才华和能力的自信程度如何 ( )
   A. 十分自信 B. 比较自信 C. 不太自信
4. 你对问题经常采用的方法是 ( )
   A. 知难而进 B. 找人帮助 C. 放弃目标
5. 有非常令人担心的事时,你 ( )
   A. 无法学习 B. 学习照样不误 C. 介于A、B之间
6. 碰到讨厌的学习对手时,你 ( )
   A. 无法应付 B. 应付自如 C. 介于A、B之间
7. 面临失败时,你 ( )
   A. 破罐破摔 B. 将失败转化为成功 C. 介于A、B之间
8. 学习进展不快时,你 ( )
   A. 焦躁万分 B. 冷静地想办法 C. 介于A、B之间
9. 碰到难题时,你 ( )
   A. 失去自信 B. 为解决问题而动脑筋 C. 介于A、B之间
10. 学习中感到疲劳时,你会 ( )
    A. 总是想着疲劳,脑子不好使了
    B. 休息一段时间,就忘了疲劳
    C. 介于A、B之间
11. 学习环境不够安静时,你 ( )
    A. 无法完成任务 B. 能克服困难做好工作 C. 介于A、B之间
12. 产生自卑感时,你 ( )
    A. 不想再工作 B. 立即振奋精神去工作 C. 介于A、B之间
13. 老师给了你很难完成的任务时,你会 ( )
    A. 顶回去了事 B. 千方百计做好 C. 介于A、B之间
14. 困难落到自己头上时,你 ( )
    A. 厌恶之极 B. 认为是个锻炼 C. 介于A、B之间

评分标准:

1~4题,选择A、B、C分别得2、1、0分。

5~14题,选择A、B、C分别得0、2、1分。

分析:

19分以上:说明你的抗挫折能力很强。

9～18 分：说明你虽有一定的抗挫折能力，但对某些挫折的抵抗力薄弱。

8 分以下：说明你的抗挫折能力很弱。

心灵鸡汤

【名人名言】

1. 人的生命似洪水在奔流，不遇着岛屿、暗礁，难以激起美丽的浪花。

——[苏联]尼古拉·阿列克谢耶维奇·奥斯特洛夫斯基

2. 即使跌倒一百次，也要一百零一次地站起来。

——张海迪

3. 生活就像海洋，只有意志坚强的人，才能到达彼岸。

——[德]卡尔·海因里希·马克思

【推荐阅读】

1.《羊皮卷全书》([美]奥格·曼狄诺编著，黎策编译)

《羊皮卷全书》所辑录的 11 本书的作者都是近 200 年来美国各个行业中的成功人士，他们根据自己的经历，循循善诱地向世人告知成功的秘密，以及由之所带来的幸福生活的意义。

2.《自愈系心理学：正向思考的魔力》(莱恩著)

这是一本神奇的心理学读本，能帮助读者快速治愈自己心灵的创伤，让封闭已久的心重新打开，并获得人生的成功。活在当下，我们难免要遭受各种各样的挫折和不公平，让我们的心变得疲惫和焦虑，甚至陷入痛苦的深渊。如何治愈我们受伤的心，如何唤醒积极的情绪，实际上已经成为多数人必须要去思考的问题。这本书教会你心灵自愈的各种技巧，一旦你拥有和掌握它们，就像拥有一种魔力一样，可以尽快摆脱负面情绪的困扰，走向成功。

3.《你和世界不一样(力克·胡哲评传)》(秦夕然编著)

每个人都有内心最为薄弱的地方，或为肥胖而烦恼，或因成绩不佳而自卑，或为贫穷而苦恼，或因无人喜欢而哀叹……但是我们都不应该失去希望！因为还有力克·胡哲。凡是见过他或听说过他的人，都会觉得他可怜极了：天生患有海豹肢症，没有四肢，“站”在那儿，跟不足一米的肉团似的。很难想象他怎么穿衣、吃饭，更不用说享受正常人的生活乐趣了。事实上，他曾为此自杀过三次。他最终活了下来，还活得很精彩：读完了小学读中学，接着考大学；不仅学会了自己穿衣、吃饭，还会打电话、游泳、潜水、开车甚至踢足球。说来或许令人难以置信，溜滑板、打高尔夫球这些活动，他也在行！这个生于 1982 年的澳洲青年说：“我没有得到奇迹，那我就成为奇迹！”

4.《见证梦想成真的自己》([加]理查德·卡斯威尔著，周虹、张瑞译)

这里，是一个能让梦想成真的最大的秘密……作者以 20 年的时间游历了地球上的

140 多个国家，从地球的最深处以不可思议的方式同时汇集了这个秘密的信息。这是有关一切的秘密，将带给你想要的幸福、健康、爱情和财富。这个秘密涉及宗教、哲学、心理学、成功学、财富学、人际关系学领域，是运行在宇宙间主宰人生的强有力的黄金法则。它涵括了种种可靠有效的技巧、策略和方法，成千上万的人（不论种族、宗教、肤色、国籍或者出生地）都证实了这些方法的价值无限。本书清晰明了地解析了如何运用这个秘密，教会你掌控这个隐藏、受困了很久的力量。当你开始运用它，你就会惊讶于它为你的人生带来的喜悦和转变。

项目十 学习能力训练

心理体验

【体验一】头脑风暴

材料:大学新生的学习心态调查

大学生学习心理教育是高校学生心理教育工作的主要任务,有关当代大学生学习心理方面的调查资料发现,在相当一部分大学生身上不同程度地存在着学习心理障碍。如对某大学7个班的148名大学新生进行“入学后最迫切的愿望是什么”的调查,结果发现:40%的大学新生回答“希望有丰富多彩的文娱生活”,55.5%的学生认为“自己的目标不明确”;对某大学物理系学生的问卷调查表明:大学生学习勤奋程度同高中相比,自认为有所提高的占9%,大体相当的占29%,有所下降的占37%,大大下降的占25%;对某大学化学系学生在学习的积极性方面的问卷调查显示:自认为“学习积极主动”的占23%,“一般能完成学业但学习比较被动”的占45%,“对学业采取应付态度”的占23%,“不能完成学业、学习放任”的占9%。这些体现学习心理障碍的数据引起了教育工作者和学生家长的注意,而这些问题所带来的后果更为严重。据教育界某权威人士反映,我国高校本科毕业生中相当一部分存在“专业知识技能高不成低不就,无法胜任岗位工作,缺乏投身科研工作的能力”等问题,这无疑对高校全面推进素质教育及提高整体教育教学水平提出了巨大的挑战。

讨论:

1. 你会积极主动地学习吗?除了上课之外,你每天花多少时间学习?
2. 你对现在的专业满意吗?有学习的兴趣吗?
3. 说一说你在学习上的困难。
4. 小组交流研讨有效的学习方法。

【体验二】游戏活动

游戏名称:Seven Up

游戏目的:通过此活动提高学生的注意力与记忆力

游戏规则:将每一竖行或横排分成一组,使用竖行或横排轮流的方式,每一位同学轮到时坐着说出自己轮到的数字,但在轮到的数字有7(7、17、27 ……)或者数字为7的倍数时(7、14、21、28……),该位同学必须站起拍手,且不可说出此数字。

进行比赛,直到达到规定时间停止,并奖励优胜组别。

心理认知

【认知一】大学生的学习特点

对大学生来说,学习是首要任务和主要活动方式。大学期间的学习状况不仅直接关系到大学生能否顺利完成学业,而且也直接影响到他们的心理健康及未来发展。所以了解大学生学习的特点,正确认识大学生学习中的心理困扰,对于促进其全面发展是十分必要的。越来越多的研究表明,在影响大学生正常学习的各种因素中,学习心理的健康状况占重要位置。

1.学习的专业性

中学是基础教育阶段,学习是不区分专业的。而大学生学习的专业性十分明显,其学习专业的定向性较为明确,即为将来走上工作岗位,适应社会需要而进行学习。因此,大学生的知识结构、智能结构和各种素质结构,都深深地打上了专业的烙印。

2.学习具有独立自主性

学习的自主性主要表现在自觉性和能动性两个方面。由于高等教育的教学内容大幅增加,加之授课时间有限,教师不可能教授每一个知识点,这就需要大学生有较强的学习自觉性,培养和提高主动学习的能力,以求在有限的时间内获得较高的学习效益。同时,大学生可以根据自己的兴趣和能力,选择第二专业攻读,努力掌握更多的专业知识。

3.学习内容广泛,学习方式多样

大学生的学习内容非常广泛,一方面,不仅需要学习人文科学知识,还要学习自然科学知识;另一方面,不仅要掌握学科基本知识,还需要了解本学科在世界范围内的发展趋势、相关领域存在的主要问题等等。在学习形式上,除课堂学习外,大学生还可以靠自学、听学术报告、上网等多种渠道来获得知识,实践性教学活动的比重加大。

4.学习活动具有研究性

高校既是教育中心,又是科研基地,大学生不仅要有学习能力,还应具备在学习过程中对书本结论以外的新观点进行钻研的能力。那些在学习上缺乏灵活性的学生将会对此感到不适应。

【认知二】大学生常见的学习心理障碍

良好的心理健康，对大学生的学习有很大的促进作用。美国教育心理学家弗兰德森曾经指出，心理健康与学习成功是密切相关的。它们互为基础、相互影响，没有健康的心理就不能取得优异的学习成绩。大学生学习困难的现象及原因主要来自以下几个方面：

一、学习动机不足

【案例】

燕子(化名)，女，19岁，某师范大学大一学生。在上大学之前，她成绩优良，学习压力小，学业上一帆风顺，直到考上大学。但是，她是理科生，偏偏被调剂到一个文科专业，专业不对口，在开学初参加过转专业考试，可是结果并不理想，转专业没有成功。她对文科生的学习模式和方法不适应，对所学专业缺乏兴趣，加上该专业前景黯淡，是所谓的"超冷门专业"，这些使得她产生了一种强烈持久的挫败感。于是她对学习根本提不起兴趣，看到专业书籍就头疼，上课也听不进去，临近考试时，她越发焦虑，压力很大，感到很累，压得喘不过气，感到苦闷、害怕和过分担忧。

学习动机和学习的关系是辩证的，学习能产生动机，而动机又推动学习，二者相互关联。正如奥苏贝尔所说的："动机与学习之间的关系是典型的相辅相成的关系，绝非一种单向性的关系。"动机可以增强行为方式，促进学习，而所学到的知识反过来又可以增强学习的动机。

1. 学习动机在学习中的重要作用

动机具有加强学习的作用。

(1)学习动机决定着学习方向。学习动机是以学习目的为出发点的，它是推动学生为达到一定的学习目的而努力学习的动力。没有明确的学习目标的学生自然不会产生动机力量，因此，学生首先要懂得为什么而学，朝着什么方向努力。

(2)学习动机决定着学习注意力。有研究表明，学习动机对学习活动的促进作用，主要是通过注意力的加强作为中介来实现的。学习不良的主要原因之一，就在于没有养成良好的注意习惯，注意广度不足，易于受分心刺激的影响；而学习动机强的学生往往能够迅速地使注意力集中于学习的对象。

(3)学习动机影响着学习效果。尤古罗格卢和华尔伯格考察了大量的关于动机与成就关系的研究报告，分析了其中232项动机测量和学业成就之间的相关系数，发现其中98%是正相关(估计平均相关系数是0.34)。该调查覆盖面为1～12年级的学生共637000人，具有一定的代表性。这一研究表明，高动机水平的学生，其成就也高；反之，高成就水平也能导致高的动机水平。心理学家洛威尔在一项实验研究中，比较了成就动机强度不同而其他条件相同的两组大学生的学习效果，他给两组大学生被试者的任务是要求他们把一些打乱的字母组成词(如将B、A、n、k组成bank)，19名成就动机强的大学生在完成学习任务中能不断取得进步，而20名成就动机弱的被试者进步缓慢，且有倒退现象。

2.影响大学生学习动机的主要原因

(1)学生的自身需要与目标结构。在社会实践中,由于每个人的生活和经历各不相同,形成了个人独特的需要和认知事物的方式。由于每个人在学习需要的强度和水平上不尽相同,反映在学习上动机的强度和水平也就有很大的差异。

学生树立的目标不同,形成的目标结构不同,影响着学生的动机和学习。如果目标是明确的、中等难度的、近期便可达到的,那么便会加强学生的学习动机和完成任务时的持久性,这是由于具体的目标提供了判断行为的标准,中等难度的目标提供了一种挑战,近期可达到的目标不会被日常事物所干扰。在课堂上,学生们常常有两类主要的目标:以掌握所学内容为定向的掌握目标和以成绩为定向的成绩目标。拥有掌握目标的学生,不管他们犯多少错误或遇到多大的困难,仍能坚持学习、钻研,他们往往主动地寻求挑战,不断地提高。他们主要关注的是掌握所学的内容,而不在意他们的得分及与班上其他人的比较。而拥有成绩目标的学生,则将注意力集中于他们的行为表现及别人对他们的评价。他们评价自己的学习行为时,不是在意自己学到了什么或自己付出了多少努力,而是他人怎样看待他们,他们的分数在班上的位置。这类学生往往尽量避免出错,避免挑战,不敢冒险,知难而退。两种目标指向者在坚持性和归因上也具有不同的特点,掌握目标指向者在完成活动中具有较强的坚持性,而成绩目标指向者的坚持性较差。在归因方面,掌握目标指向者倾向于将成功归因于学习方法,成绩目标指向者倾向于将成功归因于运气、能力和课题,而将失败归因于任务难度和运气。所以,掌握目标指向的学生具有内归因的倾向,成绩目标指向的学生具有外归因的倾向。

(2)学生的性格特征和个别差异。学生本人的兴趣爱好、好奇心、意志品质都影响着学习动机的形成。比如,所学专业如果与个体的爱好兴趣相去甚远时,就很容易使其在学习时感到疲乏和厌倦,从而减弱学习动机。又如,对于一个意志不坚的大学生而言,如果在以往的学习过程中经常遭受到挫折与失败,就会引起痛苦和沮丧的情绪,挫伤学习信心,导致学习动机减弱乃至消退。此外,成功与失败对不同学生的作用不同也反映了个别差异。成就动机对学习动机也有影响,趋于进取、力求获得成就的人会有更强烈的学习动机,而力求避免失败的人则相对学习动机较弱。这在一定程度上反映了个别差异。

(3)学生的志向水平和价值观。学习动机与理想是紧密联系的,因此,学生整个人生观、世界观、价值观所直接反映的理想情况或志向水平影响着学习动机和目标结构的形成。高尔基曾说过,一个人追求的目标越高,他的才力就发展得越快,对社会就越有益。因此,要培养大学生为人民的利益而学习的责任感、义务感,把个人的理想同国家现代化大业联系起来,树立为振兴中华而学习的理想,把祖国的需要,人民的需要放在首位,把这种社会的需要转化为内在的学习需要,从而增强学习动机。

(4)家庭环境与社会舆论。不同的社会条件、家庭背景对学生的不同要求,导致大学生的学习动机存在差异。首先是社会要求通过家庭对学生的学习动机起影响作用。例如,封建社会中读书人普遍具有追求功名富贵的学习动机;我国“十年动乱”的期间,由于对知识和知识分子不公正的待遇,普遍产生的“读书无用论”。这些无不反映了社会舆论对学习动机产生了巨大的影响。此外,在学生学习动机形成过程中,家庭的文化背景、精神面貌也起着极重要的作用。国外有许多心理学家研究“家长的态度对学生学习成绩的影响”。美国心理学家凯尔和赫尔赛对两组打算上大学的男孩进行调查研究和互相比较，目的在于找出两组学生学习动机上的差异及其与父母态度的相关性。结果发现父母的期望与管教具有相当大的影响。美国加州大学有一篇博士生论文研究不同文化背景、家庭对学生学习成绩的影响。研究了在美国的墨西哥家庭、华裔家庭和美国家庭对学生学习的影响，结果表明，华人影响最好，美国人次之，墨西哥人的家庭影响最差。

(5)教师的榜样作用。动机是有感染力的，大量的观察、调查研究证明：教师在学生学习动机形成中是一个十分强有力的因素。首先，教师本人是学生学习的榜样。如果教师本身治学严谨、学而不厌，以极大的热情和兴趣从事他的专业和教学，就会给学生留下极深刻的印象。相反，如果教师对他的工作表现出厌烦和冷淡，这种情绪也会影响到学生。教师的期望也会对学生的动机和行为产生不同的影响：教师对不同的学生有不同的期望行为和期望结果，由于这些期望不同，产生了教师对不同学生的对待方式的不同，这种不同的对待方式影响着学生的自我概念、成就动机水平和抱负水平。教师不仅有榜样作用，也是沟通社会、学校的要求与学生的成长，形成正确动机的纽带，要善于把各种外部因素和学生的内部因素结合起来。学习动机的培养和激发，要通过教师配合各方面力量去完成。

3. 学习动机的激发

作为大学生，其实每个人都有学习需要，只是由于个体所处的客观环境对人的要求不同，人的学习需要存在一定的差异。学习动机的激发是指利用一定的诱因，使已经形成的学习需要由潜在状态变成活动状态，形成学习的积极性。

(1)提高认识。了解学习的意义所在，是激发大学生学习动机最直接有效的途径。只有认识到学习的重要性，才可能增强学习动机，才能够提高学习效率与成绩。知识就是力量，大学生要充分认识到，未来社会的发展对知识的需求将会越来越强烈，知识的价值将越来越得到体现，国与国之间的竞争实际上就是人才的竞争，而在社会上人与人之间的竞争实际上就是知识与能力的竞争。意识到学习对社会发展以及个人自我实现的重要性，了解到学习的重要价值，就会促进我们对学习的责任心和使命感，学习动机就会更为强烈。因此，大学生要积极参加一些社会实践活动，了解自己的专业对社会的贡献，并在实践中运用知识、发现问题，这样往往会增强学习动机。

(2)培养兴趣。对所学专业厌倦，学习中无精打采，很少感受到学习成功所带来的快乐，是学习动机缺乏学生的常见表现。爱因斯坦说：“真正有价值的东西并非从舒心或责任感产生，而是从人对客观事物的热爱与热忱产生，热爱是最好的老师。”兴趣能让我们有选择地、积极愉快地去探究某种事物或进行某项活动。表现在学习方面，就是对某一学科、某类书籍、某项活动特别喜欢，学习起来不知疲劳，常常会自觉或不自觉地进入一种迷恋状态，甚至达到孔子所说的“发愤忘食，乐以忘忧，不知老之将至”的境界。法布尔从小就对昆虫活动有浓厚的兴趣，激发了他终身研究昆虫的志趣，写下了10卷巨著《昆虫记》，对昆虫学做出了巨大的贡献。在学习过程中，学习兴趣与学习效果之间有着密切的关系。浓厚的学习兴趣可以使学生对学习充满热情，能主动克服各种困难，全力以赴地实现自己的学习愿望。如果对学习不感兴趣，仅仅由于强制而求知，则味同嚼蜡，苦不堪言。拉扎勒斯等人的研究表明，兴趣比智力更能促进学生努力学习。他将被试者按照智力和兴趣分为智力组和兴趣组，智力组学生的平均智商120，但对语言的阅读和写作缺乏兴趣；兴趣组学生的平均智商107，但对语文的阅读和写作很感兴趣。学期结束时，兴趣组的成绩远远超过智力组。

兴趣是学习动机中最现实、最活跃、带有强烈情绪色彩的因素。值得指出的是，学习兴趣并不完全是天生的，是可以通过后天培养的。培养兴趣的途径有以下几种：

途径一：积极的自我强化。

在我们生活中的众多行为中，那些导致对自己有利的结果的行为会不断被保留，不断地被重复。操作性行为所导致的令人高兴的结果使这种行为不断增加的现象叫作“强化”。所谓自我强化，通俗地讲就是自己奖励自己。在学习的时候，如果你取得了一定的成绩，或者达到了你预想的目标，没人表扬你也会很高兴，成绩本身就会成为学生继续学习的激励。试想一个数学不好的学生，考试之前突然下决心考好，下苦功夫复习，结果取得比以前好得多的成绩。努力的成果本身会成为正强化强化他的行为，同时也会得到教师表扬，受同学注目这种社会性强化。结果，他在下次考试的时候也会努力学习，这样数学成绩就会渐渐提高起来。积极强化可以同时产生“学数学真有乐趣”“真盼着下一次考试”这种感情，会与主动学习的态度联系起来，也就是他喜欢上了数学。而对数学的感情又会较容易地迁移到别的科目上，他也有可能喜欢上物理和化学，并为此而从此努力学习。

途径二：运用积极的自我暗示。

暗示既能产生正面影响，也能产生负面影响。每当学习时，满怀热情，充满自信，心情愉快，自言自语地说：“这门功课很有用，这门功课很有意思！”“我一定能学好它！”“我对这门课充满兴趣！”在头脑中浮现获得学习成功的愉快情境和生动形象；将暗示训练与实际学习活动结合起来，就是说带着训练产生的愉快心理去学习，效果就会好。如此长期反复练习，就会形成信念，使之嵌入潜意识，发挥意想不到的学习效果。

途径三：带着问题去学习。

抓住本学科中一些没有定论的、有争议的问题，广泛搜集资料，通过独立思考，提出自己的看法，这往往会使你对此学科产生强烈的兴趣。

途径四：积极主动地参与学习实践活动。

学生应该尽可能多地参加学习活动来激发学习兴趣。比如我们现有的实验课、实习课等，都是很好的学习实践。学习实践既能动手操作，又能积极思考解决问题，多练习、多实践，使基础知识和基本技能不断加深和拓宽，从而可以激发未知欲，培养学习兴趣。

(3)树立目标。学习目的，是指学生进行学习所要达到的结果或实现的目标。学习动机作为促使学生达到学习目的的动因，总是以某种学习目的为出发点的，只有树立明确的学习目标，才能产生强烈的学习动机，保持高度的学习自觉性。因此，学习目的作为产生和保持学习动机的因素，在学习行为中起着重要的指导作用。

人有了明确的学习目的，学习就有了动力。这是因为，动机总是在个体意识到自己有某种需要，并且又发现了可以满足自己需要目标的情况下才激发起来的，没有行为目标也就无所谓动机。行为目标作为对行为结果的一种预想，其意义和价值就决定了动机的意义和价值。目标远大、高尚，可以最大限度地满足个体的需要，就会产生较大的激励力量和内在动机，推动人们坚持不懈、全力以赴地去追求，“伟大的精力只是为了伟大的目的而产生的”。

有个美国研究人员做过一个调查。他对一所大学的毕业生是否有明确、特殊的个人发展目标进行调查，发现只有3%的人有这种目标。20年后，再对他们调查，发现这3%有明确目标的人所获得的成就比其余97%的人所获得的成就之和还要多，这就是目标的力量。

学习目的有远大与短近之分。远大的学习目的是建立在社会需要的基础之上的，例如“为祖国富强而学习”；短近的学习目的是与学习的具体活动或具体教学要求相联系的，如准确理解某个词的含义就是课堂教学要求的反映。大学生在学习过程中，既要有长远明确的目标，又要有短近具体的学习目的，后者是有效地完成学习任务，从而成功地达到远大学习目的的关键。确定具体的学习目的时，应掌握三个原则：一是求近不求远，要完成某项学习是眼前的事而非远距离指向未来的学习目标。二是具体明确而非笼统模糊，没有明确的学习目标，就不能做到有的放矢；三是分析个体情况，有具体的学习目的，具有适度的挑战性。

二、注意力不集中

注意是将心理活动指向和集中于一定的事物。心理宁静放松而又能将全部精力专注于工作学习以达成人生自我发展目标是获得成功的重要心理因素。对学生的学习来说，注意力的好坏是至关重要的。有人曾言：注意力是学习的窗口，没有它，知识的阳光就照射不进来。注意力涣散的学生经常对学习感到厌烦，对什么都不感兴趣，注意力维持时间很短，上课时，目光游移不定，心思不定，不知自己在想什么，也不知老师在讲什么，无法把注意力集中到课堂上来，这样的同学是不可能搞好学习的。大学生注意力不集中常常表现为上课不能专心听讲，大脑常常开小差，盯着黑板却心猿意马，自己不能控制思维飘逸；易受环境的干扰，教室外的小小动静就能引起注意力的转移，而且长时间不能静心；参加活动如体育运动或看一场电影后，久久沉浸在对情节的回忆之中；课后沉迷于电子游戏或其他娱乐活动之中，对功课常常应付了事。

【案例】

张力(化名)，18岁，某高校大二学生，上课时精力不集中，老师讲课自己总是听不进去，总想着课外的事情，比如学生会要招新了，兼职要面试了，班会还要准备什么材料等等。课程落下很多，可一到自习室就不自在，不能集中精力去写作业，感觉很苦恼。

1.注意力在学习中的作用

人们周围的现实世界充满了各种信息刺激,人的大脑只选择其中重要的刺激给予知觉,而忽略其他一些无意义的或不重要的刺激。这种指向某一类信息的心理就是注意。一个人同时注意几件事的能力是极为有限的,只有高度的专注才能适应高效率学习的需要。有人做过这样的试验:被试者在注意力高度集中时背课文,只需要读9遍就能达到背诵的程度;而同样的课文,在注意力涣散时,竟然读了100遍才能记住。可见,注意力与人的学习效率和工作效率有着非常密切的关系。

2.注意力涣散产生的原因

了解注意力涣散产生的原因可以帮助我们有意识地、主动地进行注意力自我控制训练。

(1)学习动机不强。具有良好的学习自觉性、对学习具有浓厚兴趣和对学习采取积极主动态度的学生,往往较易控制注意力,能够专心致志,并在学习过程中表现出良好的注意稳定性和紧张性。如果缺乏强烈的学习动机,没有学习兴趣和欲望,或认不清学习的意义,就会对学习产生厌烦,也就不可能专心致志地学习。

(2)个体情绪因素。情绪因素是影响注意力集中的突出因素。当我们处在心情沉闷、心绪烦乱的时候,自然是很难集中注意力的。再者,如果我们对某门学科、某位老师特别喜欢,每次一到学习这个科目或是这位老师上课的时候都会让我们感到心情愉快,这个时候自然就会集中注意力去认真学习了。由此可见,学习时若能和愉快的事联系起来,那么注意力就很容易集中了。

(3)个体生理状况。一般来说,身体健康和精力充沛的人,往往容易保持稳定的注意力。人在病中或非常疲倦的情况下,注意力常常是很难集中的。此外,过分紧张地加强注意往往导致过度疲劳,反而影响注意力,这在临考复习期间的一些同学身上很容易看到。只有合理地处理好学习过程中的疲倦问题,才能最终具备较强的注意能力。

(4)环境因素影响。外界环境的干扰也是致使注意力分散的因素。如不规则的响声、刺耳的噪音、嘈杂的人声等,都会使人感到烦躁,而人对这些烦躁的东西又无可奈何,于是注意力很难集中于应该注意的事情。

3.注意力涣散的调适

(1)利用目标明确化集中注意力。首先,将大目标明确化。对学习、工作不感兴趣时,往往只要能够明辨目标便能产生注意力。其次,把目标亲自用文字或图表来表示也能提高注意力。

(2)利用愉快经验集中注意力。我们如果在学习、工作上体验到成功的滋味后,便可拥有愉快的经验,这种愉快的经验会鼓舞我们的斗志,从而接受不愿意做的工作和学习。

(3)应用期限效果集中注意力。对自己并不喜欢的工作设定一个完成期限,终了时间一到,就会强迫你去完成它,这样可以集中精神完成不感兴趣的工作。

(4)应用报酬效果集中注意力。首先,可以给自己定个奖赏,作为学习的报酬,这个报酬可以依自己的需要和兴趣定立,其次,遇到困难的工作可用假想敌人和处罚来激励自己。

(5)在各种环境下强制训练注意力。训练自己能在各式各样的环境条件下,专心学习或工作。一旦确定了要干的事，就有计划有目的地集中注意力把它做好，不受无关刺激的影响和干扰。

三、学习方法不恰当

大学的教学着重培养学生的自学能力，要求学生具有独立思考的自觉性和研究学习的自觉性。大学生学业任务繁重，如果学习方法不当，学习效率肯定不高，必然影响学习效果，进而造成心理上的压力，影响心理健康。一般而言，大学生不当的学习方法有两种：一是疲劳战术，“两眼一睁，忙到熄灯”。这类学生不会学习，不会安排时间，把自己搞得疲惫不堪。二是突击战术。这类学生平时不捧书本，到考试时凭小聪明临阵磨枪，搞突击，导致心理高度紧张。

【案例】

晓燕，大一学生。自己通过刻苦努力考上了某大学历史系。上了大学以后，信心十足，决心把功课学好。于是，她上课认真听讲，仔细做笔记，下课后还要和同学对笔记，把自己没记全的地方补上，课下她抓紧一切时间，阅读老师布置的教材和参考书。在新生中她早晨第一个进教室，晚上最后一个回寝室，抓紧一切学习时间用来学习功课。临近期末考试时，她继续采用中学时的机械强记方法来复习功课，可考试的内容多，又理论高深，所以更加用功记忆，白天她最少背 9 小时，多则 12 小时，晚上在熄灯后还要背 3 个小时。可是越背越没有信心，只觉得脑袋像一锅糨糊，刚背完的内容闭上眼睛就忘了。考试的时候，她觉得自己背的内容都回忆不起来了，结果全考砸了，只勉强及格。面对考试成绩，她觉得笨鸟先飞的方法不灵了，开始怀疑自己的记忆能力是否低下，于是陷入了深深的痛苦中。

1. 科学学习方法遵循的一般原则

(1)系统学习。系统学习有四种层次，从低到高依次为：

①树状结构。最初，可以从书的目录理顺树状结构的大轮廓。其次，心中有了这种轮廓后，对书本以最快速度阅读。自己在心中找出脉络，归纳总结重点，有所取舍。对第一层分支(章)了解以后，可以理第二层分支(节)。掌握的标准是能够离开书本有条理地口头复述。对于课本或应试复习，第三层分支一般是指每一个知识点的概念、特点和状态描述、适用范围、来由和出处、引申和发展、分支、作用、交叉归属、历史和方向这几个方面。在看书、理清关系的时候就要不断地提问自己这些问题，为自己找到答案。如果这些方面在教材上讲得不具体不全面，可以到图书馆或书店查阅相关的材料，和同学探讨，也可以询问老师和经验丰富的人。经常回忆轮廓甚至一整棵树，发现有含糊、不明确的部分要尽快翻阅教材或相关资料，把不清楚的地方再看一次。掌握的标准是能够清晰地用自己的语言表述。初学者可参照课本的目录理顺关系，系统学习法用得熟练以后，应该是自己归纳总结出树状结构。

②网状联系。在学习的时候，应该有这种观念：任何学习的内容，都是相互联系，相互作用的。而任何考试的出题都不过是这些关系的形式转化(变形)、叠加而已。因此第一步就是找出各部分间的直接联系，把网络结构初步地建立起来。但是有些部分和其他部分并不一定能够建立直接的联系，那么还需要发掘第二层、第三层关系。要明确各部分之

间的关系，以及能够熟练综合运用。这个阶段掌握的标准是能够把大的网络通过适当的语言充分地表述出来，能够让别人通过你的叙述听懂这些关系。

③由点及面。由于各部分间存在着联系，由每一个部分都可以拉起树状结构。每一个部分都可以是中心，都可以是基础，都可以充分有效地发散开，让其他部分为其服务。

④引申扩展。将已学知识引入其他学科，或生活实践，这样，学习一门学科可以提高对其他学科的认识和境界。在我们碰到一个学习内容的时候，就应该力图将它统一到自己已经掌握的知识体系中。

分析以上四种层次，其实不过是将学习内容清晰化，找出种种特征、共性和与外界关系的接口，从而在邻近的知识领域中与自己熟悉的内容结合，并启发思维，拓展认识空间。学科之间并不是割裂的。教育中把它们区分只是为了更清楚地看到它们，了解它们，不被复杂的联系蒙住眼睛，理不出头绪。但它们本身就是社会的各方面，甚至是同一事物的不同视角，它们能够结合，是理论的必然。如果能够融会贯通，我们将会迅速提升自己知识掌握的境界。

(2)及时总结。每通过一个阶段的学习，要及时进行自我反思、自我评价。每当读完一本书，要对全书做一次回顾；一个学期或一个学年结束，要对全学期或全学年做一次回顾总结；学完某一学科的全部课程，也要进行全面的评价。从总结、自测、评价中全面分析、了解自己的进步与不足，确定继续努力的方向。其中包括很多方面，如：学习目的和方向是否明确；学习态度是否端正；对所学知识的理解和掌握情况如何；有何体会和见解；所学知识中哪些能自如地应用于实践，哪些则不能，为什么；在能力和技能方面有哪些提高；是否具有分析问题、解决问题的实际能力；学习方法和途径是否切实可行，有哪些成功的经验和失败的教训；有哪些规律性的东西可以用来指导今后的学习；学习后感到有哪些薄弱环节和不足；今后怎样加深加固和提高等等。总结提高常用的方式有：以文字形式总结、评价学习，找出主要经验、体会和教训；考核，包括作业、考试与实习等形式；实践，它既是学习的最后归宿，也是学习的评价手段。

(3)循序渐进。由易到难，由已知到未知，这是积累知识的客观规律。循序渐进就是按照科学知识的逻辑体系和学习者本身的智能发展水平，有计划、有步骤地开展学习活动。现代科学技术飞速发展，社会急需各种人才，知识掌握得越多，人才成长就越快越好。但是从知识掌握的过程和基本规律来看，又必须持之以恒、日积月累。循序渐进的基本要求是：①学习要掌握学科知识结构，要按照学科的严密系统和层次，由浅到深、由点到面地逐步进行，尤其要注意新旧知识之间的联系。掌握、消化了前面所学的知识，再学习后面的新内容。②学习要遵循人的认识规律，一步一步地进行。现代科学技术，内容庞杂，不可能一下子就能掌握所需要的所有内容，书要一本本地读，实验要一项项地做，事物的奥秘要一步步地探索。应该先选择急需的，认准一点抓住不放，逐步衍生，向纵深发展。③遵循自己的智能发展规律，实事求是，量力而行，逐步建立适合自己的认识结构，不可超越自己的实际情况，盲目地追求不可能达到的目标。④学习要遵循知识积累的规律，从质到量，逐步提高。积累在于持之以恒，日积月累。总之，循序是方法，渐进是目的，循序不等于作茧自缚，渐进也不能畏缩不前，只有克服这两种片面性，才能很好地达到循序渐进的要求。

2.学习方法的确定

学习方法是指个体接受和保持新的信息和技能的方法。例如，当新信息出现时，有的人看到后，写下来记得清楚；有的人则是听到后，记得更清楚；还有的人只有实际用过后，才能记清楚。因此，学习方法是与个人接受、储存并运用知识或能力有关的环境、情绪、社会、身体和心理因素的结合。个人的学习方式是由先天遗传特性和后天的经验与环境共同决定的。学习是一种个人的活动，大学的学习方法因大学学习的专业性、阶段性、自主性、探索性等特点而有别于中学的学习方法，大学生必须结合自己的实际寻求适合的学习方法。

(1)根据个性特点来选择学习方法。每个人都有自己独特的个性，个性不同，则学习方法亦应不同。例如对性格外向的同学来说，他们活泼好动，注意力转移快，思维敏捷，反应迅速，但坚持性差。因此就不必强迫自己整天埋头复习，应用"交替学习法"，不断交换大脑优势兴奋中心，该玩时就玩得痛快淋漓，该学时就"两耳不闻窗外事"，必要时就用意志来约束自己。而内向型的同学则沉着稳重，感知事物细腻，思考问题有深度，学习认真能持久，但思路不宽，领会知识速度慢。这就应在发挥自己优势的同时，培养自己的发散性思维，开阔视野，拓宽思路，多与同学交流讨论。

(2)根据思维的状态来选择学习方法。在日常的学习生活中，我们常常会有这样的现象，即在某些天或某些时刻，精神愉快、思维清晰，学习状态特别好；而在某些时期或某一时刻却精神不振、注意力分散，学习效率降低，这实际上是个体生物节律在起作用。早在20世纪60年代，科学家就开始研究个人在不同时间的思维效力与个体生物节律的关系。奥地利泰尔其尔教授在对数百名高中生和大学生的考试成绩进行研究后指出，人的智力是以33天为波动周期。后来又有人研究发现，体力盛衰以23天为周期，情绪波动则以28天为周期。不仅如此，同一天内，不同类型的人有着不同的机能节律变化。"猫头鹰"型学生晚上学习效果好，"百灵鸟"型的学生则在清晨学习效率高，我们应根据这些变化特点，采取不同的学习方法。思维进入最佳学习状态时，就把最重要的功课或难题放在这个时间去复习、思考、背诵等。思维处在低潮时，可进行一些阅读、浏览、整理笔记、练习绘画等活动。可见，利用生物节律，是保持良好精神状态从而有效学习的一个重要因素。

(3)根据不同学科来选择学习方法。各门学科都有其独特的规律，都有其基本的学科结构，因此在学习时，要掌握各门学科的基本的知识结构，各个结构又有些什么内容，怎样把它们联系起来。总之，方法的选择要因学科而异。

【阅读材料】

三种阅读方法

1. SQ3R 法

浏览(Survey)——阅读的第一步就是对阅读内容进行浏览，从整体上把握文章脉络，为仔细阅读做准备。

提问(Question)——把文章的标题及主要内容转化为问题的形式，在问题的提示下深入阅读。

阅读(Read)——根据问题提示阅读内容并寻找问题答案。主要依赖于学习者的理解。

背诵(Recite)——经过上面的阅读过程,学习者已经理解了课文中的大部分内容,现在学习者把课本合上,看看有多少课本内容已经能够记住,还有哪些没有能够透彻理解并记下来,需要进一步加工。

复习(Review)——阅读过的内容要在脑中长期保持,就必须复习。通过复习加深对阅读的巩固、理解,并建立有关内容之间的联系。

2. PQ4R 法

预习(Preview)——快速浏览材料,对文章的主题和主要标题有一大致了解。

提问(Question)——针对阅读内容提出一些问题,如谁(Who)? 什么(What)? 何时(When)? 为什么(Why)? 怎么样(How)?

阅读(Read)——针对内容进行阅读,全面了解内容。

沉思(Reflect)——理解所学内容的意义,包括把现在所学内容与学习者已有的知识相互联系起来,把课文中的细节和主要观念联系起来,对所学内容作些评论等。

背诵(Recite)。

复习(Review)。

3. OK5R 法

纵览(Overview)——相当于以上所述浏览。

提出关键点(Key idea)——列出文章中主要的关键的内容,为下一环节的阅读做准备。

阅读(Read)。

摘录(Record)——在阅读的基础上把文章中主要的内容摘抄下来或在脑中重点加以阅读理解。

背诵(Recite)。

复习(Review)。

反思(Reflect)——对整个阅读过程进行反思,包括有无理解/记住内容,阅读速度是否合适,有哪些方面需要加以改进等。这一环节在阅读过程中显得尤为重要,它体现了阅读策略的核心。故在阅读时,必须充分重视这一环节。

四、考试焦虑

考试是一种复杂的智力劳动,是一种非常状态,要求考生头脑清醒、情绪稳定。考试焦虑是一种严重影响考试水平发挥的情绪反应。考试是滋生紧张情绪的土壤,有的学生因考试紧张,不能正常发挥自己的水平,主要是由于求胜心切,加重了心理负担。求胜动机在大脑皮层的某一区域形成了占主导地位的兴奋中心,致使其附近区域处于抑制状态,这会破坏知识之间的联系,妨碍了对知识的调动与提取,而记忆的暂时中断往往会加重焦虑情绪,从而加深考生对考试成绩得失的忧虑,于是导致恶性循环,容易造成错答、漏答或不知如何应答。在焦虑的状态下,学生的分析、综合、抽象、概括等具体思维能力无法正常发挥,从而导致考试失败。

【案例】

吴某,女,19 岁,某重点综合大学社科系学生。从一年级第二学期开始进行心理咨询，已坚持了三个学期。学期初始阶段她很少来咨询，每到期末复习考试前一个多月就主动来咨询，与咨询老师常有电话联系。小吴的心理咨询开始于大学一年级第二学期，原因是第一学期期末考试数学不及格。小吴学的虽然是社会科学专业，但要学习数理统计方面的课程。她在中学学习时数学就不是强项，因而报考了社会科学专业，没想到这个系也要学习数理统计，数学和统计学在大一、大二两个学年都要学，这就给她带来了沉重的心理负担。没到期末考试，她就紧张焦虑起来。

1. 考试焦虑的具体表现

一是情绪上表现出担忧、焦虑、烦躁不安；二是认知上表现为注意力不集中，记忆力下降，看书效率低，思维僵化；三是行为上表现为坐立不安，手足无措；四是身体上表现为头痛、食欲下降、恶心、心慌、睡眠不好等。具有高度考试焦虑的学生在考前会出现明显的生理心理反应，如过分担忧、恐惧、失眠健忘、食欲减退、腹泻等症状；在临考时心慌气短、呼吸急促、手足出汗、发抖、频频上厕所、思维肤浅、判断力下降、大脑一片空白；个别学生在考场上出现视障碍，如看不清题目、看错题目、漏题丢题、动作僵硬、手不听使唤、出现笔误等等。

2. 消除考试焦虑的方法

(1)减轻压力，放下包袱。有效地降低考试压力是防治考试焦虑的首要措施。考试焦虑与考试密切相关，它常常随着考试的结束而迅速消失，但由于对学生来说不能避免考试，因而应优先考虑在不影响正常学习的情况下减压。学生要恰当地估计自己的能力，降低过高的学习目标，保持恰当的压力，重视学习过程而不要太计较考试结果，养成将考试当作业，作业当考试的习惯。

(2)端正动机，改变认知。考试焦虑是由于对考试事件在认知上的歪曲，导致情绪上的紊乱和行为上的异常。部分大学生对自己的要求过高且常常绝对化，以偏概全，即认为考试失败会导致可怕的后果。因此，要改变对考试和考试焦虑之间关系的错误认知，意识到自我认识和评价是造成压力的关键，改变不合理的思维方式，放下包袱，树立正确的学习动机。

(3)劳逸结合，有张有弛。大多数考试焦虑的同学在处理学习与休息的关系上存在缺陷，他们在学习上投入的时间太多，且生活安排单调，不注意休息和文体活动，即使在娱乐时也在想着学习，使自己的大脑老是处于紧张状态，不能通过文体活动达到生理与心理上的完全放松，导致神经系统的兴奋与抑制调节机能紊乱。因此，合理用脑，要讲究方法，注意营养，劳逸结合，维护神经系统的正常机能，是防止考试焦虑的重要措施。

(4)学会放松。考试焦虑的同学往往缺乏在特定情景下控制自己的能力，要学会在紧张时能够运用意念控制、调整呼吸等多种方法松弛躯体，转移注意力，以达到调整心理状态的目的。

【阅读材料】

放松训练——帮你舒缓学习压力

1. 一般身心放松法

常用的身体放松的方法有做操、散步、游泳、洗热水澡；常用的精神放松的方法有听音乐、看漫画、静坐等。哪些人需要放松，何时需要放松，可以通过观察身体和精神状态来确定。从身体方面，可以观察饮食是否正常，睡眠是否充足，有无适当运动等；从精神方面，可以观察处事是否镇定，是否容易分心，是否心平气和等。如果观察后的判断是否定的，就需要进行放松训练。

2. 想象性放松

在指导做想象性放松之前，应先让他们放松地坐好、闭上双眼，然后给予言语性指导，进而由他们自行想象。常用的指示语是："我静静地俯卧在海滩上，周围没有其他的人，我感受到了阳光温暖的照射，触到了身下海滩上的沙子，我全身感到无比的舒适，微风带来一丝丝海腥味，海涛声……"在给出上述指示语时，要注意语气、语调的运用，节奏要逐渐变慢，配合对方的呼吸。

3. 精神放松练习法

精神放松练习法就是通过引导注意力集中在不同的感觉上，以达到放松的目的。比如可以指导他们把注意力集中在视觉上：静心地看着一支笔、一朵花、一点烛光或任何一件柔和美好的东西，细心观察它的细微之处；集中在听觉上：聆听轻松欢快的音乐，细细体味，或闭目倾听周围的声音；集中在触觉上：触摸自己的手指，按按掌心，敲敲关节，轻抚额头或面颊；集中在嗅觉上：找一朵鲜花，集中注意力，微微嗅它散发的芳香，等等。也可指导他们闭上眼睛，试着将生活中的一切琐碎和不愉快的事情忘掉，着意去想象恬静美好的景物，如蓝蓝的海水、金色的沙滩、朵朵白云、高山流水等。

4. 渐进性肌肉放松法

在进行渐进性肌肉放松训练时，要注意选择不受干扰、温度适宜、光线柔和的房间或室外，让他们坐姿舒适。然后引导他们想象最令自己松弛和愉快的情景，并在一旁用言语指导和暗示。指导语是："坐好，尽可能使自己舒适，并使你自己放松。现在，首先握紧右手拳头，并把右拳逐渐握紧，在你这样做时，你要体会紧张的感觉，继续握紧拳头，并体会右拳、右手和右臂的紧张。现在，放松，让你的右手指放松，看看你此时的感觉如何。现在，你自己试试全部都放松。再来一遍，把右拳握起来，保持握紧，再次体会紧张感觉。现在，放松，把你的手指伸开，你再次注意体会其中的不同。现在，你左手重复这样做。"以上同样的方法用于放松左手与左臂，接着放松面部肌肉，颈、肩和上背部，然后胸、腹和下背部，再放松臀、股和小腿，最后身体完全放松。

5. 深呼吸放松法

当在某些特殊的场合感到紧张，而此时已无时间和场地来慢慢练习上述的放松方法时，可以教给他们最简便的深呼吸放松法。这和日常生活中人们自我镇定的方法相似。具体做法是让他们站定，双肩下垂，闭上双眼，然后慢慢地做深呼吸。可配合他们的呼吸节奏给予如下指示语："一呼……一吸……一呼……一吸"，或"深深地吸进来，慢慢地呼出去；深深地吸进来，慢慢地呼出去……"大学生掌握这种方法以后，也可自行练习。

【认知三】科学用脑

大脑是思维的器官，学习心理的注意、观察、记忆、思维和想象，以及动机与兴趣，方法和习惯，都在这里产生、进行和完成。所谓科学用脑，就是要求根据大脑的生理特点及其运动规律，既使大脑运动灵活，又保证大脑的健康，从而发挥更大的潜力。

大脑生理学家指出，正常人的大脑具有140亿～160亿个神经元，可储存1000万亿信息单位，相当于美国国会图书馆所藏1000多万册图书50倍的知识。这就是说，无论怎样增加信息接收量，也不会导致大脑负担过重，它具备了人们刻苦学习的物质基础。日本一些科学家通过一系列实验认为，懒惰会引起早衰，而长期从事脑力劳动的人到60岁时仍能像20岁那样思维敏捷。显然，防止大脑疲劳与勤奋学习并不矛盾，只要正确处理学习和休息的关系，把科学用脑与勤奋学习结合起来，不但能逐步提高学习效率，而且对身体也有好处。

1. 保证睡眠时间

睡眠是大脑皮层自然产生的一种弥漫性抑制。通过睡眠不但可以解除生理疲劳，防止超限抑制的发生，而且可以给正常的新陈代谢提供补充营养的机会，从而保证人体机能的和谐与平衡。可以说，睡眠同阳光、空气和水一样，是个体生命之需。可见，在一定条件下，睡眠比个体的物质需求具有更重要的意义。毛泽东同志就曾经明确指出："睡眠和休息丧失了时间，却取得了明天工作的精力。如果有什么蠢人，不知此理，拒绝睡眠，他明天就没有精神了，这是蚀本生意。"(《毛泽东选集》，人民出版社1991年第2版，第一卷，211页)由此可见，对于大学生来说，不但不应过多地牺牲睡眠时间，而且越是学习紧张越应保证有充足的睡眠。尤其是在临考之前或考试之中，以牺牲睡眠来"临阵磨枪"，只能是得不偿失之举。

事实上，充足睡眠的时间除了年龄以外，也和个人习惯，学习性质以及环境、气候、地域有关系。所以时间长短，不能一概而论。为了保持睡眠的深度和质量，必须尽量减少对感官的刺激(如噪声、强光、蚊虫骚扰等)，执行严格的作息制度，培养良好的习惯。

2. 及时转移大脑兴奋中心

法国伟大的思想家卢梭有一套自己的用脑方法，他合理安排读书时间，相继研究领域不同、难度各异的几个问题，使大脑不老是纠缠在一个问题上，从而得到调节和休息。他说："如果我连续研究几个不同的问题，即使毫不间断，我也能轻松愉快地一个又一个地寻思下去。这一问题可以消除另一个问题所带来的疲劳，用不着休息一下脑筋。于是，我就在我的治学计划中充分利用我所发现的这一特点，对一些问题交替进行研究。这样，即使整天用功也不觉得疲劳了。"

一定的心理活动，总是发生在大脑皮层的特定区域，与此"无关"的其他区域总是处于相对的静息状态。当某种单一的活动强度过大或持续时间过长时，就会引起该区域的疲劳，从而降低该项活动的效率。

大脑皮层功能定位学说告诉我们，要使大脑皮层各个区域经常交换着工作，以防止某一区域的脑细胞疲劳。大脑皮层在做某一工作时，相应部分的脑细胞就处于兴奋状态，其他部分的脑细胞则处于抑制状态。在大脑皮层上形成兴奋区(工作区)和抑制区(非工作区),互相交替地活动着,随着工作性质的改变,兴奋区与抑制区不断轮换。这样不仅使大脑皮层上的各个区域轮流休息,而且由于兴奋和抑制相互诱导的结果,使原工作区加深抑制,从而更快地使疲劳的机体得到较好的恢复。如果善于变换活动内容或使活动内容丰富化,就学习而言,克服单学科独进倾向,使各学科系统安排、交叉进行,就可以达到轮换休息的目的,即使延长学习时间也不致疲劳。因此我们称之为科学用脑。考生在复习准备时,一定要做到复习方式多样化,使之交叉,手脑并用,读写听说并行。关于这个问题,许多名人、专家给我们提供了宝贵的经验。马克思在写《资本论》的间隙中,经常进行数学运算、阅读文学作品或背诵诗歌;列宁在感到疲劳时则习惯于读外语词典等。虽然仍在继续用脑,但在实质上却是一种休息,而且是一种积极的休息。因为它与躺倒睡眠相比,显然更能保证效率,有助于获得更多知识。

3.坚持体育锻炼

体育锻炼不但可以增强学生的体质,而且可以提高他们的反应速度、灵敏度,培养坚强的意志和进取精神,有利于适应更加紧张的复习考试活动,增强对紧张工作和工作时间的承受能力,推迟或减缓疲劳的产生。事实证明:经常从事体育锻炼的学生,他们的神经系统、血液循环系统、呼吸系统、消化系统等功能都较强。这是因为,体育锻炼使人体不断地分解和消耗能量,但经过恢复过程再合成的能量总是超过其原来具有的水平。生理学上称这种恢复过程为"超量恢复"。如果考生能经常从事体育锻炼,消耗和超量恢复的过程反复发生,体内就可以增加物质能量储备,体质就不断得到增强,从而促进学生学习效果和考试成绩的提高。

马克思在《致恩格斯》一文中写道:"我首先要请你注意自己的健康。时代在好转,它将对你的身体提出很多要求。所以你要锻炼它,而不要损害它。"(《马克思全集》,人民出版社 1974 年版,第二十九卷,246 页)毛泽东同志在阐明德智体的辩证关系时,做过形象而通俗的比喻:德、智、体三项并举,德智寓于体,体是"载知识之车""寓道德之舍"。周恩来总理生前曾多次指示,"每天要给学生安排一小时的体育锻炼活动"。以上都说明了身体和体育锻炼的重要性,体育锻炼可以提高脑功能。

4.要适当增加营养

营养不良会降低人体的兴奋限度,使之难以承受较为强烈或持久的刺激,影响人注意力的集中、进取精神和探求行动,从而降低人活动的效率。可以说,营养不良是产生生理疲劳的主要根源。只有充分保证人体活动所需要的营养,才能提高人体机制兴奋限度,防止生理疲劳过早或过易地发生。因此,可适当让学生吃些蛋白质含量丰富的食物。补充乙酰胆碱,可以使人的记忆力明显增强,许多食物都含有这种成分,如鱼类、肉类等。

心理训练

【活动一】找出大学最重要的目标

游戏目的:让参与者学会梳理目标意识,让目标引领自己的行为;让参与者明确自己近期的目标，懂得分清主次。

游戏规则：

1. 请参与者在纸上写出近期要完成的五件重要事情，可以是学习、交友、旅游、练字、读完某一本书或参加某方面活动等。

2. 假如你现在有特殊事情，必须在五件事中抹掉两项，体验一下你现在的心情如何？你会抹掉哪两项？

3. 现在又有特殊情况发生，你必须再抹掉一项，你的心情又如何呢？你又会抹掉哪一项呢？现在还要再抹掉一项，你又作出怎样的决定呢？

4. 最后只剩下一件事了，这就是近期你最想做的、对你来说最重要的一件大事，这就是你当前的奋斗目标。

5. 和大家谈一谈你的奋斗目标是什么。

6. 然后大家静坐在座位上，想下面三个问题：

(1)我是不是想要实现那个目标？我是不是一定要实现那个目标？

(2)我有没有实现目标的条件呢？我怎样发挥这些条件呢？

(3)实现目标的困难障碍难以克服吗？我要不要克服？我一定要克服吗？

【活动二】珍惜时间

游戏名称：时间的价值

游戏目的：

1. 让参与者意识到生命是由每分每秒组成的，热爱生命就要从珍惜每一秒钟开始。

2. 利用好每一分钟，在有限的时间里创造出其应有的价值。

准备器材：秒表、每人一张 A4 纸、一支彩笔

游戏规则：

1. 分组，每小组 5～6 人，选出小组长、记录员。

2. 主持人提出讨论的问题：一分钟能做多少事？

3. 小组讨论。

4. 全体参与者交流。

时间是构成生命的元素，珍惜时间就是热爱生命，学会主宰时间，并把它们掌握在手中。你我要趁着现在年轻，抓紧时间学习，丰富自己，提高自己，让自己的生命更有意义，更精彩。

【活动三】能力与意志训练

游戏名称：圈之魅力

游戏目的：让参与者体验竞争的魅力；体验探索与创新的快乐；体验坚持与责任的充实。

准备器材：若干个呼啦圈。

游戏规则：

1. 将全体参与者分成几组，一般每组10人以上，每组推荐一名组长。

2. 分别进行套圈、钻圈、转圈的竞赛。

3. 套圈：每组派一名参与者做其他组的套圈轴，任务是站在20米远处，双脚并列，双手伸直（与肩同高），脚不可离地，但可以扭动身体不让对方同学把圈套入，以小组成员每人都套圈一次用时最少为胜。

4. 钻圈：活动分两次完成，第一次是同班拉圈（合作的）全组通过，用时最少为胜；第二次是对手拉圈（设阻的）全组通过，用时最少为胜。

5. 转圈：各小组成员手拉手围成一个圆圈，呼啦圈挂在两个同学拉手处。在所有人不松手的情况下，让呼啦圈按顺时针方向转动，从第一个人处出发，转回到第一个人处为结束，用时最少的组为胜。

心理测试

【测试一】性格和学习压力心理测试

1. 你是否一向准时赴约？

2. 你是否更易和同学沟通？

3. 你是否觉得周六早晨比周日傍晚容易放松？

4. 无所事事时，你是否感觉比忙着学习时自在？

5. 安排业余活动时，你是否向来都很谨慎？

6. 当你处在等待状态时，你是否常常感觉懊恼？

7. 你多数娱乐活动是否都和同学一同进行？

8. 你的配偶或朋友是否认为你随和、易相处？

9. 有没有某位同学让你感觉很积极进取？

10. 运动时你是否常想改进技巧，多赢得胜利？

11. 处于学习压力之下，你是否仍会仔细做题、上课？

12. 旅行之前，你是不是会做好行程表的每一个步骤，而当计划必须改变时，会感觉不自在？

13. 你是否喜欢在一场校园舞会上与人闲谈？

14. 你是否喜欢闷头学习，躲避处理人际关系？

15. 你交的朋友是不是多半属于同一年级？

16. 当你生病时，你是否会将学习带到床上？

17. 你平时的阅读物是否多半和所学专业相关？

18. 你是否比同学要花更多的时间在学习上？

19. 你在社交场合是不是三句话不离本行？

20. 你是不是在休息日也会焦躁不安？

结果解释：

4、8、13 题答“非”得 1 分，其他题答“是”得 1 分，统计总分。

12～20 分：A 型性格。

0～9 分：B 型性格。

10～11 分：介于两者之间。

A 型特征：喜欢过度竞争，喜欢寻求学习上的成就感，在一般言谈中过多强调关键词汇，往往愈说愈快并且加重最后几个词；喜欢追求各种不明确的目标；全神贯注于截止期限；憎恨延期；缺乏耐心；放松心情时会产生罪恶感。

B 型特征：神情轻松自在而且思绪很密；学习之外拥有广泛兴趣；倾向于从容漫步型；充满耐心而且肯花时间来考虑一个决定。

A 型性格较之 B 型性格，对压力更敏感，也比较容易过激，对压力的心理承受能力也差一些。因此 A 型性格的人要避免陷入焦躁状态，不要被突发事件打乱阵脚，更不要时刻让自己处于紧张状态。

【测试二】你的记忆力如何？

记忆力是人的一种重要能力。记忆力的好坏因人而异，你的记忆力怎么样？真如你想象的那么好吗？还是来看看本题吧。

你生活在大都市，却总是想在钢筋水泥中找一丝绿意。那么，凭直觉说出，你要找的绿是　（　　）

A. 郁郁葱葱的大树

B. 嫩绿的小苗

C. 绿叶和花朵

D. 结出果实的植物

结果解释：

选 A：你的记忆力非常好，基本上别人交代的事，你都能清楚地记在心里，并且完成得很好，你做事总让人很放心，你的心很细，总是能非常有条理地完成交代的事情，比如能将一件复杂的工作分门别类，规划清楚，然后按计划完成。

选 B：你非常迷糊，记忆力不太好，别人交代的事情，你很可能这一秒记着，下一秒就忘得一干二净，你这样迷糊，让人很是为你担心。你如此迷糊，总是得有人在背后为你收拾残局，你得学会改掉这个毛病，才能得到成长。

选 C：你有些健忘，当然得看是什么事情。大事情，你会做笔记，会谨慎一些。但那些小事你就非常糊涂，比如出去吃饭，你不是落下了收纳的小伞就是钱包，不然就是发现钥匙没带，回不了家。

选 D：首先，你是个很能保守秘密的人。你心中藏着很多的小事，而且一般都不会忘记。不过，在生活中，你又有潇洒粗犷的一面，基本上不拘小节，该记得的记得，该忘记的忘记，该注意的注意。你的内心世界很丰富，不过一般的人是不大可能轻易进入的，你只会跟至交好友谈心，把心中的秘密与他们分享。

【测试三】注意力测试

在以下数列中，每行中都有一些两两相邻、其和为 10 的成对的数，集中注意力找出这些数，并在每对的下面画上线。

例如：2 7 4 6 1 1 9 6 2 8

本组题是测速度的，所以要尽快做完，不要超时，否则是得不到准确成绩的。

时间：10 分钟。

A：79148756394678831234567898765437

B：91765432198765431421521621728194

C：12845678912345671521631746135124

D：33467382914567349129123198265190

E：51982774675370988028382032465934

F：20563770895749745505533554465505

G：64328976378209382457864018258640

H：76554744466688831345178313141561

I：32832112312354378239237236324376

J：98798787682676570198684743289619

K：19873826455910884234568345679467

L：24682468369118194455566667777738

M：83659172375943767766554433221199

N：91827364558183729108207456789234

O：27348556472378026775675675645766

P：63868918764382928765465435432321

Q：97543354682254668574635296645342

R：40439347368247463647586972837283

S：50161984632876428487659071151682

T：83654289664036826754698457342891

U：48654876983473896474676476473468

V：89573869010285378232818171615648

W：64286497628018365283667788991122

X：48295163837846752866337744885599

Y：62482746389619848328455918264379

结果解释：

本组数列共有 150 对其和为 10 的邻数。每答漏(答错)一对数字，得 1 分。

得 0～26 分者：你集中注意力的能力非常强，在学习和工作中一定以效率高著称。

得 27～37 分者：你也较善于集中注意力。如果能有意识地经常进行一些专业训练，会达到优秀水准的。

得 38～48 分者：你刚刚达到及格线，面临两种选择：一是向前走，经过努力会成为良好者中的一员；一是向后退，毫不以目前的状况为忧，那么你成为一个漫不经心者的日子就不远了。

得 49～143 分者：警钟已经敲响了，你是个注意力不集中的人。难道你愿意永远做一个对学习、生活缺乏激情、视而不见的人吗？赶快抓紧时间进行强化训练吧！

心灵鸡汤

【故事分享】

猎人的目标

父亲带着三个儿子到草原上猎杀野兔。在到达目的地，一切准备得当，开始行动之前，父亲向三个儿子提出了一个问题："你看到了什么呢？"

老大回答道："我看到了我们手里的猎枪，在草原上奔跑的野兔，还有一望无际的草原。"父亲摇摇头说："不对。"

老二的回答是："我看到了爸爸、大哥、弟弟、猎枪、野兔，还有茫茫无际的草原。"父亲又摇摇头说："不对。"

而老三的回答只有一句话："我只看到了野兔。"这时父亲才说："你答对了。"

有了明确的目标，才会为行动指出正确的方向，才会在实现目标的道路上少走弯路。事实上，漫无目标，或目标过多，都会阻碍我们前进，要实现自己的心中所想，如果不切实际，最终可能是一事无成。

【名人名言】

对世界上的一切学问与知识的掌握也并非难事，只要持之以恒地学习，努力掌握规律，达到熟悉的境地，就会融会贯通，运用自如了。

——高士其

【推荐阅读】

《事半功倍记忆法》(秦灵华编著)

此书在系统的理论分析基础上，着重分析阐释实际的记忆能力训练和具体的方法技巧，如提高记忆力的 7 种练习等。还重点介绍了 10 种必备的高效记忆方法。书中理论联系实际，使读者能够在较短的时间内掌握快速记忆的方法。

项目十一　人格健全能力训练

心理体验

【体验一】人格才是最高的学位

很多年前，有一位学大提琴的年轻人去向当时最伟大的大提琴家卡萨尔斯讨教：我怎样才能成为一名优秀的大提琴家？卡萨尔斯面对雄心勃勃的年轻人，意味深长地回答："先成为优秀而大写的人，然后成为一名优秀而大写的音乐人，再然后就会成为一名优秀的大提琴家。"

听到这个故事的时候，我还年少，对老人回答中所透露出的含义理解不多。然而，在以后的工作生涯中，随着采访接触的人越来越多，这个回答在我脑海中便越印越深。

在采访北大教授季羡林的时候，我听到一个关于他的真实故事。有一年秋天，北大新学期开学，一个外地来的学子背着大包小包走进了校园，实在太累了，就把包放在路边。这时正好一位老人走来，年轻学子就拜托老人替自己看一下包，自己则轻装去办理手续。老人爽快地答应了。近一个小时过去，学子归来，老人还在尽职尽责地看守着。学子谢过老人，两人分别。几日后北大举行开学典礼，这位年轻的学子惊讶地发现，主席台上就座的北大副校长季羡林，正是那一天替自己看行李的老人。

关于"人格是最高的学位"，你有什么感想？

【体验二】公道自在人心

北京的一场艺术品拍卖会上,曾经展拍两幅宋朝的书法作品,一幅是蔡京的扇面,另一幅是辛弃疾的立轴。两位作者都是一代风流人物,论艺术修养,蔡京素有才子之称,精通经史之学,辛弃疾是豪放派词人,独特的词作风格被后人称为"稼轩体";论社会地位,蔡京深得宋徽宗赵佶的宠信,最后官拜左仆射兼门下侍郎,辛弃疾在官场上几经沉浮,曾经出任浙东安抚使、镇江知府等地方官职;论书法功底,蔡京用笔挥洒自然,气韵生动,字体姿媚豪健,痛快沉着,以至于狂傲的米芾都甘拜下风,辛弃疾用笔流畅自如,浑厚沉婉,字体虽无豪纵恣肆之态,亦不失方正挺拔之气,略显苏黄遗规。

尽管都是难得一见的稀世珍品,但被放在一起预展时,作品功力高下不言自明。蔡京有生之年就被世人称作书法大家,宋徽宗铸行的年号钱"崇宁重宝"就是其所书。据说,当年的蔡京一时兴起,赠送给属下一幅题有杜甫诗句的扇面,后来居然被太上皇以两万钱收购。而辛弃疾研习书法已久,书品也自成一体,但在才子墨客辈出的宋朝,始终难以进入大家之列。若是单纯以艺术价值而言,蔡京的作品应当比辛弃疾更值钱。

拍卖开始了,辛弃疾的立轴首先出场,底价为10万元。大厅里人声鼎沸,台下竞拍者势在必得,争先恐后地轮番举牌。最后,一位东北大汉以56万元的价格拍下这幅作品。接下来,拍卖师拿出了蔡京的扇面,底价也是10万元。起拍前,拍卖师搜肠刮肚,用尽所有能想出的形容词赞美拍品,试图把现场气氛推向高潮。哪知道台下一片寂静,并未出现料想中的激烈竞拍场景。拍卖师连续三声报价,自始至终都没有人举牌应拍。在尴尬的冷场中,拍卖师只得灰头土脸地宣布蔡京的扇面流拍。

在拍卖会结束后的记者招待会上,拍卖师不无遗憾地说,蔡京的扇面已经连续三次流拍了。拍卖行当初给出的估价是60万元,第一次以50万元起拍,结果没人应拍。拍卖行以为是起拍价定得太高了,第二次便降到了30万元,但还是没人应拍。这么好的宝贝,怎么就没人愿意购买呢?于是,第三次拍卖行冒险将起拍价降到了10万元,没想到仍然以流拍收场。拍卖师百思不得其解,原本指望着卖出好价钱的蔡京扇面,如今居然成了不折不扣的鸡肋。而估价比较低的辛弃疾立轴,却成了你争我抢的香饽饽。记者招待会快要结束时,拍卖师还再三强调说,蔡京的扇面物有所值,起拍价格很公道,希望下次能够有人积极应拍。

拍卖师也许并不明白,一幅字画凝结着作者的书品和人品,光有书品,没有人品,不过是一纸丑陋的垃圾而已,收藏这样的字画只会玷污藏家自己的人品,字画的价值岂能以价格公道评论?蔡京和辛弃疾两条完全不同的人生轨迹,终于在后世的一场拍卖会上定格。

何谓公道?公道自在人心。

心理认知

【认知一】人格

关于人格，最著名的是弗洛伊德人格理论，该理论阐述了人的精神活动，包括欲望、冲动、思维、幻想、判断、决定、情感等等，会在不同的意识层次里发生和进行。

【阅读材料】

西格蒙德·弗洛伊德(Sigmund Freud,1856～1939 年)是奥地利精神病医师、心理学家、精神分析学派创始人。1873 年入维也纳大学医学院学习，1881 年获医学博士学位。1882～1885 年在维也纳综合医院担任医师，从事脑解剖和病理学研究。然后私人开业治疗精神病。1895 年正式提出精神分析的概念。1899 年出版《梦的解析》，被认为是精神分析心理学的正式形成。1919 年成立国际精神分析学会，标志着精神分析学派最终形成。1930 年被授予歌德奖。1936 年成为英国皇家学会会员。1938 年奥地利被德国侵占，其赴英国避难，次年于伦敦逝世。他开创了潜意识研究的新领域，促进了动力心理学、人格心理学和变态心理学的发展，奠定了现代医学模式的新基础，为 20 世纪西方人文学科提供了重要理论支柱。

(一)意识层次理论

意识层次结构理论阐述了人的精神活动，包括欲望、冲动、思维、幻想、判断、决定、情感等等，会在不同的意识层次里发生和进行。不同的意识层次包括意识、前意识和无(潜)意识三个层次(见图 11-1)，好像一座冰山，露出水面的只是一小部分意识，但隐藏在水下的绝大部分前意识和无意识却对人的行为产生重要影响。意识即为能随意想到、清楚觉察到的主观经验，有逻辑性、时空规定性和现实性。前意识虽不能即刻回想起来，但经过努力可以进入意识领域的主观经验。无意识(潜意识)是原始的冲动和各种本能、通过遗传得到的人类早期经验以及个人遗忘了的童年时期的经验和创伤性经验、不合伦理的各种欲望和感情。

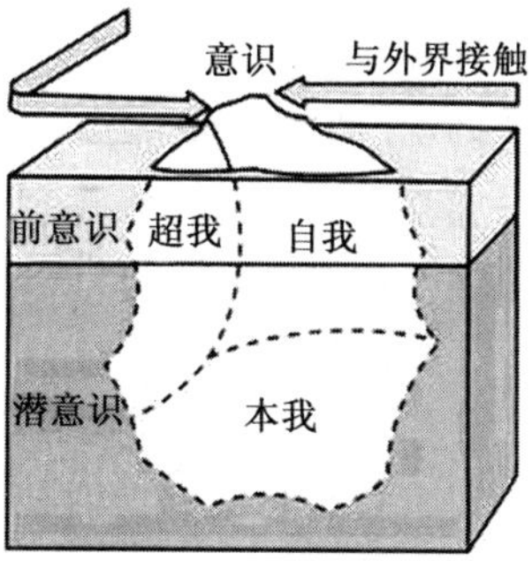

图 11-1

(二)人格结构理论

弗洛伊德认为人格由本我(id)、自我(ego)和超我(superego)构成。

1. 本我

本我是人格结构中最原始的部分，从出生之日起即已存在。构成本我的成分是人类的基本需求，如饥、渴、性三者均属之。本我中之需求产生时，个体要求立即满足，故而从支配人性的原则而言，支配本我的是唯乐原则。例如，婴儿每感饥饿时即要求立刻喂奶，绝不考虑母亲有无困难。

2. 自我

自我是个体出生后，在现实环境中由本我中分化发展而产生，由本我而来的各种需求，如不能在现实中立即获得满足，它就必须迁就现实的限制，并学习到如何在现实中获得需求的满足。从支配人性的原则看，支配自我的是现实原则。此外，自我介于本我与超我之间，对本我的冲动与超我的管制具有缓冲与调节的功能。

3. 超我

超我是人格结构中居于管制地位的最高部分，是由于个体在生活中，接受社会文化道德规范的教养而逐渐形成的。超我有两个重要部分：一为自我理想，是要求自己行为符合自己理想的标准；二为良心，是规定自己行为免于犯错的限制。因此，超我是人格结构中的道德部分，从支配人性的原则看，支配超我的是完美原则。

人格结构中的三个层次相互交织，形成一个有机的整体。它们各行其责，分别代表着人格的某一方面：本我反映人的生物本能，按快乐原则行事，是“原始的人”；自我寻求在环境条件允许的条件下让本能冲动能够得到满足，是人格的执行者，按现实原则行事，是“现实的人”；超我追求完美，代表了人的社会性，是“道德的人”。

在通常情况下，本我、自我和超我处于协调和平衡状态，从而保证了人格的正常发展。如果三者失调乃至破坏，就会产生精神病，危及人格的发展。

（三）人格发展理论

人格发展的顺序，依次分为五个时期。其中前三个时期是以身体的部位命名的。原因是在 6 岁以前的个体，其本我中的基本需求，是靠身体上的部位获得满足的。因此这些部位即称“性感带区”。

弗洛伊德的人格发展理论中，总离不开性的观念，所以他的发展分期解释，就被称为性心理发展期。

1. 口腔期（oral stage，0～1 岁）

原始欲力的需求，主要靠口腔部位的吸吮、咀嚼、吞咽等活动获得满足。婴儿的快乐也多得自口腔活动。此时期的口腔活动若受限制，可能会留下后遗性的不良影响。成人中有所谓的口腔性格，可能就是口腔期发展不顺利所致。在行为上表现为贪吃、酗酒、吸烟、咬指甲等，甚至在性格上悲观、依赖、洁癖者，都被认为是口腔性格的特征。

2. 肛门期（anal stage，1～3 岁）

原始欲力的需求，主要靠大小便排泄时所产生的刺激快感获得满足。此时期卫生习惯的训练，对幼儿而言是关键。如管制过严，可能会留下后遗性的不良影响。成人中有所谓的肛门性格者，在行为上表现为冷酷、顽固、刚愎、吝啬等，可能就是肛门性格的特征。

3. 性器期（phallic stage，3～6 岁）

原始欲力的需求，主要靠性器官的部位获得满足。此时幼儿喜欢触摸自己的性器官，在性质上已算是“手淫”的开始。幼儿在此时期已能辨识男女性别，并以父母中之异性者为“性爱”的对象。于是出现了男童以父亲为竞争对手而爱母亲的现象，这种现象称为恋母情结；同理女童以母亲为竞争对手而爱恋父亲的现象，则称为恋父情结。

4. 潜伏期(latent stage,7 岁至青春期)

7 岁以后的儿童,兴趣扩大,由对自己身体和父母的感情,转变到周围的事物,故而从原始的欲力来看,呈现出潜伏状态。此一时期的男女儿童之间,在情感上较前疏远,团体性活动多呈男女分离趋势。

5. 两性期(genital stage,青春期以后)

此时期开始时间,男生约在 13 岁,女生约在 12 岁,此时期个体性器官成熟,生理上与心理上所显示的特征以及两性差异开始显著。自此以后,对性的需求转向相似年龄的异性,开始有了两性生活的理想,有了婚姻家庭的意识。至此,性心理的发展以臻成熟。

【阅读材料】

恋母情结

拉伊奥斯年轻时曾经劫走国王佩洛普斯(Pelops)的儿子克律西波(Chrysippus),因此遭到诅咒,他的儿子俄狄浦斯出生时,神谕表示他会被儿子所杀死。为了逃避命运,拉伊奥斯刺穿了新生儿的脚踝(oidipous 在希腊文的意思即为“肿胀的脚”),并将他丢弃在野外等死。然而奉命执行的牧人心生怜悯,偷偷将婴儿转送给科林斯的国王波吕波斯(Polybus),由他们当作亲生儿子般地抚养长大。

俄狄浦斯长大后,因为德尔菲神殿的神谕说,他会弑父娶母,不知道科林斯国王与王后并非自己亲生父母的俄狄浦斯,为避免神谕成真,便离开科林斯并发誓永不再回来。俄狄浦斯流浪到忒拜附近时,在一个岔路上与一群陌生人发生冲突,失手杀了人,其中正包括了他的亲生父亲。当时的忒拜被狮身人面兽斯芬克斯所困,因为他会抓住每个路过的人,如果对方无法解答他出的谜题,便将对方撕裂吞食。忒拜为了脱困,便宣布谁能解开谜题,从斯芬克斯口中拯救城邦的话,便可获得王位并娶国王的遗孀约卡斯塔为妻。后来正是由俄狄浦斯解开了斯芬克斯的谜题,解救了忒拜。他也继承了王位,并在不知情的情况下娶了自己的亲生母亲为妻,生了两个女儿:分别是安提戈涅(Antigone)及伊斯墨涅(Ismene);两个儿子:埃忒奥克洛斯(Eteoclus)及波吕涅克斯(Polyneices)。

后来,受俄狄浦斯统治的国家不断有灾祸与瘟疫,国王因此向神祇请示,想要知道为何会降下灾祸。最后在先知提瑞西阿斯(Tiresias)的揭示下,俄狄浦斯才知道他是拉伊奥斯的儿子,终究应验了他之前杀父娶母的不幸命运。震惊不已的约卡斯塔羞愧地上吊自杀,而同样悲愤不已的俄狄浦斯,则刺瞎了自己的双眼。

俄狄浦斯情结又称“恋母情结”。精神分析学的创始人弗洛伊德认为,儿童在性发展的对象选择时期,开始向外界寻求性对象。对于幼儿,这个对象首先是双亲,男孩以母亲为选择对象而女孩则常以父亲为选择对象。小孩作出如此的选择,一方面是由于自身的“性本能”,同时也是由于双亲的刺激加强了这种倾向,也即是由于母亲偏爱儿子和父亲偏爱女儿促成的。在此情形之下,男孩早就对他的母亲发生了一种特殊的柔情,视母亲为自己的所有物,而把父亲看成是争得此所有物的敌人,并想取代父亲在父母关系中的地位。同理,女孩也以为母亲干扰了自己对父亲的柔情,侵占了她应占的地位。

每个人的成长都会经历这样的时期,我们自己回想一下小时候或者说现在是否有过嫉恨自己异性父母的时候。正如故事中的俄狄浦斯,当他知道了事情的真相的时候是多么的羞愧。因为在我们的伦理道德中这样是不被允许的,甚至说想一下也被认为是邪恶的。在这一时期，我们是很矛盾的，不过对于大部分的人来说，在我们的意识还未完全认识到这一点的时候我们已经成功处理了。以男孩子举例：当他开始嫉恨父亲，想要拥有母亲的时候，自然会表现出对父亲的敌视，但是之后他会发现自己不够强大来抵制父亲，转而，他会向父亲学习，产生认同，慢慢地就成长起来了。在这个转变过程中，因为家庭情况的、个人的一些经历不同，在程度上就会是不一样的。父母亲在家庭中的地位角色会影响到孩子的成长，一个强大的父亲比之一个懦弱的父亲是更容易让孩子认同的，如果母亲过于强大，在家中占主导地位的话，男孩子就很有可能认同母亲，对于孩子的成长就会有影响。

一般人不知道自己的身上有这种感觉。他的意识很小心地避免认知这些感觉，当这些感觉出现时，它们都早已被伪装过了。但是还是有一部分人因为种种原因没有安全度过俄狄浦斯期，一直固结在那里，长大后这种乱伦的情结还保持着，而且成为自己内心矛盾冲突的主要部分。一方面自己潜意识里想，而意识里又是不允许的，这种恐惧使得那些社会不允许的感觉被封锁在潜意识底下，但是它们在那里不断想挣破它们的监牢。这种介于想要和不想要之间的挣扎就会造成心理问题。

(四)九型人格

九型人格(Enneagram)，又名性格型态学、九种性格。是婴儿时期人身上的九种气质，包括活跃程度，规律性，主动性，适应性，感兴趣的范围，反应的强度，心理的素质，分心程度，专注力范围/持久性(见图 11-2)。

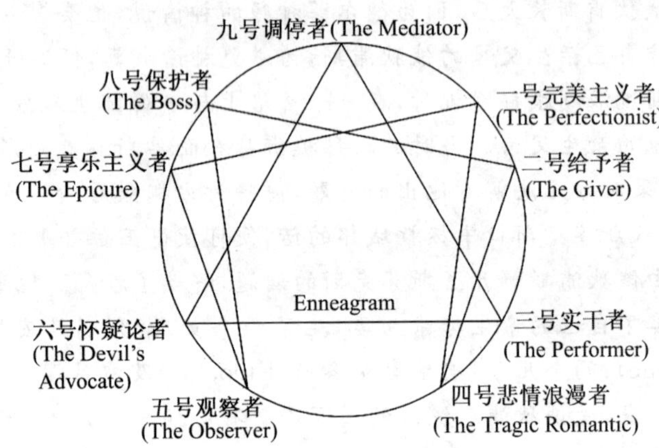

图 11-2 九型人格图

九型人格测试主要用于帮助你有效地掌握个人的行为习惯，测试中所回答的问题答案没有好与坏之分，没有正确与错误之别，它仅是反映你自己的个性和世界观。测评问卷将有助于你更好地了解自身的优势和弱点，并知道在何种情形下你的行动将更为有效。同时，你还可以通过测评结论知道他人是如何看待他们自己的，以及相互间又是如何相处影响的。

九型人格不仅仅是一种精妙的性格分析工具，更主要的是为个人修养与自我提升、历练提供深入的洞察力，与当今其他性格分类法不同，九型性格揭示了人们内在最深层的价值观和注意力焦点，它不受表面的外在行为的变化所影响。它可以让人真正地知己知彼，可以帮助人明白自己的个性，从而完全接纳自己的短处、活出自己的长处；可以让人明白其他不同人的个性类型，从而懂得如何与不同的人交往沟通及融洽相处，与别人建立更真挚、和谐的合作伙伴关系。

1. 第一型：完美型(Reformer/Perfectionist)——完美主义者

(1)欲望特质：追求不断进步。

(2)基本困思:我若不完美,就没有人会爱我。

(3)主要特征:原则性强、不易妥协,常说"应该"及"不应该",黑白分明,对自己和别人要求甚高,追求完美,不断改进,感情世界薄弱;希望把每件事都做得尽善尽美,希望自己或是这个世界都更进步。时时刻刻反省自己是否犯错,也会纠正别人的错。

(4)主要特质:忍耐,有毅力,守承诺,贯彻始终,爱家顾家,守法,有影响力的领袖,喜欢控制,光明磊落。

(5)生活风格:爱劝勉教导,逃避表达愤怒,相信自己每天有干不完的事。

(6)人际关系——完美型(Reformer):你是典型的完美主义者,显浅易明。正因为你事事追求完美,你很少讲出称赞的话语,很多时只有批评,无论是对自己,或是对身边的人!又因为你对自己的超高标准,你给自己很大压力,会很难放松自己去尽情地玩,开心地笑。

(7)愤怒、不满:属于第一型的你,相信常常会有这种感觉,对吧?你们常有愤怒、不满的感觉都是源自你们超高的生活要求。当遇到什么不顺意时,就很容易感到愤怒、不满,觉得事情不应该这样发生。这种情绪不单是对自己,还有对周围的环境和人,都是一样,因为你对他们一样带有超高的要求。但要注意,作为你的朋友,要承受你的愤怒情绪,的确不是一件容易的事,也会造成压力,所以要多加注意啊!

(8)失望、沮丧:同样,因为你事事追求完美的态度,让你在生活里常常感到碰钉子、不如意。除了对外发泄愤怒情绪,其实内心在不断经历挫败,不断经历失望。这些情绪对你们并不健康,必须积极处理。最根源的方法不是让自己做得更出色,而是调节对每件事情的看法,轻松面对!其他类型上面说的有的是正确的。

(9)基本恐惧:怕自己做错,变坏,被腐败。

(10)基本欲望:希望自己是对的,好的,贞洁的,有诚信的。

(11)代表人物:包拯。

2.第二型:全爱型,助人型(Helper/Giver)——给予者

(1)欲望特质:追求服侍。

(2)基本困思:我若不帮助人,就没有人会爱我。

(3)主要特征:渴望别人的爱或良好关系,甘愿迁就他人,以人为本,要别人觉得需要自己,常忽略自己;很在意别人的感情和需要,十分热心,愿意付出爱给别人,看到别人满足地接受他们的爱,才会觉得自己活得有价值。

(4)主要特质:温和友善、随和,绝不直接表达需要,婉转含蓄,好好先生(小姐),慷慨大方,乐善好施。

(5)生活风格:爱报告事实,逃避被帮助,忙于助人,否认问题存在。

(6)人际关系——助人型(Helper):顾名思义,你很喜欢帮人,而且主动,慷慨大方!虽然你对别人的需要很敏锐,但却很多时侯忽略了自己的需要。在你来说,满足别人的需要比满足自己的需要更重要,所以你很少向人提出请求。这样说来,你的自我并不强,很多时侯要靠帮助别人去肯定自己。

(7)自豪、骄傲:第二型的你,是否觉得这个形容很不贴切?觉得很惊奇?其实,一向表现得助人为快乐之本的你,是想通过热心帮助人去肯定自己,要朋友接纳欣赏自己。所

以，当有朋友找你们帮助时，你自是开心不已，也会有自豪和骄傲之感，因为在这个过程中你得到了肯定和满足。

(8)占有、控制：正因为帮别人得到这么多的满足，你们很想继续这样做下去，这个很正常！可是，当你们"投资"下越多的时间和心力，你希望得到的回报就更多。很有可能，你们会很希望朋友会很附属于你，甚至是只附属于你一个，事事对你说，跟你分享。这便反映了在你内心的占有欲，若朋友不是这样对你，你便会很失望，觉得他们背叛了你。甚或，你可能会对他们施加压力，以控制他们。这里当然不是说每个第二型都是这样子，但当我们状态不佳，心情不太好时，的确有机会出现以上倾向。多留意自己的情绪反应，有助于控制及改善！

(9)基本恐惧：不被爱，不被需要。

(10)基本欲望：感受爱的存在。

(11)代表人物：倪萍，徐帆。

3. 第三型：成就型(Achiever/Motivator)——实干者

(1)欲望特质：追求成果。

(2)基本困思：我若没有成就，就没有人会爱我。

(3)主要特征：好胜心强烈，喜欢权威，常与别人比较，以成就衡量自己的价值高低，注重形象，工作狂，惧怕表达内心感受，希望能够得到大家的肯定。是个野心家，不断地追求有效，希望与众不同，受到别人的注目、羡慕，成为众人的焦点。

(4)主要特质：自信，活力充沛，风趣幽默，很有把握，处世圆滑，积极进取，形象美丽。

(5)生活风格：爱数说自己的成就，逃避失败，按着长远目标过活。

(6)人际关系——成就型(Achiever)：你精力充沛，总是动力过人，因为你有很强的争胜欲望！你喜欢接受挑战，会把你自己的价值与成就连成一线。成就型的你会全心全意去追求一个目标，因为你相信"天下没有不可能的事"。动力十足的你，最好做领导者带领其他人啦！

(7)自恋、炫耀：第三型的人倾向将自己看成颇重要的人，所以有一点点的自恋、自我膨胀。所以你们都会把自己最好的一面给友人看，甚至极端时，会在朋友面前撒谎，以求保持自己在朋友心目中的形象。很多时候，第三型的人真正的实力往往没有那么强，因为他们的表达其实有一点点夸张。

(8)害怕亲密：第三型的你很害怕亲密关系，不是说你会没有朋友，只是当关系进深的时候，你可能会因怕真面目被看见而避开、逃掉。所以，亲密/好朋友关系对第三型的人来说并不容易建立，因为他们害怕被人看见自己的真面目，也因此很难开放自己与人坦诚交往。第三型的你好胜心颇强，通常认为自己不能在朋友面前认输，所以会表现得很棒，但世界上没有一个人是十全十美的完人！当能容许自己以真面目示人，你的生活将很快乐！

(9)基本恐惧：没有成就，一事无成。

(10)基本欲望：感觉有价值，被接受。

(11)代表人物：刘德华。

4. 第四型：艺术型，自我型(Artist/Individualist)——悲情浪漫者

(1)欲望特质：追求独特。

(2)基本困思:我若不是独特的,就没有人会爱我。

(3)主要特征:情绪化,追求浪漫,惧怕被人拒绝,觉得别人不明白自己,占有欲强,生活风格我行我素,爱讲不开心的事,易忧郁、妒忌,生活追寻感觉好;很珍惜自己的爱和情感,所以想好好地滋养它们,并用最美、最特殊的方式来表达。他们想创造出独一无二、与众不同的形象和作品,所以不停地自我察觉、自我反省,以及自我探索。

(4)主要特质:易受情绪影响,倾向追求不寻常、艺术性而富有意义的事物,多幻想,认为死亡、苦难、悲剧才是极具价值和真实的生命,对美感的敏锐可见于独特的衣着,对布置环境的品位显出他的独特性,极具创造力,过分情绪化,容易沮丧或消沉,常觉生命是一个悲剧,对人若即若离,怕亲密的关系令人发现自己不完美就会离自己而去。

(5)生活风格:爱讲不开心的事,易忧郁、妒忌,生活追寻感觉好。

(6)人际关系——自我型(Individualist):是否有人跟你说,你有艺术家的脾气?这个自我型就正是艺术家的性格——多愁善感及想象力丰富,会常沉醉于自己的想象世界里。另一方面,由于你是以感情为主导的人,不会考虑责任的问题。

(7)嫉妒、比较:自我型的你们其实都有点艺术家脾气。觉得自己与其他人不一样,喜欢沉醉于自己的想象世界。很多时候,第四型的表现会比较抽离,都是因为跟身边的人比较,觉得自己不同,其他人不会明白,又觉得其他人都拥有很多你们没有的东西,所以在现实的社交圈子里很难得到满足。

(8)自我沉醉、自怜:由于从现实生活中得不到满足,自我型的朋友都会在幻想里建构自己的世界,好让自己的情绪得以发泄出来。不过,这样一来,自我型的人都显得比较情绪化,令其他人更不能明白你们,更孤立起来。所以你们要小心,不要让自己过分脱节啊!

(9)基本恐惧:没有独特的自我感受或存在意义。

(10)基本欲望:寻找自我,在内在经验中找到自我认同。

(11)代表人物:林黛玉(包括87版《红楼梦》的演员陈晓旭),王菲。

5.第五型:智慧型,思想型(Thinker/Observer)——观察者

(1)欲望特质:追求知识。

(2)基本困思:我若没有知识,就没有人会爱我。

(3)主要特征:冷眼看世界,抽离情感,喜欢思考分析,知识很多,但缺乏行动,对物质生活要求不高,喜欢精神生活,不善表达内心感受;想通过获取更多的知识,来了解环境,面对周遭的事物。他们想找出事情的脉络与原理,作为行动的准则。有了知识,他们才敢行动,也才会有安全感。

(4)主要特质:温文儒雅、有学问、条理分明、表达含蓄、拙于辞令、沉默内向、冷漠疏离、欠缺活力、反应缓慢。

(5)生活风格:爱观察、批评,把自己抽离,每天有看不完的书。

(6)人际关系——理智型(Thinker):你是个很冷静的人,总想跟身边的人和事保持一段距离,也不会乱发脾气发泄情绪。很多时候,你都会先做旁观者,后才可投入参与。另外,你也需要充分的私人空间和高度的私隐,否则你会觉得很焦虑,不安定!你也很有机会成为专家,例如电脑、漫画、时装等方面,因为你对知识是非常热爱的!

(7)好辩、抽离:思想型的人常常观察身边的事,却很少参与,所以感情投入也很少。

还有，他们好辩，很执着，却少有“辩输”的空间和度量。对知识的执着固然重要，但经验生活中所得的体会也非常可贵，希望你们取得平衡，得到最多！

(8)基本恐惧：无能，无知。

(9)基本欲望：能干，知识丰富。

(10)代表人物：陈道明（坦然不合群的感觉），比尔·盖茨（对知识和智慧的追求和执着）。

6.第六型：忠诚型(Team Player/Loyalist)——怀疑论者

(1)欲望特质：追求忠心。

(2)基本困思：我若不顺从，就没有人会爱我。

(3)主要特征：做事小心谨慎，不轻易相信别人，多疑虑，喜欢群体生活，为别人做事尽心尽力，不喜欢受人注视，安于现状，不喜转换新环境；相信权威，跟随权威的引导行事，然而另一方面又容易反权威，性格充满矛盾。他们的团体意识很强，需要亲密感，需要被喜爱、被接纳并得到安全的保障。

(4)主要特质：忠诚、警觉、谨慎、机智、务实、守规、纪律维持者。

(5)生活风格：平和讨论，惧怕权威，传统可给予安全感，害怕成就，逃避问题。

(6)人际关系——忠诚型(Loyalist)：你会是一个很好的员工，因为你很忠心尽责。安全感对你来说很重要，因为当遇到新的人和事，都会令你产生恐惧、不安的感觉。基于这种恐惧不安，凡事你都会作最坏打算，换句话说，你为人比较悲观，也较易去逃避了事。

(7)害怕、忧虑、犹豫：忠诚型的你们表现得忠诚，是因为你们害怕，对很多事情皆忧虑，很多时候都向坏处打算，所以做人很谨慎。同一原因，由于害怕做错决定，所以当面对抉择的时候，你们大都显得很犹豫。适当的忧虑能保护我们，但若过分忧虑则会阻碍我们前行！留意留意！

(8)基本恐惧：得不到支援及指引，单凭一己的能力不能兼顾全部。

(9)基本欲望：得到支援及安全感。

(10)代表人物：张瑞敏，福尔摩斯，希特勒。

7.第七型：活跃型，开朗型(Enthusiast)——享乐主义者

(1)欲望特质：追求快乐。

(2)基本困思：我若不带来欢乐，就没有人会爱我。

(3)主要特征：乐观，要新鲜感，追上潮流，不喜承受压力，怕负面情绪；想过愉快的生活，想创新、自娱娱人，渴望过比较享受的生活，把人间的不美好化为乌有。他们喜欢投入经验快乐及情绪高昂的世界，所以他们总是不断地寻找快乐，经历快乐。

(4)主要特质：快乐热心，不停活动，不停获取，怕严肃认真的事情，多才多艺，对玩乐的事非常熟悉亦会花精力钻研，不惜任何代价，只要快乐，以嬉笑怒骂的方式对人对事。

(5)生活风格：爱讲自己的经验，喜欢制造开心，人生有太多开心的事情等着他。

(6)人际关系——活跃型(Adventurer)：活跃型的你，就是如此这般：乐观、精力充沛、迷人、好动、贪新鲜，最看重玩得开心，这就是你的生活哲学！你们很需要生活有新鲜感，所以很不喜欢被束缚、被控制。你的活力是玩的活力，又跟第三型的成就型有所不同，相信你们是活动中的活跃分子。

(7)不耐烦、冲动、上瘾:好玩、享乐主义行头的活跃型,做事欠缺耐性,因为你们都很怕闷。不耐烦之余,也很易冲动行事,因第七型的朋友做事鲜有周详计划,很讲激情,想做就去做!但你们必须要小心,就算遇上一种玩意、兴趣你十分喜欢,也得学习不要沉迷下去!始终要顾及自己的身体及其他事情啊!(这样说是因为第七型的人比其他型的人更易染上烟瘾、毒瘾、赌瘾或者电子游戏瘾等等。)

(8)基本恐惧:被剥削,被困于痛苦中。

(9)基本欲望:追求快乐、满足、得偿所愿。

(10)代表人物:龚琳娜,谢娜。

8.第八型:领袖型,能力型(Leader)——保护者

(1)欲望特质:追求权力。

(2)基本困思:我若没有权力,就没有人会爱我。

(3)主要特征:追求权力,讲求实力,不靠他人,有正义感,喜欢做大事;是绝对的行动派,一碰到问题便马上采取行动去解决。想要独立自主,一切靠自己,依照自己的能力做事,要建设前不惜先破坏,想带领大家走向公平、正义。

(4)主要特质:具攻击性,以自我为中心,轻视懦弱,尊重强人,为受压迫者挺身而出,冲动,有什么不满意即场发作,主观,凭直觉。

(5)生活风格:爱命令,说话大声、有威严,报复心理,爱辩论,靠意志来掌管生活。

(6)人际关系——领袖型(Leader):很多领袖都有以下特质:豪爽、不拘小节、自视甚高、遇强则强、关心正义和公平。你们清楚自己的目标,并努力前进。由于不愿被人控制,且具有一定的支配力,所以你们很有潜质做领袖带领大家。由于你们都较好胜,有时候会对人有点攻击性,让人感到压力。

(7)侵略、挑战、反叛:第八型的你通常身兼领袖身份,可以有权力全权安排,也可指挥他人。由于你们的动力较强,有时会予人侵略之感,而这个也是你本身的动力源头,你很有争胜及控制的欲望,但却要小心运用,不要用之伤害别人!此外,你专向难度及规范挑战,就是明知山有虎,偏向虎山行的任性。所以很可能,妈妈叫你不要做的东西,你偏不听;老师要你学的,你偏扮傻……你会是这样子吗?要是真的话,会是与你有益吗?

(8)基本恐惧:被认为软弱,被人伤害、控制、侵犯。

(9)基本欲望:自己决定生命的方向,捍卫本身的利益,做强者。

(10)代表人物:《大宅门》中的白景琦。

9.第九型:和平型,和谐型(Peacemaker)——调停者

(1)欲望特质:追求和平。

(2)基本困思:我若不和善,就没有人会爱我。

(3)主要特征:需花长时间作决定,难于拒绝他人,不懂宣泄愤怒;显得十分温和,不喜欢与人起冲突,不自夸、不爱出风头,个性淡薄。想要与人和谐相处,避开所有的冲突与紧张,希望事物能维持美好的现状。忽视会让自己不愉快的事物,并尽可能让自己保持平稳、平静。

(4)主要特质:温和友善,忍耐,随和,怕竞争,无法集中注意力,有时像梦游,不到最后一分钟不会完工,非常依赖别人的提醒,注意力集中在细节、次要的事,对大多数事物没有

多大的兴趣，不喜欢被人支配，绝不直接表达不满，只是阳奉阴违。

(5)生活风格：爱调和，做事缓慢，易懒惰，生活追寻舒服。

(6)人际关系——和平型(Peacemaker)：在很多情况，你们都是和平使者，善解人意，随和。你们很容易了解别人，却不是太清楚自己想要什么，会显得优柔寡断。相对来说，你们的主见会比较少，宁愿配合其他人的安排，做一个很好的支持者，所以你是心理较被动的。

(7)怕羞、怕事、懒惰：和平型的你与世无争，渴望人人能和平共处，很怕引起冲突，是不显眼的一个。由于从不试图突出自己，你们会比较怕羞、怕事，也很容易有躲懒的意欲，因为你喜爱和平，不喜爱辛劳，所以你也不会逼迫自己！若你心想干一番大事，则要好好鞭策自己啦！

(8)基本恐惧：转变与压力，失去平衡。

(9)基本欲望：维系内在的平静及安稳。

(10)代表人物：《闲人马大姐》中的马大姐，林肯，甘地。

(五)人格的基本特征

1.独特性

个体的人格是在遗传、成熟、环境、教育等先、后天环境交互作用下形成的。不同的遗传、存在及教育环境，形成了各自独特的心理特点，我们经常所说的“人心不同，各如其面”就是指的这个意思。如有的人开放自然，有的人顽固自守，有的人沉默寡言，有的人豪爽，有的人谨慎等。环境会使某一人格品质在不同人身上表现出不同的含义。如独立性这一人格特质，作为缺乏父母爱护的家庭中成长的孩子，独立带有靠自己努力的含义；而在一个民主型家庭成长的孩子，独立则作为健全人格培养的重要部分。

2.稳定性

人格的稳定性是指那些经常表现出来的特点，是一贯的行为方式的总和。俗话说：“江山易改，本性难移。”一个人的某种人格特质一旦稳定下来，要改变是较为困难的事，这种稳定性还表现在人格特征在不同时空下的一致性。例如一个性格外向的大学生，他不仅仅在家庭中非常活跃，而且在班级活动中也表现出积极主动的一面，在老师面前同样也能自然地表现自己，不仅大学四年如此，即使毕业若干年后再相逢，这个特质依旧不变。

3.统合性

人是极其复杂的，人的行为表现出多元性、多层次的特点。人格的组合千变万化，并非死水一潭。各种人格结构的组合千变万化，因而使人格表现得色彩纷呈。在每个人的人格世界里，各种特征并非简单的堆积，而是如同宇宙世界一样，是依据一定的内容、秩序与规则有机组合起来的动力系统。人格的有机结构具有内在一致性，受自我意识的调控。当一个人的人格结构的各方面彼此和谐一致时，人们就会呈现出健康的人格特征，否则就会出现各种心理冲突，导致“人格分裂”。

4.功能性

人格是一个人生活成败、喜怒哀乐的根源。正如人们常说的“性格就是命运”。人格决定了一个人的生活方式，甚至有时会决定一个人的命运。人们常常使用人格特征解释某人的言行及事件的原因。面对挫折与失败，有志者认真总结经验教训，在失败的废墟上重建人生的辉煌；而怯懦的人一蹶不振，失去了奋斗的目标。当人格功能发挥正常时，表现为健康而有力，支配着人的生活与成败；当人格功能失调时，就会表现出懦弱、无力、失控，甚至变态。

【阅读材料】

马斯洛良好人格的16项特点

1. 客观认识现实。

2. 全面接纳自己、他人及周围的世界。

3. 自然地表达思想感情而不是矫揉造作。

4. 专注并热爱工作，有责任感和献身精神，很少考虑金钱、名望和权势等个人利害得失。

5. 有独处和独立的需要。

6. 自主的活动。

7. 永不衰退的鉴赏力。

8. 经历过高峰体验并感受到震撼，感受到这种体验对于自己人生有重要意义。

9. 爱人类并认同自己为全人类的一员。

10. 与为数不多的人有深厚而亲密的关系。

11. 民主的态度和作风。

12. 明确地分辨善恶，区别手段和目的，在不同的情境下一贯坚持自己的道德标准。

13. 富于哲理的善意的幽默感。

14. 富于创造性。

15. 抵制适应现存文化。

16. 能弥合各种分裂和对立从而达到整合协调的状态。

【案例】

强迫型人格障碍

张某，男，19岁，待业。自己来心理门诊，自述情况如下：

"我家在农村，父母均为农民。在家我排行老大，下有一弟一妹。从小我就很懂事，知道父母很辛苦，对自己要求极为严格，一点儿时间也不许自己浪费，成绩一直名列班上前几名。初一后还任班干部，深得老师喜欢。初一后半学期，父亲节约开支给我买了块表，作为奖励。

"初二上半学期，我开始害怕将表弄丢了，结果果真在一次早操中将表丢了。我深知父母挣钱不容易，内心极度内疚，常常有意识地到寝室和马路边努力寻找，希望能够发现，但始终没找到，也不敢告诉父母，成绩也开始下降。"

说到此处，他有些颓丧。这是强迫型人格障碍初始阶段表现出的特征，如在此阶段能及时发现并注重自我调整，是能够得到纠正的，但是他没能意识到，也不知具体该怎么做。

"后来我家添置了沙发，平时我喜欢坐在沙发上看书。一次母亲说别坐坏了，以后不准坐在沙发上看书。从此我果真再也不敢坐沙发，后来发展到看见椅子也害怕了。我勉强读完初中，其后一直待业在家，成天为看病四处奔波，父母为此花去了不少钱，我更觉得不好受。

“我最苦恼的，还是小便失禁，老想去厕所，但又自觉不该去。越想控制则想去厕所的念头越强烈。尤其是吃饭之后想去厕所，拼命克制自己不去，结果吃了饭就吐，按胃病治了很久也未奏效。如此症状持续了三年，什么事也做不了，真是苦不堪言。

“近段时间以来，我老是想着自己是否渴了或者饿了，椅子该不该坐，泡在盆里的衣服是现在洗还是过一会儿洗，见到电灯就要反复检查电灯开关，出了门要反复看是否关好锁好等等。与他人交往时，我总害怕别人笑话我，认为别人的眼睛都在看自己。后来在医生的指导下，服用了一段时间的氯丙咪嗪等药，饭后不再呕吐，能克制一点自己害怕的想法和行为，但停服不久则症状再次出现。医生，我的病还能治吗?”

末了，他显示出一种急于知道结果的紧张感。

【认知二】性格

性格是人格的重要组成部分。在心理学上，性格是指个体在一定社会条件下表现出来的习惯化了的行为反应与情感，诚实或虚伪、勇敢或怯懦、谦虚或骄傲等都被认为是性格特征。性格不是先天具有的，而是在后天长期的社会生活和劳动实践中，在环境和教育的影响下逐步形成发展的。

一、性格的类型

心理学家们曾以各自的标准和原则，对性格类型进行了分类，下面是几种有代表性的观点：

（一）从心理机能上划分

从心理机能上划分，性格可分为理智型、情感型和意志型。这种分类观点由英国心理学家培因和法国心理学家李波特等提出，它依据智力、情绪、意志三种心理机能何者占优势来确定性格的类型。理智型的人通常以理智来支配自己的行为，处事比较冷静；情绪型者不善于思考，凭感情办事；意志型者目标明确，行为主动。

（二）从心理活动倾向性上划分

从心理活动倾向性上划分，性格可分为内倾型和外倾型。在心理学的性格类型理论中，以瑞士心理学家荣格提出的内倾型和外倾型性格最为著名。1913 年，荣格在慕尼黑国际精神分析会议上提出了内倾型和外倾型的性格，后来，他又在 1921 年发表的《心理类型学》一书中充分阐明了这两种性格类型的特点。他在该书中论述了性格的一般态度类型和机能类型。

1. 一般态度类型

荣格根据心理能量的指向划分性格类型。

个体心理能量的活动倾向于外部环境，就是外倾型的人；心理能量的活动倾向于自己，就是内倾型的人。外倾型的人，重视外界，爱社交、活跃、开朗、自信、勇于进取、兴趣广、易适应环境；内倾型的人重视主观世界，好沉思、善内省，常自我欣赏和陶醉，孤僻、缺乏自信、害羞、冷漠、寡言、较难适应环境的变化。外倾型和内倾型是性格的两大态度类型，也就是个体对特有情境的反应的两种态度或方式。

2.机能类型

荣格将人的心理活动分为感觉、思维、情感和直觉四种基本机能。感觉告诉你存在着某种东西；思维告诉你它是什么；情感告诉你它是否令人满意；直觉则告诉你它来自何处和去向何处去。直觉在荣格看来是允许人们在缺乏事实材料的情况下进行推断。按照两种态度类型与四种机能的组合，荣格描述了八种性格类型。

(1)外倾思维型。该类型的人，既外倾，又偏向于思维。其思想特点是一定要以客观资料为依据，以外界信息激发自己的思想过程。情感压抑，缺乏鲜明的个性，甚至表现为冷淡和傲慢等人格特点。

(2)内倾思维型。该类型的人，既内倾，又偏向于思维功能。其除了思考外界信息外，还思考自身的精神世界。情感压抑、冷漠，沉溺于幻想，表现为固执、刚愎和骄傲等人格特点。

(3)外倾情感型。该类型的人，既外倾，又偏向于情感功能。其情感符合于客观情境和一般价值。思维压抑，情感外露，好交际，寻求与外界和谐。

(4)内倾情感型。该类型的人，既内倾，又偏向于情感功能。其感情由内在的主观因素所激发。思维压抑，情感深藏，沉默，力图保持隐蔽状态，易忧郁。

(5)外倾感觉型。该类型的人，既外倾，又偏向于感觉功能。其头脑清醒，积累外部世界的经验，对事物并不过分地追根究底。寻求享乐，追求刺激，情感浅薄，直觉压抑。

(6)内倾感觉型。该类型的人，既内倾，又偏向于感觉功能。他们远离外界，常沉浸在自己的主观感觉世界中。其知觉深受心理状态的影响。艺术性强，直觉压抑。

(7)外倾直觉型。该类型的人，既外倾，又偏向于直觉功能。他们力图从外界中发现各种可能性，并不断寻求新的可能性。这种人可以成为新事业的发起人，但不能坚持到底。

(8)内倾直觉型。该类型的人，既内倾，又偏向于直觉功能。他们力图从精神现象中发现各种可能性。不关心外界事物，脱离实际、善幻想，观点新颖，但有点稀奇古怪。

荣格并非截然地把人格简单划分为八种类型，他的心理类型学只是作为一个理论体系用来说明性格的差异，在实际生活中，绝大多数人都是兼有外倾型和内倾型的中间型。纯粹内倾型的或外倾型的人是没有的，只有在特定场合下由于情境的影响而一种态度占优势。每个人也能同时运用四种心理机能，只不过各人的侧重点不同。此外，外倾型和内倾型也并不影响个人在事业上的成就。荣格的心理类型理论已广泛地应用到教育、管理、医学和职业选择等领域，因这种划分带来了使用上的方便。现在已有许多研究证实内外倾是人格的主要特质，心理学家还编制了测量内外倾的量表。

(三)从社会生活方式上划分

从社会生活方式上划分，性格分为经济型、理论型、审美型、宗教型、权力型和社会型。德国心理学家斯普兰格认为，生活方式对人的性格影响很大，提出根据人们认为哪一种生活方式最有价值来划分性格类型，共分为六种，如表 11-1 所示。斯普兰格认为，纯粹某种类型的人是没有的，大多数人都是以某种类型为主的混合型。

表 11-1　　性格类型及其表现

性格类型	表　现
经济型	以经济的观点看待事物，从实际效果来判断事物的价值，以获得财产、追求利润为生活目的
理论型	冷静而又客观地观察事物，根据自己的知识体系来判断事物的价值，但遇到实际问题时无法处理。以追求真理为生活的目的
审美型	不太关心实际生活，而是从美的角度来判断事物的价值
宗教型	相信宗教，有感于圣人相救之恩，坚信永存的绝对生命
权力型	重视权力，并努力去获得权力，总想指挥别人或命令别人
社会型	重视爱，以爱他人为其最高价值，有志于增进他人或社会的福利

二、激发良好性格，打造全新的自己

每个人的心中都有一个“大我”和一个“小我”，“大我”代表一个人正能量的那一面，而“小我”则是一个人心中的负能量。我们每个人都处于复杂的能量场中，既有自己的能量场，同时也受别人能量场的影响。虽然性格不完全等同于个人的能量场，但是性格与能量场是互相作用的。一个阳光、开朗、乐观的人，在他身上正能量的力量就会大于负能量；而悲观、消极、自卑的人，他身上负能量的力量就会比正能量更胜一筹。

每个人都想把自己的人生谱写得更光辉更灿烂，那就必须优化自己的性格，才能完善自己的人生。所谓优化性格，完善人生，就是从认识和了解自己的性格入手，把握自己性格的优势劣势。对自己的优良性格发扬光大，缺陷性格逐渐改正。

(一)认识和了解自己的性格

1.用“比较法”认识自己

通过与同年龄的伙伴在处世方式、对人对事的态度、情感表达方式等方面进行比较，“以人为镜”找出自己的特点来认识自己。比较时，对象的选择至关重要。找不如自己的人作比较或者拿自己的缺点对比别人的优点，都会失之偏颇。因此，要根据自己的实际情况，选择条件相当的人作比较，找出自己在群体中的合适位置，这样认识自己才比较客观。

2.用“自省法”认识自己

早在2000年前，古希腊人就把“认识自己”作为铭文刻在德尔菲神庙上。人们在实际生活中，往往通过自我反思、自我检查的方法来认识自己。譬如，重大事件中所获得的经验和教训可以提供了解自己的个性、能力的信息，从中发现自己的长处和不足。

3.用“评价法”认识自己

在认识自己的时候，应该重视同伴对自己的评价。他人的评价比主观自省具有更大的客观性。如果自我评价与他人的评价相近似，则可说明自我认识较好；如果两者相差过大，大多表明自我认识上有偏差，需要调整。当然，对待他人的评价，也要有认识上的完整性，不可偏听偏信，要恰如其分地认识自己。

4.用“经历法”认识自己

在生活中通过总结过往的成功和失败，最能反映一个人的性格、能力的优点和劣势。

5.用“二分法”认识自己

对任何事物的看法都应坚持唯物、辩证的观点，对自己的认识也不例外，既要充分发现自己的长处、优点，也要认清自己的短处与不足，只有这样，才能扬长避短，把握自己，取得更大的进步。

（二）优化性格的目标与方法

性格优化的主要目的就是要克服不良性格，实现从不良性格向优良性格的转变。而这一点不是很容易就能做到的，它需要有一个长期努力的过程，还需要有比较恰当的转化途径。

1.性格优化与自我修养

人们性格成熟的进度，往往是同性格修养的认真程度成正比的。性格的自我修养进行得越认真，性格成熟也就越快。这可以从杰出人物优良性格的形成过程中得到证明。

但凡在历史上很有作为的杰出人物，他们的性格都有许多优良之处。他们的优良性格是不是天然生就、自生自长起来的呢？当然不是。伟人也罢，庸人也罢，童年时期性格都是幼稚脆弱的。每个人，不管长大以后性格多么坚强，取得了多么伟大的成就，受到了多么热烈的推崇，但是在他们孩提时代，他们的性格必定是孩子式的、不稳定的。他们的优良性格主要是他们在后天实践过程中，顽强地进行自我修炼的结果。

【阅读材料】

孔子也不相信自己是“天生圣人”。他说：“吾十有五而志于学，三十而立，四十而不惑，五十而知天命，六十而耳顺，七十而从心所欲，不逾矩。”

俄国大文学家列夫·托尔斯泰在青年时期，就开始为自己拟定“意志发展的规则”。开始是规定生活制度方面的要求，如什么时候起身、睡觉、吃什么等等。后来，直接的意志训练内容在这个规则中占了主要地位，如“集中全力去做一件事情”“尽力而为”“只有在必要的情况下，一件事情没有结束，才着手做其他的事情”“在从事一切工作前，要考虑它的目的”等等。

俄国著名教育家乌申斯基在青年时期，也十分重视从行为规则入手控制和培养性格。他为自己定过以下规则：

（1）绝对的平静，至少表面上绝对的平静。

（2）在言行方面老老实实。

（3）行动时要深思熟虑。

（4）果断。

（5）不讲一句不必要的话。

（6）不无意识地浪费时间，只做那些应该做的事，而不是偶然想到的事。

（7）只把金钱花在必要的地方，而不花费在不必要的欲望方面。

（8）每天晚上诚实地检查自己的行为。

(9)从不夸张过去、现在所做的事情和将来要做的事情。

他的坚定沉着、冷静自持等优良性格,就是这样一点一滴培养起来的。

2.性格转化的渐变和缓冲

心理学告诉我们,性格是一种比较稳定的个性特质。它稳定性的特点决定了性格的转化只能是一个缓慢的过程。

有的人在性格修养中,一开始就提出过高要求,想使性格一下子来个180度的大转弯,这是不现实的。一个心胸狭窄、容易发怒的人,马上使自己变得宽容大度,实际上是办不到的。一个虚荣心很强的人,要自己马上就能做到闻过则喜、欢迎批评,这也是很难办到的过高要求。对性格的改变倘若用急刹车、陡转弯的方法,不但难以奏效,而且很可能使你失去信心。我们应当允许在性格的转化上有个缓冲的过程。一辆高速前进的车子,如果要倒车,就得先把车停稳,然后往回倒,停车的过程就是缓冲的过程。有了这个缓冲过程,才能抵消车子前冲的惯性,顺利地把车子倒回去,否则就会把车子弄翻。性格在发展中也有一种惯性,你要改变它的发展方向,就必须首先把它的惯性停下来,然后再慢慢改变它的发展方向。比如,急躁易怒、爱发脾气的人,首先需要培养的应当是先设法克制怒气,在将要发火时使自己冷静下来。即使在克制怒气时,呼吸急促、脸涨得通红、感情很不自然,也不要放松克制。过一段时间再提出进一步的要求,即不但不发火,还要表情自然、呼吸不急促、脸色无变化。若这个要求也达到了,再进而要求自己抑制火气时能潇洒自如、豁达大度。如此循序渐进,性格才会逐步地由急躁易怒变为豁达大度。只有这样从较低的起点开始,一步一步提高要求,才能顺利地实现性格的转化。

3.从改变坏习惯到改变性格

有人曾把习惯比作人的"第二天性",实际上,人们性格中的很大一部分所表现的正是一个人习惯化了的行为方式。俗话说,"积习难移""习惯成自然",在对自己行为的支配中,习惯的力量比任何理论原则的力量来得更大。一切最好的理论原则,最好的行为准则,在成为你的习惯之前,你不见得能够始终如一地去信守它。只有在变成了你的习惯之后,它才能在你的行为中巩固下来。因此,性格培养的关键在于努力培养自己良好的生活习惯。要培养自己严谨和有条理的性格,就应当在每一件小事上培养自己严谨和有条理的习惯:穿衣服,先穿哪件,后穿哪件,有一定的条理,不乱穿一气;东西放置,有一定的秩序,不能放得乱糟糟的;办事情,先做哪件,后做哪件,有明确的规划,不随心所欲;时间安排,什么时间干什么,有一定的规律……如果你时时处处都能注意做到严谨和有条理,那么这种习惯形成之日,就是严谨和办事有条理的性格形成之时。

从培养习惯到改变性格,这个过程要求我们能够针对自己暴露出来的性格弱点,有意识地培养与之相反的习惯,通过这种新的习惯来克服和改变原有的性格弱点。比如,你在性格上犯有"冷热病"的毛病,情绪时高时低,你就应当找出"冷热病"的病根,克服过于计较小事的心理,逐步培养不为小事动容的习惯;如果你好胜心过强,经常使自己惴惴不安,你就要放弃做一个"超人"的企图,并且中止以眼前胜败来衡量成绩的习惯,而培养从长远看问题的习惯;如果你性格急躁,你就不要老是忙忙碌碌,在时间安排上要留有余地,培养安详从容地进行工作的习惯;如果你性格易怒,你就应当学会用克制和幽默来克服怒气,并培养自己宽宏待人的习惯。总之,在你最容易暴露性格弱点的地方,你得先行"对抗",

用相反的习惯去克服和战胜它。这种办法将有助于你积小胜为大胜，最后达到完全改变性格弱点的目的。对于培养一种新的性格，许多人往往认为是很难的事。但对于培养一种好的习惯，大家还是有信心的。实际上，只要我们有决心、有恒心，真正培养起了良好的生活习惯，优良的性格也就在这些习惯中形成了。

4. 从控制情绪到转化性格

情绪是性格的特征指标之一，人们的不同性格，常常通过不同的情绪反映出来。性格乐天、心胸豁达的人，其情绪会经常处在喜悠悠、乐陶陶、无忧无虑的境界；性格抑郁、心胸不宽的人，在情绪上则常常唉声叹气、愁眉苦脸，似乎有无穷的忧虑和无尽的烦恼。尤其是在重要的事情面前，人们不同的情绪反应更能表现出人们不同的性格。同样是在行动中遇到了阻力和困难，有的人因困难引起愁闷和忧虑；有的人则因困难激起更高昂的斗志和干劲。同样面对残暴的敌人，有的人表现出害怕、畏惧的情绪，有的人则表现出愤怒、仇恨和誓死拼斗的情绪。显然，前一种情绪表现出的是软弱怯懦的性格，后一种情绪则表现了英勇顽强的性格。

【认知三】气质

在日常生活中，气质主要指人的姿态、长相、穿着、行为等元素结合人的一种感觉，而心理学中所说的气质是指表现在心理活动的强度、速度、灵活性与指向性等方面的一种稳定的心理特征。

人的气质差异是先天形成的，受神经系统活动过程的特性所制约。婴儿与婴儿之间在降生人世呼吸第一口空气时，就有了差异。让我们来考察一下人格的一个显而易见的方面——婴儿的气质。刚出生的婴儿，有的婴儿爱哭喜动，有的婴儿平稳安静，这就是气质表现的不同，研究表明是遗传决定了人的气质差异。

研究表明，人的气质是持久的。在对 900 多名新西兰人进行的追踪调查研究中：情绪反应强烈、易冲动的 3 岁儿童在 21 岁时表现得比其他人更容易冲动，更具攻击性，更易发生冲突；拘谨的 3 岁儿童在 18 年后仍具有较谨慎、不自信、孤独的倾向；许多腼腆、拘谨的蹒跚学步的婴儿随着年龄的增长而不再腼腆、拘谨，但很少有大胆、积极主动的婴儿随着年龄增长而变得腼腆。

观察我们周围的成年人，可以看到，有的人反应缓慢、安静稳重；有的人反应灵活、活泼好动；有的人不论做什么事总十分急躁，有的人情绪却是细腻深刻。人与人在这些心理特性等方面的差异，就是源于气质的不同，这种气质差异是持久的。另外，根据心理学家长期的研究，得出了进一步的结论：根源于个体生物性的气质有助于形成持久的人格特质。

一、气质的类型

(一)古希腊体液说

气质是一个古老的心理学问题。早在公元前 5 世纪，古希腊著名医生希波克拉底就提出了四种体液的气质学说。他认为人体内有四种体液：血液、黏液、黄胆汁和黑胆汁。

四种体液协调，人就健康，四种体液失调，人就会生病。希波克拉底曾根据哪一种体液在人体内占优势把气质分为四种基本类型：多血质、黏液质、胆汁质和抑郁质。

1. 多血质

体液中血液占优势。

2. 黏液质

体液中黏液占优势。

3. 胆汁质

体液中黄胆汁占优势。

4. 抑郁质

体液中黑胆汁占优势。

这种学说虽然缺乏生理支持，但气质的这四类名称却被沿用了下来。

(二)巴甫洛夫的高级神经活动类型学说

巴甫洛夫认为有四种典型的高级神经活动类型，即活泼的、安静的、不可抑制的、弱的，分别与希波克拉底的四种气质类型相对应，四种气质类型即四种典型的高级神经活动类型的行为表现。

除这四种典型的类型外，还有许多中间类型。巴甫洛夫学派的观点得到后继者的进一步发展。还有人将气质归因于体质、内分泌腺或血型的差异，但气质的生理基础仍无法确定。

(三)流行的气质类型分类方法

流行的分类方法是把人的气质分为多血质、胆汁质、黏液质和抑郁质。

1. 多血质

情绪易表露，也易变化，敏感、思维灵活、反应迅速、善于交际、适应性强。注意力容易转移，兴趣容易变换，做事往往缺乏持久性，常受情绪波动的影响。

2. 胆汁质

以精力旺盛、表里如一、刚强、易感情用事为特征。直率、热情，但情绪容易冲动，表情容易外露，脾气显得暴躁。

3. 黏液质

心情比较平稳，变化缓慢，心平气和，喜沉思，但灵活性不足；稳定，但有些呆板；沉着冷静，但缺乏生气。

4. 抑郁质

细心，谨慎，情绪体验深刻，善于觉察他人觉察不到的事物，但孤僻，多行动迟缓，顾虑重重，在面临危险情境时常感到恐惧。

大学生人群中往往多数人是接近于某种气质而又兼有其他类型的混合型或介于各种类型之间的中间型。如胆汁多血质，胆汁黏液质，多血胆汁质，多血黏液质，多血抑郁质，黏液胆汁质，黏液抑郁质等。各种气质类型，都是先天和后天的“合金”。还有，它是随着人的年龄和经历的发展变化而变化的。

【阅读材料】

苏联心理学家达威多娃做过一项实验，有四个人去戏院看戏，都迟到了15分钟，工作人员拦住他们：先生，对不起，您已经迟到15分钟，为了不影响他人，您不能进入。

第一个人：为什么不让我进！你知道我为什么迟到吗？刚才有个老大娘摔倒了，我为了扶她才来晚，我是做好事，怎么能不让我进?!——好好好，进去吧。这种胆汁质的人精力充沛，情绪发生快而强，言语动作急速而难于自制，热情，显得直爽而大胆，易怒，急躁。

第二个人：听你的口音，你是南阳人吧？我老婆也是，这里有南阳的烟，你来根。我是税务局的，以后有什么事情，尽管找我。——快进去吧。多血质的人活泼好动、敏感、情绪发生快而多变、注意力和兴趣容易转移，思维动作言语敏捷，亲切，善于交往，但也往往表现出轻率、不诚挚。

第三个人：不让进就站在旁边等，不走。第一个人进去了，他为什么能进？——他做了好事。第二个人，又是什么原因？——算了，算了，你也进去吧。这种人属于黏液质，安静，沉稳，情绪发生慢而弱，言语动作和思维比较迟缓，显得庄重、坚韧，但也往往表现出执拗、淡漠。

第四个人：呀！我确实迟到了，不好意思，离开。这是典型的抑郁质，柔弱易倦，刻板认真，情绪发生慢而强，体验深沉，言行迟缓无力，胆小忸怩，善于觉察别人不易觉察的细小事物，容易变得孤僻。

个性当中，哪种气质类型好呢？许多人选择了多血质。其实，四种气质都好。各有各的特点。所有的气质都是天生的，是人的天分之一。要尊重天分，合理运用，这才是关键。

多血质的人适合搞外交、推销、公关。他卖东西，人际关系广泛，比谁业绩都好。胆汁质的人适合当军人，干侵略性的工作。被称为“战争之神”的巴顿将军就属于典型的胆汁质。他的口号就是“攻击、攻击，不停地攻击”，别人都办不到，他却战无不胜。黏液质的人适合做仓库保管员、门卫、办公室秘书、会计等，他们不浮躁，善于保守秘密、有耐心，精通细致的工作。抑郁质的人往往能做发明家、科学家、艺术家，他们比较敏感，别人还没感觉到的时候，他们会先有感觉。他们对现实要求高，改变现实的欲望强，善于寻找事物的规律性。

每一个人都有其自身的个性，要悦纳自我，赏识他人，寻找优势。

二、四种气质类型的培养

1. 多血质

（1）多血质的神经特点：感受性低，耐受性高，不随意反应性强，具有可塑性，情绪兴奋性高，反应速度快而灵活。

（2）多血质的心理特点：活泼好动，善于交际；思维敏捷；容易接受新鲜事物；情绪情感容易产生也容易变化和消失，容易外露；体验不深刻等。

（3）多血质的典型表现：多血质又称“活泼型”，敏捷好动，善于交际，在新的环境里不感到拘束。在工作学习上富有精力而效率高，表现出机敏的工作能力，善于适应环境变化。在集体中精神愉快，朝气蓬勃，愿意从事合乎实际的事业，能对事业心向神往，能迅速地把握新事物，在有充分的自制能力和纪律性的情况下，会表现出巨大的积极性。兴趣广泛，但情感易变，如果事业上不顺利，热情可能消失，其速度与投身事业一样迅速。从事多样化的工作往往成绩卓越。

2. 黏液质

(1)黏液质的神经特点:感受性低,耐受性高,不随意反应低,外部表现少,情绪具有稳定性,反应速度慢但灵活。

(2)黏液质的心理特点:稳重,考虑问题全面;安静,沉默,善于克制自己;善于忍耐;情绪不易外露;注意力稳定而不容易转移,外部动作少而缓慢。

(3)黏液质的典型表现:这种人又称为"安静型",在生活中是一个坚持而稳健的辛勤工作者。由于这些人具有与兴奋过程相均衡的强的抑制,所以行动缓慢而沉着。恪守既定的生活秩序和工作制度,不为无所谓的动因而分心。黏液质的人态度持重,交际适度,不做空泛的清谈,情感上不易激动,不易发脾气,也不易流露情感,能自制,也不常常显露自己的才能。这种人能长时间坚持不懈、有条不紊地从事自己的工作。其不足是对有些事情不够灵活,不善于转移自己的注意力。惰性使他因循守旧,表现出固定性有余,而灵活性不足。有从容不迫和严肃认真的品德,以及性格的一贯性和确定性。

3. 抑郁质

(1)抑郁质的神经特点:抑郁质的人神经类型属于弱型,他们体验情绪的方式较少,稳定的情感产生也很慢,但对情感的体验深刻、有力、持久,而且具有高度的情绪易感性。

(2)抑郁质的心理特点:抑郁质的人为人小心谨慎,思考透彻,在困难面前容易优柔寡断。

(3)抑郁质的典型表现:抑郁质的人一般表现为行为孤僻、不太合群、观察细致、非常敏感、表情腼腆、多愁善感、行动迟缓、优柔寡断,具有明显的内倾性。

4. 胆汁质

(1)胆汁质的人又称为"兴奋型"(不可遏制),属于兴奋而热烈的类型。他们感受性低而耐受性、敏捷性、可塑性均较强;反应的不随意性占优势;反应速度快但不灵活;情绪兴奋性高,抑制能力差;外倾性明显。在日常生活中,胆汁质的人常精力旺盛、不易疲倦,但有易冲动、自制力差、性情急躁、办事粗心等行为表现。

(2)在性别差异方面,胆汁质的男生更多的表现为敏捷、热情、坚毅,情绪反应强烈而难以自制;女生更多地表现为热情肯干、积极主动、思维敏捷、精力充沛,但易感情用事,不善于思考能否克服前进道路上的重重困难和障碍。

(3)优点:积极进取,不怕困难,热情高涨,直率豪爽,有魄力。

(4)缺点:急躁、暴躁和焦躁,行事鲁莽,易因小事而大发脾气,产生对立情绪,萌生报复心理,办事不考虑后果,事后又后悔,但"虚心接受,坚决不改"。在遇到不如意时,甚至会欺负无辜来发泄不满。

这种人长期处于紧张亢奋的状态而容易产生神经衰弱、癔症等心理疾病,以及头痛、失眠、胸闷、消化不良等心理身体疾病。

【案例】

甲同学表现为兴奋,易激动,以奔放不羁为特征;乙同学表现为抑制,胆小、脆弱、消极、防御等品质。试分析甲、乙两位同学各属什么气质类型,应该怎样对其教育?

三、气质的应用

气质本身并没有善恶、好坏之分，每种气质都有其积极的一面，也有其消极的一面。气质不能决定一个人活动的社会价值和成就高低。每一种职业领域都可以找出各种不同气质类型代表，同一气质的人在不同的职业部门都能做出突出的贡献。但是，人们所从事的职业，不同的岗位却对从业人员的气质有不同的要求。某种气质特征，往往能为胜任某项工作提供有利条件，而对另一些工作又表现出明显的不适应。研究和实践都表明：气质特征是选择职业的主要依据之一。

（一）胆汁质气质与职业选择

胆汁质的主要特征是直率、热情、精力旺盛、脾气急躁、情绪兴奋性高、易冲动、反应迅速，心境变化剧烈。择业时主动性强，具有竞争意识，通常倾向选择且适合于竞争激烈、冒险性和风险性强的职业或社会服务型的职业，如运动员、改革者、探险者等。

（二）多血质气质与职业选择

多血质的主要特征是活泼、好动、敏感、反应快、善于交际，兴趣与情绪易转换。择业时积极主动，热情大方，善于推销自己，适应性强。

（三）黏液质气质与职业选择

黏液质的主要特征是安静、稳定、反应迟缓、沉默寡言、情绪不易外露，善于忍耐。择业时沉着冷静，目标确定后，具有执着追求、坚持不懈的韧性，从而弥补了其他素质的不足。一般适合于从事医疗、图书管理、教育、售货等工作。

（四）抑郁质气质与职业选择

抑郁质的主要特征是情绪体验深刻、孤僻、行动迟缓、感受性强、敏感、细致。择业时思虑周密，有步骤、有计划，一般较适合从事理论研究等工作。

以上只是从气质典型特征的角度论及各种气质与职业选择的关联。每一个求职者应从自己的实际气质特征出发，认真考察职业气质要求与自身特征的对应关系，选择那些能使自己气质的积极方面得到发挥的职业与岗位，避开消极的一面。

心理训练

【活动一】房树人测验

1. 测验前的准备

准备测验纸、A4 纸，没有橡皮的铅笔一支（2B）。

2. 要求

（1）画好的线条不可用橡皮擦掉，但可以重画。

（2）画完一部分或整幅图画后，不得重画。

（3）想怎么画就怎么画，但必须有房子、树、人。

（4）画人的时候，不可以画火柴人。

（5）画图时不可用尺子。

(6)构思的时间最好不要超过5分钟。

3.测验指导语

首先让被测者填写姓名、年龄等一般资料,然后把测验纸放在被测者面前。告诉被测者:“请拿铅笔,认真地画一座房屋,画任何结构的房屋都可以,只要你努力画,就可以了。在时间上没有特别限制,只要你认认真真地画就可以了。”

被测者中有中年人、老年人,还有儿童,有时候,他们会提出“我不是画家,在学校念书的时候也没有学过绘画”,从而对该测验表现出抵制。在这种情况下,作为测验者,要明确地告诉他们,“房树人测验”不是一个有关艺术能力的测验,在描绘的时候,并不要求你画得跟画家一样,只要使他们能够认真的配合,顺利进行描绘就行;当有的被测者提出要求用尺,要明确告诉他们,画这些画不能使用尺等工具,请采用手描的方式进行。

对于“统合性房树人测试”,测验工具为8开白纸、带橡皮2B型铅笔或橡皮1块(也可选择蜡笔)。

测试指导语为:请用铅笔在这张白纸上任意画一幅包括房子、树木、人物在内的画;想怎么画就怎么画,但要求你认真地画;不要采取写生或临摹的方式,也不要用尺子,在时间方面没有限制,也允许涂改;画完后请你写上自己的性别、年龄、文化程度、职业。

【活动二】有缘同班齐向前

“有缘同班齐向前”辅导活动的程序:

1.热身活动

全班同学唱团队歌《步步高》。

2.排序互动(分小组活动)

①小组成员围成大圆圈,用非语言的方式沟通,以顺时针方向,以最高的同学开始相继坐下。②小组导师派发“自我介绍”工作纸给学生填写。填写完后以最高的同学开始按工作纸内容自我介绍,介绍完后其他同学要以“十全十美掌声”致谢。③小组长统计有共同点的人数,然后向全班汇报。

3.有缘相遇

①小组长简单汇报数字后。导师邀请有相同特色的同学亮相,然后让他们进一步了解,并发放“寻找共同点”工作纸,让学生填写。②在活动过程中,心理导师进行统计、提升,并强调要相互记住有相同特色的同学,以加强联系。

4.结束

①导师小结;②叙述感想。

【活动三】理解性格

想象一下,你是一个足球队的队长,你必须选择一名队员当选“年度足球先生”,这个奖项不仅仅意味着荣誉,还有很丰厚的奖金。现在最后有两个候选人王晓飞和李明,根据他们的实际情况,略作思考后,请回答,你倾向于把奖金给谁?

同学王晓飞，很明显，他是一个明星队员，虽然他还是个低年级学生，但是他为球队赢得了许多分数，并使得全队获得年度金奖。虽然说王晓飞是天生的运动健将，但是他也非常尽力地打好每场比赛。所以，出于公平起见，选择必须根据赛场表现作出判断。否则，如果有偏袒，那么会开一个不好的先例。当然，相信所有的人都会毫无异议地同意王晓飞获得这个荣誉。

对于李明，他虽然不是最佳的球手，但是他付出了超出常人的努力去练球，总是拿出百分之百的努力去打好每场比赛。每一场比赛他都热情高涨，并且很擅长鼓动其他的战友共同努力。而且李明是高年级的，因为家境贫寒，他很需要获得这样的荣誉，奖金可以减轻他的生活负担，帮助其继续读书。

【活动四】头脑风暴

1987 年，三名瑞典人从瑞典的斯德哥尔摩出发，向北进入北极圈，展开了他们跨越极点的旅行。当时正值北极的夏天，无论白天还是晚上，都是极地的白昼。三个人驾驶着雪橇，一路上心情很舒畅。出发第五天，在距离极点还有 300 千米的地方，天气突然发生了变化。寒风夹杂着大片大片的雪花和冰粒吹过来，让他们几乎寸步难行。他们只好停下来，扎好帐篷躲了进去。没想到，这一停就是一个星期。一个星期之后，暴风雪一点都没有停下来的意思。给养也一天天地减少，他们开始怀疑是否还能坚持下去，并成功穿越北极。其中一个人沮丧地说："即使明天天气就好转，剩下的给养也难以让我们成功穿越北极，再遇到这样的天气，又没有给养，只有死路一条。"他的失望情绪很快传染给了另外一个人。两个人都表示，如果明天天气还不好转，他们就马上回转，放弃这次北极冒险。只有第三个人一点都不灰心，他坚持说："如果明天天气好转，剩下的给养再加上猎杀些海豹，足以维持到穿越北极。况且，现在正是北极的夏天，再遇上这样恶劣天气的机会是非常小的。"

第二天一早，天气真的好转了。但前两个人已经失去了信心，三人无法统一意见，于是他们把给养分成了三份，每人各取一份。认定此行无法成功的两个人带上属于他们的那一份原路返回，而第三个人独自上路。事情的发展正如第三个人所预计的。在此后的几天，天气迅速好转，再没有下过大规模的暴雪。而他依靠自己猎杀的海豹，加上分得的那份给养，成功穿越了北极。

思考：上述三人分别有什么样的性格特征，才产生了上述不同的结果？

心理测试

【测试一】

这个测试是菲尔博士在著名主持人欧普拉的节目里做的，国际上称为"菲尔人格测试"，这已经成为很多大公司人事部门实际用人的"试金石"。

1. 你何时感觉最好？（　　）

A. 早晨　　B. 下午以及傍晚　　C. 夜里

2. 你怎样走路？（ ）

A. 大步的快走　B. 小步的快走　C. 不快，仰头面对着世界

D. 不快，低着头　E. 很慢

3. 和人说话时，你会怎样？（ ）

A. 碰着或者推着与你说话的人　B. 两手紧握着

C. 一只手或者两只手放在臀部　D. 手臂交叠站着

E. 玩着你的耳朵，摸着你的下巴或者用手整理头发

4. 坐着休息时，你是什么姿势？（ ）

A. 两膝盖并拢　B. 两腿交叉

C. 两腿伸直　D. 一腿蜷在身下

5. 碰到你感到发笑的事情，你的反应是怎样的？（ ）

A. 一个欣赏的大笑　B. 笑着，但不大声

C. 轻声的咯咯笑　D. 羞怯的微笑

6. 当你去一个派对或社交场合时，你会有怎么样的举动？（ ）

A. 很大声地入场以引起注意　B. 安静地入场，找你认识的人

C. 非常安静地入场，尽量保持不被注意

7. 当你非常安静地工作或学习时，有人打断你，你会有怎么样的反应？（ ）

A. 欢迎他(她)　B. 感到非常恼怒　C. 在上述两端之间

8. 下列颜色中，你最喜欢哪一种颜色？（ ）

A. 红或绿色　B. 黑色　C. 黄色或浅蓝色

D. 绿色　E. 深蓝色或紫色　F. 白色

G. 棕色或灰色

9. 临入睡的前几分钟，你在床上的姿势是怎样的？（ ）

A. 仰卧，伸直　B. 俯躺，伸直

C. 侧躺，微蜷　D. 头睡在一手臂上

E. 被子盖过头

10. 你经常梦到自己在干什么？（ ）

A. 落下　B. 打架或挣扎　C. 找东西或找人

D. 飞或飘浮　E. 你平常不做梦　F. 你的梦都是愉快的

菲尔测试题得分标准：

经过上述10项测试后，再将所有分数相加：

选项 / 题目	A	B	C	D	E	F	G
1	2分	4分	6分				
2	6分	4分	7分	2分	1分		
3	7分	2分	5分	4分	6分		
4	4分	6分	2分	1分			

续表

题目＼选项	A	B	C	D	E	F	G
5	6 分	4 分	3 分	5 分			
6	6 分	4 分	2 分				
7	6 分	2 分	4 分				
8	6 分	7 分	5 分	4 分	3 分	2 分	1 分
9	7 分	6 分	4 分	2 分	1 分		
10	4 分	2 分	3 分	5 分	6 分	1 分	

菲尔博士的分析：

将上述 10 项测试的得分相加。

低于 21 分：内向的悲观者，你是一个害羞的、神经质的、优柔寡断的人，永远要别人为你作决定。你是一个杞人忧天者，有些人认为你令人乏味，只有那些深知你的人知道你不是这样的。

21～30 分：缺乏信心的挑剔者，你勤勉、刻苦、挑剔，是一个谨慎小心的人。如果你做任何冲动的事或无准备的事，朋友们都会大吃一惊。

31～40 分：以牙还牙的自我保护者，你是一个明智、谨慎、注重实效的人，也是一个伶俐、有天赋、有才干且谦虚的人。你不容易很快和人成为朋友，却是一个对朋友非常忠诚的人，同时要求朋友对你也很忠诚。要动摇你对朋友的信任很难，同样，一旦这种信任被破坏，也就很难恢复。

41～50 分：平衡的中道者，你是一个有活力、有魅力、讲究实效，而且永远有趣的人。你经常是群众注意力的焦点，但是你是一个足够平衡的人，不至于因此而昏了头。你亲切、和蔼、体贴、宽容，是一个永远会使人高兴、乐于助人的人。

51～60 分：吸引人的冒险家，你是一个令人兴奋、活泼、易冲动的人，是一个天生的领袖，能够迅速作决定，虽然你的决定不总是对的。你是一个愿意尝试机会、欣赏冒险的人，周围人喜欢和你在一起。

高于 60 分：傲慢的孤独者，你是自负的自我中心主义者，是个有极端支配欲、统治欲的人。别人可能钦佩你，但是不会永远相信你。

【测试二】九型人格测试

说明：

(1)下面有 108 个称述。

(2)在你认为符合你的称述后面做个记号。

(3)根据性格描述题号分类把同一类型号后面的记号统计相加，比如类型号“1”后面有 3 个记号，类型“2”后面有 8 个记号，类型号“3”后面有一个记号，类型号“4”后面有 5 个记号，等等。

(4)拥有最多记号的类型号很有可能就是你的人格类型。

(5)需要说明的是,这只是一个供参考的结论,更精确的判断还需要在深入了解和揣摩比较后获得。

序号	称　述
1	我很容易迷惑
2	我不想成为一个喜欢批评的人,但很难做到
3	我喜欢研究宇宙的道理、哲理
4	我很注意自己是否年轻,因为那是找乐子的本钱
5	我喜欢独立自主,一切都靠自己
6	当我有困难时,我会试着不让人知道
7	被人误解对我而言是一件十分痛苦的事
8	施比受会给我更大的满足感
9	我常常设想最糟的结果而使自己陷入苦恼中
10	我常常试探或考验朋友、伴侣的忠诚
11	我看不起那些不像我一样坚强的人,有时我会用种种方式羞辱他们
12	身体上的舒适对我非常重要
13	我能触碰生活中的悲伤和不幸
14	别人不能完成他的分内事,会令我失望和愤怒
15	我时常拖延问题,不去解决
16	我喜欢戏剧性、多彩多姿的生活
17	我认为自己非常不完善
18	我对感官的需求特别强烈,喜欢美食、服装、身体的触觉刺激,并纵情享乐
19	当别人请教我一些问题,我会巨细无遗地分析得很清楚
20	我习惯推销自己,从不觉得难为情
21	有时我会放纵和做出僭越的事
22	帮助不到别人会让我觉得痛苦
23	我不喜欢人家问我广泛、笼统的问题
24	在某方面我有放纵的倾向(例如食物、药物等)
25	我宁愿适应别人,包括我的伴侣,而不会反抗他们
26	我最不喜欢的一件事就是虚伪
27	我知错能改,但由于执著好强,周围的人还是感觉到压力
28	我常觉得很多事情都很好玩、很有趣,人生真是快乐
29	我有时很欣赏自己充满权威,有时又优柔寡断,依赖别人
30	我习惯付出多于接受
31	面对威胁时,我一是变得焦虑,一是对抗迎面而来的危险

续表

序号	称　述
32	我通常是等别人来接近我，而不是我去接近他们
33	我喜欢当主角，希望得到大家的注意
34	别人批评我，我也不会回应和辩解，因为我不想发生任何争执与冲突
35	我有时期待别人的指导，有时却忽略别人的忠告径直去做我想做的事
36	我经常忘记自己的需要
37	在重大危机中，我通常能克服我对自己的质疑与内心的焦虑
38	我是一个天生的推销员，说服别人对我来说是一件轻易的事
39	我不相信一个我一直都无法了解的人
40	我爱依惯例行事，不大喜欢改变
41	我很在乎家人，在家中表现得忠诚和包容
42	我被动而优柔寡断
43	我很有包容力，彬彬有礼，但跟人的感情互动不深
44	我沉默寡言，好像不会关心别人似的
45	当沉浸在工作或我擅长的领域时，别人会觉得我冷酷无情
46	我常常保持警觉
47	我不喜欢要对人尽义务的感觉
48	如果不能完美的表态，我宁愿不说
49	我的计划比我实际完成的还要多
50	我野心勃勃，喜欢挑战和登上高峰的经验
51	我倾向于独断专行并自己解决问题
52	我很多时候感到被遗弃
53	我常常表现得十分忧郁的样子，充满痛苦而且内向
54	初见陌生人时，我会表现得很冷漠、高傲
55	我的面部表情严肃而生硬
56	我很飘忽，常常不知自己下一刻想要什么
57	我常对自己挑剔，期望不断改善自己的缺点，以成为一个完美的人
58	我感受特别深刻，并怀疑那些总是很快乐的人
59	我做事有效率，也会找捷径，模仿力特强
60	我讲理，重实用
61	我有很强的创造天分和想象力，喜欢将事情重新整合

续表

序号	称　述
62	我不要求得到太多的注意力
63	我喜欢每件事都井然有序,但别人会认为我过分执着
64	我渴望拥有完美的心灵伴侣
65	我常夸耀自己,对自己的能力十分有信心
66	如果周遭的人行为太过分时,我准会让他难堪
67	我外向,精力充沛,喜欢不断追求成就,这使我的自我感觉十分良好
68	我是一位忠实的朋友和伙伴
69	我知道如何让别人喜欢我
70	我很少看到别人的功劳和好处
71	我很容易知道别人的功劳和好处
72	我嫉妒心强,喜欢跟别人比较
73	我对别人做的事总是不放心,批评一番后,自己会动手再做
74	别人会说我常常戴着面具做人
75	有时我会激怒对方,引来莫名其妙的吵架,其实我是想试探对方爱不爱我
76	我会极力保护我所爱的人
77	我常常可以保持兴奋的情绪
78	我只喜欢与有趣的人交友,对一些沉闷的人却懒得交往,即使他们看来很有深度
79	我常往外跑,四处帮助别人
80	有时我会讲求效率而牺牲完美和原则
81	我似乎不太懂得幽默,没有弹性
82	我待人热情而有耐性
83	在人群中我时常感到害羞和不安
84	我喜欢效率,讨厌拖泥带水
85	帮助别人达致快乐和成功是我重要的成就
86	付出时,别人若不欣然接纳,我便会有挫折感
87	我的肢体硬邦邦的,不习惯别人热情的付出
88	我对大部分的社交集会不太有兴趣,除非那是我熟识的和喜爱的人
89	很多时候我会有强烈的寂寞感
90	人们很乐意向我表白他们所遭遇的问题
91	我不但不会说甜言蜜语,而且别人会觉得我唠叨不停

续表

序号	称　述
92	我常担心自由被剥夺,因此不爱作承诺
93	我喜欢告诉别人我所做的事和所知的一切
94	我很容易认同别人为我所做的事和所知的一切
95	我要求光明正大,为此不惜与人发生冲突
96	我很有正义感,有时会支持不利的一方
97	我注重小节而效率不高
98	我容易感到沮丧和麻木更多于愤怒
99	我不喜欢那些侵略性或过度情绪化的人
100	我非常情绪化,一天的喜怒哀乐多变
101	我不想别人知道我的感受与想法,除非我告诉他们
102	我喜欢刺激和紧张的关系,而不是稳定和依赖的关系
103	我很少用心去听别人的心情,只喜欢说说俏皮话和笑话
104	我是循规蹈矩的人,秩序对我十分有意义
105	我很难找到一种我真正感到被爱的关系
106	假如我想要结束一段关系,我不是直接告诉对方就是激怒他来让他离开我
107	我温和平静,不自夸,不爱与人竞争
108	我有时善良可爱,有时又粗野暴躁,很难捉摸

性格描述题号分类:

1号	人格完美主义者	2,14,55,57,60,63,73,81,87,91,97,102,104,106
2号	人格给予者	6,8,22,30,69,71,79,82,85,86,89,90
3号	人格实干者	20,33,38,59,65,67,70,72,74,77,80,93
4号	人格悲情浪漫者	7,13,17,52,53,54,56,58,61,64,100,105
5号	观察者	3,19,23,32,42,43,47,48,51,83,88,99,101
6号	怀疑论者	9,10,26,29,31,35,37,45,46,68,75
7号	享乐主义者	4,16,18,21,28,49,78,92,103
8号	保护者	5,11,24,27,40,44,50,66,76,84,95,96
9号	调停者	1,12,15,25,34,36,39,41,62,94,98,107,108

【测试三】

下面是以著名的美国兰德公司(战略研究所)拟制的一套经典心理测试题为蓝本,根据中国人心理特点加以适当改造后形成的心理测试题,目前已被一些著名大公司,如联想、长虹、海尔等作为对员工心理测试的重要辅助试卷,据说效果很好。现在已经有人建议将其作为对公务员的必选辅助心理测试推广使用。快来测试一下,很准的!

注意:每题只能选择一个答案,应为你第一印象的答案,把相应答案的分值加在一起即为你的得分。

1. 你更喜欢吃哪种水果? ( )

A. 草莓　B. 苹果　C. 西瓜

D. 菠萝　E. 橘子

2. 你平时休闲经常去的地方 ( )

A. 郊外　B. 电影院　C. 公园

D. 商场　E. 酒吧　F. 练歌房

3. 你认为容易吸引你的人是? ( )

A. 有才气的人　B. 依赖你的人　C. 优雅的人

D. 善良的人　E. 性情豪放的人

4. 如果你可以成为一种动物,你希望自己是哪种? ( )

A. 猫　B. 马　C. 大象

D. 猴子　E. 狗　F. 狮子

5. 天气很热,你更愿意选择什么方式解暑? ( )

A. 游泳　B. 喝冷饮　C. 开空调

6. 如果必须与一个你讨厌的动物或昆虫在一起生活,你能容忍哪一个? ( )

A. 蛇　B. 猪

C. 老鼠　D. 苍蝇

7. 你喜欢看哪类电影、电视剧? ( )

A. 悬疑推理类　B. 童话神话类

C. 自然科学类　D. 伦理道德类

E. 战争枪战类

8. 以下哪个是你身边必带的物品? ( )

A. 打火机　B. 口红　C. 记事本

D. 纸巾　E. 手机

9. 你出行时喜欢坐什么交通工具? ( )

A. 火车　B. 自行车　C. 汽车

D. 飞机　E. 步行

10. 你更喜欢哪种以下颜色? ( )

A. 紫　B. 黑　C. 蓝

D. 白　　E. 黄　　F. 红

11. 下列运动中挑选一个你最喜欢的(不一定擅长)?　　(　　)

A. 瑜伽　　B. 自行车　　C. 乒乓球

D. 拳击　　E. 足球　　F. 蹦极

12. 如果你拥有一座别墅,你认为它应当建立在哪里?　　(　　)

A. 湖边　　B. 草原　　C. 海边

D. 森林　　E. 城中区

13. 你更喜欢以下哪种天气现象?　　(　　)

A. 雪　　B. 风　　C. 雨

D. 雾　　E. 雷电

14. 你希望自己的窗口在一座 30 层大楼的第几层?　　(　　)

A. 七层　　B. 一层　　C. 二十三层

D. 十八层　　E. 三十层

15. 你认为自己更喜欢在以下哪一个城市中生活?　　(　　)

A. 丽江　　B. 拉萨　　C. 昆明

D. 西安　　E. 杭州　　F. 北京

下面是答案:

题目 \ 选项	A	B	C	D	E	F
1	2 分	3 分	5 分	10 分	15 分	
2	2 分	3 分	5 分	10 分	15 分	20 分
3	2 分	3 分	5 分	10 分	15 分	
4	2 分	3 分	5 分	10 分	15 分	20 分
5	5 分	10 分	15 分			
6	2 分	5 分	10 分	15 分		
7	2 分	3 分	5 分	10 分	15 分	
8	2 分	2 分	3 分	5 分	10 分	
9	2 分	3 分	5 分	10 分	15 分	
10	2 分	3 分	5 分	8 分	12 分	15 分
11	2 分	3 分	5 分	8 分	10 分	15 分
12	2 分	3 分	5 分	10 分	15 分	
13	2 分	3 分	5 分	10 分	15 分	
14	2 分	3 分	5 分	10 分	15 分	
15	1 分	3 分	5 分	8 分	10 分	15 分

180分以上：意志力强，头脑冷静，有较强的领导欲，事业心强，不达目的不罢休。外表和善，内心自傲，对有利于自己的人际关系比较看重，有时显得性格急躁，咄咄逼人，得理不饶人，不利于自己时顽强抗争，不轻易认输。思维理性，对爱情和婚姻的看法很现实。对金钱的欲望一般。

140～179分：聪明，性格活泼，人缘好，善于交朋友，心机较深。事业心强，渴望成功。思维较理性，崇尚爱情，但当爱情与婚姻发生冲突时会选择有利于自己的婚姻。金钱欲望强烈。

100～139分：爱幻想，思维较感性，以是否与自己投缘为标准来选择朋友。性格显得较孤傲，有时较急躁，有时优柔寡断。事业心较强，喜欢有创造性的工作，不喜欢按常规办事。性格倔强，言语犀利，不善于妥协。崇尚浪漫的爱情，但想法往往不切合实际。对金钱的欲望一般。

70～99分：好奇心强，喜欢冒险，人缘较好。事业心一般，对待工作，随遇而安，善于妥协。善于发现有趣的事情，但耐心较差，敢于冒险，但有时较胆小。渴望浪漫的爱情，但对婚姻的要求比较现实。不善理财。

40～69分：性情温良，重友谊，性格踏实稳重，但有时也比较狡黠。事业心一般，对本职工作能认真对待，但对自己专业以外事物没有太大兴趣，喜欢有规律的工作和生活，不喜欢冒险，家庭观念强。比较善于理财。

40分以下：散漫，爱玩，富于幻想。聪明机灵，待人热情，爱交朋友，但对朋友没有严格的选择标准。事业心较差，更善于享受生活，意志力和耐心都较差，我行我素。有较好的异性缘，但对爱情不够坚持认真，容易妥协。没有财产观念。

【测试四】凯尔西气质类型(MBTI)测试

下面是作为认知风格类型调查问卷之一的凯尔西气质问卷的内容，共包含70道题目，可帮助你确定自己的职业认知风格类型。请你依据自己的实际情况，选择答案a或者b，填在后面答卷的相应位置。再根据所提供的计分标准算出得分。你的答案没有正确和错误之分，请你如实回答。

1. 电话铃响的时候，你会：a. 马上第一个去接　b. 希望别人去接
2. 你更倾向于：a. 敏锐而不内省　b. 内省而不敏锐
3. 对你来说哪种情况更糟糕：a. 想入非非　b. 循规蹈矩
4. 同别人在一起，你通常：a. 坚定而不随和　b. 随和而不坚定
5. 哪种事更使你感到惬意：a. 作出权威判断　b. 作出有价值的判断
6. 面对工作环境里的噪音，你会 a. 抽出时间整顿　b. 最大限度的忍耐
7. 你的做事方式：a. 果断　b. 某种程度的斟酌
8. 排队时，你常常：a. 与他人聊天　b. 仍考虑工作
9. 你更倾向于：a. 感知多于设想　b. 设想多于感知
10. 你对什么更感兴趣：a. 真实存在的东西　b. 潜在的东西
11. 你更有可能依据什么对事物作出判断：a. 事实　b. 愿望
12. 评价他人时，你易于：a. 客观、不讲人情　b. 友好、有人情味
13. 你希望通过什么方式制定合同：a. 签字、盖章、发送　b. 握手搞定
14. 你更愿意拥有：a. 工作成果　b. 不断进展的工作

15. 在一个聚会上，你倾向于：a. 与许多人甚至陌生人交流　b. 只与几个朋友交流
16. 你更倾向于：a. 务实而不空谈　b. 空谈而不务实
17. 你喜欢什么样的作者：a. 直述主体　b. 运用隐喻和象征手法
18. 什么更吸引你：a. 思想和谐　b. 关系和谐
19. 如果一定要使某人失望，你通常：a. 坦率、直言不讳　b. 温和、体谅他人
20. 工作中，你希望你的行动进度：a. 确定　b. 不确定
21. 你更经常提出：a. 最后、确定的建议　b. 暂时、初步的建议
22. 与陌生人交流：a. 使你更加自信　b. 使你伤脑筋
23. 事实：a. 只是说明事实　b. 是理论的例证
24. 你觉得幻想家和理论家：a. 有些讨厌　b. 非常有魅力
25. 在异常热烈的辩论中，你会：a. 坚持你的观点　b. 寻找共同之处
26. 哪一个更好：a. 公正　b. 宽容
27. 你觉得工作中什么更自然：a. 指出错误　b. 设法取悦他人
28. 什么时候的你感觉更惬意：a. 作出决定之后　b. 作出决定之前
29. 你倾向于：a. 直接说出你的想法　b. 听别人发言
30. 常识：a. 通常是可靠的　b. 经常值得怀疑
31. 儿童往往不会：a. 做十分有用的事　b. 充分利用想象力
32. 管理他人时，你更倾向于：a. 坚定而严格　b. 宽厚仁慈
33. 你更倾向于作为一个：a. 头脑冷静的人　b. 热心肠的人
34. 你倾向于：a. 将事情搞定　b. 探究事务的各种潜质
35. 在多数情况下，你更：a. 做作而不自然　b. 自然而不做作
36. 你认为自己是一个：a. 外向的人　b. 自闭的人
37. 你更经常是一个：a. 讲求实际的人　b. 沉于幻想的人
38. 你说话是：a. 详细而不泛泛　b. 泛泛而不详细
39. 哪句话更像是赞美：a. “这是一个逻辑性强的人”　b. “这是一个情感丰富的人”
40. 你更容易受什么支配：a. 你的思想　b. 你的体验
41. 当一件工作完成时，你喜欢：a. 把所有未了结的零星事务安排妥当　b. 继续干别的事
42. 你喜欢什么样的工作：a. 有最后期限　b. 随时进行
43. 你是哪种人：a. 很健谈的人　b. 认真聆听的人
44. 你更容易接受：a. 较直白的语言　b. 较有寓意的语言
45. 你更经常注意：a. 恰好在眼前的事物　b. 想象中的事物
46. 成为哪一种人更糟糕：a. 过分心软　b. 顽固
47. 在令人难堪的情况下，你有时表现得：a. 过于无动于衷　b. 过于同情怜悯
48. 你在作出选择时倾向于：a. 小心翼翼　b. 有些冲动
49. 你更喜欢：a. 紧张而不悠闲　b. 悠闲而不紧张
50. 工作中的你倾向于：a. 热情与同事交往　b. 保留更多的私人空间
51. 你更容易相信：a. 你的经验　b. 你的观念
52. 你更愿意感受：a. 脚踏实地　b. 有些动荡
53. 你认为你自己更是一个：a. 意志坚强的人　b. 心地温和的人
54. 你对自己哪种品格评价较高：a. 通情达理　b. 埋头苦干
55. 你通常希望事情：a. 已经被安排、确定　b. 只是暂时确定

56. 你认为自己更加：a. 严肃、坚定　b. 随和
57. 你觉得自己是个：a. 好的演说家　b. 好的聆听者
58. 你很满意自己能够：a. 有力地把握现实　b. 有丰富的想象力
59. 你更注重：a. 基本原理　b. 深层寓意
60. 什么错误看起来比较严重：a. 同情心过于丰富　b. 过于冷漠
61. 你更容易受什么影响：a. 有说服力的证据　b. 令人感动的陈述
62. 哪一种情况下你的感觉更好：a. 结束一件事　b. 保留各种选择
63. 较令人满意的是：a. 确定事情已经做好　b. 只是顺其自然
64. 你是一个：a. 容易接近的人　b. 有些矜持的人
65. 你喜欢什么样的故事：a. 刺激和冒险的　b. 幻想和豪勇的
66. 什么事对你来说更容易：a. 使他人各尽其用　b. 认同他人
67. 你更希望自己具备：a. 意志的力量　b. 情感的力量
68. 你认为你自己基本上：a. 禁得住批评和侮辱　b. 禁不住批评和侮辱
69. 你常常注意到的是：a. 混乱　b. 变革的机会
70. 你比较：a. 按程序办事而非反复无常　b. 反复无常而非按程序办事

	a	b		a	b		a	b		a	b		a	b		a	b		a	b
1			2			3			4			5			6			7		
8			9			10			11			12			13			14		
15			16			17			18			19			20			21		
22			23			24			25			26			27			28		
29			30			31			32			33			34			35		
36			37			38			39			40			41			42		
43			44			45			46			47			48			49		
50			51			52			53			54			55			56		
57			58			59			60			61			62			63		
64			65			66			67			68			69			70		
1			23			43			45			65			67			87		8

1 □□ 2　　3 □□ 4　　5 □□ 6　　7 □□ 8

E I　　S N　　T F　　J P

评分标准：

1. 计算出选 a 选项的数目之和，填入其底部的空格内。同样计算选 b 的数目。这样，14 个空格内都有 1 个相应的数字。

2. 将标号 1 的空格里的数字移至答案下方标号 1 的空格内，2 号空格也是同样。请注意，3～8 号空格里都有两个数字，对于相同标号的两个格子，将前面的数字下移到后面数字的下方，即箭头所指方向。然后将上下两个数字相加之和填入答案下方的相应空格里，也就是相同标号两个格子里的数字要相加，这样，8 个格子里都有了一个数字。

3. 现在你有 4 组数字，圈定每一组中数字较大的格子下的字母，如果一组中两个数字相同，就在其下面写一个大“×”将其固定。

4. 确定认知风格类型。根据下面圈的 4 个字母的排列顺序，确定自己的认知风格类型后，则可对应下面表中的内容，了解自己的认知风格特点及其职业适合性。

十六种个性类型与对应的职业对照表

类型	特点	职业
创业者 ESTP	实际、乐观、性格坚毅，机智、灵巧、风趣，有着戏剧般活跃的心态，具有洞察事物的本领，敏感，喜欢冒险、刺激，能够在危机时刻保持镇静并自如操作，不拘礼仪	管理人员，企业家，推销员，仲裁者，辩护律师，实业家，房地产开发商，演艺制作人
手艺者 ISTP	实际、乐观、热衷于学习艺术和手艺，易冲动，向往对他人产生影响，喜好需求刺激，性格坚毅、谨慎，喜欢孤独，非常无畏，极为不顺从，视等级和权威为不必要的，表达上存在欠缺	商人，机械师，手艺者，宝石匠，驾驶员，外科医生，美术家，运动员，音乐家
表演者 ESFP	最具天赋的展示者，表达力极强，热衷于学习技巧和手艺，乐观，自信，极不喜欢孤独，活泼，机智，健谈，接近时尚，冲动，任性，容易受到诱惑力的冲击，对忧虑的承担力最差，慷慨大度，仁慈友好，具有情绪表现力和深厚感情	舞台表演者，小学教师，房地产代理商
创作者 ISFP	实际，乐观，热衷于学习技巧和手艺，自信，性格友善、宁静、谨慎，沉默寡言，对任何活动都非常投入，专心致志地工作，最为友善	护士，园艺家，林业家，兽医，教师，画家，雕刻师，编舞者，导演，作曲家，剧作，小说家，诗人，厨师，时尚设计家
监督者 ESTJ	热衷于学习商业技能，沉迷于道德理论，尽职、悲观、坚韧，生性坚毅，信赖权威，向往归属感	法律工作者，政治家，警务人员，军人

类型	特点	职业
检查者 ISTJ	尽职、悲观、坚韧,信赖权威,向往归宿感,生性坚毅、矜持,较有耐心,值得信赖,朴素,保守	银行查核员,审计员,会计税务代理,图书管理员,牙科医生,验光师,法定书记官,法律研究员,教师,军需官
供应者 ISTJ	热衷于为他人服务,承担社会奉献者的角色,尽职、信赖权威,向往归属感,生性友善、温柔、外向,风度翩翩,健谈,喜好交际,擅长与人协作,富于同情心,情感充沛	推销员,教师,神职人员,教练,私人秘书,办公室接待人员
保护者 ISFJ	尽职,生性友善,情深义重,宁静斟酌,乐于助人,谨慎,古道热肠,富有同情心,真挚,具有严肃的意志,做事彻底,俭省,喜欢独立工作,值得信赖	监护人,图书馆馆员,中层管理人员,综合性开业医生,保险代理人
教导者 ENFJ	希望学习有关人文方面的知识,痴迷于信念,满腔热情,信赖直觉,向往浪漫,珍视赞誉,生性善于安排事物,乐观,有卓越的感召力,值得信赖,是天才的领导者,重视和谐的人际关系,外向	大众传播业,神职人员,临床医学家,教育家,基础护理医师
劝告者 INFJ	比较隐秘,敏于理解,满腔热情,宁静而矜持,内涵丰富,有可能表露出一种理解超自然的现象的能力,有远见卓识,富有诗意,有优秀的语言才能,重视集体和睦,善于聆听	临床医学家,临床心理学家,精神病医学家,特殊领域教师及作家
奋斗者 ENFP	富于感染力,活泼有生气,生性喜欢调查和研究。对新奇事物有极大热情,善于表达,不愿受约束,热心而敏锐,率直,有出色的直觉力,积极向上,有良好的公众形象	教导者,政府官员,新闻记者,演说家,小说家,电影编剧,剧作家
化解者 INFP	喜好隐居,矜持,刻意而谨慎,在工作中有适应力,欢迎新思想、新知识,有出色的语言方面的才能,时刻警惕来自外界的侵犯	政府工作人员,宣传工作者,社会工作者,幼儿咨询员,人文学科方面的大学教育家

续表

类型	特点	职业
陆军元帅 ENTJ	聪敏、自主、坚定，信赖理性，渴求知识，本性果断，善于谋划，坦率，直言极端的实用主义者	陆军元帅，高级管理人员
策划者 INTJ	聪敏、自主、坚定，本性果断，善于谋划，矜持，思想开朗，自信，意志坚强，工作态度持久，努力、坚定，难以满足	科学研究人员，经营主管人员
发明家 ENTP	聪敏、自主、坚定，信赖理性，渴求知识，好奇心强，忽视标准、传统和权威，擅长功能分析，健谈，多才多艺，思维敏捷	教师，创新事业中的称职领导
建筑师 INTP	聪敏、自主、坚定，全神贯注于技术，性情矜持，注意力高度集中，简明扼要，敏锐的观察力，顺从，性情平和	教师，逻辑学家，数学家，技术专家，科学家

心灵鸡汤

【名人名言】

每个人都有他的隐藏的精华，和任何别人的精华不同，它使人具有自己的气味。

——[法]罗曼·罗兰

要测量一个人真实的个性，只需观察他认为无人发现时的所作所为。

——[英]托马斯·巴宾顿·麦考莱

凡是个性强的人，都像行星一样，行动的时候，总把个人的气氛带了出来。

——[英]托马斯·哈代

【推荐阅读】

1.《九型人格》([美]海伦·帕尔默著，徐扬译)

九型人格是一种深层次了解人的方法和学问，它按照人们的思维、情绪和行为，将人分为九种：完美主义者、给予者、实干者、悲情浪漫者、观察者、怀疑论者、享乐主义者、保护者、调停者。九型人格最卓越之处在于能穿透人们表面的喜怒哀乐，进入人心最隐秘之处，发现人的最真实、最根本的需求和渴望。九型人格能够帮助我们洞察人心，用有效的方式应对他人，最终提升我们人生的幸福和成功。

2.《别让内向性格阻碍你》（骆川著）

人不论是内向性格还是外向性格，实则都没有优劣之分。

内向是一朵含苞待放的花。内向性格的人一般喜欢安静的环境，离群索居，能够在一个人的空间里尽情地享受，在自己的世界里独舞，安静地发挥想象力。内向者在独处中拒绝与外界接触，喜欢与他人保持一定的距离。

内向性格形成的原因错综复杂，内向的人很容易陷入社交的烦恼，害怕人际关系，害怕失败。然而，这样的人日常生活有规律，做事严谨、可靠，但多少有一些悲观、焦虑、紧张、抑郁的情绪，同时也有着强大的心理能量，比如，他们善于思考，有着坚强的韧性和耐力，做事十分专注，有较强的上进心。因此，别让内向性格阻碍了你，只有发展好自身的内向力量，让心灵成为快乐的源泉，外向的个性才能慢慢地伸展开来。

3.《自卑与超越》（[奥地利]阿弗雷德·阿德勒著，马晓娜译）

内容积极向上并赋予我们无限力量的《自卑与超越》中，作者阿德勒大量探究了人生最根本的问题，如我们的家庭环境、自卑情结及两性关系平等重要问题。《自卑与超越》阐明了人生道路和人生意义。

青少年时期是完整人格、人生价值观、社会价值观形成的重要阶段，而我们每个人都有不同程度的自卑感，因为很少有人对其现时的状态感到满意，对优越感的追求是所有人的通性。然而并不是人人都能超越自卑，关键在于家长和老师应帮助他们树立正确对待职业、社会、家庭和性的观念，以及正确理解生活，使他们真正认识“生命的真正意义”，并懂得合作的价值，才能实现从自卑走向超越的完美蜕变。

项目十二　生涯规划能力训练

心理体验

【体验一】个人价值观探索

当我们选择职业的时候都会不自主地把自己的价值观考虑进去，现在我们就来体验下这种感觉，大家先做个选择题：

问题一：如果你知道一个女人怀孕了，她已经生了 8 个小孩子了，其中有 3 个耳朵聋，2 个眼睛瞎，1 个智能不足，而这个女人自己又有梅毒，请问，你会建议她堕胎吗？

问题二：现在要选举一名领袖，而你这一票很关键，下面是关于 3 个候选人的一些事实：

候选人 A：跟一些不诚实的政客有往来，而且会星象占卜学。他有婚外情，是一个老烟枪，每天喝 8～10 杯的马丁尼。

候选人 B：他过去有过 2 次被解雇的记录，睡觉睡到中午才起来，大学时吸鸦片，而且每天傍晚会喝一大杯威士忌。

候选人 C：他是一位受勋的战争英雄，素食主义者，不抽烟，只偶尔喝一点啤酒。从没有发生过婚外情。

点评：相信大多数人会选择 C，那样我们就选择了希特勒，其实候选人 A 是富兰克林·罗斯福，候选人 B 是温斯顿·丘吉尔，候选人 C 是阿道夫·希特勒。

那么第一题大家的选择呢？相信大家也都会选择建议堕胎，但是你们知道吗？要是选择了堕胎，你们就扼杀了贝多芬，我们作出的选择用的是我们的想法和价值观。

结束语：同学们，每个事物和情况都有它们的存在方式和合理的价值，我们不能用既定的价值观来思考事物，我们要了解和澄清自己的价值观，这对职业生涯规划是有着极其重要的作用的。

【体验二】哈佛大学关于人生目标的调查

哈佛大学还有一个非常著名的关于目标对人生影响的跟踪调查。调查对象是一群智力、学历、环境等条件差不多的年轻人。调查结果发现：

27%的人没有目标；

60%的人目标模糊；

10%的人有清晰但比较短期的目标；

3%的人有清晰且长期的目标。

经过 25 年的跟踪研究，结果发现他们的生活状况及分布现象有一定规律：

3%有清晰且长期目标的人，他们大都成了社会各界的顶尖成功人士，其中不乏白手创业者、行业领袖、社会精英；

10%有清晰但目标比较短期的人，大都生活在社会的中上层，成为各行业的不可或缺的专业人士，如律师、医生、工程师、高级主管等；

60%的目标模糊的人，几乎都生活在社会的中下层，他们能安稳地生活与工作，但都没有什么特别的成绩；

剩下的那 27%的没有目标的人，几乎都生活在社会的最底层，他们的生活过得都不如意，常常失业，并且抱怨他人，抱怨社会，抱怨世界。

调查者因此得出结论：目标对人生有巨大的导向性作用。

心理认知

【认知一】生涯的概念

“生涯”(career)一词源自罗马字“via carraria”及拉丁字“carrus”，二者均指古代的战车。在希腊语中，career 有疯狂竞赛的意思。在西方人的概念中，使用 career 就如同在马场上驰骋竞技，隐含着未知、冒险、克服困难的精神。

关于生涯的定义众多，目前西方学者普遍接受的是职业心理学家舒伯(Super，1976)的观点：它是生活里各种事态的连续演进方向；它统合了人一生中依序发展的各种职业和生活的角色，由个人对工作的投入而流露出独特的自我发展形式；它也是人生自青春期至退休之后，一连串有酬无酬职位的综合，除了职业之外，还包括任何与工作有关的角色，如学生、受雇者、领退休金者，甚至也包含了副业、家庭、公民的角色。生涯是以人为中心的，只有个人寻求它的时候，它才存在。由此看来，“生涯”不等于“工作”“职业”，也不等于“生命”“生活”，其具有丰富的内涵和范围。

【认知二】生涯规划及其意义

职业生涯规划简称“生涯规划”，又叫“职业生涯设计”，是指个人与组织相结合，在对一个人职业生涯的主客观条件进行测定、分析、总结的基础上，对自己的兴趣、爱好、能力、特点进行综合分析与权衡，结合时代特点，根据自己的职业倾向，确定其最佳的职业奋斗目标，并为实现这一目标作出行之有效的安排。生涯设计的目的绝不仅是帮助个人按照自己的资历条件找到一份合适的工作，达到与实现个人目标，更重要的是帮助个人真正了解自己，为自己定下事业大计，筹划未来，拟定一生的发展方向，根据主客观条件设计出合理且可行的职业生涯发展方向。

通过对自己职业生涯的规划，大学生可以解决好职业生涯中的“四定”——定向、定点、定位、定心，尽早确定自己的职业目标，选择自己职业发展的地域范围，把握自己的职业定位，保持平稳和正常的心态，按照自己的目标和理想有条不紊、循序渐进地努力。

职业生涯规划的训练有助于全面提高大学生的综合素质，避免学习的盲目性和被动性；规划个人的职业生涯，可以使职业目标和实施策略能了然于心中，并便于从宏观上予以调整和掌控，能让大学生在职业探索和发展中少走弯路，节省时间和精力；同时，职业生涯规划还能对大学生起到内在的激励作用，使大学生产生学习、实践的动力，激发自己不断为实现各阶段目标和终极目标而进取。大学生首先要认识到生涯规划的重要意义，职业生涯活动将伴随我们的大半生，拥有成功的职业生涯才能实现完美人生。因此，职业生涯规划对我们大学生来说具有特别重要的影响。

第一，职业生涯规划可以发掘自我潜能，增强个人实力。一份行之有效的职业生涯规划将会：①引导我们正确认识自身的个性特质、现有与潜在的资源优势，帮助我们重新对自己的价值进行定位并使其持续增值；②引导我们对自己的综合优势与劣势进行对比分析；③使我们树立明确的职业发展目标与职业理想；④引导我们评估个人目标与现实之间的差距；⑤引导我们前瞻与实际相结合的职业定位，搜索或发现新的或有潜力的职业机会；⑥使我们学会如何运用科学的方法采取可行的步骤与措施，不断增强我们的职业竞争力，实现自己的职业目标与理想。

第二，职业生涯规划可以增强发展的目的性与计划性，提升成功的机会。生涯发展要有计划、有目的，不可盲目地“撞大运”，很多时候我们的职业生涯受挫就是由于生涯规划没有做好。好的计划是成功的开始，古语讲，凡事“预则立，不预则废”就是这个道理。

第三，职业生涯规划可以提升应对竞争的能力。当今社会处在变革的时代，到处充满着激烈的竞争。物竞天择，适者生存。职业活动的竞争非常突出，尤其是我国加入 WTO 后。要想在这场激烈的竞争中脱颖而出并保持立于不败之地，必须要设计好自己的职业生涯规划。这样才能做到心中有数，不打无准备之仗。而不少应届大学毕业生不是首先坐下来做好自己的职业生涯规划，而是拿着简历与求职书到处乱跑，总想会撞到好运气找到好工作。结果是浪费了大量的时间、精力与资金，到头来感叹招聘单位是有眼无珠，不能“慧眼识英雄”，叹息自己英雄无用武之地。这部分大学毕业生没有充分认识到职业生涯规划的意义与重要性，认为找到理想的工作靠的是学识、业绩、耐心、关系、口才等条件，认为职业生涯规划纯属纸上谈兵，简直是耽误时间，有那时间还不如多跑两家招聘单位。这是一种错误的理念，实际上未雨绸缪，先做好职业生涯规划，磨刀不误砍柴工，有了清晰的认识与明确的目标之后再把求职活动付诸实践，这样的效果要好得多，也更经济、更科学。

据了解，从人力资源的角度出发，企业用人单位非常看重新进员工的职业生涯规划是否透明，是否与公司的发展一致。这说明职业生涯规划直接关系到我们大学生的就业问题。有一位毕业生在自己的求职资料中简要地描述了自己的生涯规划——“乐意从最基层的工作做起，用三至五年时间熟悉业务，掌握相应经验，然后向高级主管职位挑战”，尽管其成绩在众多竞争者中很一般，但却应聘成功。只有少数求职者会写出自己的未来发展规划。这些规划，让人觉得求职者的求职意向是经过深思熟虑的。即使其生涯规划只有五年甚至更短的时间用于为本企业工作，用人单位也乐意聘请这种目标明确、规划透明的人。宝洁北京市技术有限公司高级人力资源经理透露，该公司在中国每年招聘应届毕业生 100 名左右，凡是职业生涯规划得早的人，现在大多数都已成为总监、副总监或高级经理。

【认知三】生涯规划的主要理论

1. 职业性向理论

美国心理学教授约翰·霍兰德(John Holland)认为，职业性向，包括价值观、动机和需要等，是决定一个人职业选择的重要因素。他基于自己对职业性向的测试(VPT)研究，提出了个性—工作适应性理论(Personality-Job Fit Theory)，将个人的职业性向划分为实际型、研究型、艺术型、社会型、事业型和常规型六种；同时，他将职业类型也相应地分为上述六种类型(见图 12-1)。图形上连线距离越短，两种类型的职业相关系数就越大，适应程度也就越高。连线距离为零，换言之，劳动者类型与职业类型高度相关，统一在一个点上(即图中 6 个顶点所示)，人职配置最适宜，是最好的职业选择(见表 12-1)。除此之外，图中连线最短、相关系数最高的，当属每种类型劳动者(职业)同其左右相邻的两个类型职业(劳动者)。例如，常规型分别与实际型、事业型，艺术型分别同调研型(学者型)、社会型，其余类推，它们之间连线短，人业相互适应程度高。连线距离越长，表明两类型人业相关系数越小，相互适应程度越低。图中，常规型与艺术型，调研型(学者型)与事业型(企业型)，实际型与社会型之间的连线最长，人业相互适应程度最低。

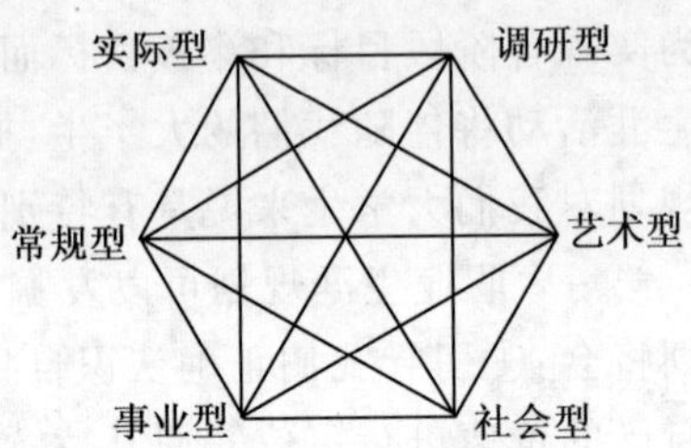

图 12-1

表 12-1　　霍兰德职业人格类型

类型	偏　好	个性特点	职业范例
现实型	需要技能、力量、协调性的体力活动	害羞、真诚、持久、稳定、顺从、实际	机械师、钻井操作工、装配线工人、农场主
研究型	需要思考、组织和理解的活动	分析、创造、好奇、独立	生物学家、经济学家、数学家、新闻记者
艺术型	需要创造性表达的模糊且无规则可循的活动	富于想象力、无序、杂乱、理想、情绪化、不实际	画家、音乐家、作家、室内装饰家
社会型	能够帮助和提高别人的活动	社会、友好、合作、理解	社会工作者、教师、议员、临床心理学家

续表

类型	偏好	个性特点	职业范例
事业型	能够影响他人和获得权力的言语活动	自信、进取、精力充沛、盛气凌人	法官、房地产经纪人、公共关系专家、小企业主
常规型	规范、有序、清楚明确的活动	顺从、高效、实际、缺乏想象力、缺乏灵活性	会计、业务经理、银行出纳员、档案管理员

【阅读材料】

我的岛屿计划

恭喜你！你获得了一次免费度假游的机会，有机会去下列六个岛屿中的一个。唯一的要求是你必须要在这个岛上待满至少3个月的时间。请不要考虑其他因素，仅凭自己的兴趣按一、二、三的顺序挑出你最想前往的3个岛屿。写在小纸片上，与大家分享。

A 美丽浪漫的岛屿。充满了美术馆、音乐厅、街头雕塑和街边艺人，弥漫着浓厚的艺术文化气息，居民保留了传统的舞蹈、音乐和绘画，许多文艺界的朋友都喜欢来这里。

R 自然原始的岛屿。岛上自然生态保持得很好，有各种野生动物，居民以手工见长，自己种植花果蔬菜、修建房屋、打造器物、制作工具，喜欢户外运动。

I 深思冥想的岛屿。有多处天文台、科技馆以及图书馆。居民喜好观察、学习，崇尚和追求真知。常有机会和来自各地的哲学家、科学家和心理学家等交换心得。

E 显赫富庶的岛屿。居民善于企业经营和贸易，能言善道，经济高度发展，处处是高级饭店、俱乐部、高尔夫球场，来往者多是企业家、经理人、政治家、律师等。

C 现代、井然的岛屿。岛上建筑十分现代化，是进步的都市形态，以完善的户政管理、地政管理、金融管理见长。岛民个性冷静保守，处事有条不紊，善于组织规划，细心高效。

S 友善亲切的岛屿。居民个性温柔、友善、乐于助人，社区均自成一个密切互动的服务网络，人们重视互相合作，重视教育，关怀他人，充满人文气息。

我最想前往的三个岛屿：________、________、________

岛屿关键词：____________________

说明：这六个岛屿实际上代表霍兰德提出的六种类型。做完这个活动后，你应当能得出自己最有兴趣的前三个类型，亦即你的霍兰德代玛，并对六种类型的基本特征有所了解。

2.舒伯的生涯发展理论

(1)舒伯的生涯发展理论的12个基本主张：生涯发展论的理论基础是综合许多流派而建立起来的。舒伯根据布尔赫勒(Buehler)的生命周期理论和列文基斯特(Lavighurst)的发展阶段论，提出职业的发展概念模式，有12个基本主张：

◆职业是一种连续不断、循序渐进又不可逆转的过程。

◆职业发展是一种有秩序、且有固定形态、可以预测的过程。

◆职业发展是一种动态的过程。

◆自我观念在青春期就开始产生和发展，至青春期明朗并于成年期转化为职业概念。

◆自青少年期至成人期，随着时间及年龄的渐长，现实因素（如人格特质）及社会因素对个人职业的选择愈加重要。

◆父母的认同，会影响个人正确角色的发展和各个角色间的一致及协调，以及对职业计划及结果的解释。

◆职业升迁的方向及速度与个人的聪明才智、父母的社会地位、本人的地位需求、价值观、兴趣、人际技巧以及经济社会中的供需情况有关。

◆个人的兴趣、价值观、需求、父母的认同、社会资源的利用、个人的学历以及所处社会的职业结构、趋势、态度等均会影响个人职业的选择。

◆虽然每种职业均有特定要求的能力、兴趣、人格特质，但却颇具弹性，所以允许不同类型的人从事相同的职业，或一个人从事多种不同类型的工作。

◆工作满意度视个人能力、兴趣、价值观及人格特质是否能在工作中得到适当发挥而定。

◆工作满意度的程度与个人在工作中实现自我观念的程度有关。

◆对大部分人而言，工作及职业是个人人生的重心。虽然对少数人而言，这种机会是不重要的。

(2)舒伯的生涯彩虹图：舒伯认为可以根据年龄将每个人生阶段与职业发展配合，且每个阶段各有其发展任务。他用“生涯彩虹图”来形象地展示人生各个发展阶段和所扮演的主要角色（见图 12-2），其生涯发展分为五个阶段：成长（Growth）、探索（Exploration）、建立（Establishment）、维持（Maintenance）、衰退（Decline）。

(3)舒伯职业生涯五阶段理论见表 12-2。

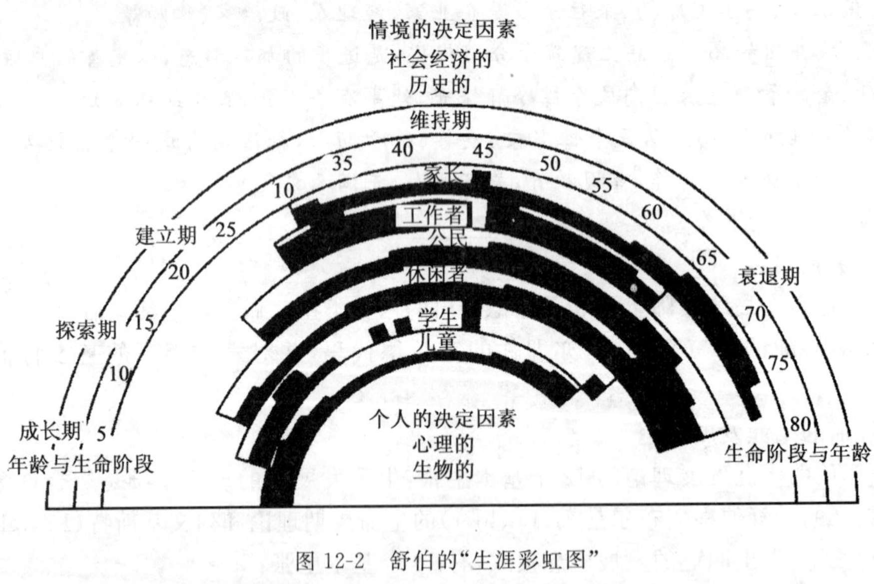

图 12-2　舒伯的“生涯彩虹图”

表 12-2

<table>
<tr><th>阶段</th><th colspan="2">年　龄</th><th>主要任务</th></tr>
<tr><td rowspan="4">成长阶段</td><td colspan="2">出生至 14 岁</td><td>认同并建立起自我概念，对职业的好奇占主导地位，并逐步有意识地培养职业能力</td></tr>
<tr><td rowspan="3">次阶段</td><td>幻想期(4～10 岁)</td><td>需求占决定性因素。角色扮演在此阶段很重要</td></tr>
<tr><td>兴趣期(11～12 岁)</td><td>以兴趣为中心，理解、评价职业，开始作职业选择</td></tr>
<tr><td>能力期(13～14 岁)</td><td>能力占的比重较大，也会考虑工作要求的条件</td></tr>
<tr><td rowspan="4">探索阶段</td><td colspan="2">15～24 岁</td><td>主要通过学校学习进行自我考察、角色鉴定和职业探索，完成择业及初步就业</td></tr>
<tr><td rowspan="3">次阶段</td><td>试探期(15～17 岁)</td><td>综合认识和考虑自己的兴趣、能力，对未来职业进行尝试性选择</td></tr>
<tr><td>过渡期(18～21 岁)</td><td>正式进入职业，或者进行专门的职业培训，明确某种职业倾向</td></tr>
<tr><td>尝试期(22～24 岁)</td><td>已确定了一个似乎是较适当的领域，找到一份入门的工作后，并尝试将它作为维持生活的工作。此阶段所选择的工作范围会小，只选择可能提供重要机会的工作</td></tr>
<tr><td rowspan="3">确立阶段</td><td colspan="2">25～44 岁</td><td>获取一个合适的工作领域，并谋求发展。主要任务是：通过尝试错误以确定前一阶段的职业选择与决定是否正确。若觉得决定正确，就会努力经营，打算在此领域久留</td></tr>
<tr><td rowspan="2">次阶段</td><td>稳定期(25～30 岁)</td><td>个人在所选的职业中安顿下来，重点是寻求职业及生活上的稳定</td></tr>
<tr><td>发展期(31～44 岁)</td><td>致力于实现职业目标，是富有创造性的时期</td></tr>
<tr><td colspan="3">中期危机阶段
(44 至退休前)</td><td>职业中期可能会发现自己偏离职业目标或发现了新的目标，此时需重新评价自己的需求，处于转折期</td></tr>
<tr><td>维持阶段</td><td colspan="2">45～64 岁</td><td>开发新的技能，维护已获得的成就和社会地位，维持家庭和工作两者之间的和谐关系，寻找接替人选</td></tr>
<tr><td rowspan="3">衰退阶段</td><td colspan="2">65 岁至死亡</td><td>体力与心理能力逐渐衰退时，工作活动将改变，亦必须发展出新的角色，先是变成选择性的参与者，然后成为完全的观察者</td></tr>
<tr><td rowspan="2">次阶段</td><td>减速(60～70 岁)</td><td>工作速度变慢，工作责任或性质也发生改变，以适应逐渐衰退的体力与心理。许多人也会找份代替全职的兼职工作</td></tr>
<tr><td>退休(71 岁至死亡)</td><td>有些人能很愉快地适应完全停止工作的境况；有些则适应困难、郁郁寡欢；有些人则是老迈而死</td></tr>
</table>

【认知四】生涯规划的步骤

假设你是一生涯规划的步骤位旅行家，你可以用自己的步调和韵律，走到任何你想去的地方。

A. 你会选择什么目的地？

B. 出发前，你会做哪些准备？

C. 你会选择走哪种路以到达目的地？

D. 你为什么会做这样的选择？

这些问题，也是生涯规划者会思考的问题。目的地，就是一个人的愿景、使命和目标；起始点，则是一个人的现况和资源；道路，是生涯发展时的路径；而为什么，则是追寻自己生命意义的敲门砖。

多数的旅行者，在上路前，对于目的地都抱有憧憬，充满着理想和幻想。第一次出门的旅行者，通常在考虑自己的时间和经济能力后，会选择一家信誉不错的旅行社，随团出游。但在旅行的过程中，却经常发现大众路线未必能满足自己底层的需求，而且赶鸭子式的浏览景点，很难让人能充分地享受其中。因此，下次出游时，就会作一番调整，选择较适合自己的方式——跟随风格特殊的旅行社、改为自助式的旅游等方法。

生涯规划的过程，也和旅游类似。初次上路的生手，常受外界因素的影响，先走再说、且走且战，这一类生涯规划的方法，我们姑且称之为"便捷的生涯规划法"。但是这种无法以自己"志趣"为主轴的生涯发展，通常在不久之后就会使人陷入泥淖，也有如枯萎的花朵，疲惫不振。在这种危机时刻，若能改用"系统化的生涯规划法"，重新思考自己的方向，拟订一个心甘情愿的行动计划，步步为营，则有机会化危机为转机。

当然，最幸运的人，是一开始就能找到一条自己愿意终生全力以赴的生涯路；然而，这种比例是少之又少。以工作为例，霍普森和霍夫曾指出：作为一个 21 世纪的上班族，一生转业个六七次，将是一件平常的事。美国前劳工部长多尔(E. Dole)也指出：21 世纪的工作者，若想要职场中胜任愉快，至少需要具备四种以上的专长。可见，不断修正生涯目标，培养多职能，成为一个终生学习者，已是新世纪的现代人不得不走的一条路呢！

下面，就让我们来学习这些生涯规划的步骤吧！

一、清晰个人生涯愿景(人生目标的确认)

在为自己制订职业发展规划的时候，需要弄明白这样一个问题——"自己到底想过一种什么样的生活？"即个人生涯愿景。生涯愿景是个人发自内心的，一生最热切渴望达成的结果，它是一种期望的未来或意象。由于人在一生中要扮演多个角色，因此生涯愿景是多方面的。总的来说，个人生涯愿景主要包括以下几个内容：

(1)自我形象：你希望成为什么样的人？假如你可以变成你向往的那种人，你会有哪些特征？

(2)有形财产：你希望拥有哪些物质财产？希望拥有多大的数量？

(3)家庭生活：在你的理想中，你未来的家庭生活是什么样子？

(4)个人健康:对于自己的健康、身材、运动以及其他与身体有关的事情有什么期望?

(5)人际关系:个人职业发展过程中将与哪些人交往;其中哪些人将对自身发展起重要作用;工作中会遇到什么样的上下级、同事及竞争者,对自己会有什么影响,如何相处、对待,等等。

(6)工作状况:你理想中的工作环境是什么样子?取得什么样的成就?

(7)社会贡献:对社会作出什么样的贡献?

(8)个人休闲:期望拥有什么样的休闲生活?

美国职业咨询专家巴特勒博士说:“很多学生在就业时会走入误区,他们选择了最容易得到的或是薪水最高的工作,但在一段时间以后,他们并没有获得成功,因为真正的成功者必然是工作与个性、价值观、个人特点等相契合的。大家要意识到最重要的不是追求一份流行的工作,而是要找到自己想要的、喜爱的工作。”这一点对于每个人都很重要。

二、自我评估(自我认知)

自我评估就是对自己进行全面的分析,认识和了解自己的特点,对自己进行准确定位的过程。自我评估包括了解自己的价值取向、兴趣爱好、气质、性格、学识技能以及各种组织管理、协调活动能力等多方面的内容。人们只有通过分析自己的职业价值观,才能弄清自己究竟要从工作中获得什么,只有通过对自己兴趣、性格、气质的了解,才能找到与之相匹配的工作。因此,自我评估是职业生涯规划的基础,自我评估是职业生涯规划成功的前提。自我评估是对自己进行深入的分析和探索,要“左看右看上看下看”,借用人力资源领域的话,要“360 度”看自己。对自我的评估可以包括以下五大方面:表现自我(年龄、性别、外貌等)、发展自我(专业、成绩、学校、经验等)、动力自我(需要、价值观、兴趣等)、个性自我(气质、能力、性格等)、品德自我(忠诚度、责任感、进取心)。

【案例】

赫塞是德国文学界最具代表性的作家之一,他早在 12 岁时就立志成为诗人,但大多数诗人都难逃穷困潦倒的命运。所以通常这是一个不被看好的行业,周围的亲人认为他很可笑,把他看成疯子、叛逆者。学校教师给他的评语是“行为怪异”。家人把他送到特殊少年管教中心,希望改变他,使他变得正常一点,但这一切只让年轻的赫塞更不快乐。他试过在修道院住半年,思考自己的问题,用旅行的方式逃避、压迫自己,扭曲自己本性以符合家人、社会的期望,可是这些与环境的抗争、妥协,使他活得十分忧郁、痛苦,几乎崩溃,甚至有过自杀的念头。一直到 39 岁,在心理医生的协助下,他终于敢于挣脱束缚,不顾一切要做自己的主人,因而抛妻别子隐居乡下,开始全身心的写作。经过这些困顿之后,他找回了自己,也摘下了世界文学桂冠,于 1946 年获得诺贝尔文学奖。赫塞鼓励世人不要被世俗所束缚、迷惑,必须倾听自己内心的声音。他强调不要崇拜偶像,不要以他为师,因为“做你自己”才是最重要的。

三、职业评估(职业认知)

正确认识自身将要面临的职业环境,评估职业生涯机会与行业制约因素,结合社会发展需要考察职业发展前景与要求是个人进行职业生涯规划的前提条件。如果不了解职业社会就进行职业生涯规划,预定规划就很容易陷入空洞的自我设计当中。了解职业社会还有利于大学生结合社会对人才的素质要求,加强大学阶段的学习自觉性和针对性。下面简要介绍当今社会职业发展的概况,以及认识职业社会的维度与途径。

1.外部环境分析(环境评估)

评估环境相当于外在条件评估。职业生涯环境的评估,主要是评估各种环境因素对自己职业生涯发展的影响。每一个人都处在一定的环境之中,离开了这个环境,便无法生存与成长。所以,在制订个人的职业生涯规划时,要分析环境条件的特点,环境发展变化情况,自己与环境的关系,自己在这个环境中的地位,环境对自己提出的要求以及环境对自己有利与不利的影响等。只有对这些环境因素充分了解,才能做到在复杂的环境中避害趋利,使职业生涯规划具有实际意义。

外部环境分析包括宏观环境(社会环境、经济环境和政治环境)与微观环境(家庭、学校环境和同辈群体)分析、组织(企业)环境分析(职业环境分析、行业环境分析、企业环境分析、地域分析和职场环境分析)。

2.职业决策

对职业生涯的规划说到底是一份人生的设计,它的对象是大学生的自我,其实现舞台是现实社会。其中,职业决策正确,则一帆风顺,事业有成;反之,则弯路多多,损失多多,乃至苦恼多多。一般来说,职业决策有以下的步骤:

(1)认识问题,承担责任。

(2)了解自己。

(3)了解环境。

(4)了解职业,收集信息。

(5)找出可能的职业选择项目。

(6)运用人职匹配等方法进行个人与职业的对比分析。

(7)作出决定。

(8)执行决定。

(9)获得反馈。

3.目标确立(确立职业发展目标)

说到职业发展目标,有人可能会说"我的目标是事业有成",这不是目标,仅是美好愿望而已;有人可能会说"我的目标是成为优秀的人力资源工作者",这也不是目标,仅是职业发展方向而已;还有人可能会说"我的目标是成为优秀的机械工程师",这就是看得见摸得着的职业发展目标了。职业发展目标的设定,是职业生涯规划的核心。一个人事业的成败,很大程度上取决于有无正确、适当的目标。具体可有两种方式:一是根据自己的年龄划分目标,如25～30岁职业规划、2000～2010年职业规划;二是根据职业通路中的职位、职务阶段性变化为划分标准制定不同时期的努力方向,如5年之内向部门经理职位冲刺,10年内成为主管经理。短期目标一般为1～2年,短期目标又分日目标、周目标、月目标、年目标,中期目标一般为3～5年,长期目标一般为5～10年。

4.设定职业生涯发展路线

个人现在所处的位置与总体目标总是有距离的(距离的大小要视总体目标的远大而

定)。个人不可能一步就能达成总体目标。要完成总体职业发展目标,就必须将总体目标进行分解,分解成一个一个阶段目标逐步完成。那么,当我们初步确定了自己的职业目标和职业定位之后,我们下一步就应该围绕着我们的职业目标和职业定位,设计合理的“职业发展线路图”。在现实中,我们做事之所以会半途而废,这其中的原因,往往不是因为目标难度较大,而是觉得成功离我们较远。所以,我们制订目标的时候,应该把我们的职业生涯的最终目标,分解成一个个的阶段性的目标,这样的话,只要我们坚持下去,我们的职业生涯的总目标也一定能够最终实现。

5.制订行动方案并实施

这一步意味着将职业决策和规划付诸实施,包括参加教育学习、职前培训、积累工作经验、建立人际关系网、获取职业信息、养成职业所要求的品质等等。

6.评估与反馈

“计划赶不上变化”。人生的发展阶段,由于社会环境、自身条件的变化以及其他不确定因素的存在,将会使职业的发展实际与原先制订的职业生涯规划出现偏差。因此,为了使职业生涯规划可行,就需要对职业生涯规划进行再评估并作出新的调整,以更好地符合规划本身和社会发展的需要。总的来说,职业生涯规划的评估与反馈是个人对自身的不断认识过程,也是对社会的不断认识过程。经过评估后必须适时修订职业生涯规划,主要包括:职业的重新选择、职业生涯路线的选择、人生目标的修订、成功标准的调整、实施措施与计划的变更等。

【认知五】大学生生涯规划的常用方法

一、SWOT 分析法

SWOT 分析法最早由美国旧金山大学管理学教授在 20 世纪 80 年代初提出,是目前最著名最基本的一种机会评估工具。SWOT 分析法对于评估分析职业发展机会是较合适的。

SWOT 是四个英文单词 Strength(优势)、Weakness(劣势)、Opportunity(机会)和 Threat(威胁)的缩写。其中,S、W 是内部因素,O、T 是外部因素。

一般来说,对自身的职业或职业发展问题进行 SWOT 分析时,应遵循以下五个步骤:

1.评估自己的长处和短处

每个人都有自己独特的技能、天赋和能力。在当今分工非常细的市场经济里,每个人擅长于某一领域,而不是样样精通(当然,除非天才)。譬如说,有些人不喜欢整天坐在办公桌旁,而有些人则一想到不得不与陌生人打交道时,心里就发麻,惴惴不安。请做个表,列出你自己喜欢做的事情和你的长处所在(如果你觉得界定自己的长处比较困难,你可以请专业的职业咨询师帮你分析,分析好之后,可以发现你的长处所在)。同样,通过列表,你可以找出自己不是很喜欢做的事情和你的弱势。找出你的短处与发现你的长处同等重要,因为你可以基于自己的长处和短处作两种选择:一是努力去改正你常犯的错误,提高你的技能;二是放弃那些对你不擅长的技能要求很高的职业。列出你认为自己所具备的很重要的强项和对你的职业选择产生影响的弱势，然后再标出那些你认为对你很重要的强势、弱势。

2. 找出你的职业机会和威胁

我们知道，不同的行业或专业（包括这些行业里不同的公司）都面临不同的外部机会和威胁，所以，找出这些外界因素将帮助你成功地找到一份适合自己的工作，对你求职是非常重要的，因为这些机会和威胁会影响你的第一份工作和今后的职业发展。如果某个公司处于一个常受到外界不利因素影响的行业里，很自然，这个公司能提供的职业机会将是很少的，而且没有职业升迁的机会。相反，充满了许多积极的外界因素的行业将为求职者提供广阔的职业前景。请列出你感兴趣的一两个行业或专业，然后认真地评估这些行业或专业所面临的机会和威胁。

3. 提纲式地列出今后 3～5 年内你的职业目标

仔细地对自己做一个 SWOT 分析评估，列出你未来 3～5 年内最想实现的 4～5 个职业目标。这些目标可以包括：大学毕业后你想从事哪一种职业？你将管理多少人？或者你希望自己拿到的薪水属哪一个级别？请时刻记住：你必须竭尽所能地发挥出自己的优势，使之与行业提供的工作机会圆满匹配。

4. 提纲式地列出一份今后 3～5 年的职业行动计划

这一步主要涉及一些具体的内容。请你拟出一份实现上述第三步列出的每一个目标的行动计划，并且详细地说明为了实现每一个目标，你要做的每一件事，何时完成这些事。如果你觉得你需要一些外界帮助，请说明你需要何种帮助和你如何获取这种帮助。例如，你的个人 SWOT 分析可能表明，为了实现你理想中的职业目标，你需要进修更多的管理课程，那么，你的职业行动计划应说明要参加哪些课程、什么水平的课程以及何时进修这些课程的学习等。你拟订的详尽的行动计划将帮助你作决策，就像外出旅游前事先制订的计划将成为你的行动指南一样。

5. 寻求专业帮助

能分析出自己职业发展及行为习惯中的缺点并不难，但要去以合适的方法改变它们却很难。相信你的父母、老师、朋友、上级主管、职业咨询专家都可以给你一定的帮助，特别是很多时候借助专业的咨询力量会让你大走捷径。有外力的协助和监督也会让你更好地取得效果。

很显然，作个人 SWOT 分析需要你的一些投入，而且还需认真地对待，当然要作好你的职业分析难度也很大，但是，不管通过什么渠道，进行一次详尽的个人 SWOT 分析却是值得的，因为当你做完详尽的个人 SWOT 分析后，你将有一个连贯的、实际可行的个人职业策略供你参考。在激烈的职场竞争中，拥有一份挑战和乐趣并存、薪酬丰厚的职业是每一个人的梦想，但并不是每一个人都能实现这一梦想。因此，为了使你的求职和个人职业发展更具有竞争力，请认认真真地为你的职业发展做些实事吧。

二、“5What”归零思考法

对于许多大学生来说，职业生涯规划也许是一个比较模糊的概念，因而就更谈不上对自己进行职业生涯规划了。对于职业生涯规划，并不如某些书上所说的那样玄机无限，只要你对自己有一个基本认识,同时掌握一定的方法,每个人都能对自己进行职业规划,为自己的职业生涯发展画一个蓝图。"5What"归零思考法共有五个问题:

(1)What are you?

(2)What you want?

(3)What can you do?

(4)What can support you?

(5)What you can be in the end?

一个人回答了这五个问题,找到它们的最高共同点,就有了自己的职业生涯规划。该方法尤其适合即将毕业的大学生朋友。

对于第一个问题"我是谁?"应该对自己进行一次深刻的反思,有一个比较清醒的认识,优点和缺点,都应该一一列出来。

第二个问题"我想干什么?"是对自己职业发展的一个心理趋向的检查。每个人在不同阶段的兴趣和目标并不完全一致,有时甚至是完全对立的。但随着年龄的增长和经历的增多而逐渐固定,并最终锁定自己的终生理想。

第三个问题"我能干什么?"则是对自己能力与潜力的全面总结,一个人职业的定位最根本的还要归结于他的能力,而其职业发展空间的大小则取决于自己的潜力。对于一个人的潜力,应该从几个方面着手去认识,如对事的兴趣、做事的韧性、临事的判断力以及知识结构是否全面、是否及时更新等。

第四个问题"环境支持或允许我干什么?"这种环境支持在客观方面包括本地的各种状态,比如经济发展、人事政策、企业制度、职业空间等;人为主观方面包括同事关系、领导态度、亲戚关系等,两方面的因素应该综合起来看。有时我们在作职业选择时常常忽视主观方面的东西,没有将一切有利于自己发展的因素调动起来,从而影响了自己的职业切入点。而在国外通过同事、熟人的引荐找到工作是最正常也是最容易的。当然我们应该知道这和一些不正常的"走后门"等歪门邪道有着本质的区别。这种区别就是这里的环境支持是建立在自己的能力之上的。

明晰了前面四个问题,就会从各个问题中找到对实现有关职业目标有利的和不利的条件,列出不利条件最少的、自己想实现而且又能够实现的职业目标,那么第五个问题有关"自己最终的职业目标是什么"自然就有了一个清楚明了的框架。

【认知六】规划好大学生活

就高职学生而言,如果将大学分成初期、中期和后期阶段,那么,各个阶段的行动任务是不同的。

一年级探索期的主要任务是:全面了解自己所学习的专业,培养对自己专业的兴趣;要初步了解职业,特别是自己未来所想从事的职业或自己所学专业对口的职业,提高人际沟通能力。具体活动可包括多和师哥师姐们进行交流,尤其是大四的毕业生,询问就业情况。大一学习任务不重时多参加学校活动,增加交流技巧,学习计算机知识,争取可以通过计算机和网络辅助自己的学习。为可能的转系、获得双学位、留学计划做好资料收集及课程准备，多利用学生手册，了解相关规定。

二年级定向期的主要任务是：应考虑清楚未来是否深造或就业，了解相关的应有活动，并以提高自身的基本素质为主，通过参加学生会或社团等组织，锻炼自己的各种能力，同时检验自己的知识技能；可以开始尝试兼职、社会实践活动，并要具有坚持性，最好能在课余时间长时间从事与自己未来职业或本专业有关的工作，提高自己的责任感、主动性和受挫能力，增强英语口语能力，增强计算机应用能力，通过英语和计算机的相关证书考试，并开始有选择地辅修其他专业的知识充实自己。

三年级冲刺期主要任务是：因为临近毕业，所以目标应锁定在提高求职技能，搜集公司信息，并确定自己是否要专升本上。在撰写专业学术文章时，可大胆提出自己的见解，锻炼自己的独立解决问题的能力和创造性。参加和专业有关的暑期工作，和同学交流求职工作心得体会；学习写简历、求职信，了解搜集工作信息的渠道；并积极尝试，加入校友网络，和已经毕业的校友、师哥师姐谈话，了解往年的求职情况。

【认知七】时间管理

有个管理学大师说："我们每个人都是时间的消费者。"我们这一生消费最多的是时间，从你出生的那一刻，你每一分每一秒都在消费你的时间。同时我们每个人也是时间的管理者。换句话说，如果一个人时间没有办法管理，那他就什么都不能够管理。因为时间管理是人生管理之母。很简单地说，人有很多时候，比如说我们都从学校毕业，当我们拿着毕业证走上社会后，我们的起点基本是一样的。但是随着时间的经过，很奇怪，人和人之间的差距是越来越大。你相信吗？人这一生同样的起点，同样的时间，为何会有不一样的结果？是因为我们每个人时间管理的能力不一样。所谓的时间就是生命的空间。

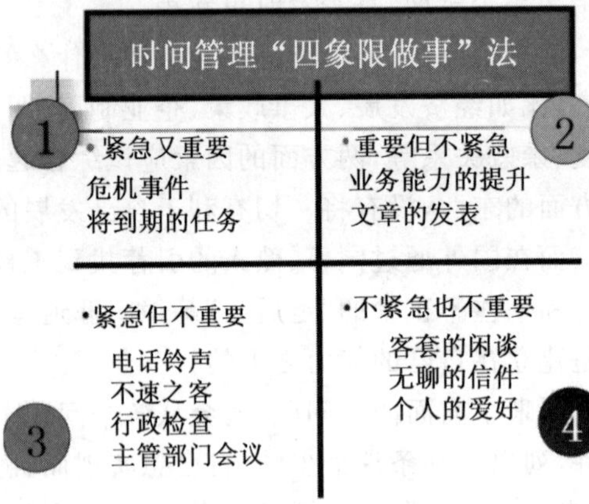

图 12-3

【阅读材料】

《明日歌》

明日复明日，明日何其多，我生待明日，万事成蹉跎，世人若为明日累，春去秋来老将至，朝看水东流，暮看日西坠，百年明日能几何，请君听我明日歌。

【认知八】大学期间生涯规划书

为自己设计一份书面的生涯发展计划，是为了更好地管理好自己的人生。怎么管理好你自己？管理大师德鲁克说，你要问自己五个问题。

第一个问题：我的长处是什么？你应该向周围的人寻求回馈并加以分析，发现自己真正的长处，然后努力完善自己的长处。

同时找到那些妨碍自己发挥的地方改掉它。

第二个问题：我做事的方式是什么？比如你是擅长团队合作，还是习惯单打独斗等。

不在于如何回答，而在于回答问题后采取的相应行动。

第三个问题：我的价值观是什么？人和企业都有自己的经营价值观，如果两者冲突，你就难以发挥绩效，不是谁对谁错的问题。

之后你才能回答第四个问题：我该去哪里工作？或者，你至少知道你不该去哪里工作，知道自己将以怎样的方式做一项新工作。

最后回答第五个问题：我该贡献什么？要考虑三方面因素：一是形势的要求；二是基于自己的长处、做事方式和价值观，怎样能做出最大贡献；三是什么样的结果影响深远。

认识你自己之后，要付诸相应的行动，才是管理你自己。

【阅读材料】

大学期间生涯规划范例赏析

大学期间生涯规划表

<table>
<tr><td rowspan="5">一般情况</td><td>姓名</td><td></td><td>性别</td><td></td><td>年龄</td><td></td><td>政治面貌</td><td></td></tr>
<tr><td>就读学校</td><td colspan="4"></td><td>院、系</td><td colspan="2"></td></tr>
<tr><td>所学专业</td><td colspan="4"></td><td colspan="2">感兴趣的专业</td><td></td></tr>
<tr><td>起止时间</td><td colspan="7">年　月～　年　月</td></tr>
<tr><td>年龄跨度</td><td colspan="7">岁～　岁</td></tr>
<tr><td>规划总目标</td><td>就业</td><td>是</td><td>考研</td><td>否</td><td>留学</td><td>否</td><td>创业</td><td>是</td></tr>
<tr><td>具体方向</td><td>公司</td><td colspan="5"></td><td>公司</td><td></td></tr>
<tr><td rowspan="6">自我分析（包括现状分析与潜能测评）</td><td rowspan="6">认识自我</td><td colspan="2">我的气质</td><td colspan="5">黏液质：踏实稳重；兴趣持久专注，但反应迟缓；羞涩孤僻</td></tr>
<tr><td colspan="2">我的性格</td><td colspan="5">内向倾向型：能与人和睦相处；共同合作，有时感到自己孤独寂寞</td></tr>
<tr><td colspan="2">我的能力</td><td colspan="5">工作兴趣浓厚持久；适应性强</td></tr>
<tr><td colspan="2">我的兴趣</td><td colspan="5">绘画，乒乓球，羽毛球</td></tr>
<tr><td colspan="2">我的职业价值观</td><td colspan="5">喜欢以各种艺术形式的创作来表现自己的才能，实现自身的价值</td></tr>
<tr><td colspan="2">我心中理想的职业</td><td colspan="5">动画设计师，同时有自己的公司；研究人员</td></tr>
</table>

续表

<table>
<tr><td rowspan="3"></td><td rowspan="3">角色转为目标</td><td>从依赖到独立</td><td>还缺欠</td></tr>
<tr><td>从被动学习到主动学习</td><td>还被动</td></tr>
<tr><td>从未成年到成年</td><td>已成年</td></tr>
<tr><td rowspan="4">环境因素分析</td><td rowspan="2">学校学习、生活等环境分析</td><td>本专业的课程设置</td><td>掌握素描、绘画、动漫设计技法；掌握色彩绘画、色彩理论、Photoshop 应用；掌握镜头语言知识、故事板创作与绘制；学习绘制二维动画的方法和理论知识；学习 Flash 进行商业动画创作；学习 Maya 高级角色建模；掌握 Maya 灯光以及影视灯光布光技巧；掌握 Maya 三维动画材质贴图创作；掌握 Maya 基础角色动画制作；深入理解和应用动画规律制作流畅的三维动画；学习 Maya 高级角色动画创作；应用 Maya 创作生动表演的三维角色演员</td></tr>
<tr><td>与未来职业发展有关的课程设置</td><td>了解就业的一些要求</td></tr>
<tr><td colspan="2">行业发展趋势与就业环境分析</td><td>中国现在是政治稳定，经济文化高速发展的国家，而且这种情况将持续相当长的一段时间，这种状况为每一个人都提供了一个好的发展机会，随着市场经济的发展，市场在经济活动中的作用越来越大</td></tr>
<tr><td colspan="2">国家相关政策法规、经济形势分析</td><td>①外部经济环境明显改善；②我国经济结构已获得初步调整；③政策环境更加有利于经济发展；④企业和消费者信心明显恢复；⑤外需不足和成本上升共同促进产业升级；⑥过于宽松的财政货币政策可能导致新的结构问题</td></tr>
<tr><td rowspan="4">我的现状与规划成功标准之间的匹配分析</td><td rowspan="2">我的优势</td><td colspan="2">踏实稳重；兴趣浓厚，持久专注</td></tr>
<tr><td colspan="2">做事仔细认真、踏实，友善待人，做事锲而不舍，勤于思考</td></tr>
<tr><td rowspan="2">我的不足</td><td colspan="2">性格偏内向，不善于表达、推销自己；有紧张、胆怯等心理现象</td></tr>
<tr><td colspan="2">交际能力较差，积极主动性不够</td></tr>
</table>

续表

征求意见	家长建议	很懂事，放心，支持	
	老师建议	好学生	
	同学建议	做事是很踏实、实在，也很傻	
	朋友建议	容易相处，乐于助人	
大学生涯规划目标分解	大一	1. 学业规划目标	不挂科；了解所学专业；掌握专业基础知识及课外知识。多去图书馆看看书
		2. 生活成长规划目标	熟悉适应大学生活；积极参加一些体育活动；增强体质；和同学友好相处；充分利用好每分每秒，合理安排时间
		3. 社会活动规划目标	积极参加学校的一些社团活动，丰富一下大学生活，让自己过得充实点儿
	大二	1. 学业规划目标	自我认识；了解自己的专业技能；进一步巩固、提高基本专业知识；了解职业发展情况
		2. 生活成长规划目标	进一步加强体质锻炼，学会与陌生同学交往，建立自己的交际圈，锻炼自己的交际能力
		3. 社会活动规划目标	积极参加校园与社会实践活动，进行能力的训练
	大三	1. 学业规划目标	确立就业的目标；有目的地提升自己的职业素养；考取与目标相关的专业资格；加强自我专业技能；了解自己的职业发展方向及职场的变化；了解面试求职技巧和职场礼仪；熟练专业知识、技能等
		2. 生活成长规划目标	针对自己的各方面不足给予改善、纠正，提高自己的综合素质；保持良好心态；初步完成学业规划及就业角色转变
		3. 社会活动规划目标	到社会上做一些兼职或是实习，为将来就业积累一些实践经历；培养自己的各方面能力和合作精神；总结专业实习和社会实践需求；缩小能力与职业要求差距；顺利完成学业，准备就业，初步找到合适自身发展的工作环境、岗位

续表

大学生涯规划目标组合	学习目标	专业学习目标	了解职业发展情况;确立就业的目标;考取与目标相关的专业资格;了解面试求职技巧和职场礼仪;熟练掌握专业知识、技能
		与专业相关的学习目标	不挂科前提下,学好英语和选修课及相关书籍学习
		专业技能培养目标	基本达到合格就业标准
	生活成长目标	体魄健康	身体素质达到标准
		心理健康	加强与他人的交流沟通,积极参加各种场合
		学会理财	尽自己的最大努力合理理财
		学会管理时间	充分利用每分每秒,即合理而不浪费
		正确交友	与陌生同学交往,建立自己的交际圈
	社会实践目标	参加社团目标	参加学校的一些社团活动,锻炼自己的交际能力
		实习目标	去一些公司实习,从中获得就业经验
		假期社会实践目标	做一些与学习相关的兼职和家教等
大学期间生涯规划成功标准	学习生涯成功标准	专业成绩优良	尽自己能力使专业技能熟练
		与总目标相关的学习成绩优良	英语四级争取拿优秀,普通话过级,且拿到英语口语等级证书;开始接触社会、工作,熟悉工作环境
	生活成长成功标准	体魄健康	身体素质达到标准,形成有规律的良好个人习惯
		心理健康	克服紧张、胆怯的心理及各方面的现象,能很自然地表达自己
		学会理财	合理理财
		学会管理时间	充分利用每分每秒,既合理,又不浪费
		人际沟通能力强	能和同学、陌生人交往,建立自己的交际圈;扩大校内外交际圈,与校友、职场人士交往

续表

<table>
<tr><td rowspan="3">大学期间生涯规划成功标准</td><td rowspan="3">社会实践成功标准</td><td>积极参与社团活动、成为社团骨干</td><td>加入社团活动</td></tr>
<tr><td>实习成绩优良</td><td>通过英语 CET-4,计算机三级考试,学好本专业知识</td></tr>
<tr><td>认识社会与职业</td><td>到社会上做一些兼职或是实习,以解决短期内的生活费问题并增强自身的社会工作阅历,为以后创造更多的精神财富和物质财富打下坚实基础</td></tr>
<tr><td rowspan="4">找出差距</td><td>思想观念上</td><td colspan="2">不善于表现自己、推销自己。不愿意尝试接受新的和未经考验的观点和想法</td></tr>
<tr><td>知识上</td><td colspan="2">实践中体会书中的知识</td></tr>
<tr><td>心理素质上</td><td colspan="2">体质不是很好,有紧张、胆怯的心理及各方面的不良心理现象。缺乏挑战精神,对失败和挫折的承受力差;对变化感到不安,可能会有些僵硬、死板;排斥革新</td></tr>
<tr><td>能力上</td><td colspan="2">办事死板;必要的时候难以或不愿适应新境况社会意识;社会工作阅历缺乏;对需要很长时间才能完成的任务缺乏耐心</td></tr>
<tr><td rowspan="4">缩小差距的方案</td><td>思想观念上</td><td colspan="2">避免墨守成规,需要尝试新的东西;要有开放态度,敢于尝试探索新的可能性;考虑问题要更全面周到,需要考虑别人的因素,不单单只考虑自己的利益和感受;真心向同学、老师、朋友请教,及时指出自身存在的各种不足,并制订出相应计划加以针对改正</td></tr>
<tr><td>知识上</td><td colspan="2">适时参加社会调查活动、下厂参观实习等工作;真心向同学、老师、朋友请教,及时指出自身存在的各种不足并制订出相应计划加以针对改正</td></tr>
<tr><td>心理素质上</td><td colspan="2">加强锻炼,增强体质,提高体育成绩,以弥补不足而带来的负面影响;加强与他人的交流沟通,积极参加各种场合各项有益的活动,使自己多一份自信、激扬,少一份沉默、怯场,克服紧张、胆怯的心理现象</td></tr>
<tr><td>能力上</td><td colspan="2">注意保持清醒冷静的头脑,不仅要及时面对、分析所遇问题,拿出应对方案,对所发生的事情采取措施,尽量做到更好,同时虚心向他人请教和学习;对那些与我观点不同的人保持足够的耐心和虚心;适合的时候,主动承担一些工作;正确看待失败,碰到困难不随意放弃;增强做事的灵活性,学会变通地看待和接受新事物</td></tr>
</table>

心理训练

【活动一】我的未来不是梦

目标：帮助学生清楚自己的价值观，了解自己在工作和生活中想要寻求什么，什么对自己来说是最重要的，有助于学生清晰自己的生涯目标。

步骤：

1. 每位成员在纸上写下"我希望做________工作"。在 1 分钟的时间内尽可能多地写下你头脑中所联想到的任何短语。

2. 写好后成员间互相交流：你在工作中寻找的是什么？你判断工作"好"与"坏"的标准是什么？

3. 领导者引导大家思考：请大家注意你所描述的词语，它们反映了个人在工作中所寻找的是什么、需要的是什么、用什么样的标准来判断工作的"好""坏"等。它们就是我们的工作价值观。

【活动二】生涯幻游

在舒缓的背景音乐下，请大家以舒服的姿势坐好，深呼吸，放松。然后，由老师或一位同伴以缓慢轻柔的语言念出下面的指导语：

想象现在是五年后的某一天，一个平常的工作日。早晨，你从一夜的安睡中醒来，想到即将开始的一天，心中充满了兴奋和期待。你起身，从衣橱中挑出你今天上班要穿的衣服。现在你正站在镜子前装扮自己，你穿着什么样的衣服呢？（停顿）现在你开始吃早饭。有人跟你一起吃早饭吗？还是你一个人吃？（停顿）接下来，你准备去上班。你是在家里办公吗？如果不是，你工作在地方在哪里？离你家有多远？你用什么样的交通工具去那里？（停顿）现在你正走向你工作的地方。它位于什么地方？看起来怎么样？（停顿）你做些什么工作？你主要是操作器械、工具，还是跟人打交道？你的办公场所是什么样的？是在室内还是在室外？（停顿）你跟别人一起工作吗？你跟他们会有一些什么样的交往？到吃午饭的时候了，你准备去哪儿吃饭？跟谁一起去？你们会谈论些什么问题？（停顿）现在回到工作中来，完成这一天的任务。下午的工作与上午的工作有什么不同吗？（停顿）你什么时候结束工作？离开前完成的最后两项任务是什么？（停顿）工作结束了，你会怎样度过夜晚的时间？（停顿）夜里，当你躺在床上回想这一天，有哪些事情让你感到愉快和满足？为什么？（停顿）当你准备好时，请睁开你的眼睛，并静静地坐一会儿。

请将你在"生涯幻游"中所感受到的细节记录在下面：

____

____

____

____

通过上面这个“生涯幻游”的练习，我们可以了解自己理想的生活形态。其中无论是对我们的衣着、交通工具，还是工作内容和场景的幻想，都可以告诉我们很多信息，让我们更加明确自己的理想和目标。

【活动三】时间管理表

有人曾作过一个有趣的统计：如果一个人能活 72 岁，那么体育锻炼、看戏、看电影、看电视等娱乐活动 8 年，闲聊 4 年（有人还要增加 1 年），打电话 1 年，吃饭 6 年，等人 3 年，打扮 5 年（可能还要多花一倍以上的时间），睡觉 20 年，生病 3 年，阅读书籍 3 年，旅行 5 年，工作 14 年，每个人只有这么少的学习工作时间，不好好地计划利用，任其流逝，将会大大降低生活质量。

1. 制作“时间管理表格”。

2. 按照表格的提示完成 1 周的时间安排。在背面写上实施后的评价，字数不限。

【活动四】打破一切常规

本·弗莱彻和卡伦·潘设计了一系列练习，以鼓励人们改变自己的习惯。以下方法基于他们的研究，旨在帮助你领略这一方法的精妙之处。

以下两个练习会分别帮助你打破旧习惯，以更灵活的方式对待生活，激发你的行动力。

练习一：每隔几天做以下事件中的一项，试着打破自己的旧习惯。

观看从没看过的电视节目。

听一种新的类型的歌曲。

读一份新的报纸或浏览一个新的新闻网站。

走一条新的路线去上班。

尝试一种不同的食物。

参观一个新的画廊或博物馆。

逛一家之前从来没有进去过的商店。

花点时间看一场你觉得自己不会喜欢的电影。

练习二：完成以下问卷，在方框中打“√”表示自己对该说法是否同意。

我认为我自己……	非常反对	比较反对	一般	比较同意	非常同意
1.情绪化	[ ]	[ ]	[ ]	[ ]	[ ]
2.对人挑剔	[ ]	[ ]	[ ]	[ ]	[ ]
3.专横	[ ]	[ ]	[ ]	[ ]	[ ]
4.自我为中心	[ ]	[ ]	[ ]	[ ]	[ ]
5.不耐心	[ ]	[ ]	[ ]	[ ]	[ ]
6.成熟	[ ]	[ ]	[ ]	[ ]	[ ]
7.吝啬	[ ]	[ ]	[ ]	[ ]	[ ]
8.散漫	[ ]	[ ]	[ ]	[ ]	[ ]
9.沉默寡言	[ ]	[ ]	[ ]	[ ]	[ ]
10.无创造力	[ ]	[ ]	[ ]	[ ]	[ ]

其中,你在哪些特点后面在“比较同意”或“非常同意”的方框里打了“√”?每隔几天,找出其中的一个特点,试着表现出与其相反的特质。比如说,如果你认为自己有点吝啬,那你就花几天时间让自己更加慷慨大方。或者说如果你认为自己对人挑剔,那就花更多的时间赞美身边的人。

“表现”原理为人们理解动力这一棘手问题,提供了新的并且是令人兴奋的视角。该原理解释了为什么奖励往往起不到作用;并且,更重要的是,它为找到快速有效的激励方法奠定了基础。作出小小的承诺,你就很可能会作出大大的改变;交叉双臂、收紧肌肉或者坐直了,你就能在遇到苦难时更有毅力;表现得不再是习惯的俘虏,你就会突然发现其实戒烟、减肥并不困难。这些简单有效的方法会鼓励你改变行为的方方面面。如此“表现”原理激励了你的行动,使你感觉自己变成了一个崭新的、充满正能量、更加有动力的人。

心理测试

【测试一】霍兰德职业倾向测验量表

本测验量表将帮助你发现和确定自己的职业兴趣和能力特长,从而更好地做出求职择业的决策。如果你已经考虑好或选择好了自己的职业,本测验将使你的这种考虑或选择具有理论基础,或向你展示其他合适的职业;如果你至今尚未确定职业方向,本测验将帮助你根据自己的情况选择一个恰当的职业目标。本测验共有七个部分,每部分测验都没有时间限制,但请你尽快按要求完成。

第一部分　你心目中的理想职业(专业)

对于未来的职业(或升学进修的专业),你得早有考虑,它可能很抽象、很朦胧,也可能很具体、很清晰。不论是哪种情况,现在都请你把自己最想干的三种工作或最想读的三种专业,按顺序写下来。

第二部分　你所感兴趣的活动

下面列举了若干种活动,请就这些活动判断你的好恶。喜欢的,请在“是”栏里打

"√",不喜欢的,在"否"栏里打"×"。请按顺序回答全部问题。

R:实际型活动	是	否
1.装配修理电器或玩具	□	□
2.修理自行车	□	□
3.用木头做东西	□	□
4.开汽车或摩托车	□	□
5.用机器做东西	□	□
6.参加木工技术学习班	□	□
7.参加制图描图学习班	□	□
8.驾驶卡车或拖拉机	□	□
9.参加机械和电气学习班	□	□
10.装配修理机器	□	□

统计"是"一栏得分计________

A:艺术型活动	是	否
1.素描/制图或绘画	□	□
2.参加话剧/戏剧	□	□
3.设计家具/布置室内	□	□
4.练习乐器/参加乐队	□	□
5.欣赏音乐或戏剧	□	□
6.看小说/读剧本	□	□
7.从事摄影创作	□	□
8.写诗或吟诗	□	□
9.参加艺术(美术/音乐)培训	□	□
10.练习书法	□	□

统计"是"一栏得分计________

I:调查型活动	是	否
1.读科技图书和杂志	□	□
2.在实验室工作	□	□
3.改良水果品种,培育新的水果	□	□
4.调查了解土和金属等物质的成分	□	□
5.研究自己选择的特殊问题	□	□
6.解算术或玩数学游戏	□	□
7.物理课	□	□
8.化学课	□	□
9.几何课	□	□
10.生物课	□	□

统计"是"一栏得分计________

S:社会型活动	是	否

1.学校或单位组织的正式活动	□	□
2.参加某个社会团体或俱乐部活动	□	□
3.帮助别人解决困难	□	□
4.照顾儿童	□	□
5.出席晚会、联欢会、茶话会	□	□
6.和大家一起出去郊游	□	□
7.想获得关于心理方面的知识	□	□
8.参加讲座会或辩论会	□	□
9.观看或参加体育比赛和运动会	□	□
10.结交新朋友	□	□

统计"是"一栏得分计________

E:事业型活动	是	否
1.说服鼓动他人	□	□
2.卖东西	□	□
3.谈论政治	□	□
4.制订计划、参加会议	□	□
5.以自己的意志影响别人的行为	□	□
6.在社会团体中担任职务	□	□
7.检查与评价别人的工作	□	□
8.结交名流	□	□
9.指导有某种目标的团体	□	□
10.参与政治活动	□	□

统计"是"一栏得分计________

C:常规型(传统型)活动	是	否
1.整理好桌面和房间	□	□
2.抄写文件和信件	□	□
3.为领导写报告或公务信函	□	□
4.检查个人收支情况	□	□
5.打字培训班	□	□
6.参加算盘、文秘等实务培训	□	□
7.参加商业会计培训班	□	□
8.参加情报处理培训班	□	□
9.整理信件、报告、记录等	□	□
10.写商业贸易信	□	□

统计"是"一栏得分计________

第三部分　你所擅长获胜的活动

下面列举了若干种活动,其中你能做或大概能做的事,请在"是"栏里打"√";反之,在"否"栏里打"×"。请回答全部问题。

R:实际型活动

	是	否
1. 能使用电锯、电钻和锉刀等木工工具	□	□
2. 知道万用表的使用方法	□	□
3. 能够修理自行车或其他机械	□	□
4. 能够使用电钻床、磨床或缝纫机	□	□
5. 能给家具和木制品刷漆	□	□
6. 能看建筑设计图	□	□
7. 能够修理简单的电气用品	□	□
8. 能修理家具	□	□
9. 能修理收录机	□	□
10. 能简单地修理水管	□	□

统计“是”一栏得分计________

A:艺术型能力

	是	否
1. 能演奏乐器	□	□
2. 能参加二部或四部合唱	□	□
3. 独唱或独奏	□	□
4. 扮演剧中角色	□	□
5. 能创作简单的乐曲	□	□
6. 会跳舞	□	□
7. 能绘画、素描或书法	□	□
8. 能雕刻、剪纸或泥塑	□	□
9. 能设计板报、服装或家具	□	□
10. 写得一手好文章	□	□

统计“是”一栏得分计________

I:调研型能力

	是	否
1. 懂得真空管或晶体管的作用	□	□
2. 能够列举三种蛋白质多的食品	□	□
3. 理解铀的裂变	□	□
4. 能用计算尺、计算器、对数表	□	□
5. 会使用显微镜	□	□
6. 能找到三个星座	□	□
7. 能独立进行调查研究	□	□
8. 能解释简单的化学	□	□
9. 理解人造卫星为什么不落地	□	□
10. 经常参加学术的会议	□	□

统计“是”一栏得分计________

S:社会型能力

	是	否
1. 有向各种人说明、解释的能力	□	□

	是	否
2. 常参加社会福利活动	□	□
3. 能和大家一起友好相处地工作	□	□
4. 善于与年长者相处	□	□
5. 会邀请人、招待人	□	□
6. 能简单易懂地教育儿童	□	□
7. 能安排会议等活动顺序	□	□
8. 善于体察人心和帮助他人	□	□
9. 帮助护理病人和伤员	□	□
10. 安排社团组织的各种事务	□	□

统计"是"一栏得分计________

E:事业型能力	是	否
1. 担任过学生干部并且干得不错	□	□
2. 工作上能指导和监督他人	□	□
3. 做事充满活力和热情	□	□
4. 有效利用自身的做法调动他人	□	□
5. 销售能力强	□	□
6. 曾作为俱乐部或社团的负责人	□	□
7. 向领导提出建议或反映意见	□	□
8. 有开创事业的能力	□	□
9. 知道怎样做能成为一个优秀的领导者	□	□
10. 健谈善辩	□	□

统计"是"一栏得分计________

C:常规型能力	是	否
1. 会熟练地打印中文	□	□
2. 会用外文打字机或复印机	□	□
3. 能快速记笔记和抄写文章	□	□
4. 善于整理保管文件和资料	□	□
5. 善于从事事务性的工作	□	□
6. 会用算盘	□	□
7. 能在短时间内分类和处理大量文件	□	□
8. 能使用计算机	□	□
9. 能搜集数据	□	□
10. 善于为自己或集体做财务预算表	□	□

统计"是"一栏得分计________

第四部分　你所喜欢的职业

下面列举了多种职业，请逐一认真地看，如果是你有兴趣的工作，请在"是"栏里打"√"；如果你不太喜欢、不关心的工作，请在"否"栏里打"×"。请回答全部问题。

R:实际型职业 是 否

1. 飞机机械师 □ □
2. 野生动物专家 □ □
3. 汽车维修工 □ □
4. 木匠 □ □
5. 测量工程师 □ □
6. 无线电报务员 □ □
7. 园艺师 □ □
8. 长途公共汽车司机 □ □
9. 火车司机 □ □
10. 电工 □ □

统计“是”一栏得分计________

S:社会型职业 是 否

1. 街道、工会或妇联干部 □ □
2. 小学、中学教师 □ □
3. 精神病医生 □ □
4. 婚姻介绍所工作人员 □ □
5. 体育教练 □ □
6. 福利机构负责人 □ □
7. 心理咨询员 □ □
8. 共青团干部 □ □
9. 导游 □ □
10. 国家机关工作人员 □ □

统计“是”一栏得分计________

I:调研型职业 是 否

1. 气象学者或天文学者 □ □
2. 生物学者 □ □
3. 医学实验室的技术人员 □ □
4. 人类学者 □ □
5. 动物学者 □ □
6. 化学学者 □ □
7. 数学学者 □ □
8. 科学杂志的编辑或作家 □ □
9. 地质学者 □ □
10. 物理学者 □ □

统计“是”一栏得分计________

E:事业型职业 是 否

1. 厂长 □ □

2. 电视片编制人 □ □
3. 公司经理 □ □
4. 销售员 □ □
5. 不动产推销员 □ □
6. 广告部长 □ □
7. 体育活动主办者 □ □
8. 销售部长 □ □
9. 个体工商业者 □ □
10. 企业管理咨询人员 □ □

统计"是"一栏得分计________

A:艺术型职业	是	否
1. 乐队指挥	□	□
2. 演奏家	□	□
3. 作家	□	□
4. 摄影家	□	□
5. 记者	□	□
6. 画家、书法家	□	□
7. 歌唱家	□	□
8. 作曲家	□	□
9. 电影电视演员	□	□
10. 节目主持人	□	□

统计"是"一栏得分计________

C:常规型职业	是	否
1. 会计师	□	□
2. 银行出纳员	□	□
3. 税收管理员	□	□
4. 计算机操作员	□	□
5. 簿记人员	□	□
6. 成本核算员	□	□
7. 文书档案管理员	□	□
8. 打字员	□	□
9. 法庭书记员	□	□
10. 人口普查登记员	□	□

统计"是"一栏得分计________

第五部分　你的能力类型简评

下面两张表是你在六个职业能力方面的自我评定表。你可以先与同龄者比较出自己在每一方面的能力,然后经斟酌后对自己的能力作评估。请在表中适当的数字上画圈。数字越大,表示你的能力越强。注意,请勿全部选同样的数字,因为人的每项能力不可能完全一样。

表 A

R 型	I 型	A 型	S 型	E 型	C 型
机械操作能力	科学研究能力	艺术创作能力	解释表达能力	商业洽谈能力	事务执行能力
7	7	7	7	7	7
6	6	6	6	6	6
5	5	5	5	5	5
4	4	4	4	4	4
3	3	3	3	3	3
2	2	2	2	2	2
1	1	1	1	1	1

表 B

R 型	I 型	A 型	S 型	E 型	C 型
体育技能	数学技能	音乐技能	交际技能	领导技能	办公技能
7	7	7	7	7	7
6	6	6	6	6	6
5	5	5	5	5	5
4	4	4	4	4	4
3	3	3	3	3	3
2	2	2	2	2	2
1	1	1	1	1	1

第六部分　统计和确定你的职业倾向

请将第二部分至第五部分的全部测验分数按前面已统计好的 6 种职业倾向(R 型、I 型、A 型、S 型、E 型和 C 型)得分填入下表,并作纵向累加。

测试	R 型	I 型	A 型	S 型	E 型	C 型
第二部分						
第三部分						
第四部分						
第五部分 A						
第五部分 B						
总分						

请将上表中的 6 种职业倾向总分按大小顺序依次从左到右排列:

____型、____型、____型、____型、____型、____型

最高分:______,你的职业倾向性得分______,最低分______。

第七部分　你所看重的东西——职业价值观

这一部分测验列出了人们在选择工作时通常会考虑的 9 种因素(见所附工作价值标准)。现在请你在其中选出最重要的两项因素,并将序号填入下边相应空格内。

最重要:__________,次重要:__________。

最不重要:__________,次不重要:__________。

附:工作价值标准:

①工资高、福利好

②工作环境(物质方面)舒适

③人际关系良好

④工作稳定有保障

⑤能提供较好的受教育机会

⑥有较高的社会地位

⑦工作不太紧张、外部压力少

⑧能充分发挥自己的能力特长

⑨社会需要与社会贡献大

以上全部测验完毕。

现在,将你测验得分居第一位的职业类型找出来,对照下表,判断一下自己适合的职业类型。

职业索引——职业兴趣代号与其相应的职业对照:

R(实际型):木匠、农民、操作 X 线的技师、工程师、飞机机械师、鱼类和野生动物专家、自动化技师、机械工(车工、钳工等)、电工、无线电报务员、火车司机、长途公共汽车司机、机械制图员、机器维修员、电器师。

I(调查型):气象学者、生物学者、天文学家、药剂师、动物学者、化学家、科学报刊编辑、地质学者、植物学者、物理学者、数学家、实验员、科研人员、科技类作者。

A(艺术型):室内装饰专家、图书管理专家、摄影师、音乐教师、作家、演员、记者、诗人、作曲家、编剧、雕刻家、漫画家。

S(社会型):社会学者、导游、福利机构工作者、咨询人员、社会工作者、社会科学教师、学校领导、精神病治疗者、公共保健护士。

E(事业型):推销员、进货员、商品批发员、旅馆经理、饭店经理、广告宣传员、调度员、律师、政治家、零售商。

C(常规型):记账员、会计、银行出纳、法庭速记员、成本估算员、税务员、核算员、打字员、办公室职员、统计员、计算机操作员、秘书。

下面介绍与你三个代号的职业兴趣类型一致的职业表,对照的方法如下:首先根据你的职业兴趣代号,在下列选项中找出相应的职业。例如你的职业兴趣代号是 RIA,那么牙科技术人员、陶工等是适合你兴趣的职业。然后寻找与你职业兴趣代号相近的职业,如你的职业兴趣代号是 RIA,那么,其他由这三个字母组合成的编号(如 IRA、IAR、ARI 等)对应的职业,也较适合你的兴趣。

RIA:牙科技术员、陶工、建筑设计员、模型工、细木工、链条制作人员。

RIS:厨师、林务员、跳水运动员、潜水员、染色员、电器修理者、眼镜制作者、电工、纺织机器装配工、服务员、装玻璃工人、发电厂工人、焊接工。

RIE:建筑和桥梁工程技师、环境工程技师、航空工程技师、公路工程技师、电力工程技师、信号工程技师、电话工程技师、一般机械工程技师、自动工程技师、矿业工程技师、海洋工程技师、交通工程技术人员、制图员、家政经济人员、计量员、农民、农场工人、农业机械操作、清洁工、无线电修理工、汽车修理工、手表修理工、水管工、线路装配工、工具仓库管理员。

RIC:船上工作人员、接待员、杂志保管员、牙医助手、制帽工、磨坊工、石匠、机器制造工、机车(火车头)制造工、农业机器装配工、汽车装配工、缝纫机装配工、钟表装配和检验工、电动器具装配工、鞋匠、锁匠、货物检验员、电梯机修工、托儿所所长、钢琴调音员、装配工、印刷工、建筑钢铁工作、卡车司机。

RAI:手工雕刻工、玻璃雕刻工、模型制作人员、家具木工、制作皮革品者、手工绣花者、手工钩针纺织者、排字工作者、印刷工作者、图画雕刻者、装订工。

RSE:消防员、交通巡警、警察、门卫、理发师、房间清洁工、屠夫、锻工、开凿工人、管道安装工、出租汽车驾驶员、货物搬运工、送报员、勘探员、娱乐场所的服务员、起卸机操作工、灭害虫者、电梯操作工、厨房助手。

RSI:纺织工、编织工、农业学校教师、某些职业课程教师(诸如艺术、商业、技术、工艺课程)、雨衣上胶工。

REC:抄水表员、保姆、实验室动物饲养员、动物管理员。

REI:轮船船长、航海领航员、大副、试管实验员。

RES:旅馆服务员、家畜饲养员、渔民、渔网修补工、水手长、收割机操作工、行李搬运工人、公园服务员、救生员、登山导游、火车工程技术员、建筑工人、铺轨工人。

RCI:测量员、勘测员、仪表操作者、农业工程技师、化学工程技师、民用工程技师、石油工程技师、资料室管理员、探矿工、煅烧工、烧窑工、矿工、保养工、磨床工、取样工、样品检验员、纺纱工、炮手、漂洗工、电焊工、锯木工、刨床工、制帽工、手工缝纫工、油漆工、染色工、按摩工、木匠、农民建筑工人、电影放映员、勘测员助手。

RCS:公共汽车驾驶员、一等水手、游泳池服务员、裁缝、建筑工人、石匠、烟囱修建工、混凝土工、电话修理工、爆炸手、邮递员、矿工、裱糊工人、纺纱工。

RCE:打井工、吊车驾驶员、农场工人、邮件分类员、铲车司机、拖拉机司机。

IAS:普通经济学家、农场经济学家、财政经济学家、国际贸易经济学家、实验心理学家、工程心理学家、心理学家、哲学家、内科医生、数学家。

IAR:人类学家、天文学家、化学家、物理学家、医学病理学家、动物标本制作者、化石修复者、艺术品管理者。

ISE:营养学家、饮食顾问、火灾检查员、邮政服务检查员。

ISC:侦察员、电视播音室修理员、电视修理服务员、验尸室人员、编目录者、医学实验技师、调查研究者。

ISR:水生生物学者、昆虫学者、微生物学家、配镜师、矫正视力者、细菌学家、牙科医生、骨科医生。

ISA:实验心理学家、普通心理学家、发展心理学家、教育心理学家、社会心理学家、临床心理学家、目标学家、皮肤病学家、精神病学家、妇产科医师、眼科医生、五官科医生、医学实验室技术专家、民航医务人员、护士。

IES:细菌学家、生理学家、化学专家、地质专家、地理物理学专家、纺织技术专家、医院药剂师、工业药剂师、药房营业员。

IEC:档案保管员、保险统计员。

ICR:质量检验技术员、地质学技师、工程师、法官、图书馆技术辅导员、计算机操作员、医院听诊员、家禽检查员。

IRA:地理学家、地质学家、声学物理学家、矿物学家、古生物学家、石油学家、地震学家、原子和分子物理学家、电学和磁学物理学家、气象学家、设计审核员、人口统计学家、数学统计学家、外科医生、城市规划家、气象员。

IRS:流体物理学家、物理海洋学家、等离子体物理学家、农业科学家、动物学家、食品科学家、园艺学家、植物学家、细菌学家、解剖学家、动物病理学家、作物病理学家、药物学家、生物化学家、生物物理学家、细胞生物学家、临床化学家、遗传学家、分子生物学家、质量控制工程师、地理学家、兽医、放射性治疗技师。

IRE:化验员、化学工程师、纺织工程师、食品技师、渔业技术专家、材料和测试工程师、电气工程师、土木工程师、航空工程师、行政官员、冶金专家、核电工程师、陶瓷工程师、地质工程师、电力工程师、口腔科医生。

IRC:飞机领航员、飞行员、物理实验室技师、文献检查员、农业技术专家、动植物技术专家、生物技师、油管检查员、工商业规划者、矿藏安全检查员、纺织品检验员、照相机修理者、工程技术员、编计算程序者、工具设计者、仪器维修工。

CRI:簿记员、会计、计时员、铸造机操作工、打字员、按键操作工、复印机操作工。

CRS:仓库保管员、档案管理员、缝纫工、讲述员、收款人。

CRE:标价员、实验室工作者、广告管理员、自动打字机操作员、电动机装配工、缝纫机操作工。

CIS:记账员、顾客服务员、报刊发行员、土地测量员、保险公司职员、会计师、估价员、邮政检查员、外贸检查员。

CIE:打字员、统计员、支票记录员、订货员、校对员、办公室工作人员。

CIR:校对员、工程职员、海底电报员、检修计划员、发报员。

CSE:接待员、通信员、电话接线员、卖票员、旅馆服务员、私人职员、商学教师、旅游办事员。

CSR:运货代理商、铁路职员、交通检查员、办公室通信员、簿记员、出纳员、银行财务职员。

CSA:秘书、图书管理员、办公室办事员。

CER:邮递员、数据处理员、办公室办事员。

CEI:推销员、经济分析家。

CES:银行会计、记账员、法人秘书、速记员、法院报告人。

ECI:银行行长、审计员、信用管理员、地产管理员、商业管理员。

ECS:信用办事员、保险人员、各类进货员、海关服务经理、售货员、购买员、会计。

ERI:建筑物管理员、工业工程师、农场管理员、护士长、农业经营管理人员。

ERS:仓库管理员、房屋管理员、货栈监督管理员。

ERC:邮政局长、渔船船长、机械操作领班、木工领班、瓦工领班、驾驶员领班。

EIR:科学、技术和有关周期出版物的管理员。

EIC:专利代理人、鉴定人、运输服务检查员、安全检查员、废品收购人员。

EIS:警察、侦察员、交通检验员、安全咨询员、合同管理者、商人。

EAS:法官、律师、公证人。

EAR:展览室管理员、舞台管理员、播音员、驯兽员。

ESC:理发师、裁判员、政府行政管理员、财政管理员、工程管理员、职业病防治者、售货员、商业经理、办公室主任、人事负责人、调度员。

ESR:家具售货员、书店售货员、公共汽车驾驶员、日用品售货员、护士长、自然科学和工程的行政领导。

ESI:博物馆管理员、图书馆管理员、古迹管理员、饮食业经理、地区安全服务管理员、技术服务咨询者、超级市场管理员、零售商品店店员、批发商、出租汽车服务站调度。

ESA:博物馆馆长、报刊管理员、音乐器材售货员、广告销售营业员、导游、(轮船或班机上的)事务长、飞机上的服务员、船员、法官、律师。

ASE:戏剧导演、舞蹈教师、广告撰稿人,报刊、专栏作者、记者、演员、英语翻译。

ASI:音乐教师、乐器教师、美术教师、管弦乐指挥、合唱队指挥、歌星、演奏家、哲学家、作家、广告经理、时装模特。

AER:新闻摄影师、电视摄影师、艺术指导、录音指导、丑角演员、魔术师、木偶戏演员、骑士、跳水员。

AEI:音乐指挥、舞台指导、电影导演。

AES:流行歌手、舞蹈演员、电影导演、广播节目主持人、舞蹈教师、口技表演者、喜剧演员、模特。

AIS:画家、剧作家、编辑、评论家、时装艺术大师、新闻摄影师、男演员、文学作者。

AIE:花匠、皮衣设计师、工业产品设计师、剪影艺术家、复制雕刻品大师。

AIR:建筑师、画家、摄影师、绘图员、环境美化工、雕刻家、包装设计师、陶器设计师、绣花工、漫画工。

SEC:社会活动家、退伍军人服务官员、工商会事务代表、教育咨询者、宿舍管理员、旅馆经理、饮食服务管理员。

SER:体育教练、游泳指导。

SEI:大学校长、学院院长、医院行政管理员、历史学家、家政经济学家、职业学校教师、资料员。

SEA:娱乐活动管理员、国外服务办事员、社会服务助理、一般咨询者、宗教教育工作者。

SCE:部长助理、福利机构职员、生产协调人、环境卫生管理人员、戏院经理、餐馆经理、售票员。

SRI：外科医师助手、医院服务员。

SRE：体育教师、职业病治疗者、体育教练、专业运动员、房管员、儿童家庭教师、警察、引座员、传达员、保姆。

SRC：护理员、护理助理、医院勤杂工、理发师、学校儿童服务人员。

SIA：社会学家、心理咨询者、学校心理学家、政治科学家、大学或学院的系主任、大学或学院的教育学教师、大学农业教师、大学工程和建筑课程的教师、大学法律教师、大学数学、医学、物理、社会科学和生命科学的教师、研究生助教、成人教育教师。

SIE：营养学家、饮食学家、海关检查员、安全检查员、税务稽查员、校长。

SIC：描图员、兽医助手、诊所助理、体检检查员、监督缓刑犯的工作者、娱乐指导者、咨询人员、社会科学教师。

SIR：理疗员、救护队工作人员、手足病医生、职业病治疗助手。

【测试二】MBTI 性格类型测试问卷

一、测评说明

1. 请在心态平和及时间充足的情况下才开始答题。

2. 每道题目均有两个答案：A 和 B。请仔细阅读题目，按照与你性格相符的程度分别给 A 和 B 赋予一个分数，并使一组中的两个分数之和为 5。最后，请在问卷后的答题纸上相应的方格内填上相应的分数。

3. 请注意，题目的答案无对错之分，你不需要考虑哪个答案"应该"更好，而且不要在任何问题上思考太久，而是应该凭你心里的第一反应作出选择。

4. 如果你觉得在不同的情境里，两个答案或许都能反映你的倾向，请选择一个对于你的行为方式来说最自然、最顺畅和最从容的答案。

例子：你参与社交聚会时

A. 总是能认识新朋友。（ 4 ）

B. 只跟几个亲密挚友待在一起。（ 1 ）

很明显，你参与社交聚会时有时能认识新朋友，有时又会只跟几个亲密挚友待在一起。在以上的例子中，我们给总是能认识新朋友打了 4 分，而给只跟几个亲密挚友待在一起打了 1 分。当然，在你看来，也可能是 3＋2 或者 5＋0，也可以是其他的组合。

请在以下范围内一一对应地选择你对以下项目的赋值：

最小　　　　　　　　　　　　　最大

0　　1　　2　　3　　4　　5

二、测评题目

1. 当你遇到新朋友时，你

A. 说话的时间与聆听的时间相当　　（　　）

B. 聆听的时间会比说话的时间多　　（　　）

2. 下列哪一种是你的一般生活取向?

A. 只管做吧 ( )

B. 找出多种不同选择 ( )

3. 你喜欢自己的哪种性格?

A. 冷静而理性 ( )

B. 热情而体谅 ( )

4. 你擅长

A. 在有需要时间时同时协调进行多项工作 ( )

B. 专注在某一项工作上,直至把它完成为止 ( )

5. 你参与社交聚会时

A. 总是能认识新朋友 ( )

B. 只跟几个亲密挚友待在一起 ( )

6. 当你尝试了解某些事情时,一般你会

A. 先要了解细节 ( )

B. 先了解整体情况,细节容后再谈 ( )

7. 你对下列哪方面较感兴趣?

A. 知道别人的想法 ( )

B. 知道别人的感受 ( )

8. 你较喜欢下列哪个工作?

A. 能让你迅速和即时做出反应的工作 ( )

B. 能让你定出目标,然后逐步达成目标的工作 ( )

下列哪一种说法较适合你?

9. A. 当我与友人尽兴后,我会感到精力充沛,并会继续追求这种欢娱 ( )

B. 当我与友人尽兴后,我会感到疲累,觉得需要一些空间 ( )

10. A. 我较有兴趣知道别人的经历,例如:他们做过什么? 认识什么人? ( )

B. 我较有兴趣知道别人的计划和梦想,例如:他们会往哪里去? 憧憬什么? ( )

11. A. 我擅长制订一些可行的计划。 ( )

B. 我擅长促成别人同意一些计划,并通力合作。 ( )

12. A. 我会突然尝试做某些事,看看会有什么事情发生。 ( )

B. 我尝试做任何事前,都想事先知道可能有什么事情发生。 ( )

13. A. 我经常边说话,边思考。 ( )

B. 我在说话前,通常会思考要说的话。 ( )

14. A. 四周的实际环境对我很重要,而且会影响我的感受。 ( )

B. 如果我喜欢所做的事情,气氛对我而言并不是那么重要。 ( )

15. A. 我喜欢分析,心思缜密。 ( )

B. 我对人感兴趣,关心他们所发生的事。 ( )

16. A. 即使已制订出计划,我也喜欢探讨其他新的方案。 ( )

B. 一旦制订出计划，我便希望能依计行事。 (　　)

17. A. 认识我的人，一般都知道什么对我来说是重要的。 (　　)

B. 除了我感觉亲近的人，我不会对人说出什么对我来说是重要的。 (　　)

18. A. 如果我喜欢某种活动，我会经常进行这种运动。 (　　)

B. 我一旦熟悉某种活动后，便希望转而尝试其他新的活动。 (　　)

19. A. 当我作决定的时候，我更多地考虑正反两面的观点，并且会推理与质证。 (　　)

B. 当我作决定的时候，我会更多地了解其他人的想法，并希望能够达成共识。 (　　)

20. A. 当我专注做某件事情时，需要不时停下来休息。 (　　)

B. 当我专注做某件事情时，不希望受到任何干扰。 (　　)

21. A. 我独处太久，便会感到不安。 (　　)

B. 若没有足够的独处时间，我便会感到烦躁不安。 (　　)

22. A. 我对一些没有实际用途的意念不感兴趣。 (　　)

B. 我喜欢意念本身，并享受想象意念的过程。 (　　)

23. A. 当进行谈判时，我依靠自己的知识和技巧。 (　　)

B. 当进行谈判时，我会拉拢其他人至同一阵线。 (　　)

当你放假时，你多数会

24. A. 随遇而安，做当时想做的事。 (　　)

B. 为想做的事情定出时间表。 (　　)

25. A. 花多些时间与别人共度。 (　　)

B. 花多些时间自己阅读、散步或者做白日梦。 (　　)

26. A. 返回你喜欢的地方度假。 (　　)

B. 选择前往一些你从未到达的地方。 (　　)

27. A. 带着一些与工作或学校有关的事情。 (　　)

B. 处理一些对你重要的人际关系。 (　　)

28. A. 忘记平时发生的事情，专心享乐。 (　　)

B. 想着假期过后要准备的事情。 (　　)

29. A. 参观著名景点。 (　　)

B. 花时间逛博物馆和一些较为幽静的地方。 (　　)

30. A. 在喜欢的餐厅用餐。 (　　)

B. 尝试新的菜式。 (　　)

下列哪个说法最能贴切地形容你对自己的看法？

31. A. 别人认为我会公正处事，并且尊重他人。 (　　)

B. 别人相信在他们有需要时，我会在他们身边。 (　　)

32. A. 随机应变。 (　　)

B. 按照计划行事。 (　　)

33. A. 坦率。 (　　)

B. 深沉。 (　　)

34. A. 留意事实。 (　　)

B. 注重事实。 (　　)

35. A. 知识广博。 (　　)

B. 善解人意。 (　　)

36. A. 容易适应转变。 (　　)

B. 处事井井有条。 (　　)

37. A. 爽朗。 (　　)

B. 沉稳。 (　　)

38. A. 实事求是。 (　　)

B. 富有想象力。 (　　)

39. A. 喜欢询问实情。 (　　)

B. 喜欢探索感受。 (　　)

40. A. 不断接受新意见。 (　　)

B. 着眼达成目标。 (　　)

41. A. 率直。 (　　)

B. 内敛。 (　　)

42. A. 实事求是。 (　　)

B. 具远大目光。 (　　)

43. A. 公正。 (　　)

B. 宽容。 (　　)

你会倾向：

44. A. 暂时放下不愉快的事情，直至有心情时才处理。 (　　)

B. 及时处理不愉快的事情，务求把它们抛诸脑后。 (　　)

45. A. 自己的工作被欣赏，即使你自己并不满意。 (　　)

B. 创造一些有长远价值的东西，但不一定需要别人知道是你做的。 (　　)

46. A. 在自己有兴趣的范畴，积累丰富的经验。 (　　)

B. 有各式各样不同的经验。 (　　)

下面哪一句较能表达你的看法？

47. A. 感情用事的人较容易犯错。 (　　)

B. 逻辑思维会令人自以为是，因而容易犯错。 (　　)

48. A. 犹豫不决必失败。 (　　)

B. 三思而后行。 (　　)

三、分数汇总

请回过头看一看你给每个问题所分配的分数，填入下列表格，并如下表所示那样每列加在一起。

测评分数表

题号	A	B	题号	A	B	题号	A	B	题号	A	B
1			2			3			4		
5			6			7			8		
9			10			11			12		
13			14			15			16		
17			18			19			20		
21			22			23			24		
25			26			27			28		
29			30			31			32		
33			34			35			36		
37			38			39			40		
41			42			43			44		
45			46			47			48		
总得分											
	E	I		S	N		T	F		J	P

四、测评解释

现在，将每项总得分转移到下列各个空白处，也就是说，在上表 E 名下的总得分记在 E 后面的空白处，在上表 I 名下的总得分记在 I 后面的空白处，以此类推。

总得分：

E：________　　　　I：________

S：________　　　　N：________

T：________　　　　F：________

J：________　　　　P：________

以上八个偏好两两成对，也就是说，E 和 I、S 和 N、T 和 F、J 和 P 各自是一对组合。

在每一对组合中，比较该组合中的偏好的得分孰高孰低，高的就是你的优势类型。比如 E 得到 22 分，I 得到 13 分，E 就是优势类型；S 得到 19 分，N 得到 21 分，N 就是优势类型。如果同分的话，选择后面那一组，即 I、N、F、P。对四对组合都作比较以后，你会得到一个由四位字母组成的优势类型。如 ENFP、ISTJ 等等。把它写在下面的横线上。

问卷所揭示的优势类型是：________

心灵鸡汤

【名人名言】

1. 决定你是什么的，不是你拥有的能力，而是你的选择。

——杨澜

2. 今天很残酷，明天更残酷，后天很美好，但绝大部分人是死在明天晚上，所以每个人不要放弃今天。

——马云

【推荐阅读】

必读的20部心理励志经典

1.《富兰克林》
2.《依靠自我》
3.《自己拯救自己》
4.《伟大的励志书》
5.《致加西亚的信》
6.《巴比伦富翁的秘密》
7.《思考致富》
8.《一生的计划》
9.《积极思考的力量》
10.《人人都能成功》
11.《世界上最伟大的推销员》
12.《与你在巅峰相会》
13.《人性的弱点》
14.《唤醒心中的巨人》
15.《攻心为上》
16.《谁动了我的奶酪》
17.《高效人生的12个关键点》
18.《平地而起》
19.《高效能人士的七个习惯》
20.《邮差弗雷德》

大学里要做到的50件事

1. 做好自己的人生职业规划

2. 许下一个愿望，毕业的时候检验这个愿望实现没有
3. 培养生活自理能力
4. 掌握为人处世的学问
5. 与同寝室的同学和睦相处
6. 自主学习，无师自通
7. 与大家公认的优秀学生交往
8. 和一位教授结下忘年之交
9. 做一次青年志愿者
10. 无偿献一次血
11. 根据自己的兴趣参加一个社团
12. 对自己感兴趣的领域做一次社会调查
13. 结交志同道合、友谊维系一生的朋友
14. 学好一门外语，尽量达到熟练的程度
15. 明确自己的真正兴趣所在并努力发展它
16. 学会独处，学会宽容
17. 学会独立思考，不要人云亦云
18. 培养一项课余爱好，对一生都起到积极作用
19. 做一件充满挑战的事，以便发现自己的潜能
20. 至少有一次让自己成为众人的焦点
21. 为了父母要好好学习
22. 打一份工，为了培养自己的能力
23. 学好自己的专业
24. 认认真真地谈一次恋爱
25. 帮助老师和同学做力所能及的事
26. 经常给父母打电话或写信
27. 准备一两个笔记本，记录你无法诉说的心里话
28. 用贫困生的生活标准生活一天
29. 尝试做一次小生意，检验自己的财商
30. 到校外做一份兼职，锻炼与社会接触的能力
31. 做一次家教，锻炼与生人接触的能力
32. 担任一次大型活动的组织者
33. 尝试一次艰苦环境下的生存体验
34. 给同学过生日或与同学一起过自己的生日
35. 为父母做一件令他们高兴的事
36. 读几本好书
37. 独自或与同学一起到名山大川或海边湖畔游历
38. 扎扎实实地写一篇论文，培养严谨做事的习惯
39. 骑车在所上学的城市到处游历

40. 感受异校的风情
41. 培养独立精神，做自己的主人
42. 注意聆听别人讲话——学会沟通
43. 多看与所学专业相关的杂志，了解本学科的前沿动态
44. 尽可能地了解学校的历史与名人
45. 学会掌管财务，积累理财经验
46. 观看文艺演出，如电影、话剧、京剧、音乐会等
47. 与家庭条件比自己差的同学交往
48. 做一件令老师和同学都感动的事情
49. 为自己留下一组校园回忆
50. 当大学毕业回首往事的时候，不会因为碌碌无为、虚度年华而悔恨！

参考文献

[1]贾巍.我国当代大学生心理健康教育探讨[D].长春:东北师范大学,2003.

[2]陈菊珍.改善大学生人际交往不良现状的团体辅导实验研究[D].武汉:华中师范大学,2003.

[3]蒋燕.心理素质拓展训练对高职大一学生适应能力的影响[D].长沙:湖南师范大学,2012.

[4]张秀梅,魏建培,刘兴顺.大学生自我意识的培养[J].山东省青年管理干部学院学报,2003,4:55-56.

[5]许若兰.论大学生情绪管理和情绪教育[J].成都理工大学学报(社会科学版),2003,4:116-118.

[6]张民省.浅析大学生自我意识的发展和培养[J].大同职业技术学院学报,2005,4:53-55.

[7]吴智泉,李金勇,徐木彬.试论大学生健康的自我意识的培养[J].江西科技师范学院学报,2004,02:83-85.

[8]胡瑞,李忠云.大学生健全人格培养的探索与实践[J].中国高教研究,2004,10:82-83.

[9]薛永苹.大学生情绪管理能力的培养[J].思想教育研究,2008,4:75-76.

[10]周世莲.大学生的情商(EQ)培养[J].湖南商学院学报,2000,6:135-136.

[11]王佳利,张加亮.心理挫折之于大学生发展的积极意义及应对[J].学校党建与思想教育,2010,20:63-64.

[12]彭美贵,耿步健.大学生心理障碍情商归因与对策[J].长江大学学报(社会科学版),2010,6:86-89.

[13]鲍作臣,贾洪武,赵蕾.大学生心理压力管理策略[J].实用预防医学,2009,3:976-977.

[14]陈建明,骆宏.11名大学生压力管理训练效果的初步研究[A]//中国心理卫生协会.中国心理卫生协会第四届学术大会论文汇编[C].北京:中国心理卫生协会,2003:1.

[15]陈炎.大学生挫折心理教育探析[D].上海:华东师范大学,2009.

[16]刘小玮.大学生人际交往问题研究[D].兰州:兰州理工大学,2014.

[17]李文晓.大学生学习心理与学习压力[J].中国健康心理学杂志,2006,4:378-380.

[18]耿步健.大学生健康恋爱心理的培育[J].当代青年研究,2006,10:65-69.

[19]孙鸣鹃.当代大学生健全人格培养研究[D].吉林大学,2007.

[20]苏炫,葛明贵.大学生学习心理研究综述[J].江西教育科研,2007,1:16-17.